21 世纪全国高职高专机电系列技能型规划教材

机电传动控制项目教程

主　编　杨德明
副主编　赵　丽

内容简介

本书以提高读者自身独立解决问题的能力和实践能力为目的，以机电传动控制技术在实际中的应用为指导，内容涵盖了机电传动控制技术涉及的理论基础、机电设备控制器件与现代控制技术三个方面。

本书主要包括机电传动控制系统的理论基础、常用电动机的结构及其工作特性、控制设备的结构组成特点、传动系统的工作原理和控制方法四部分内容。

本书各部分内容自成体系，配有丰富的实物图片和三维仿真图形，有引导读者深入思考的练习题，还有机电控制仿真软件作支持。

本书适合作为高职高专机械设计制造及其自动化专业和机电一体化相关专业的专业基础课程教材，也可供从事高等职业教育及有关工程技术人员参考。

图书在版编目(CIP)数据

机电传动控制项目教程/杨德明主编．—北京：北京大学出版社，2014.1

(21世纪全国高职高专机电系列技能型规划教材)

ISBN 978-7-301-23432-7

Ⅰ.①机…　Ⅱ.①杨…　Ⅲ.①电力传动控制设备—高等职业教育—教材　Ⅳ.①TM921.5

中国版本图书馆CIP数据核字（2013）第262216号

书　　名：机电传动控制项目教程

著作责任者：杨德明　主编

策划编辑：赖　青　邢　琛

责任编辑：李婷婷

标准书号：ISBN 978-7-301-23432-7/TH·0375

出版发行：北京大学出版社

地　　址：北京市海淀区成府路205号　100871

网　　址：http://www.pup.cn　新浪官方微博:@北京大学出版社

电子信箱：pup_6@163.com

电　　话：邮购部62752015　发行部62750672　编辑部62750667　出版部62754962

印 刷 者：三河市博文印刷厂

经 销 者：新华书店

787毫米×1092毫米　16开本　20.25印张　471千字

2014年1月第1版　2014年1月第1次印刷

定　　价：40.00元

前言

由于机电传动控制技术主要是解决与生产机械电气传动控制的有关问题，所以本课程以控制元件、电动机、控制方法及系统控制为主线，介绍了机电传动控制技术的理论基础、电动机工作特性、常用控制元器件的使用、典型控制线路及现代机械设备中所需要的先进控制技术，如虚拟仿真、可编程控制器（PLC）、变频器、触摸屏和组态软件应用技术。

本书内容根据学科的发展及其内在规律，把机电一体化技术所需的机电传动控制知识有机地集中在几个模块中。为突出实用，传统经典控制理论与现代控制技术在本书中都有所体现，以使读者能对机电一体化产品中涉及的技术有较全面、系统的了解和掌握，并在每部分结尾都有思考题和练习题，便于读者学习。

本书的内容构成如下图所示。

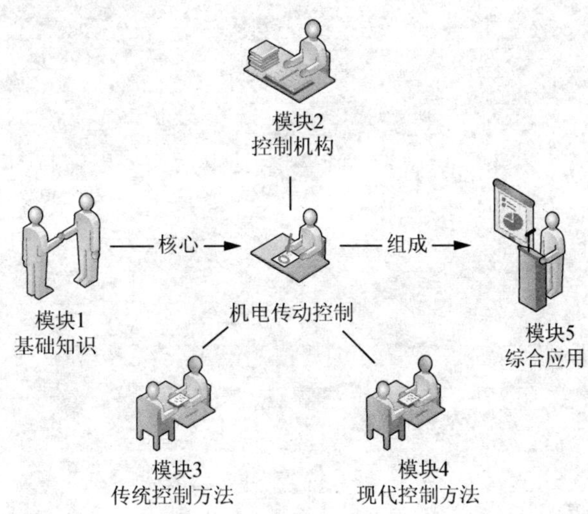

与同类教材相比，本书具有以下特色。

(1) 集成三维仿真与实物图片。通过图表给出电气设备部件的工作原理时，也同时给出实际应用中的真实设备图片。作为配套的电子课件并不是把内容简单罗列，而是补充了大量彩色图片与实现交互仿真。

(2) 从电动机特性、基本电气控制原理、实物接线、液压气动传动、PLC、触摸屏，到组态控制提供仿真软件支持。不仅可以实现电气控制电路原理图的仿真，更可实现实际接线仿真，因此可在大大降低学习成本的前提下，深刻掌握所学内容。书中有关仿真实例、程序编者均亲自测试通过。

(3) 电路图同时给出我国国家标准图形文字符号与 NEMA（美国电气制造商协会）符号，方便读者查阅大量最新国际文献资料。

(4) 案例来自现实生活中的真实存在，项目取材于生产厂家原始资料，便于读者动手实践验证，以达到案例中学知识、实训中培养能力的目的。

本书由阳泉职业技术学院杨德明担任主编，赵丽担任副主编。

在本书中编者根据自己对现代教育理念的理解进行了初步的尝试和探索，限于水平有限，书中不妥之处在所难免，敬请读者批评指正。

编　者

2013 年 9 月

目　录

模块1

认识机电传动控制系统

关于什么是机电传动并没有严格定义。从广义上讲，机电传动控制就是要使生产机械设备、生产线、车间(图 1.1)甚至整个工厂都实现自动化；具体地讲，就是以电动机为原动机驱动生产机械，将电能转变为机械能，以实现生产机械的启动、停止及调速，从而满足各种生产工艺过程的要求，并实现生产过程的自动化。也就是说，机电传动的内涵是一套机械装置和电气控制相结合的运动系统，其特征是实现复杂或精确的运动，其中既有机械部分，也有电气部分(图 1.2)。从这个意义上讲，机器人、数控机床、自动机械等都可以看成是机电传动系统。

图 1.1 汽车生产

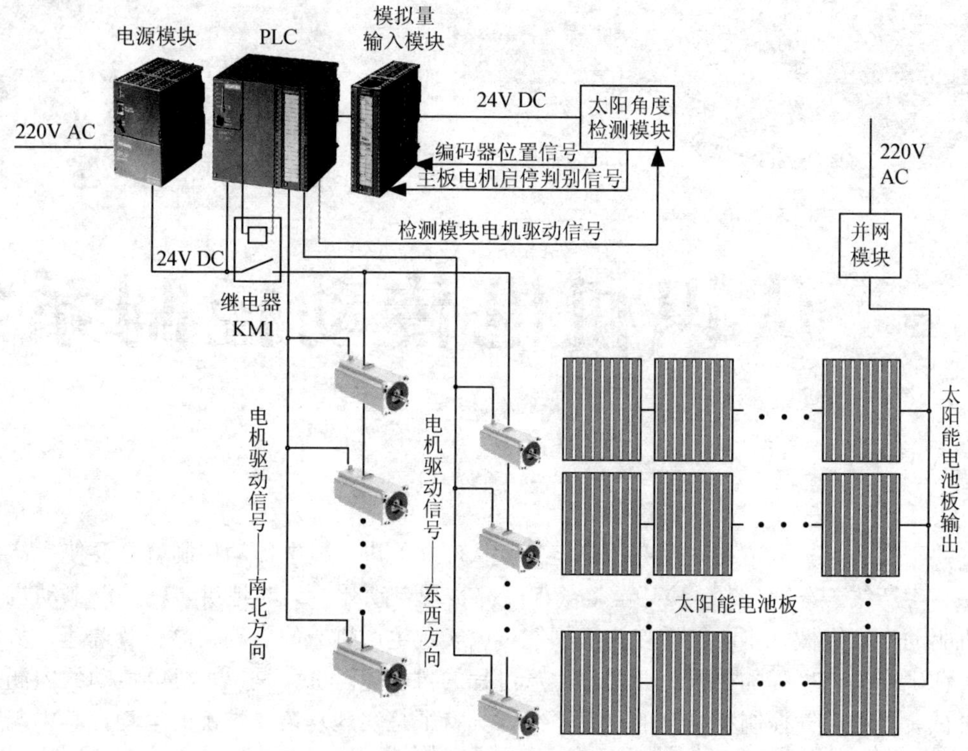

图 1.2 太阳能供电的监控系统

1.1 机电传动控制系统的组成

生产机械一般由工作机构、传动机构、电动机及控制系统等组成。机电传动控制系统的组成如图 1.3 所示。

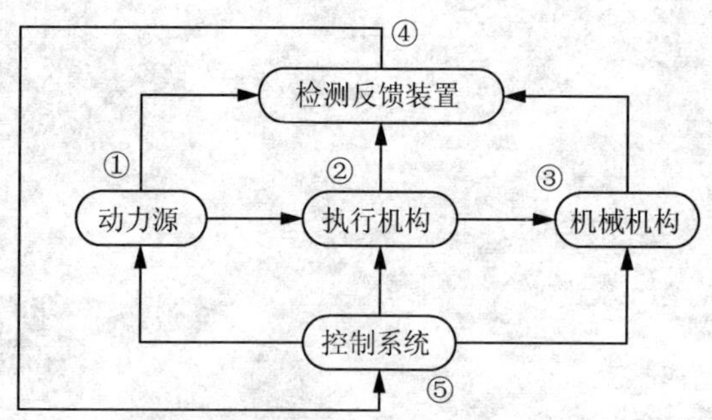

图 1.3 机电传动控制系统的组成

1.1.1 动力源

动力或能源是指驱动电动机的“电源”、驱动液压系统的液压源和驱动气动系统的气压源。驱动电动机常用的“电源”包括直流调速器、变频器、交流伺服驱动器及步进电动机驱动器等。在液压系统中，其通常被称为液压站；在气动系统中，其通常被称为空压站。

1.1.2　执行机构

执行机构(Actuator)完成能量转换与驱动功能，包括以电、气压和液压等作为动力源的各种元器件及装置。例如，以电作为动力源的直流电动机、直流伺服电动机、三相交流异步电动机、步进电动机、电磁铁、电磁粉末离合器、制动器；以气压作为动力源的气动马达和气缸；以油压作为动力源的液压马达和液压缸等。

近年来，出现了许多新型执行装置，如压电执行器、超声波执行器、静电执行器、机械化学执行器、磁伸缩执行器、磁性液体执行器、形状记忆合金执行器等。特别是一些微型执行器的出现，大大促进了微电子机械的发展。

【特别提示】

当选择执行装置时，要考虑执行装置与机械装置之间的协调与匹配，如在需要低速、大推力或大扭矩的场合下，可考虑选用液压缸或液压马达。

1.1.3　机械机构

机械机构是由机械零件组成的、能够传递运动并完成某些有效工作的装置。机械结构由输入部分、转换部分、传动部分、输出部分及安装固定部分等组成。通用的传递运动机械零件有齿轮、齿条、链轮、蜗轮、带、带轮、曲柄及凸轮等。两个零件互相接触并相对运动就形成了运动副。由若干运动副组成的具有确定运动的装置被称为机构。就传动装置而言，作为其重要组成部分的是减速器和工作机构。

1. 减速器

减速器是指原动机与工作机构之间的独立封闭式传动装置，用来降低转速并相应地增大扭矩。一般减速器的特点如下。

(1) 降低转速的同时，提高输出扭矩。减速器输出扭矩等于电动机输出扭矩乘减速比(在使用中要注意的是，不能超出减速器的额定扭矩)。

(2) 在降速的同时降低了负载的惯量，输出惯量反比于减速比的平方。

常用减速器包括正齿轮减速器、行星齿轮减速器、蜗轮蜗杆减速器和谐波减速器。

① 正齿轮减速器是应用历史最长的减速器，也是在各种动力传动机构中应用最为广泛的一种减速器，其工作原理和典型结构如图1.4所示。它可用来传递空间任意两轴间的运动和动力，并具有功率范围大、传动效率高(以减速比$i=30$(2级减速齿轮)为例，高精度的单级正齿轮减速器能达到98%以上的机械效率)、传动比准确、使用寿命长、工作安全可靠等特点。

图1.4　正齿轮减速器

② 行星齿轮减速器的优点是结构比较紧凑，回程间隙小、精度较高，减速比可以较大，使用寿命很长，额定输出扭矩较大，但价格略贵，如图 1.5 所示。

【特别提示】

行星齿轮减速器由于多个行星齿轮的存在，所以它的效率较正齿轮减速器略低。以减速比 $i=30$(2 级减速齿轮)为例，高精度的单级行星齿轮减速器能达到 95%以上的机械效率。

③ 蜗轮蜗杆减速器传动的主要特点是具有反向自锁功能，可以有较大的减速比，输入轴和输出轴不在同一轴线上，也不在同一平面上，如图 1.6 所示。

图 1.5　行星齿轮减速器

图 1.6　蜗轮蜗杆减速器

【特别提示】

蜗轮蜗杆减速器多用于需要机械自锁能力的场合(如机器人肢体关节)，一般体积较大、传动效率不高、精度不高。以减速比 $i=30$(1 级蜗轮蜗杆)为例，高精度的蜗轮蜗杆减速器也可达到 70%以上的机械效率。但是，高精度的蜗轮蜗杆减速器的价格常常比行星齿轮减速器的价格更高。

④ 谐波减速器的谐波传动是利用柔性元件可控的弹性变形来传递运动和动力的，传递扭矩很大、精度很高，但其缺点是柔轮寿命有限、刚性相对较差、效率较低(采用摩擦传动)，并且最小减速比大于 60，输入转速不能太高(通常应小于 10000RPM)。以减速比 $i=100$ 为例，谐波减速器常能达到 80%以上的机械效率，并且能提供比同等体积的行星齿轮减速器高 1.5～2 倍的额定输出扭矩。

上述 4 种常用减速器性能比较见表 1-1。

表 1-1　常用减速器性能比较

方　式	正　齿　轮	行星齿轮	蜗轮蜗杆	谐　波
同等扭矩的体积	大	较小	中	小
传动精度	通常较低	中(也可较高)	中	很高
刚性	中	高	中	很高
寿命	较短	长	中	较短
效率	很高	高	低	高
输入转速(减速器直径<100mm)	12000 以下	10000 以下	20000 以下	10000 以下(典型 5000 以下)

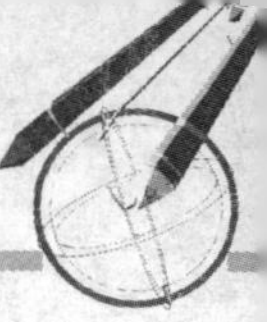

2. 工作机构

工作机构是直线运动、转动(摆动)和它们的组合，如图 1.7 所示。

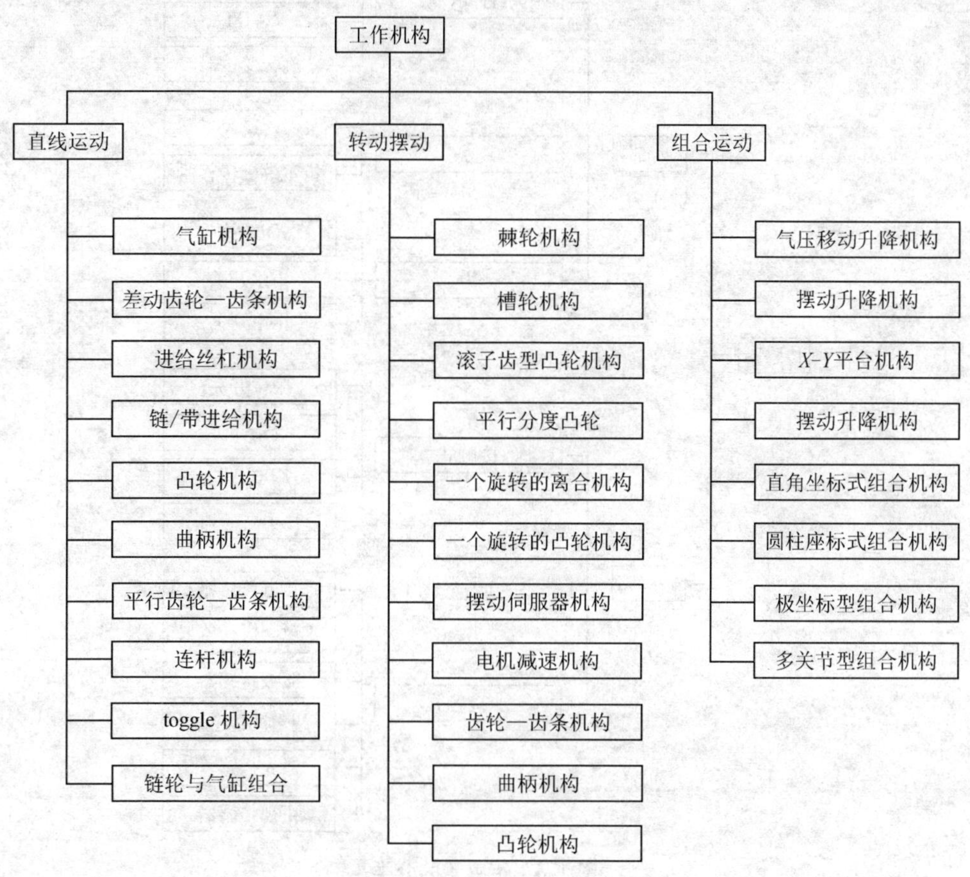

图 1.7　机械工作机构的组成

1.1.4　检测反馈装置

检测反馈装置(检测功能)是从被测对象中提取信息的器件，最核心部分是传感器，用于检测机电控制系统工作时所要监视和控制的物理量、化学量和生物量。大多数传感器是将被测的非电量转换为电信号，用于显示和构成闭环控制系统，其在当今的机电传动控制领域扮演着重要角色。以机器人控制为例，传感器的分类如图 1.8 所示。

【特别提示】

所有距离传感器采集的数据除以时间可以得到速度数据；所有力传感器采集的数据经过运算可以得到加速度数据。

1. 接近传感器

接近传感器又称接近开关或无触点行程开关，是接近物体时检测判断出有无物体，从而输出相应信号的传感器，它在金属检测、磁检测以及非金属检测等方面得到应用。接近

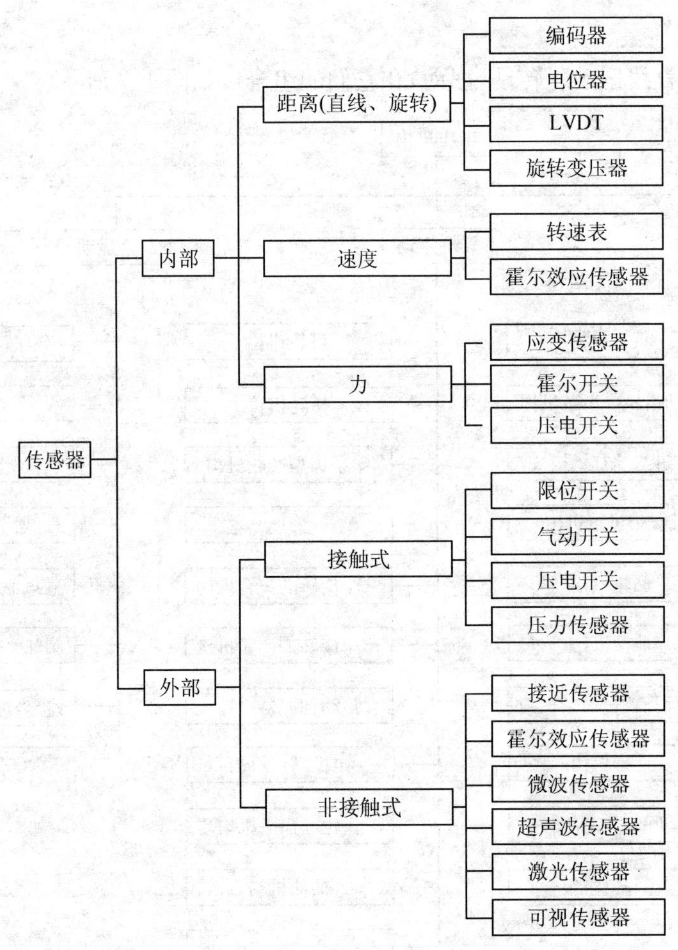

图 1.8　传感器的分类

传感器的种类如图 1.9 所示。

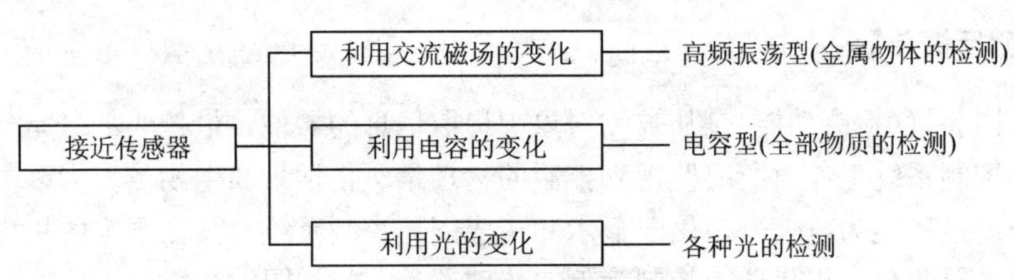

图 1.9　接近传感器的种类

接近传感器是通过其感应头与被测物体间介质能量的变化来取得信号的，其外形及符号如图 1.10 所示。它可以不与待测物体发生物理接触，而检测到物体(通常称为目标)的存在。接近传感器的应用已远超出一般行程控制和限位保护的范畴，如用于高速计数、测速、液面控制、检测金属体的存在、零件尺寸以及无触点按钮等。即使用于一般的行程控制，其定位精度、操作频率、使用寿命和对恶劣环境的适应能力也优于一般机械式行程开关。

接近传感器的工作电压有交流和直流两种，输出形式有两线、三线和四线 3 种。它有

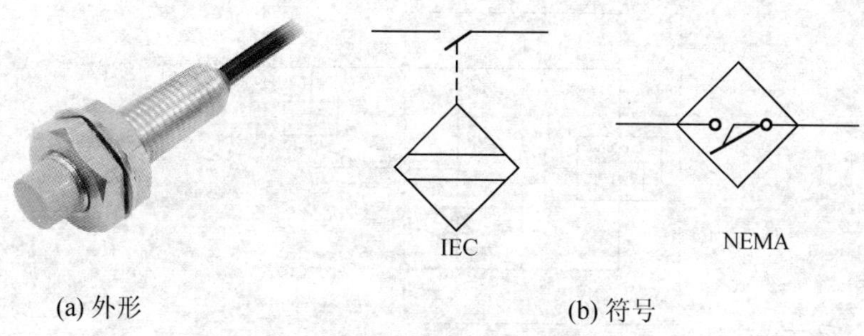

(a) 外形　　(b) 符号

图 1.10　接近传感器的外形及符号

一对常开、常闭触点，晶体管输出类型有 NPN、PNP 两种。接近传感器被制成各种尺寸和结构，以满足不同应用需要，有方型、圆型、槽型和分离型等多种。

根据检测物体的不同，接近传感器按其感应机构工作原理分为电感型、电容型、光电型及超声波型。

1）电感型

电感型接近传感器属于一种开关量输出的位置传感器，它由 LC 高频振荡器和放大处理电路组成，用于检测各种金属，当前应用最为普遍。其使用电磁感应原理，即变化的电流在目标物体上产生感应电动势，其外形与工作原理如图 1.11 所示。

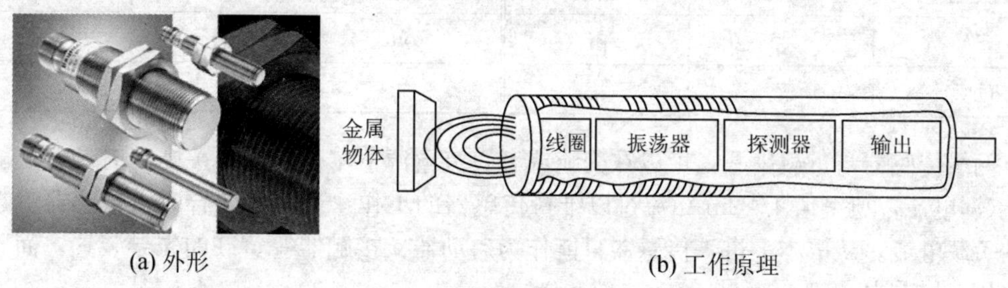

(a) 外形　　(b) 工作原理

图 1.11　电感型接近传感器

振荡电路产生高频电磁场从传感器底部发射出去，当金属物体进入电磁场时，物体表面感应出涡流。产生的涡流吸收传感器放射出的能量，从而改变了振荡器的强度，传感器检测电路检测出电磁场强度变化，并在一定强度时触发固态继电器输出。当金属物理离开电磁场时，振荡器电磁场强度恢复原始值。

电感型接近传感器具有以下特点。

(1) 结构简单，传感器无活动电触点，因此工作可靠寿命长。

(2) 灵敏度和分辨力高，能测出 0.01μm 的位移变化。传感器的输出信号强，电压灵敏度一般每毫米的位移可达数百毫伏的输出。

(3) 线性度和重复性都比较好。在一定位移范围(几十微米至数毫米)内，传感器非线性误差约 0.05%～0.1%。同时，这种传感器能实现信息的远距离传输、记录、显示和控制，并在工业自动控制系统中被广泛采用。但不足的是，它有频率响应较低、不宜快速动态测控等缺点。

电感型接近传感器种类很多，常见的有自感式、互感式和涡流式 3 种。图 1.12 所示为典型的三线传感器的接线图。

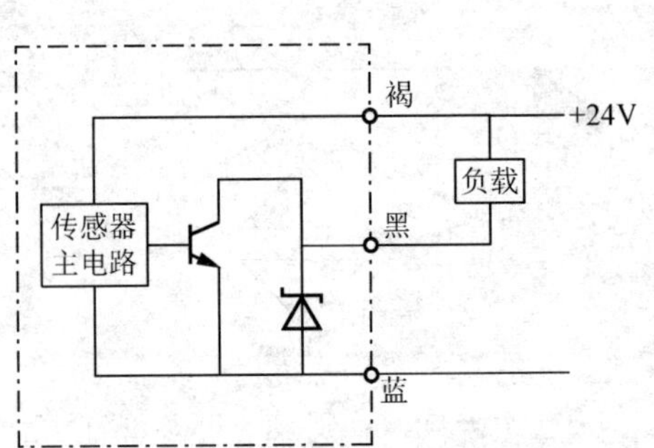

图 1.12 典型三线传感器接线图

三线传感器的正极与负极接线端子直接与电源相连。要注意的是，三线式的输出方式不像继电器那样有触点输出，而类似于直流三线式(NPN 开路集电极输出)的无触点输出，因此要注意极性。其检测距离为 0～8mm。

如果采用常开工作方式，那么当传感器被触发时，信号线与线路负极侧连接；如果采用常闭工作方式，那么当传感器被触发时，信号线与线路正极侧断开。国内、国际传感器常用色线对照(供参考)见表 1-2。

表 1-2 国内、国际传感器常用色线对照

类型	国际	国内	类型	国际	国内
+V	棕	红	Vout	黑	绿
GND	蓝	黑			

两线传感器与负载串联，可以在交流或者直流电源下工作。当开关断开时，有足够的电流(漏电流，典型值 1～2mA)流过以维持传感器的工作。当开关闭合时，传感器流过正常的负载电流。从根本上讲，传感器只能作为启动器、接触器等负载的先导装置，而不能直接用于控制电动机。

【特别提示】

目标物体的金属类型和尺寸大小是决定传感器有效范围的重要因素。大多数传感器都配有 LED 状态指示灯来指示输出开关动作。接近传感器能够感应到目标物体的接近点，将其称为工作点。目标物体远离传感器使设备恢复到初始状态的点，将其称为释放点。接近点与释放点之间的区域被称为迟滞区。迟滞区根据正常感应范围的百分比确定，可以避免传感器受外界扰动影响。

2) 电容型

电容型传感器(图 1.13)不仅能够检测金属物体，也能够检测非金属材料(液体、玻璃、纸及布料)。电子技术的发展解决了电容型传感器存在的许多技术问题，使电容型传感器不但被广泛应用于精确测量位移、厚度、角度、振动等物理量，还被应用于测量力、压力、差压、流量、成分、液位等参数。

(1) 测定角度 θ。根据 $C=\dfrac{\varepsilon S}{4\pi Kd}$，并借助图 1.14 所示的装置可以将“力信息”转换为“电信息”。

(2) 测定液面高度 h。电容型液位计的工作原理如图 1.15 所示，它利用液位高低变化

影响电容器电容量大小的原理进行测量。

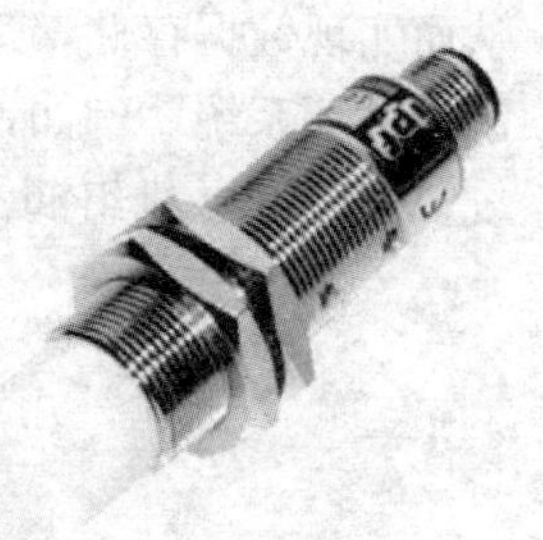

图 1.13　电容型传感器

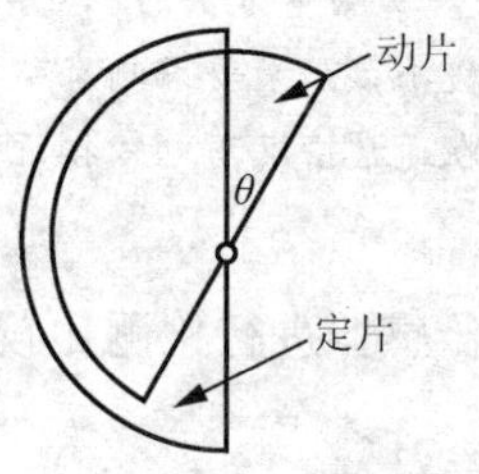

图 1.14　测定角度 θ

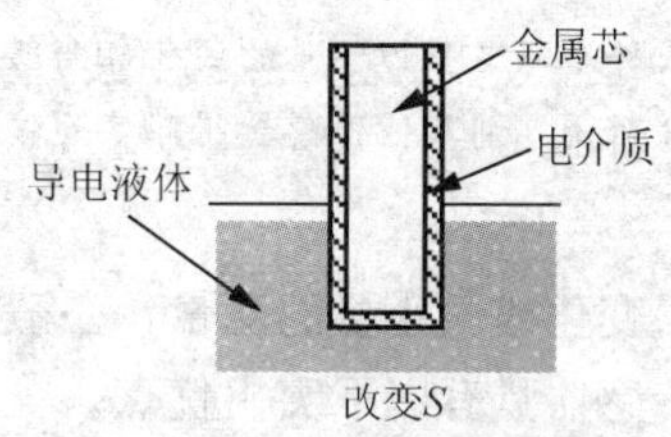

图 1.15　测定液面高度 h

依此原理还可进行其他形式的物位测量。电容型液位计对导电介质和非导电介质都能测量，此外还能测量有倾斜晃动及高速运动容器的液位。它不仅可作液位控制器，还能用于连续测量。

(3) 测定压力 F。其工作原理如图 1.16 所示。

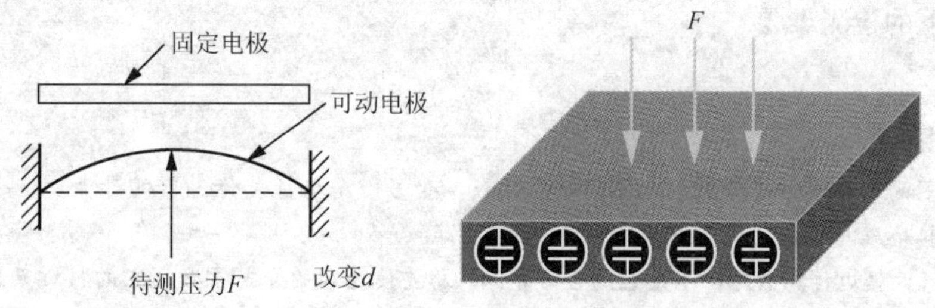

图 1.16　测定压力 F

在弹性钢体上高度相同处打一排孔，在孔内形成一排平行的平板电容，当称重时，钢体上端面受力，圆孔变形，每个孔中的电容极板间隙变小，其电容相应增大。由于在电路上各电容是并联的，因而输出反映的结果是平均作用力的变化，使得测量误差大大减小(误差平均效应)。

(4) 测定位移 x。其工作原理如图 1.17 所示。

(5) 油液污染测定。油液的污染形式通常是金属磨粒、氧化物、油泥、结碳、水分、沉淀物、燃油以及氢、氯、热、电、空气等造成的污染。当油液污染后其物理或化学性能都会生变化，根据介电常数的变化，便可综合测定在用油的总体污染程度和质量。例如，该传感器可与控制室中的二

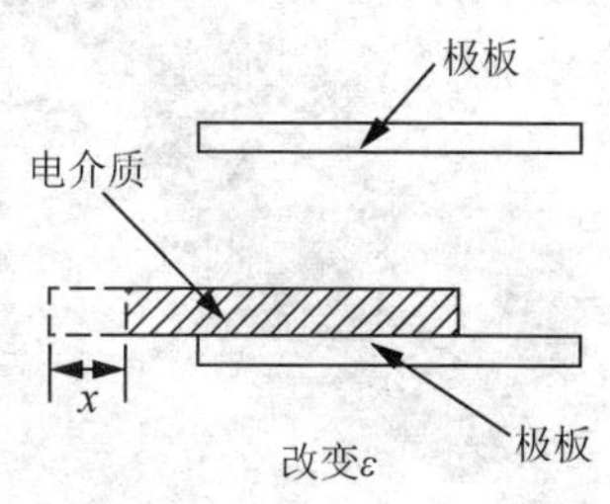

图 1.17　测定位移 x

次仪表或控制器相连，在线、连续、实时地检测各种低水分油品的含水率，并直接显示、远程控制和报警，从而实现数据存储，运算、传输和控制功能。其普遍应用于大中型机械联动机组的液压、润滑循环系统。例如，高线轧机和板带轧机润滑油系统、板带轧机和棒线轧机液压传动系统、汽轮发电机组润滑系统、造纸机组润滑系统、船舶机械润滑系统、燃料油库。

【特别提示】

从能量转换的角度而言，电容传感器为无源传感器，需要将所测的力学量转换成电压或电流后进行放大和处理。力学量中的线位移、角位移、间隔、距离、厚度、拉伸、压缩、膨胀、变形等无不与长度有着密切联系，而这些量又都是通过长度或者长度比值进行测量的，其测量方法的相互关系也很密切。另外，在有些条件下，这些力学量的变化相当缓慢，而且变化范围极小，如果要求测量极小距离或位移时要有较高的分辨率，则其他传感器很难实现高分辨率要求，不过在通常情况下电容接近传感器的感应范围较小。

对于缓慢变化或微小量的测量，一般来说采用电容型传感器进行检测比较适宜，主要是因为这类传感器具有以下突出优点。

(1) 测量范围大。其相对变化率可超过100％。

(2) 灵敏度高。例如用比率变压器电桥测量，相对变化量可达10^{-7}数量级。

(3) 动态响应快。因其可动质量小、固有频率高，所以高频特性既适宜动态测量，也适宜静态测量。

(4) 稳定性好。由于电容器极板多为金属材料，极板间衬物多为无机材料，如空气、玻璃、陶瓷、石英等，因此可以在高温、低温强磁场、强辐射下长期工作，尤其解决了高温高压环境下的检测难题。

【特别提示】

这种传感器的测量通常是构成电容器的一个极板，而另一个极板是传感器的外壳。这个外壳在测量过程中通常是接地或与设备的机壳相连接。

当有物体移向接近传感器时，不论它是否为导体，总要使电容的介电常数因它的接近而发生变化，从而使电容量发生变化，使得和测量头相连的电路状态也随之发生变化，由此便可控制开关的接通或断开。

目标物体的介电常数越大，越容易被检测到，因此可以检测非金属容器内部的物体。例如用于牛奶灌装生产线上检测纸质包装盒中是否已经灌装好牛奶(液体的介电常数比硬纸板容器的介电常数高，传感器可以透过容器检测到里面的液体)。

3) 光电型

光电型传感器是将红外线、可见光等光线作为信号媒体，通过与物体接触与否从而检测物体的有无或状态变化的传感器，如图1.18所示。由于其具有精度高、反应快、非接触，而且可测参数多、结构简单、形式灵活多样、性能可靠等优点，因此在检测和控制中应用非常广泛。

图1.18 光电型传感器

光电型传感器是以光电器件作为转换元件的传感器，是各种光电检测系统中实现光电转换的关键元件，它把光信号(红外、可见及紫外光辐射)转变为电信号。其可用于检测直接引起光量变化的非电量，如光强、光照度、辐射测温、气体成分分析等；也可用来检测能转换成光量变化的其他非电量，如零件直径、表面粗糙度、应变、位移、振动、速度、加速度以及物体的形状和工作状态的识别等。

光电传感器一般情况下由三部分构成，即发送器、接收器和检测电路，并可分为透过型和反射型两种。发射的光束一般来源于半导体光源，如发光二极管(LED)、激光二极管及红外发射二极管。光束不间断地发射，或者改变脉冲宽度。其中，接收器由光电二极管、光电三极管、光电池组成。在接收器的前面，装有光学元件，如透镜和光圈等。在其后面是检测电路，它能滤出有效信号和应用该信号。此外，在光电型传感器开关的结构元件中还有发射板和光导纤维。

【特别提示】

大多数传感器允许调整传感器输出状态的光束强度，且响应时间与光束脉动频率有关。当检测极小物体或物体移动速度很快时，响应时间特别重要。

光电型传感器常用的扫描方式包括透射扫描，反射扫描和漫反射扫描，其检测方法与特点见表1－3，这对特定场合下的传感器选择非常重要。

表1－3　光电型传感器检测方法与特点

类　型		检测方法	特　点
透射型		投光器　受光器　检测的物体	检测距离长 检测精度高 可检测出小物体 不受投、受光面的污染或灰尘等影响 不能检测透明物体 要给发送器和接收器接线
反射型	扩散反射型	投受光器　检测的物体	不必对合光轴 如是反射物体，也可检测透明物体 小空间可用 若是可见光类型则可判别颜色 检测距离短 检测距离随检测对象的反射率而变化
	漫反射型	投受光器　检测的物体	只需单向对合光轴 比透过型接线少 比透过型检测距离短
	限定反射型	检测的物体　投光　受光	对于扩散光类型，只能检测光轴的交差点及其前后 对于聚光类型，只能检侧光束的交差点 受背影物体的影响少

透射式是将发射器与接收器安装在一条直线上，被检测目标放置在光束路径上以阻止接收器接收光束。其优点是可以实现远距离检测。这种方式可以可靠地用于多灰、多雾等污染环境中。

【特别提示】

车库门开启装置在门侧(门左右分别安装发射与接收装置)安装透射式光电型传感器，用于控制车库门开启和关闭。

反射式是发射装置与接收装置安装在同一容器中。这种装置需要独立的反射片将发射光束反射给接收器。当物体阻断了发射器与接收器之间的光束时，传感器产生响应。与透射式相比，这种方式适用于中距离应用，且不能用于检测过小目标(当检测过小目标时，传感器无法区分反射光束是来自反射片还是来自于目标)。

【特别提示】

采用偏振光反射器可以解决小目标问题。在发射器和接收器镜片前安装偏振光栅，通过偏振光栅发射器发射偏振光束。角隅反射片(器)将偏振光旋向，使其返回接收器，接收器通过偏振光栅接收偏振光束。

漫反射式的发射器与接收器也安装在同一装置内，与反射式的区别是它不依靠反射片(器)将光信号反射回接收器。发射器发射的光束照射在目标物体上，接收器接收目标物体的漫反射光，当接收器接收的光强度足够大时，传感器输出状态发生改变。

【特别提示】

传感器的灵敏度根据待检测目标物体上的反射率表面来设置。通常，依据目标物体表面不同颜色具有不同的反射性质来确定。

4）应用

(1) 烟尘浊度监测。防止工业烟尘污染是环保的重要任务之一。为了消除工业烟尘污染，首先要知道烟尘排放量，因此必须对烟尘源进行监测、自动显示和超标报警。烟道里的烟尘浊度是用通过光在烟道里传输过程中的变化大小来检测的。如果烟尘浊度增加，则更多光源发出的光被烟尘颗粒吸收和折射，到达光检测器的光减少，因而光检测器输出信号的强弱便可反映烟尘浊度的变化。

(2) 条形码扫描笔。当扫描笔头在条形码上移动时，若遇到黑色线条，则发光二极管的光线将被黑线吸收，光敏三极管接收不到反射光，呈高阻抗，处于截止状态，若遇到白色间隔，则发光二极管所发出的光线被反射到光敏三极管的基极，光敏三极管产生光电流而导通。当整个条形码被扫描过后，光敏三极管将条形码变成一个个电脉冲信号，该信号经放大、整形后便形成脉冲列，再经计算机处理，从而完成对条形码信息的识别。

(3) 产品计数器。产品在传送带上运行时，不断地遮挡光源到光电传感器的光路，使光电脉冲电路随产品的有无产生一个个电脉冲信号。产品每遮光一次，光电传感器电路便

产生一个脉冲信号，因此输出的脉冲数即代表产品的数目，而该脉冲经计数电路计数并由显示电路显示出来。

(4) 光电式烟雾报警器。当没有烟雾时，发光二极管发出的光线直线传播，光电三极管没有接收信号，没有信号输出。当有烟雾时，发光二极管发出的光线被烟雾颗粒折射，使三极管接收到光线，有信号输出，发出报警。

(5) 测量转速。在电动机的旋转轴上涂上黑白两种颜色，当电动机转动时，反射光与不反射光交替出现，光电传感器相应地间断接收光的反射信号，并输出间断的电信号，再经放大器及整形电路放大整形，并输出方波信号，最后由电子数字显示器输出电机的转速。

2. 霍尔传感器

如图 1.19 所示，霍尔传感器是根据霍尔效应制作的一种磁场传感器。霍尔效应是磁电效应的一种，这一现象是霍尔(A. H. Hall，1855—1938)于 1879 年在研究金属的导电机构时发现的。后来，人们发现半导体、导电流体等也有这种效应，而半导体的霍尔效应比金属强得多，利用这种现象制成的各种霍尔元件被广泛地应用于工业自动化技术、检测技术及信息处理等方面。

图 1.19　霍尔传感器外形

霍尔效应如图 1.20 所示，即若在半导体薄片两端通以控制电流 I，并在薄片的垂直方向施加磁感应强度为 B 的匀强磁场，则在垂直于电流和磁场的方向上，将产生电势差为 U_H 的霍尔电压。

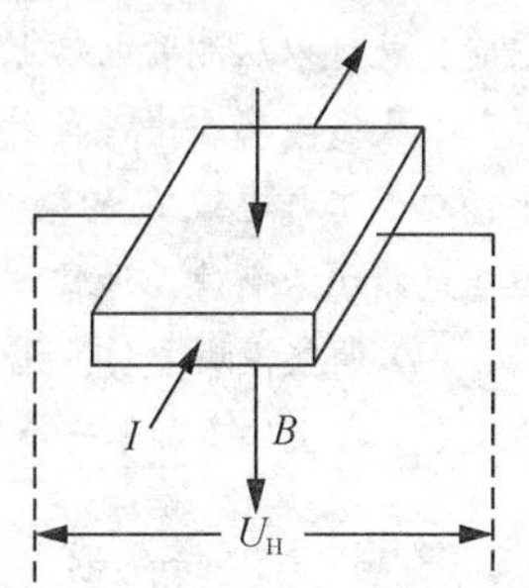

图 1.20　霍尔效应

数字型霍尔传感器用来检测磁场的接近度与磁场强度，当磁场存在时开关闭合，没有磁场时传感器开关断开，如图 1.21(a)所示，其中 B_{OP} 为工作点“开”的磁感应强度，B_{RP} 为释放点“关”的磁感应强度。

当外加的磁感应强度超过动作点 B_{op} 时，传感器输出低电平；当磁感应强度降到动作点 B_{op} 以下时，传感器输出电平不变，直到降到释放点 B_{RP}，传感器才由低电平跃变为高电平。B_{op} 与 B_{RP} 之间的滞后使开关动作更为可靠。

模拟型霍尔传感器输出信号与感应磁场强度成正比，如图 1.21(b)所示。

从图 2.21(b)中可以看出，在 $B_1 \sim B_2$ 的磁感应强度范围内有较好的线性度，磁感应强度超出此范围时则呈现饱和状态。

另外，还有一种“锁键型”(或称“锁存型”)霍尔传感器。当磁感应强度超过动作点

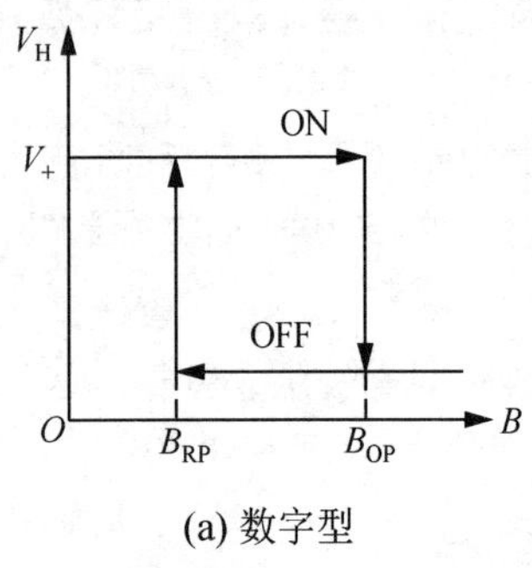

(a) 数字型

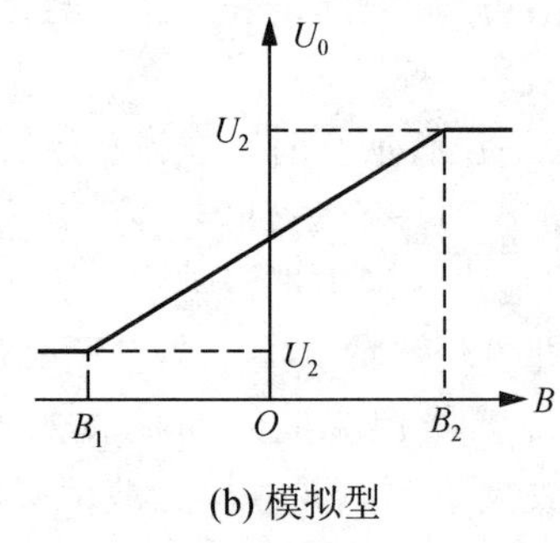

(b) 模拟型

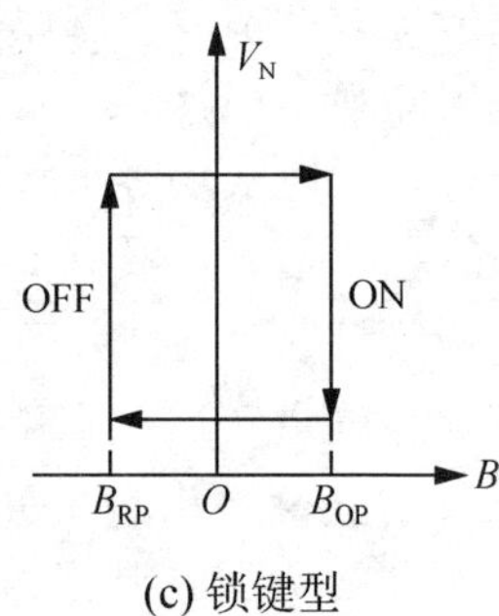

(c) 锁键型

图 1.21　霍尔传感器

B_{op}时，传感器输出由高电平跃变为低电平，而在外磁场撤销后，其输出状态保持不变(即锁存状态)，必须在施加反向磁感应强度达到 B_{RP}时，才能使电平产生变化，如图 1.21(c)所示。

在机电传动控制系统中，使用数字型霍尔传感器通过检测磁场的波动可以测量轴或者齿轮的转速，判断轴或者齿轮的转向，从而实现电动机速度检测，其工作原理如下。

当传感器与齿轮对齐时，磁场强度最大，当传感器与齿轮两齿之间空隙对齐时磁场强度最小。每次目标齿轮通过传感器时，数字型霍尔传感器开关触发，产生数字脉冲，通过测量脉冲频率，可以确定轴转速。霍尔传感器对磁通的幅值敏感，而对其他变化率不敏感，所以不管转速变化如何，数字输出脉冲的幅值恒定。

【特别提示】

非磁性材料的圆盘边上可以粘一块磁钢，霍尔传感器放在靠近圆盘边缘处，圆盘旋转一周，霍尔传感器就输出一个脉冲，从而可测出转数(计数器)，若接入频率计，则可测出转速。

如果把开关型霍尔传感器按预定位置有规律地布置在轨道上，那么当装在运动车辆上的永磁体经过它时，就可以从测量电路上测得脉冲信号。根据脉冲信号的分布可以测出车辆的运动速度。

在大多数场合中，霍尔传感器都具有很强的抗外磁场干扰能力，一般在距离模块 5～10cm 处存在一个两倍于工作电流 I_p 的电流所产生的磁场干扰，这是可以忽略的。但是当有更强的磁场干扰时，要采取适当的措施来解决。通常方法如下。

(1) 调整模块方向，使外磁场对模块的影响最小。

(2) 在模块上加罩一个抗磁场的金属屏蔽罩。

3. 超声波传感器

人们听到的声音是由物体振动产生的，它的频率在 20Hz～20kHz 范围内，超过 20kHz 的称为超声波，低于 20Hz 的称为次声波。常用的超声波频率为几十千赫兹到几十兆赫兹。

超声波是一种在弹性介质中的机械振荡，有两种形式：横向振荡(横波)及纵向振荡(纵波)。在工业中，主要采用纵向振荡。超声波可以在气体、液体及固体中传播，其传播速度不同。另外，超声波也有折射和反射现象，并且在传播过程中有衰减。在空气中传播超声波，可用频率较低，一般为几十千赫兹，而在固体、液体中则可用较高的频率。在空气中传播衰减较快；而在液体及固体中传播衰减较小，传播较远。

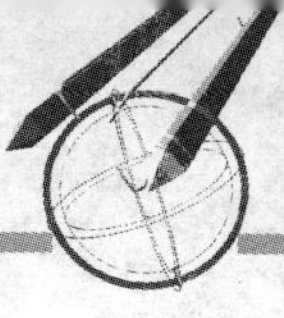

超声波传感器的主要材料有压电晶体(电致伸缩)及镍铁铝合金(磁致伸缩)两类。电致伸缩的材料有锆钛酸铅(PZT)等。压电晶体组成的超声波传感器是一种可逆传感器，它可以将电能转变成机械振荡，从而产生超声波，同时当它接收到超声波时，也能转变成电能，所以它可以分成发送器或接收器。有的超声波传感器既能作为发送器，也能作为接收器。

超声波传感器是利用超声波的特性研制而成的，其工作原理是通过向目标发送高频声波，然后测量脉冲返回时间。由于速度一定，所以返回传感器的时间与传感器与物体的距离成正比，如图 1.22 所示。

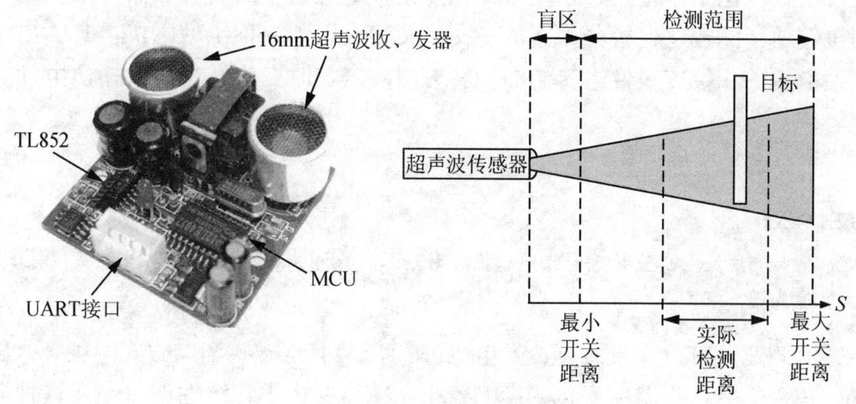

图 1.22　超声波传感器

超声波应用有 3 种基本类型，其中透射型用于遥控器、防盗报警器、自动门、接近开关等；分离式反射型用于测距、液位或料位；反射型用于材料探伤、测厚等。

【特别提示】

对于检测透明物体，超声波传感器是最佳选择。

由于超声波传感器以空气作为传输介质，因此当局部温度不同时，分界处的反射和折射可能会导致误动作，风吹时的检出距离也会发生变化。因此，不应在强制通风机之类的设备旁使用此传感器。此外，传感器表面的水滴会缩短检出距离，而细粉末和棉纱之类的材料在吸收声音时无法被检出(反射型传感器)。

超声波检测被广泛应用在工业、国防、生物医学、日常生活等方面。在工业方面，而超声波的典型应用是对金属的无损探伤和超声波测厚两种。过去，许多技术因为无法探测到物体组织内部而受到阻碍，超声波传感技术的出现改变了这种状况。超声波传感器使得驾驶员可以安全倒车，其原理是利用其探测倒车路径上或附近存在的任何障碍物，并及时发出警告。

【特别提示】

超声波在医学上的应用主要是诊断疾病(对受检者无痛苦、无损害、方法简便、显像清晰、诊断的准确率高)，超声波已经成为了临床医学中不可缺少的诊断方法。

超声波诊断可以基于不同的医学原理，其中具有代表性的是一种所谓的 A 型方法。这个方法利用超

声波的反射。当超声波在人体组织中传播遇到两层声阻抗不同的介质界面时，在该界面就会产生反射回声。每遇到一个反射面，回声就在示波器的屏幕上显示出来，而两个界面的阻抗差值也决定了回声振幅的高低。

4. 速度传感器

单位时间内位移的增量就是速度。速度包括线速度和角速度，与之相对应的就有线速度传感器和角速度传感器，统称为速度传感器。

1）测速发电机

测速发电机提供了一种将转速信号转化为模拟电压信号的简便方法，可以用来指示和控制电动机转速。测速发电机分为直流和交流两种，属于一种小型电机，其输出电压与转速成正比，电压的相位或极性由转子的旋转方向决定，改变旋转方向时输出电动势的极性相应改变。

【特别提示】

在被测机构与测速发电机直接或间接同轴连接时，只要检测出输出电动势，就能获得被测机构的转速，故称速度传感器。

(1) 直流测速发电机。直流测速发电机(图 1.23)有永磁式和电磁式两种。永磁式采用高性能永久磁钢励磁，受温度变化的影响较小，输出变化小，线性误差小。这种电机因新型永磁材料的出现而发展较快。电磁式采用他励式，不仅复杂而且因励磁受电源、环境等因素的影响，输出电压变化较大，用得不多。

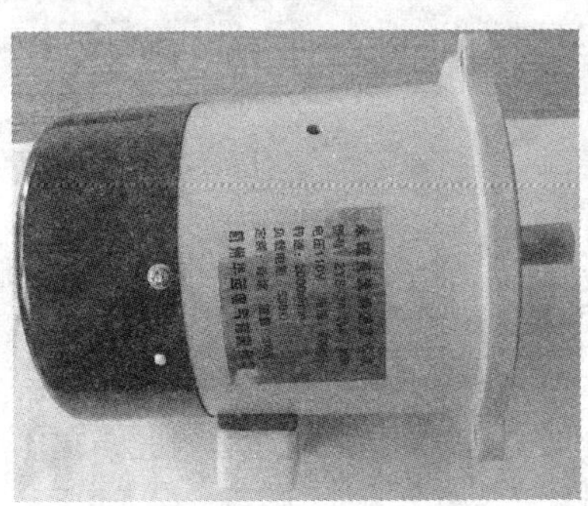

图 1.23　直流测速发电机

用永磁材料制成的直流测速发电机还分为有限转角测速发电机和直线测速发电机，分别用于测量旋转或直线运动速度。

直流测速发电机的电气符号和工作原理示意如图 1.24 所示。

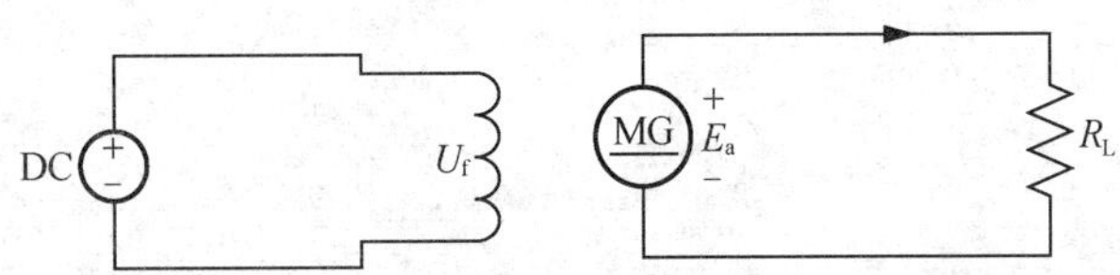

图 1.24　直流测速发电机的电气符号和工作原理

在恒定的磁场中，当发电机以转速 n 旋转时，发电机两端输出电压的计算公式为

$$U=\frac{K_e\Phi_0 n}{1+\frac{R_a}{R_L}}=kn$$

式中：R_L 为直流测速发电机输出端所接负载值；R_a 为发电机电枢绕组的等效电阻。

由上述计算公式可得，当测速发电机所接的负载不变，即 R_L 的值保持不变时，直流测速发电机的输出电压 U 与转速 n 成正比，是一种线性关系。可以这样理解，当测量获得直流测速发电机输出的电压值 U 后，除以其常数 k 的值，就可知所测电动机转速 n 的值。

对于不同的负载电阻 R_L，k 值有所不同，即线性关系的比例常数 k 值随负载的变化而变化。在实际中，当接上负载，即 R_L 值确定后，可通过测量多组电压 U 和转速 n 的值，从而获得当前负载下的 k 值。

从上述计算公式还可以得出，R_L 越小，测速发电机输出电压的稳定性和线性越差，反之则越好，所以生产厂家在提供的技术指标中给出了最小负载电阻值 R_L 和最高转速值，以确保控制系统对转速的测量精度。

【特别提示】

直流测速发电机引起误差的主要原因有电枢反应的去磁作用、电刷与换向器的接触压降、电刷偏离几何中性线、温度的影响等。在使用时，必须注意发电机的转速不得超过规定的最高转速，负载电阻不小于给定值。在精度要求严格的场合中，还需要对直流测速发电机进行温度补偿。

(2) 交流测速发电机。交流测速发电机有空心杯转子异步测速发电机、笼式转子异步测速发电机和同步测速发电机 3 种。

空心杯转子异步测速发电机主要由内定子、外定子及在它们之间的气隙中转动的杯形转子组成，如图 1.25 所示。

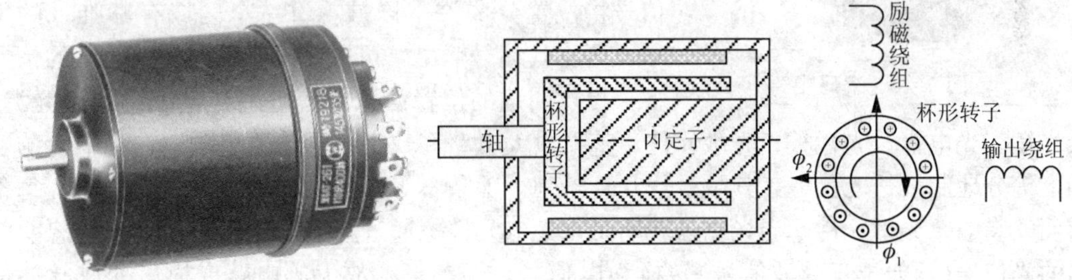

图 1.25　空心杯形转子异步测速发电机

其中，励磁绕组、输出绕组嵌在定子上，彼此在空间相差 90°电角度；杯形转子由非磁性材料制成。当转子不转时，由杯形转子电流产生的磁场与输出绕组轴线垂直，输出绕组不感应电动势；当转子转动时，由杯形转子电流产生的磁场与输出绕组轴线重合，在输出绕组中感应的电动势大小正比于杯形转子的转速，而频率和励磁电压频率相同，与转速无关。当反转时，输出电压相位也相反。因此，杯形转子是传递信号的关键，其质量好坏对性能起很大作用。由于它的技术性能比其他类型交流测速发电机优越、结构不很复杂，同时噪声低、无干扰且体积小，所以是目前应用最为广泛的一种交流测速发电机。

笼式转子异步测速发电机与交流伺服电动机相似，因输出的线性度较差，仅用于要求不高的场合。

同步测速发电机是将永久磁铁作为转子的交流发电机。由于输出电压和频率随转速同时变化，又不能判别旋转方向，使用不便，所以在自动控制系统中用得很少，主要供转速的直接测量用。

【特别提示】

交流测速发电机在实际工作时，输出电压与转速是一近似的线性关系。这是因为其励磁磁通会随着电动机转速的变化而变化，所以测量时会出现误差，其测量精度会低于同等情况下的直流测速发电机。

在实际中，为了提高异步测速发电机的性能通常采用四极电动机。为了减小误差，应增大转子电阻和负载阻抗，减小励磁绕组和输出绕组的漏阻抗，提高励磁电源的频率(采用 400Hz 的中频励磁电源)。使用时，电动机的工作转速不应超过规定的转速范围。

2）编码器

编码器是利用光学、磁性或是机械接点的方式传感位置，并将位置转换为电子信号后输出，作为控制位置时的回授信号，外形如图 1.26 所示。

图 1.26　编码器

编码器依据运动方式可分为旋转编码器和线性编码器(Linear Encoder)。旋转编码器可以将旋转位置或旋转量转换成模拟(如模拟正交信号)或是数字(如 USB、32 位并行信号或是数字正交信号等)电子信号，一般会装在旋转对象上，如马达轴。线性编码器则是以类似方式将线性位置或线性位移量转换成电子信号。

编码器分为绝对型或增量型两种。绝对型编码器的信号将位置分成许多区域，每一个区域有其唯一的编号，再将其编号输出，可以在没有以往位置信息的情形下，提供明确的位置信息。增量型光电编码器由光源、聚光镜、光电盘、光栏板、光敏元件、整形放大电路和数字显示装置组成。在光电盘的圆周上等分地制成透光狭缝，其数量从几百条到上千条不等。光栏板透光狭缝为两条，每条后面安装一个光敏元件。当光电盘转动时，光电元件把通过光电盘和光栏板射来的忽明忽暗的光信号(近似于正弦波信号)转换为电信号，经整形、放大等电路变换后变成脉冲信号。通过计量脉冲的数目，可测出工作轴的转角；通过测定计数脉冲的频率，可测出工作轴的转速。由于编码器输出信号是周期性的，因此本身无法提供明确的位置信息，只有以某位置为准，持续的对信号计数才能得到明确的位置信息。

绝对型及增量型编码器可达到相同的分辨率，但由于绝对型编码器不需以往的位置信息，故较适合用在编码器信号可能会中断的场合。

【特别提示】

光电式旋转编码器通过光电转换，可将输出轴的角位移、角速度等机械量转换成相应的电脉冲并以数字量输出(REP)。它分为单路输出和双路输出两种。其技术参数主要有每转脉冲数(几十个到几千个都有)和供电电压等。单路输出是指旋转编码器的输出是一组脉冲；而双路输出的旋转编码器输出两组 A/B

相位差90°的脉冲，通过这两组脉冲不仅可以测量转速，还可以判断旋转的方向(如果A相脉冲比B相脉冲超前则为正转，否则为反转)，连接时要注意光电编码器信号和电动机转向的匹配，如图1.27所示。

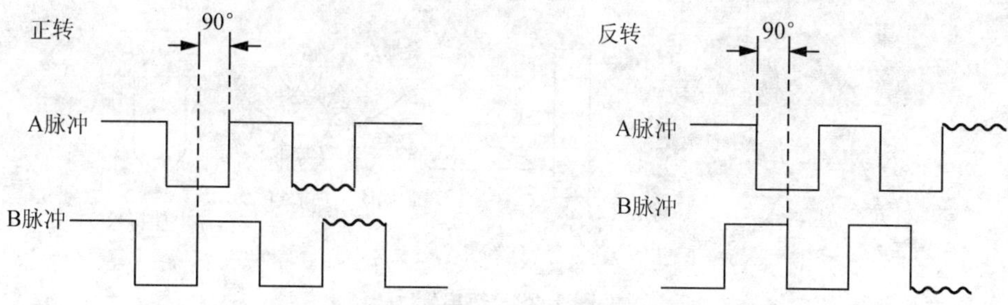

图1.27　编码器脉冲信号与控制方向的关系

旋转增量式编码器在转动时输出脉冲，通过计数设备来知道其位置，当编码器不动或停电时，依靠计数设备的内部记忆来记住位置。这样，当停电后，编码器不能有任何的移动。当来电工作时，在编码器输出脉冲的过程中，也不能有干扰而丢失脉冲；否则，计数设备记忆的零点就会偏移，而且这种偏移的量是无从知道的，只有错误的生产结果出现后才能知道。其解决的方法是增加参考点，编码器每经过参考点，就将参考位置修正进计数设备的记忆位置。在参考点以前，是不能保证位置的准确性的。为此，在工控中就有每次操作先找参考点、开机找零等方法。例如，打印机扫描仪定位就是用的增量式编码器原理，每次开机，都有噼里啪啦的一阵响，这就是它在找参考零点，然后才工作。

5. 温度传感器

温度传感器(Temperature Transducer)(图1.28)是指能感受温度并转换成可用输出信号的传感器。温度传感器按测量方式可分为接触式和非接触式两大类。

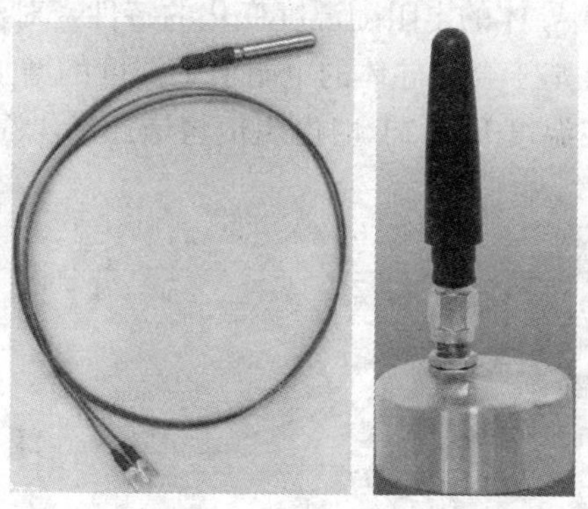

图1.28　温度传感器

接触式温度传感器的检测部分与被测对象有良好的接触，又被称为温度计，一般测量精度较高。非接触式温度传感器的敏感元件与被测对象互不接触，又被称为非接触式测温仪表。它的优点是测量上限不受感温元件耐温程度限制，因而在原则上对最高可测温度没有限制。对于1800℃以上的高温，主要采用非接触测温方法。

按照传感器材料及电子元件特性温度传感器分为4种主要类型：热电偶、热电阻、热敏电阻和IC温度传感器(包括模拟输出和数字输出两种类型)。

1）热电偶

热电偶是温度测量中最常用的温度传感器，如图1.29所示。其主要好处是宽温度范围和适应各种大气环境，而且结实、价低、无须供电。热电偶由在一端连接的两条不同金属线(金属 A 和金属 B)构成，当热电偶一端受热时，热电偶电路中就有电势差，可用测量获得的电势差来计算温度。

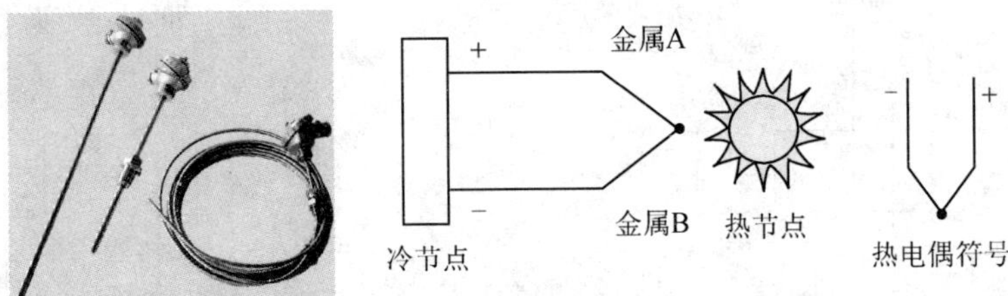

图 1.29　热电偶

热节点(测量节点)位于热电偶顶端，用于感应待测量温度；冷节点(参考节点)位于热电偶的另一端，保持温度恒定(对于保持温度精确测量至关重要)，提供参考点。

热电偶探针由金属管和内部的热电偶导线组成，金属管壁就是探针的外壳。探针分为接地、不接地和外露型 3 种。

【特别提示】

热电偶探针的类型应根据工作条件(如温度范围、工作环境等)进行选择，不同热电偶的电压输出曲线不同。在更换热电偶时，不但类型要匹配，而且从温度感应元件到测量元件，包括连接线在内的全部部件都需要匹配。

2） 热电阻

热电阻(图 1.30)是利用导体的电阻随温度变化的特性，对温度和温度有关的参数进行检测的装置。热电阻测温是基于金属导体的电阻值随温度的增加而增加这一特性来进行温度测量的。大多数热电阻在温度升高 1℃时电阻值将增加 0.4% ～ 0.6%。

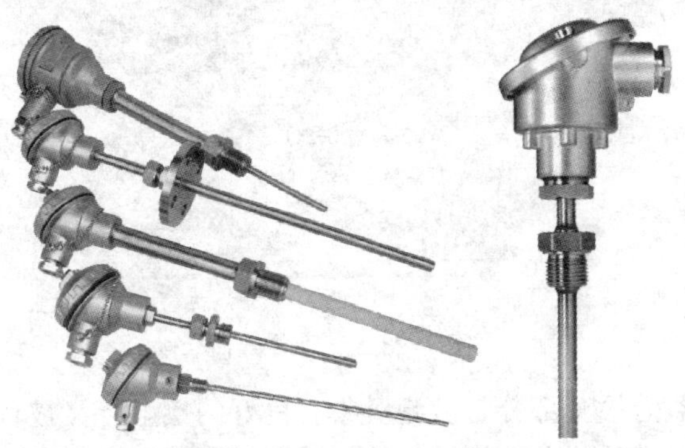

图 1.30　热电阻温度传感器

热电阻大都由纯金属材料制成，目前应用最多的是铂和铜，此外现在已开始采用镍、锰和铑等材料制造热电阻。以铂为例，铂属贵重金属，具有耐高温、温度特性好、使用寿命长等特点。铂电阻阻值与温度之间的关系是非线性，即

$$R_t = R_0 (I + \alpha t + \beta t^2) \ (t \text{ 为 } 0 \sim 630℃)$$

式中：R_t 为铂热电阻的电阻值，Ω；R_0 为铂热电阻在 0℃时的电阻值，$R_0 = 100Ω$；α 为一阶温度系数，$\alpha = 3.908 \times 10^{-3}$℃；$\beta$ 为二阶温度系数，$\beta = 5.802 \times 10^{-7}$℃。在实际

测温电路中，测量的是铂电阻的电压量，因而需由铂热电阻的电阻值推导出相应的电压值与温度之间的函数关系，即

$$U_t = f(R_t)$$

热电阻传感器的主要优点如下。

(1) 测量精度高(因为材料的电阻温度特性稳定)、复现性好，与热电偶相比它没有参比端误差问题。

(2) 有较大的测量范围，尤其在低温方面。

(3) 易于使用在自动测量和远距离测量中。

【特别提示】

对热电阻的安装应以有利于测温准确、安全可靠、维修方便且不影响设备运行和生产操作为原则。若要满足以上要求，则在选择对热电阻的安装部位和插入深度时要注意以下几点。

① 为了使热电阻的测量端与被测介质之间有充分的热交换，应合理选择测点位置，尽量避免在阀门、弯头及管道和设备的死角附近装设热电阻。

② 带有保护套管的热电阻有传热和散热损失，为了减少测量误差，热电偶和热电阻应该有足够的插入深度。

③ 对于测量管道中心流体温度的热电阻，一般都应将其测量端插入到管道中心处(垂直安装或倾斜安装)。如果被测流体的管道直径是200mm，那么热电阻插入深度应选择100mm。

④ 对于高温高压和高速流体的温度测量(如主蒸汽温度)，为了减小保护套对流体的阻力和防止保护套在流体作用下发生断裂，可采取保护管浅插方式或采用热套式热电阻。浅插式热电阻保护套管，其插入主蒸汽管道的深度应不小于75mm；热套式热电阻的标准插入深度为100mm。

⑤ 假如需要测量的是烟道内烟气的温度，那么尽管烟道直径为4m，但热电阻插入深度为1m即可。

⑥ 当测量原件插入深度超过1m时，应尽可能垂直安装或加装支撑架和保护套管。

3) 热敏电阻

热敏电阻通常被定义为对温度敏感的电阻，其阻值随温度的变化而变化，如图1.31所示。通常将其分为负温度系数热敏电阻(NTC，阻值随温度的升高而减小)、正温度系数热敏电阻(PTC，阻值随温度的升高而增大)和临界温度热敏电阻(CTR，具有负电阻突变特性，在某一温度下，电阻值随温度的增加急剧减小，具有很大的负温度系数)。

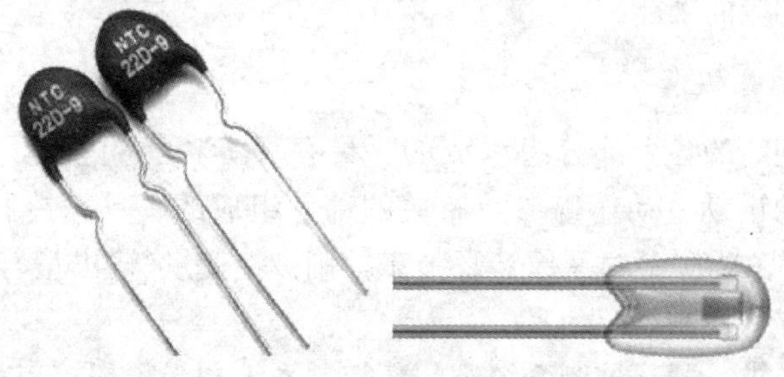

图1.31　热敏电阻

热敏电阻比热电阻(RTD)和热电偶更精确(一种常用热敏电阻在25℃时的阻值为5kΩ，每1℃的温度改变造成200Ω的电阻变化。注意：10Ω的引线电阻仅造成可忽略的0.05℃误差)，是最灵敏的温度传感器。但是，热敏电阻的线性度极差，并且与生产工艺

有很大关系，而且制造商给不出标准化的热敏电阻曲线。

热敏电阻体积非常小(能够测量其他温度计无法测量的空隙、腔体及生物体内血管的温度，如安装在电动机中的热敏电阻，通过监测电动机绕组的温度变化实现标准过载保护)，对温度变化的响应也快，电阻温度系数要比金属大 10～100 倍，但小尺寸也使它对自热误差极为敏感。

热敏电阻有较好的精度，但它比热电偶贵，可测温度范围也小于热电偶。它非常适合于需要进行快速和灵敏温度测量的电流控制应用。其尺寸小对于有空间要求的应用是有利的，但必须注意防止自热误差。

【特别提示】

热敏电阻有其自身的测量技巧。热敏电阻体积小是优点，它能很快稳定，且不会造成热负载。但是，也因此很不结实，大电流会造成自热。由于热敏电阻是一种电阻性器件，所以任何电流源都会在其上因功率而造成发热。

4) IC 温度传感器

IC 温度传感器（图 1.32）的温度感应元件为硅芯片，其体积大多较小，它根据半导体二极管的伏安特性曲线对温度敏感的原理工作。

图 1.32　IC 温度传感器

尽管测量温度范围有限(低于 200℃)，但在工作温度范围内 IC 温度传感器产生线性输出信号。IC 温度传感器有两种类型：模拟温度传感器和数字温度传感器。模拟温度传感器的电流或电压与温度成正比，数字温度传感器输出的是“0”或“1”的数字信号，特别适合连接微控制器。

1.1.5　控制系统

机电传动控制系统(控制功能)的核心是信息处理与控制，各个部分必须以控制论为指导，由控制器(继电器、可编程控制器、微处理器、单片机、计算机等)实现协调与匹配，使整体处于最优工况，且实现相应的功能。

1. 控制系统的基本概念

系统是由相互制约的各个部分组织成的、具有一定功能的整体。在机电传动与控制中，将与控制设备的运动、动作等参数有关的部分组成的、具有控制功能的整体称为系统。将用控制信号(输入量)通过系统诸环节来控制被控变量(输出量)，使其按规定的方式和要求变化的系统称为控制系统。

控制系统分为 3 类：开环控制系统、闭环控制系统和半闭环控制系统。

将输出量只受输入量控制的系统称为开环控制系统，如图 1.33 所示。

在任何开环控制系统中，系统的输出量都不与参考输入量进行比较。对应于每个参考输入量，都有一个相应的固定工作状态与之相对应，系统中没有反馈回路(反馈是把一个系统的输出量不断直接或间接变换后，全部或部分地返回到输入量，再输入到系统中去的

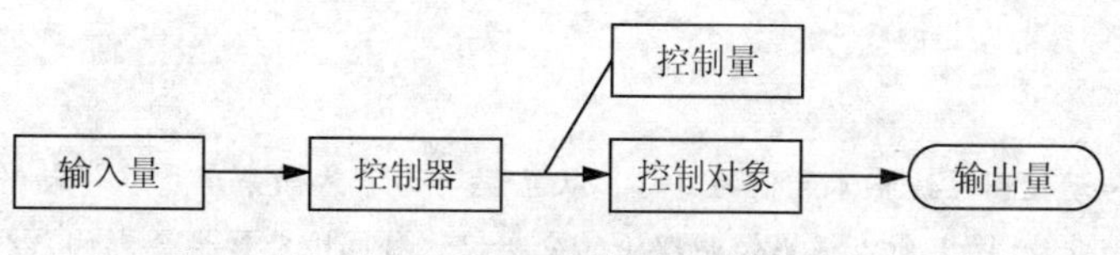

图 1.33　开环控制系统

过程）。例如，用步进电动机作为执行元件的经济简易型数控机床，其控制系统就是一个开环系统。因为机床的坐标进给控制信导是直接通过控制装置和驱动装置推动工作台运动到指定位置，而且坐标信号不再反馈。当控制系统出现扰动时，输出量便会出现偏差，因此开环控制系统缺乏精确性和适应性，但它是最简单、最经济的一类控制系统，一般使用在对精度要求不高的机械设备中(如旧机床的改造)。

输出量同时受输入量和输出量控制，即输出量对系统有控制作用，这种存在反馈回路的系统被称为闭环控制系统，如图 1.34 所示。现有的全功能型机器人和 CNC 机床的坐标驱动系统等都属于闭环控制系统。

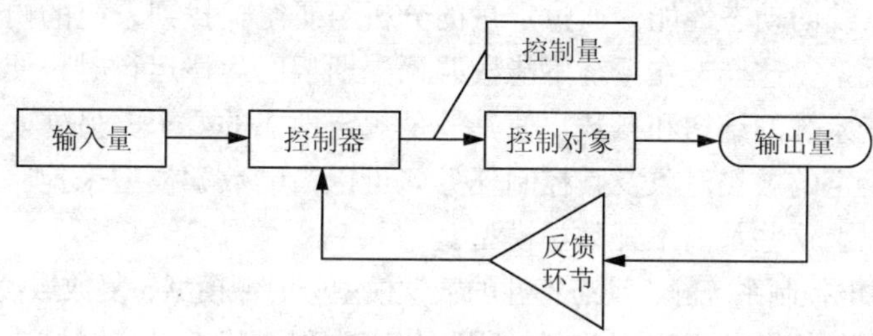

图 1.34　闭环控制系统

【特别提示】

在 CNC 机床的坐标驱动系统中，只有以坐标位置量为直接输出量，即在工作台上安装长光栅等位移测量元件作为反馈元件的系统才被称为闭环控制系统。那些以交、直流伺服电动机的角位移作为输出量，用圆光栅作为反馈元件的系统则被称为半闭环控制系统。

采用半闭环控制系统的优点在于没有将伺服电动机与工作台之间的传动机构和工作台本身包括在控制系统内，系统易调整、稳定性好，且整体造价低。半闭环控制系统如图 1.35 所示。

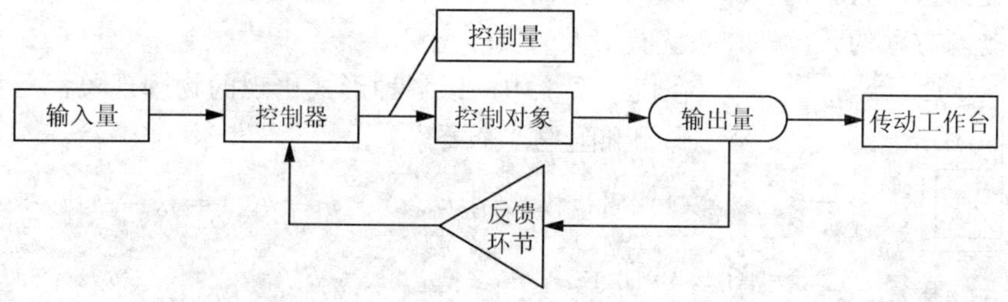

图 1.35　半闭环控制系统

【特别提示】

为了实现机电传动控制系统整体最佳的目标，从系统动力学方面来考虑，传动链越短越好。因为在传动副中存在“间隙非线性”，所以根据控制理论的分析，这种间隙非线性会影响系统的动态性能和稳定性，另外传动件本身的转动惯量也会影响系统的响应速度及系统的稳定性。“半闭环控制”的存在其原因就在于此。

2. 机电传动控制系统的数学模型

数学模型是系统动态特性的数学描述。由于在系统从初始状态向新的稳定状态过渡的过程中，系统中的各个变量都要随时间而变化，因而在描述系统动态特性的数学模型中不仅会出现这些变量本身，而且也包含这些变量的各阶导数，所以系统的动态特性方程式就是微分方程式，它是表示系统数学模型最基本的形式。

在研究与分析一个机电控制系统时，不仅要定性地了解系统的工作原理及特性，而且还要定量地描述系统的动态性能。通过定量的分析与研究，找到系统的内部结构及参数与系统性能之间的关系。这样，在系统不能按照预先期望的规律运行时，便可通过对模型的分析，适当地改变系统的结构和参数，使其满足规定性能的要求。另外，在设计一个系统的过程中，对于给定的被控对象及其控制任务，可以借助数学模型来检验设计思想，以构成完整的系统。以上这些都离不开数学模型。

常用的描述机电控制系统静、动态特性的数学模型有时域模型、复数域模型和频域模型。

（1）时域模型包括微分方程、差分方程和状态方程。特点是在时域中对控制系统进行描述，具有直观、准确的优点，并且可以提供系统时间响应的全部信息。不足之处是当系统的结构发生改变或某个参数变化时，要重新列写并求解微分方程，不便于对系统的分析和设计。

（2）复数域模型包括系统传递函数和结构图。传递函数不仅可以表征系统的动态性能，而且可以用来研究系统的结构或参数变化对系统性能的影响。

（3）频域模型主要描述系统的频率特性。频率特性与系统的参数及结构密切相关。例如，对于二阶系统，频率特性与过渡过程性能指标有确定的对应关系，对于高阶系统，两者也存在近似关系，故可以用研究频率特性的方法，把系统参数和结构的变化与过渡过程指标联系起来。相对于时域和复数域模型来说，频域模型中的频率特性有明确的物理意义，很多元部件的频率特性都可以用实验的方法来确定。这对于难以从分析其物理规律着手来列写动态方程的元部件和系统有很大的实际意义。

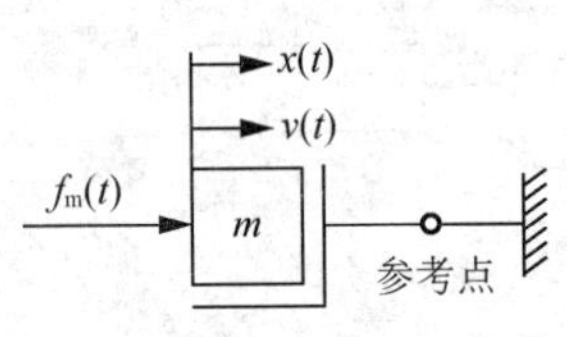

图 1.36　质量模型

在机械系统中，以各种形式出现的物理现象都可简化为质量、弹簧和阻尼 3 个要素。

（1）质量模型用 $f_{\mathrm{m}}(t)=m\dfrac{\mathrm{d}}{\mathrm{d}t}v(t)=m\dfrac{\mathrm{d}^2}{\mathrm{d}t^2}x(t)$ 来描述，如图 1.36 所示。

（2）弹簧模型用 $f_{\mathrm{K}}(t)=K[x_1(t)-x_2(t)]$ 来描述，如图 1.37 所示。

阻尼模型用下式表示，如图 1.38 所示。

$$
\begin{aligned}
f_C(t) &= C[v_1(t) - v_2(t)] = Cv(t) \\
&= C\left(\frac{dx_1(t)}{dt} - \frac{dx_2(t)}{dt}\right) \\
&= C\frac{dx(t)}{dt}
\end{aligned}
$$

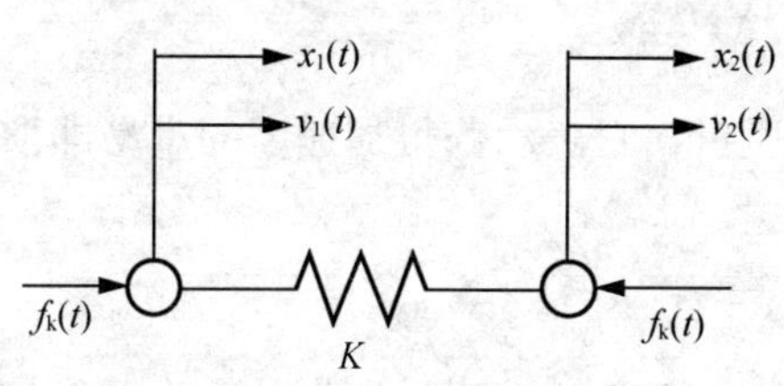

图 1.37　弹簧模型

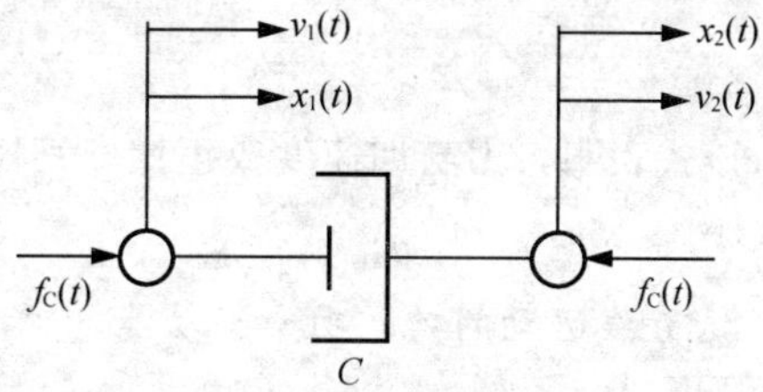

图 1.38　阻尼模型

思考与练习

1. 机电传动控制系统有哪五大基本要素？各具有什么功能？
2. 什么叫开环控制系统、半闭环控制系统和闭环控制系统？
3. 常用减速器有哪些类型？各有什么特点？
4. 何种类型的对象应选择电容型接近传感器而不选择电感型接近传感器？
5. 列举温度传感器的 4 种类型，并说明各自的工作原理。
6. 超声波传感器的工作原理是什么？
7. 概括说明光电编码器的工作原理。
8. 为什么直流测速发电机在使用时不宜超过规定的最高转速、负载电阻不能低于规定值？

1.2　机电传动控制系统的动力学基础

机电传动系统是一个由电动机拖动，并通过传动机构带动生产机械运转的机电运动动力学整体。尽管电动机种类繁多、特性各异，生产机械的负载性质也各种各样，但从动力学的角度来分析，都应服从动力学的统一规律。

1.2.1　直线运动

1. 距离、速度、加速度、力

当物体做直线运动时，假定其移动距离为 s(m)，速度为 v(m/s)，加速度为 a(m/s^2)，且均为时间 t(s)的函数，那么这些量相互之间有下述关系。

速度与距离的关系为

$$v = \frac{ds}{dt}$$

加速度与速度及距离的关系为

$$a=\frac{\mathrm{d}v}{\mathrm{d}t}=\frac{\mathrm{d}^2 s}{\mathrm{d}t^2}$$

如果物体的质量为M(kg)，加速度为a(m/s^2)，力为F(N)，则力与加速度及质量的关系(运动方程式)为

$$F=Ma=M\frac{\mathrm{d}v}{\mathrm{d}t}=M\frac{\mathrm{d}^2 s}{\mathrm{d}t^2}$$

该式表明，力与加速度成正比，其比例系数为质量，它表示获得加速度的难易即惯性的大小。

2. 直线运动的功、功率、动能

当力F(N)作用于物体，并使该物体在力的方向上移动s(m)时，所做的功为

$$W=\int_0^s F\mathrm{d}s$$

当力为常数时，所做的功为

$$W=FS$$

做功的快慢程度，即单位时间所做的功被称为功率，可表示为

$$P=\frac{\mathrm{d}W}{\mathrm{d}t}=F\frac{\mathrm{d}s}{\mathrm{d}t}=Fv$$

当质量为M(kg)的物体以速度v(m/s)运动时，该物体所具有的动能为

$$A=\frac{1}{2}Mv^2$$

由上式可知，能量的单位与功的单位相同。也就是说，为了使物体的速度由零上升到V需要对物体做大小等于A的功；另一方面，具有动能为A的物体在停止之前，只具有大小为A的做功能力。

1.2.2 旋转运动

1. 转矩、角速度

电动机带动物体旋转的能力用转矩(也称为扭矩)τ描述。τ的定义是作用在构件某截面上的力对过其形心且垂直于横截面的轴之力矩，即

$$\tau=Fr(\mathrm{N\cdot m})$$

式中：F为力，N；r为旋转半径，m。

角加速度与角速度及角度的关系为

$$a_\theta=\frac{\mathrm{d}\omega}{\mathrm{d}t}=\frac{\mathrm{d}\theta^2}{\mathrm{d}t^2}\qquad \omega=\frac{\mathrm{d}\theta}{\mathrm{d}t}$$

2. 转动惯量、飞轮矩、运动方程

如图1.39所示，在距旋转轴r(m)处有一质量为m(kg)的质点，在绕轴旋转时，速度v与角速度ω、加速度a与角加速度a_θ的关系分别为

$$v=r\omega,\ a=ra_\theta$$

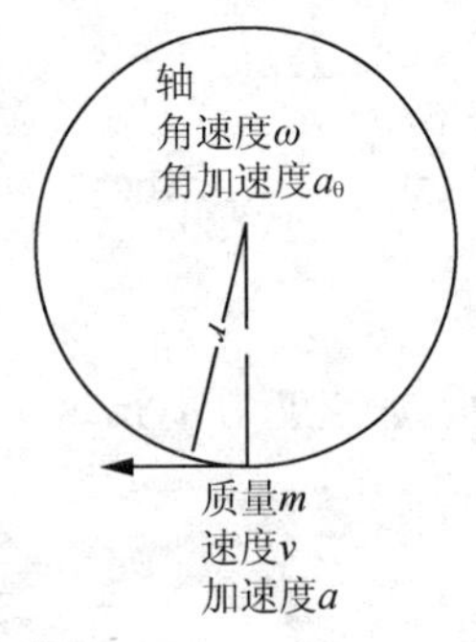

图1.39 速度与角速度

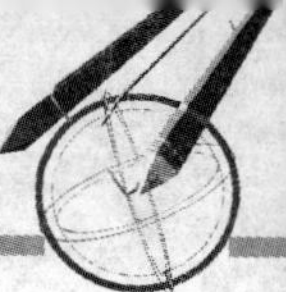

因此，$\tau = Fr = mar = mr^2 a_\theta$

若让力 F 及加速度 a 分别与转矩 τ 及角加速度 a_θ 相对应，那么转动惯量 mr^2 与质量 m 相对应。若旋转体旋转的转矩为 T，是作用于旋转体各质点的转矩之总和，则

$$T = \sum \tau = a_\theta \sum mr^2$$

上式中构成该旋转体各质点的质量与各自至旋转轴距离平方的乘积 mr^2 的总和被称为转动惯量，即

$$J = \sum mr^2 = MR^2$$

式中：$M = \sum m$ 表示旋转体的总质量；R 表示等值距离。

【特别提示】

R 的含义是当把物体的总质量集中在距旋转轴的距离为 R 的地方时，转动惯量等于该旋转体具有的转动惯量。等值距离又被称作旋转半径。

于是，与直线运动相对应的旋转运动的运动方程式(转矩与角加速度及转动惯量之间的关系)为

$$T = Ja_\theta = J\frac{\mathrm{d}\omega}{\mathrm{d}t}$$

直线运动与旋转运动各量的对应关系见表 1－4。

表 1－4　计量单位对照表

直线运动	旋转运动	直线运动	旋转运动
力 F/N	转矩 T (N·m)	速度 v/(m/s)	角速度 ω(rad/s)
质量 M /kg	转动惯量 J(kg· m^2)	距离 s/(m)	角度 θ/rad
加速度 a/(m/s^2)	角加速度 a_θ(rad/s^2)		

在工程中，通常不用转动惯量而用飞轮矩 GD^2，两者的关系是

$$GD^2 = 4gJ(\mathrm{kg \cdot m^2})$$

式中：G 为重力；g 为重力加速度；D 为直径。

上式由 $J = \sum mr^2 = MR^2, M = G/g, D = 2R$ 不难推出。

3. 旋转运动的功、功率、动能

若转矩为 T(N·m)，角度为 θ(rad)，则旋转运动所做的功为

$$W = T\theta$$

功率表达式为

$$P = \frac{\mathrm{d}W}{\mathrm{d}t} = T\omega \ (\mathrm{W})$$

通常使用电动机每分钟的转数 n(r/min)表示角速度，即 n 与 ω 的关系为

$$\omega = \frac{2\pi n}{60}$$

因此，旋转运动的功率为

$$P = T\frac{2\pi n}{60} = 0.1047Tn\ (\mathrm{W})$$

1.2.3 机电传动系统的运动方程式

图 1.40 所示为一单轴机电传动系统，它是利用由电动机 M 产生的转矩 T_M 来克服负载转矩 T_L，以带动生产机械运动，当这两个转矩平衡时，传动系统维持恒速转动(或相对静止状态)，转速 n 不变。

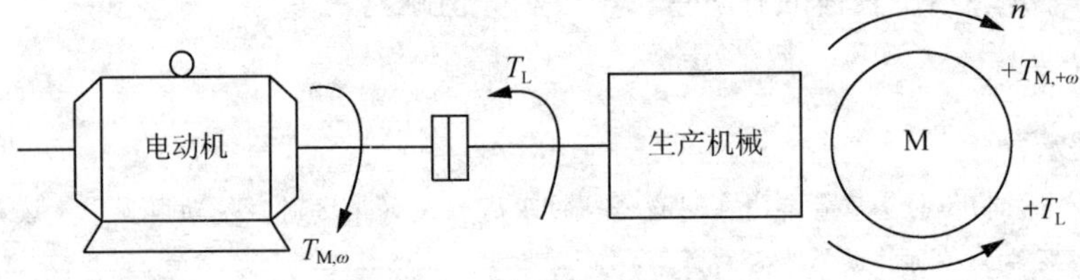

图 1.40 单轴机电传动系统

当 T_M 和 T_L 不相等时，速度(n 或是 ω)就要变化，产生加速或减速。速度变化的大小与传动系统的转动惯量 J 有关，把上述的这些关系用方程式表示就是单轴机电传动系统的运动方程式，即

$$T_M - T_L = J\frac{\mathrm{d}\omega}{\mathrm{d}t}$$

把 J 用飞轮矩 GD^2 代替，ω 用 n 代替的话，上式变为

$$T_M - T_L = J\frac{\mathrm{d}\omega}{\mathrm{d}t} = \frac{GD^2}{4g}\frac{2\pi}{60}\frac{\mathrm{d}n}{\mathrm{d}t} = \frac{GD^2}{375}\frac{\mathrm{d}n}{\mathrm{d}t}$$

式中：$\frac{\mathrm{d}n}{\mathrm{d}t}$ 是转速的变化率，r/(min·s)。

该方程式是研究机电传动系统最基本的方程式，它决定着系统运动的特征。

当 $T_M > T_L$ 时，传动系统为加速运动；当 $T_M < T_L$ 时，传动系统为减速运动。将系统处于加速或减速的运动状态称为动态。

【特别提示】

以上介绍的是单轴机电传动系统的运动方程式，实际的传动系统一般是多轴传动系统，在这种情况下，为了列出这个系统的运动方程，必须先将各转动部分的转矩和转动惯量或直线运动部分的质量都折算到某一根轴(一般折算到电动机轴上)上。折算时的基本原则是折算前的多轴传动系统同折算后的单轴传动系统在能量关系或功率关系上保持不变。

思考与练习

1. 试列出图 1.41 所示的情况下系统的运动方程式，并说明系统的运行状态是加速、减速还是匀速。(图 1.41 中的箭头方向表示转矩的实际作用方向。)

2. 在机电传动系统中，飞轮矩的含义是什么？

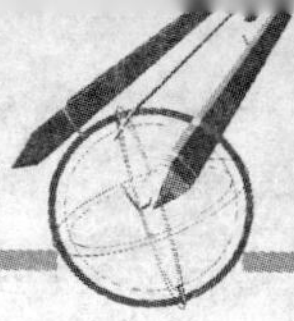

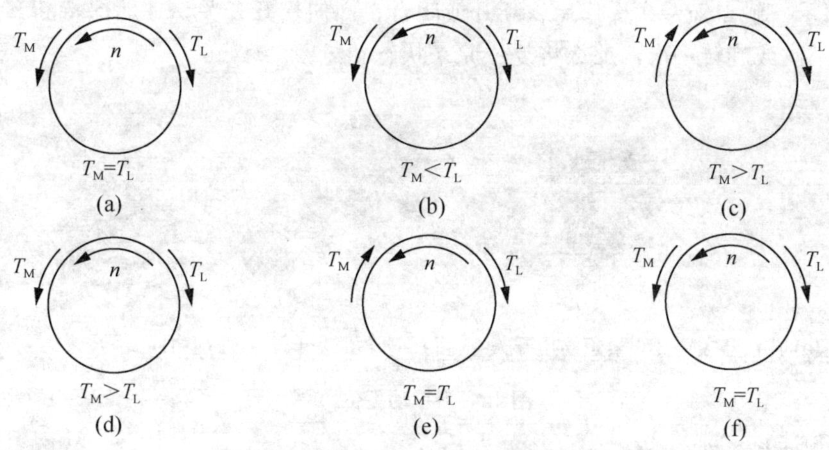

图 1.41　思考与练习题 1 图

1.3　基本控制电器

在机电传动控制系统中，使用了从简单的按钮开关到复杂的固态传感器等各种设备，以将控制电能传输给电气负载。控制设备按动作性质可分为非自动电器和自动电器；按其用途又可分为 3 类，即控制电器、保护电器、执行电器。

1.3.1　控制电器

控制电器是指能够通过手动或自动接通或断开电路，以用来断续或连续的改变电路参数或状态，从而实现对电路或非电对象的检测、控制和调节作用的电气元件或设备。

1. 手控电器

手控电器按操作方式分为为手动操作(按钮开关、扭子开关、选择开关）和机械操作(利用机械的移动进行操作，如限位开关)。复位方式包括自动复位(依靠手动、机械、电子继电器工作，当外力消失时，自动复位，如按钮开关、继电器、定时器）和手动复位。

(1) 自动复位(None Lock Or Spring Return)。大部分按钮开关(Push Button Switch，图 1.42)为复位式。在按下按钮时，触点保持断开、闭合状态，若松开按钮，开关则会在内部弹簧的作用下复位到原状态。

(a) 脚踏开关　　(b) 按钮开关

图 1.42　自动复位

(2) 手动复位(保持型）。其类似于转换开关(Tumbler)、选择开关、紧急停止开关，如图 1.43 所示。触点经一次操作后将断开或闭合，即使松开开关，依然保持断开/闭合状态，若再按一次或旋转一次，那么将复位原来状态。

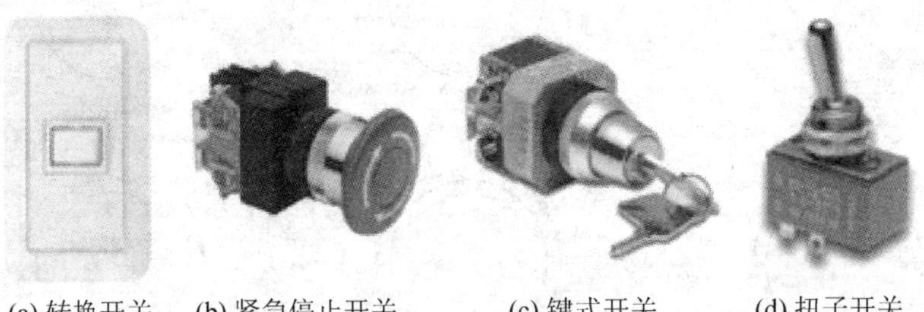

(a) 转换开关　(b) 紧急停止开关　(c) 键式开关　(d) 扭子开关

图 1.43　手动复位

下面对几种开关进行介绍。

1）刀开关

刀开关使用机械杠杆原理实现电气触点的开关控制，在低压电路中用于不频繁地接通和分断电路，或用于隔离电源，故又被称为“隔离开关”。

刀开关的结构及符号如图 1.44(a)所示。它由安装在底板上的刀夹座(静触头)和手动或手柄操作的刀极(动触头)等组成。在具有较大电流的电路，特别是交流电路中，为迅速熄灭在断路时在静触头和动刀极之间出现的电弧，可采用带有快速断弧弹簧的刀开关。

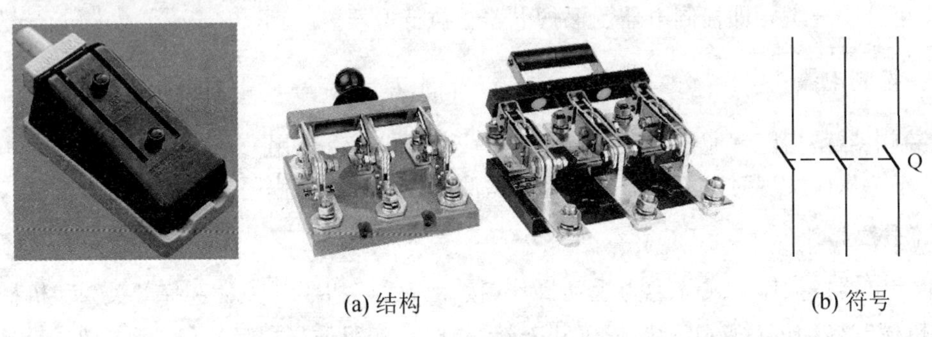

(a) 结构　(b) 符号

图 1.44　刀开关的结构及符号

根据触刀个数的不同，刀开关可分为单极、双极和三极等。其中，双极和三极的刀开关应用得最多，其电路图形符号如图 1.44(b)所示，文字符号用 Q 表示。常用的三极刀开关长期允许通过的电流有 100A、200A、400A、600A、1000A 共 5 种。目前，生产的产品有 HD(单投)和 HS(双投)等系列型号。

刀开关的相关技术参数如下。

(1) 额定电压与额定电流：在规定条件下，保护电器正常工作的电压与电流值。

(2) 通断能力：在规定条件下，能在额定电压下接通和分断的电流值。

(3) 动稳定电流：在规定的使用和性能条件下，开关电路在闭合位置上所能承受的电流峰值。

(4) 机械寿命：开关电器在需要修理或更换机械零件前所能承受的无载操作次数。刀开关为不频繁操作电器，其机械寿命一般为 5000～10 000 次。

(5) 电气寿命：在规定的正常工作条件下，且在开关电器不需修理或更换零件的情况

下，带负载操作次数。刀开关的电气寿命一般为500～1000次。

2）负荷开关

负荷开关是介于断路器和隔离开关之间的一种开关电器，具有简单的灭弧装置，能切断额定负荷电流和一定的过载电流，但不能切断短路电流。按照使用电压可分为高压负荷开关和低压负荷开关，如图1.45所示。

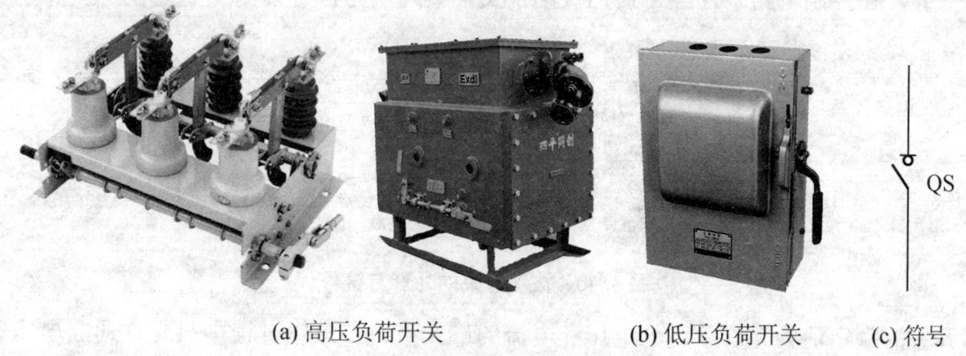

(a) 高压负荷开关　(b) 低压负荷开关　(c) 符号

图1.45　负荷开关及符号

(1) 高压负荷开关。高压负荷开关主要有以下6种。

① 固体产气式高压负荷开关。利用开断电弧本身的能量使弧室的产气材料产生气体来吹灭电弧，其结构较为简单，适用于35kV及以下的产品。

② 压气式高压负荷开关。利用开断过程中的活塞压气吹灭电弧，其结构也较为简单，适用于35kV及以下的产品。

③ 压缩空气式高压负荷开关。利用压缩空气吹灭电弧，能开断较大的电流，其结构较为复杂，适用于60kV及以上的产品。

④ SF_6式高压负荷开关。利用SF_6气体灭弧，其开断电流大，开断电容电流性能好，但结构较为复杂，适用于35kV及以上的产品。

⑤ 油浸式高压负荷开关。利用电弧本身能量使电弧周围的油分解气化并冷却熄灭电弧，其结构较为简单，但重量大，适用于35kV及以下的户外产品。

⑥ 真空式高压负荷开关。利用真空介质灭弧，电寿命长，相对价格较高，适用于220kV及以下的产品。

(2) 低压负荷开关。低压负荷开关又称开关熔断器组，适于交流工频电路中，以手动不频繁地通断有载电路，也可用于线路的过载与短路保护。小容量的低压负荷开关触头其分合速度与手柄操作速度有关。容量较大的低压负荷开关操作机构采用弹簧储能动作原理，其分合速度与手柄操作速度快慢无关，结构较简单，并附有可靠的机械联锁装置，在盖子打开后开关不能合闸及开关合闸后盖子不能打开，可保证工作安全。

【特别提示】

负荷开关能在正常的导电回路条件或规定的过载条件下关合、承载和开断电流，也能在异常的导电回路条件(例如短路)下按规定的时间承载电流。其在使用时要注意以下几点。

① 垂直安装，开关框架、合闸机构、电缆外皮、保护钢管均应可靠接地(不能串联接地)。

② 运行前应进行数次空载分、合闸操作，各转动部分无卡阻，合闸到位，分闸后有足够的安全

距离。

③ 与负荷开关串联使用的熔断器熔体应选配得当，即应在故障电流大于负荷开关的开断能力时能保证熔体先熔断，然后负荷开关才能分闸。

④ 合闸时接触良好，连接部无过热现象，巡检时应注意检查瓷瓶脏污、裂纹、掉瓷、闪烁放电现象。

另外，在控制电路中还经常使用拨动开关，其外形与符号如图 1.46 所示。

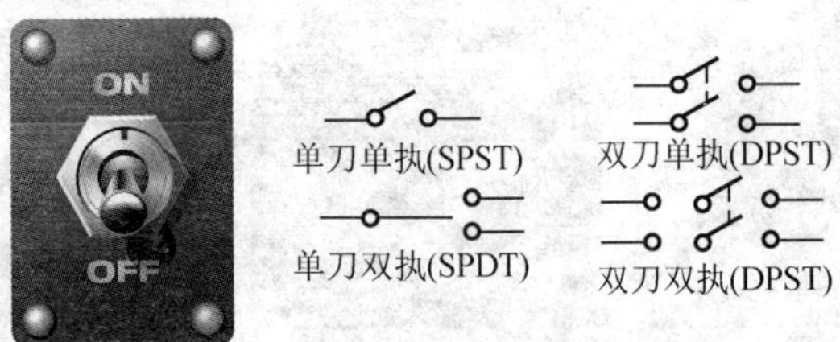

图 1.46　拨动开关的外形与符号

开关的额定值为允许承受的电压和电流的最大值，在工作过程中只允许通断电压和电流低于额定值，不允许比额定值高。例如，当其用于照明电路时可选用额定电压 220V 或 250V，额定电流等于或大于电路最大工作电流的两极开关；当其用于电动机的直接启动时，可选用额定电压为 380V 或 500V，额定电流等于或大于电动机额定电流 3 倍的三极开关。

3) 按钮开关

按钮开关是专门用来操纵控制电路通(ON)、断(OFF)的电器，按其触点的动作状态分为自动复位型(瞬时动作)和保持型(交替动作)，如图 1.47(a)所示。

按钮开关由按钮帽、复位弹簧、桥式触点和外壳等组成，有接通式和分断式两种，但通常做成复合的形式(又称为断续按钮)，如图 1.47(b)所示。

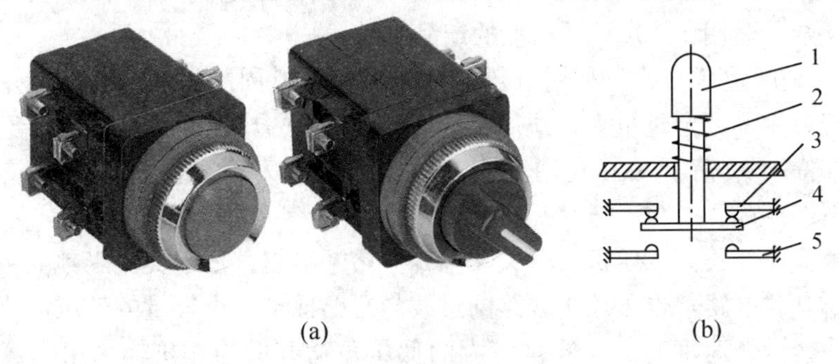

图 1.47　按钮开关

1—按钮帽　2—复位弹簧　3—常闭触头　4—动触头　5—常开触开

按钮在未按下之前，称为常态。常态时闭合的触头被称为常闭触头(在按钮被按下时形成开路，一旦按钮被释放，开关恢复闭合状态)，如图 1.47(b)中所示触头 3；常态时断开的触头称为常开触头(在按钮按下时形成通路，一旦按钮被释放，开关恢复断开状态)，如图 1.47(b)中 5 所示。

将按钮按下时，常闭触头 3 被切断，常开触头 5 被桥式动触头接通，所以常闭触头又被称为动断触头，常开触头又被称为动合触头。这种按钮在控制电路中常作为发出接通或

断开电路命令的元件，又被称为启动按钮或停机按钮。

【特别提示】

触点的显示方法

所谓触点，是指执行电路连接或切断动作的地方，根据动作状态的不同，可分为常开触点(动合触点、a 触点)、常闭触点(动断触点、b 触点)和复合触点(转换触点、c 触点)。电路图中的触点显示为不受外部任何力量作用的状态。

a 触点(Aarbeit Contact、Make Contact、Normal Open，NO)即工作中的触点之意，指平时断开，在外力作用下闭合的触点。

b 触点(Break Contact、Normal Close，NC) 即断开的触点之意，指平时闭合，在外力作用下断开的触点。

c 触点(Change-Over Contact)即转换触点之意，指共享 a 触点与 b 触点的触点。

按钮开关的符号如图 1.48 所示，文字符号用 SB 表示。

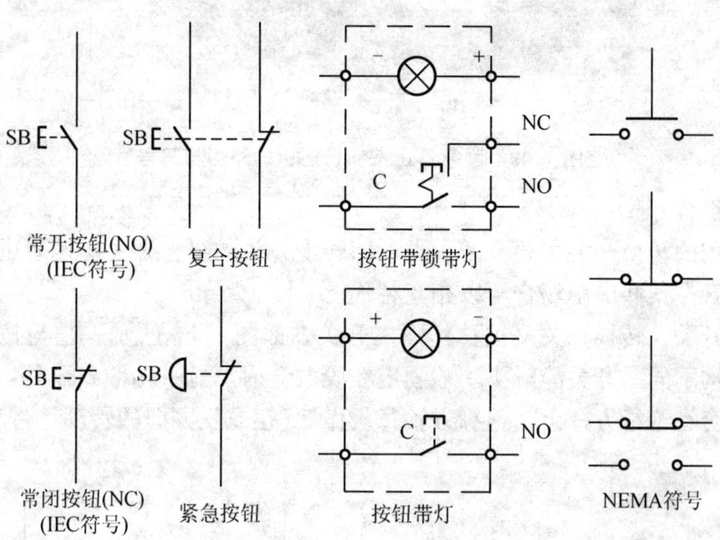

图 1.48　按钮开关的符号

【特别提示】

将一个或多个按钮开关安装在一个公共外壳内称为按钮站。电气外壳用来保护设备不受外界恶劣环境的影响，如灰尘、污垢、油、水、腐蚀性物质与极端温度变化。外壳的具体类型已经由国际电气制造业协会(NEMA)进行了规范。NEMA 外壳类型选择可根据设备安装的具体环境而定。

按钮触头的额定电流一般为 5A，且用在 500V 以下的电路中。为了标明各个按钮的作用，避免误操作，通常将按钮帽做成不同的颜色，以示区别。一般以红色表示“停止”按钮，绿色表示“启动”按钮。“启动”与“停止”交替动作的按钮必须是黑白、白色或灰色，而不得使用红色和绿色。“点动”按钮必须为黑色，“复位”按钮必须为蓝色，当“复位”按钮还有停止作用时，则必须为红色。

保持型按钮在第 1 次按下时，按钮与触点保持按下状态；在第 2 次按下时，解除锁住状态。这种开关被用在电源侧的“ON”、“OFF”按钮。

按钮在结构上有按钮式、自锁式、紧急式、旋钮式和保护式等，有些按钮还带有指示灯，可根据使用场合和具体用途来选用。

【特别提示】

紧急停止按钮(开关)用于帮助用户彻底关闭机器、系统或进程。控制电路中的紧急停止按钮为带有保持触点的蘑菇头式按钮(更容易被发现和触发)，如图 1.49 所示。与普通瞬时型按钮不同，紧急停止按钮(开关)使用保持型触点，当按钮按下后，其常闭保持触点会在人工复位前始终保护断开状态，这可以有效防止在按钮复位前电动机重启。

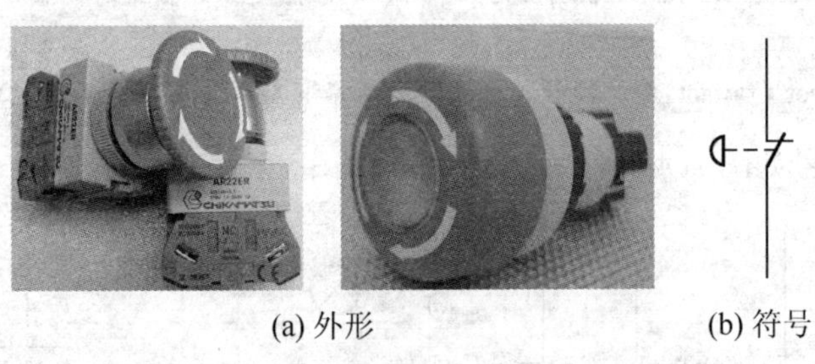

(a) 外形　　(b) 符号

图 1.49　紧急停止按钮(开关)的外形与符号

4) 转换(组合)开关

目前，常用的转换开关主要有两大类，即转换开关和组合开关。两者的结构和工作原理基本相似，且在某些应用场合可以相互替代。

(1) 转换开关。转换开关又被称作隔离开关，如图 1.50 所示。它与按钮开关不同之处在于机械结构不同。开关静触头一端固定在胶木盒内，另一端伸出盒外，与电源或负载相连。动触片套在绝缘方杆上，绝缘方轴每次做 90°正或反方向的转动，带动静触头通断。

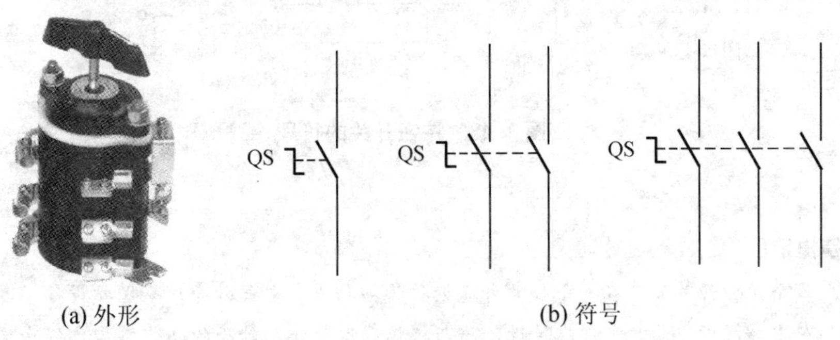

(a) 外形　　(b) 符号

图 1.50　转换开关的外形与符号

转换开关是通过旋转而不是按压来实现触点的断开与闭合，即通过左旋或右旋操作手柄来确定开关的位置。一般情况下，这类开关有两个或多个切换挡位，其通过触点保持机构或者利用弹簧回弹进行操作，从而实现触点通断控制。

转换开关装有快速动作机构，即利用扭簧使动、静触片快速接通或断开，电弧快速熄灭。转换开关结构紧凑、安装面积小、操作方便，可以直接控制功率不大的负载。例如，控制 5kW 以下的三相鼠笼式异步电动机的启停和正反转，有时也做控制线路及信号线路

的转换。

【特别提示】

转换开关与刀开关相比，具有体积小、使用方便、通断电路能力高等优点，所以在机床上广泛地使用转换开关作为电源的引入开关，直接启动、停止小功率异步电动机。

(2) 组合开关。组合开关是一种多挡式、控制多回路的电器。一般可作为各种配电装置的远距离控制，也可作为电压表、电流表的换相开关，还可作为小容量电动机的启动、调速和换向之用。

开关手柄的操作位置以角度来表示，不同型号的转换开关，其手柄有不同的操作位置。当手柄转到不同位置时，通过凸轮的作用，可使各对触头按所需要的规律接通和分断，如图 1.51 所示。

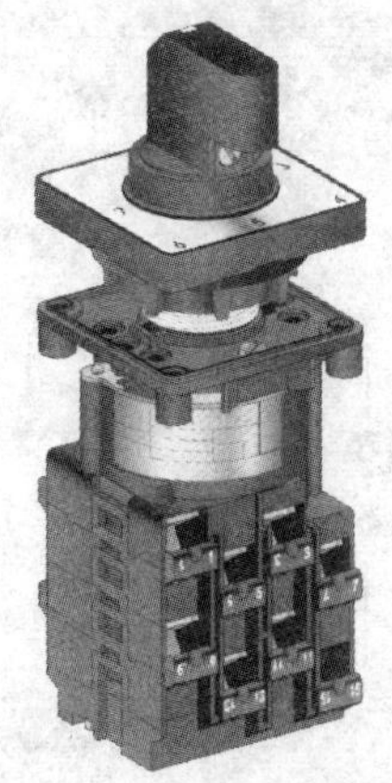

支路	顺	停	倒
1	×		
2	×		
3	×		
4			×
5			×
6			×

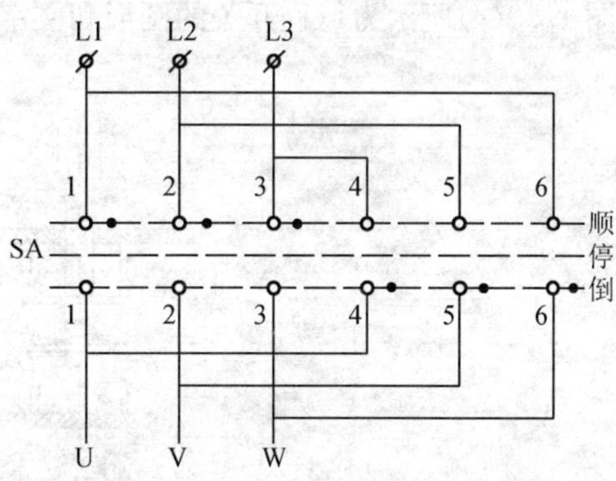

图 1.51　万能转换开关

在图 1.51 所示的表中，×表示手柄转动在该位置时触点闭合，空格表示断开。如当手柄从 0 位置转动到左位置后，触点 1、2、3 闭合；当手柄从 0 位置转动到右位置后，触点 4、5、6 闭合，其余类推。

【特别提示】

当组合开关用作为隔离开关时，其额定电流应低于被隔离电路中各负载电流的总和；当其被用于控制电动机时，其额定电流一般取电动机额定电流的 1.5～2.5 倍。

一般情况下，转换开关没有过载保护，对于大多数电动机而言，在改变旋转方向之前，必须让电动机完全停止下来。

2. 机械开关

机械开关是通过压力、位置或者温度等信号来进行控制的自动开关。

依据生产机械的行程发出命令，以控制其运动方向和行程长短的电器被称为行程开关。行程开关是一种常见的机械操控的电动机控制装置。若将行程开关安装于生产机械行程的给定位置处，用以限制其行程，则其被称为限位开关。

【特别提示】

行程开关常用在电控门、传送带、起重机、机械工具、工作台等设备上，也可用于控制电动机的启动、停止或正反转等机械过程的控制电路中，如图 1.52 所示。

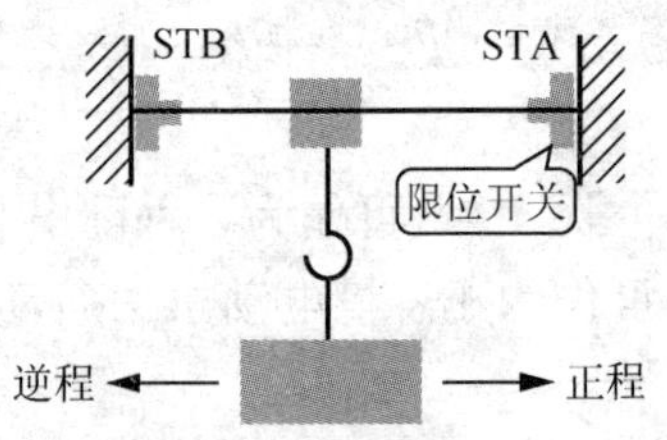

图 1.52 行程控制

行程开关按其结构可分为直动式、滚轮旋转式和微动式 3 种。

1）直动式行程开关

直动式行程开关的外形如图 1.53(a)所示，它的动作原理与按钮相同，如图 1.53(b)所示。

当外部机械碰撞压杆时，使其向下运动，同时压缩复位弹簧，断开常闭(动断)触点，闭合常开(动合)触点。当压杆被释放时，在复位弹簧的作用下恢复原位。

图 1.53(c)所示为行程开关的图形和文字符号。

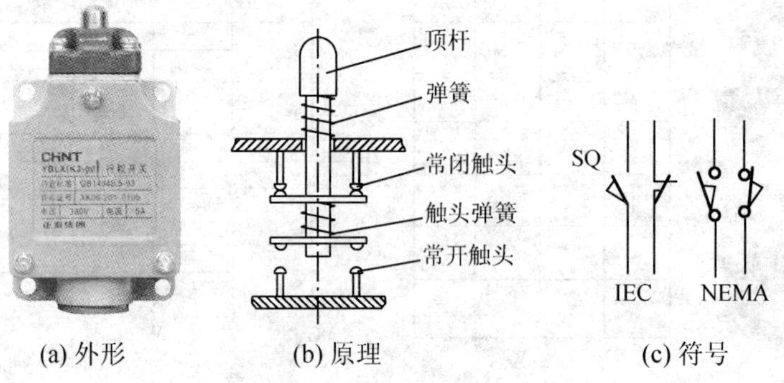

(a) 外形　(b) 原理　(c) 符号

图 1.53 直动式行程开关

【特别提示】

行程开关的缺点是触点分合速度取决于生产机械的移动速度，当移动速度低于 0.4m/min 时，触点分断太慢，易受电弧烧损。

2）滚轮旋转式行程开关

滚轮式行程开关如图 1.54 所示，其动作过程为在挡块碰撞滚轮的作用下，带动转臂

图 1.54 滚轮旋转式行程开关

使触头瞬间切换，在挡块离开后，复位弹簧带动触头复位。两个滚轮的行程开关没有复位弹簧，当生产机械反向运动时，挡块撞击另一滚轮，使行程开关复位。由于双滚轮行程开关具有位置“记忆”功能，因而在某些情况下可以简化线路。

【特别提示】

滚轮旋转式行程开关的优点是开断电流大、动作可靠；其缺点是体积大，结构复杂、价格高。

3）微动式行程开关

微动式行程开关是一种小型速动开关，其外形与工作原理如图 1.55 所示。当生产机械的行程比较小而作用力也很小时，可采用具有瞬时动作和微小行程的微动式行程开关。

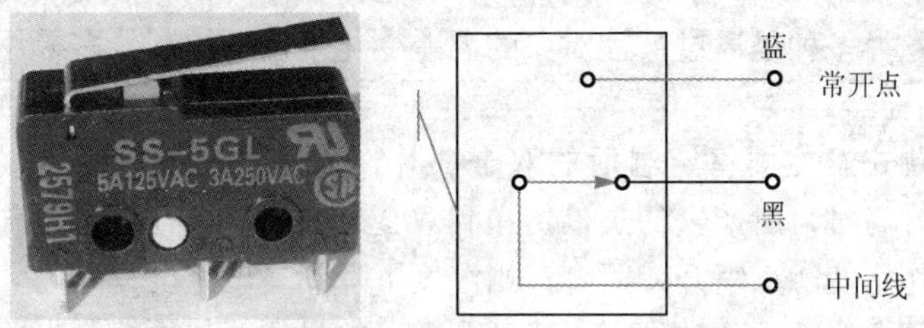

图 1.55　微动式行程开关的外形与工作原理

微动式行程开关是一种施压促动的快速开关，又叫灵敏开关。其工作原理是外机械力通过传动元件(按销、按钮、杠杆、滚轮等)将力作用于动作簧片上，当能量积聚到临界点后，产生瞬时动作，使动作簧片末端的动触点与定触点快速接通或断开。并在传动元件上的作用力移去后，动作簧片产生反向动作力，并在传动元件反向行程达到簧片的动作临界点后，瞬时完成反向动作。微动式行程开关的触点间距小、动作行程短、按动力小、通断迅速，且其动触点的动作速度与传动元件动作速度无关。

微动式行程开关以按销式为基本型，可派生出按钮短行程式、按钮大行程式、按钮特大行程式、滚轮按钮式、簧片滚轮式、杠杆滚轮式、短动臂式、长动臂式等。微动式行程开关在电子设备及其他设备中用于需频繁换接电路的自动控制及安全保护等装置中。

【特别提示】

所谓速动开关，是指机械开关内部触点由一个位置变动到另一位置时的动作迅速，且动断速度固定，不受触发机构移动速度的影响，其缺点是寿命较短。

3. 温控设备

温控设备也叫温度控制器(Thermostat)，其外形及符号如图 1.56 所示。它是指根据工作环境的温度变化，在开关内部发生物理形变，从而产生某些特殊效应，继而产生导通或者断开动作的一系列自动控制元件。

温度控制器的应用范围非常广泛(如家电、电机、制冷制热产品、电力部门使用的各种高低压开关柜、干式变压器、箱式变电站等)，它的工作原理是通过温度传感器对环境温度自动进行采样、即时监控，当环境温度高于控制设定值时，控制电路启动(如当升到设定的超限报警温度点时，启动超限报警功能，当被控制的温度不能得到有效的控制时，为了防止设备的毁坏还可以通过跳闸的功能来停止设备继续运行)，且可以设置控制回差。

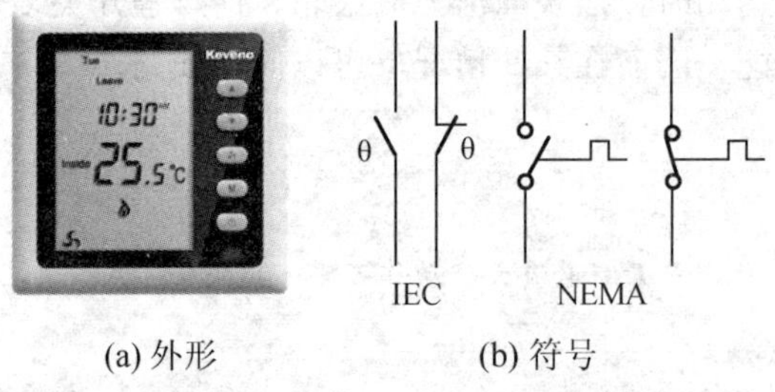

(a) 外形　　(b) 符号

图 1.56　温控设备的外形及符号

温度控制器的控制方法一般分为两种；一种是由被控对象的温度变化来进行控制，多采用蒸汽压力式；另一种是通过被控对象的温差变化来进行控制，多采用电子式。

1）突跳式温控器

双金属片突跳式温控器将定温后的双金属片作为热敏感反应组件，如图 1.57 所示。当产品主件温度升高时，所产生的热量传递到双金属圆片上，在达到动作温度设定时迅速动作，通过机构作用使触点断开或闭合；当温度下降到复位温度设定时，双金属片迅速回复原状，使触点闭合或断开，达到接通或断开电路的目的，从而控制电路。

突跳式温控器通常与热熔断器串接使用。其中，突跳式温控器作为一级保护，热熔断器则在突跳式温控器失效导致电热元件超温时，作为二级保护，以有效地防止烧坏电热元件以及由此而引起的火灾事故。

2）液涨式温控器

液涨式温控器(图 1.58)的工作原理是当被控制对象的温度发生变化时，使温控器感温部内的物质(一般是液体)产生相应的热胀冷缩的物理现象(体积变化)，而且与感温部连通在一起的膜盒也产生膨胀或收缩，从而以杠杆原理带动开关通断动作，达到恒温目的。

图 1.57　双金属片突跳式温控器□

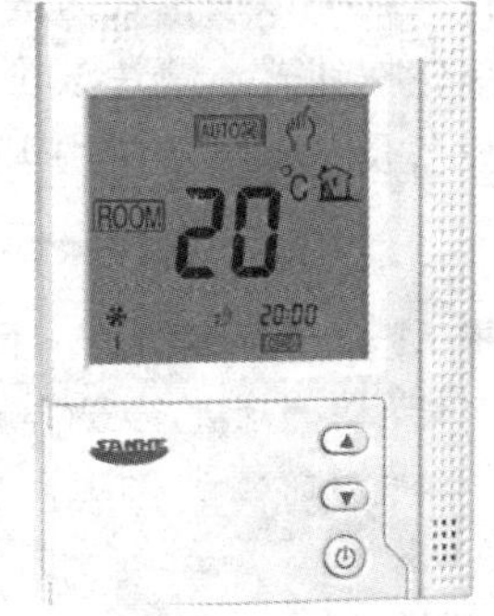

图 1.58　液涨式温控器□

液涨式温控器具有控温准确、稳定可靠、开停温差小、控制温控调节范围大、过载电流大等性能特点，主要用于家电行业、电热设备、制冷行业等温度控制场合中。

3）压力式温控器

压力式温控器通过密闭的内充感温材质的温包和毛细管，把被控温度的变化转变为空间压力或容积的变化。当达到温度设定值时，通过弹性元件和快速瞬动机构，自动关闭触头，以达到自动控制温度的目的。它由感温部、温度设定主体部、执行开闭的微动开关或

自动风门三部分组成，适用于制冷器(如电冰箱冰柜等)和制热器等场合。

4）电子式温控器

电子式温度控制器(电阻式)是采用电阻感温的方法来测量的，一般采用白金丝、铜丝、钨丝以及热敏电阻(一般家用空调大都使用)等作为测温电阻。电子式温度控制器具有稳定、体积小的优点，在越来越多的领域中得到使用。

【特别提示】

数字电子式温度控制器(图1.59)是一种精确的温度检测控制器，可以对温度进行数字量化控制，具有灵敏度好、直观、操作方便等特点。一般采用NTC热敏传感器或者热电偶作为温度检测元件，它的原理是将NTC热敏传感器或者热电偶设计到相应电路中，NTC热敏传感器或者热电偶随温度变化而改变，继而产生相应的电压电流改变，再通过微控制器对改变的电压电流进行检测、量化、显示出来，并做相应的控制。

4. 压力开关

压力开关用于监测、控制系统中液体与气体的压力，并在压力达到危险水平时打开安全阀门或者关闭系统，其外形及符号如图1.60所示。根据触发电气触点的压力信号可以将压力开关分为3类：正压、真空(负压)和压力差。

图1.59　数字式温控器

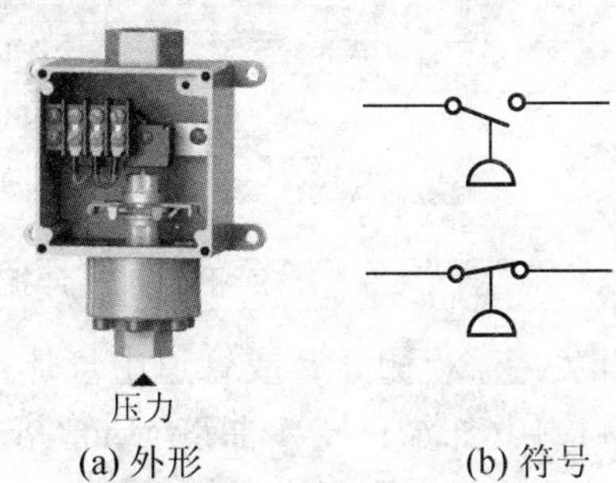

图1.60　压力开关及符号

压力开关有机械式和电子式两大类。机械式压力开关因为纯机械形变而导致微动开关动作。当压力增加并作用在不同的传感压力元器件(膜片、波纹管、活塞)上时，传感压力元器件将产生形变、向上移动，并通过栏杆弹簧等机械结构，最终启动最上端的微动开关，使电信号输出。

电子式压力开关内置精密压力传感器，通过高精度仪表放大器放大压力信号，再通过高速MCU采集并处理数据，一般都是采用4位LED实时数显压力，而且继电器信号输出的上下限控制点可以自由设定、迟滞小、抗震动、响应快、稳定可靠、精度高(精度一般在±0.5%FS，高则达±0.2%FS)，利用回差设置可以有效保护压力波动带来的反复动作，保护控制设备，是检测压力、液位信号，实现压力、液位监测和控制的高精度设备。它的特点是电子显示屏直观、精度高、使用寿命长，通过显示屏设置控制点方便，但是相对价格较高、需要供电。

【特别提示】

压力开关被广泛应用于家用、商用、汽车制冷系统的高低压力保护控制，在压力开关的选择中，需注意以下几点。

(1) 防爆的必要性：防爆形式分为隔爆型和本安型。

(2) 接点数量：一接点(一个输出)或两接点(两个输出)。

(3) 设定值和压力范围

(4) 如果压力有脉动或振动，则需要带节流阀用以抑制脉动压力对仪表的损伤。

(5) 当测定具有腐蚀性、高黏度性物质或温度过高物质时，需要选用带隔膜。

5. 浮控开关与流量开关

浮控开关通过感应液体高度变化，控制电动机运行，自动完成储液罐和储液池之间液体的泵入、泵出控制。浮控开关的浮子必须漂浮在液体中，并通过操纵杆、操纵链和浮控开关连接，根据浮子在液体中的位置控制开关通断，其外形及符号如图 1.61 所示。

图 1.61　浮控开关的外形及符号

流量开关用于检测导管或管道中气体或液体的流动，其外形及符号如图 1.62 所示。在某些实际应用(如水、气、油等介质管路)中，流量开关用于确定管线或管道中液体是否流动(具体表现为流量高于或者低于某一个值)，并根据具体情况触发开关输出报警信号，系统获取信号后即可做出相应的执行单元动作。

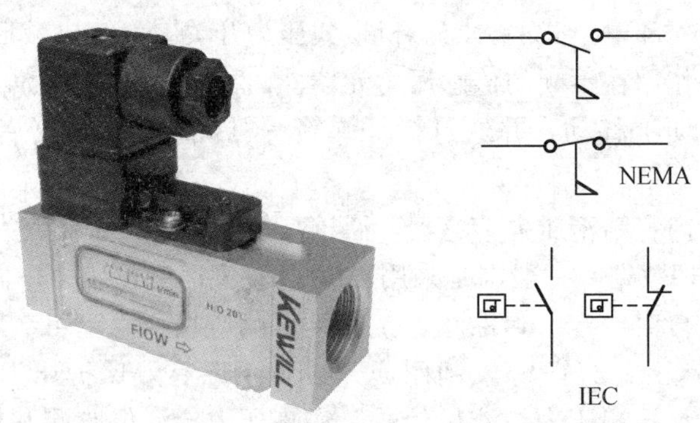

图 1.62　流量开关的外形及符号

流量开关根据其原理可以分为机械式和电子式，目前电子式已经逐步取代了机械式，而电子式中应用最广的当属热式流量开关。

【特别提示】

图 1.63 流量开关

图 1.63 所示的流量开关可对管道中的液体流动情况进行实时监控，提供开关量输出，并采用 6 个 LED 实时显示流体流速状态，以实现监控介质流动，降低/提高流速；监测介质存在/不存在；监测介质流动/静止 3 项功能。其工作原理如下。

在探头内设置发热传感器及感热传感器，并与介质接触。在测量时，发热传感器发出恒定的热量。当管道内没有介质流动时，感热传感器接收到的热量是一个恒定值；当有介质流动时，感热传感器所接收到的热量将随介质的流速变化而变化，然后感热传感器将这温差信号转化成电信号，再经过电路转换为对应的接点信号或模拟量信号。

6. 速度继电器

速度继电器主要用于笼式异步电动机的反接制动。其结构主要由转子、定子和触点三部分组成。转子是一个圆柱形永久磁铁，定子是一个笼形空心圆环，由硅钢片叠成，并装有笼式绕组，如图 1.64 所示。

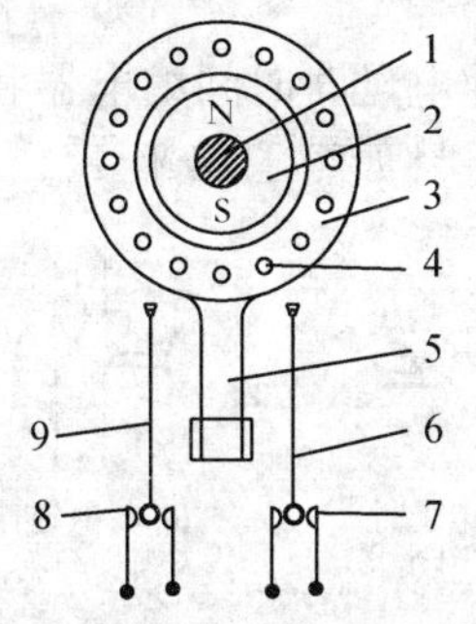

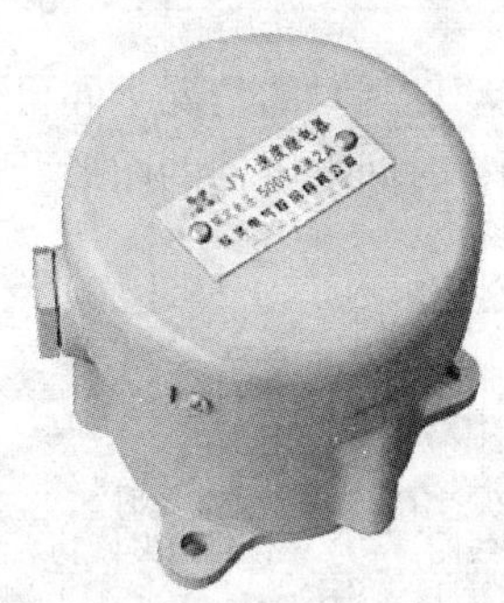

图 1.64 速度继电器

1—转轴 2—转子 3—定子 4—绕组 5—锤 6、9—簧片 7、8—静触点

速度继电器的转子的轴与被控电动机的轴相连，而定子套在转子上。当电动机转动时，速度继电器的转子随之转动，定子内的短路导体便切割磁场，产生感应电动势，从而产生电流。此电流与旋转的转子磁场作用产生转矩，于是定子开始转动。当转到一定角度时，装在定子轴上的摆锤推动簧片动作，使常闭触头分断，常开触头闭合。当电动机转速低于某一值时，定子产生的转矩减小，触头在弹簧作用下复位。

【特别提示】

通常，速度继电器的动作转速为 120r/min，复位转速为 100r/min。

速度继电器的符号如图 1.65 所示。

7. 时间继电器

时间继电器是一种在接收信号后，经过一定的延时后才输出信号的控制电器，如图 1.66 所示。按动作原理的不同，时间继电器分为电磁式、空气阻尼式、电动式、晶体管式等类型。利用时间继电器，可实现从 0.05s 到几十小时的延时。

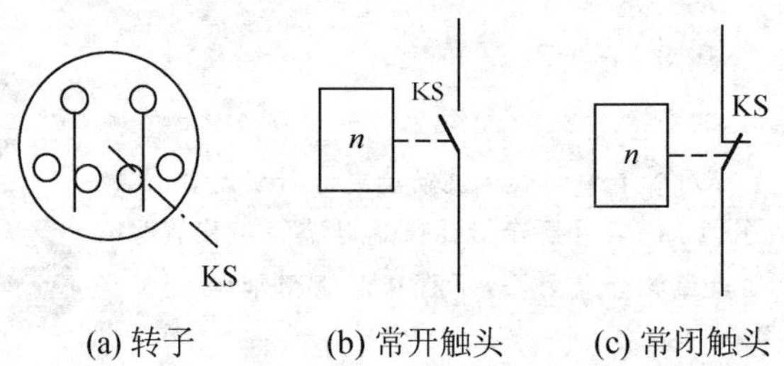

图 1.65　速度继电器的符号

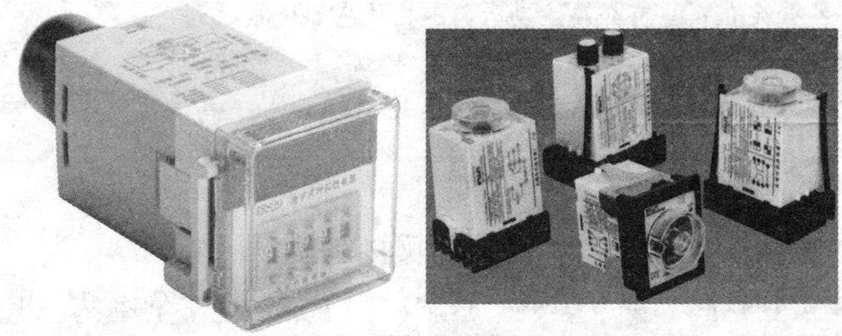

图 1.66　时间继电器

时间继电器按其动作延时的情况不同可分为通电延时时间继电器和断电复位时延时的断电延时时间继电器。时间继电器的图形及文字符号如图 1.67 所示。

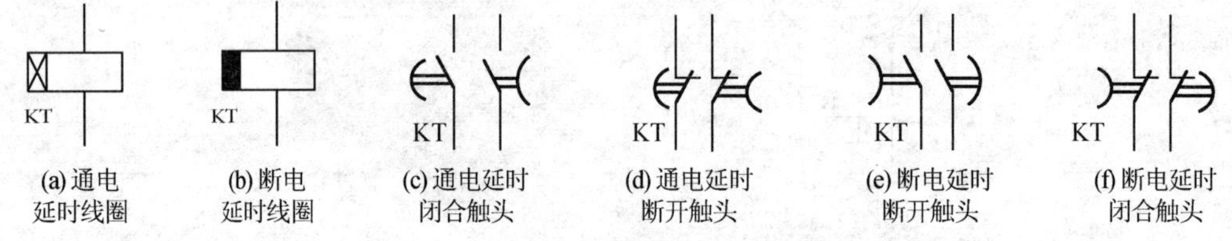

图 1.67　时间继电器的图形及文字符号

【特别提示】

通电延时是指线圈通电并经过一段时间延时后，其触点才动作；断电延时是指线圈断电并经过一段时间延时后，其触点才动作。时间继电器的运作时序如图 1.68 所示。

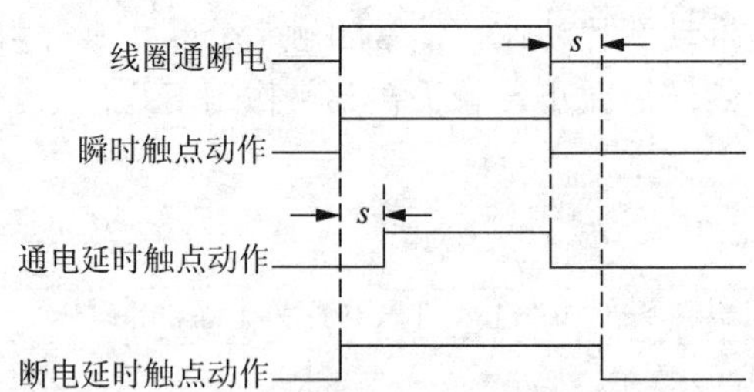

图 1.68　时间继电器的动作时序图

1）空气阻尼式时间继电器

空气阻尼式时间继电器是利用空气阻尼原理获得延时的。它由电磁机构、延时机构和触点系统组成，分为通电延时和断电延时两种形式。图 1.69 所示为通电延时型空气阻尼

式时间继电器。

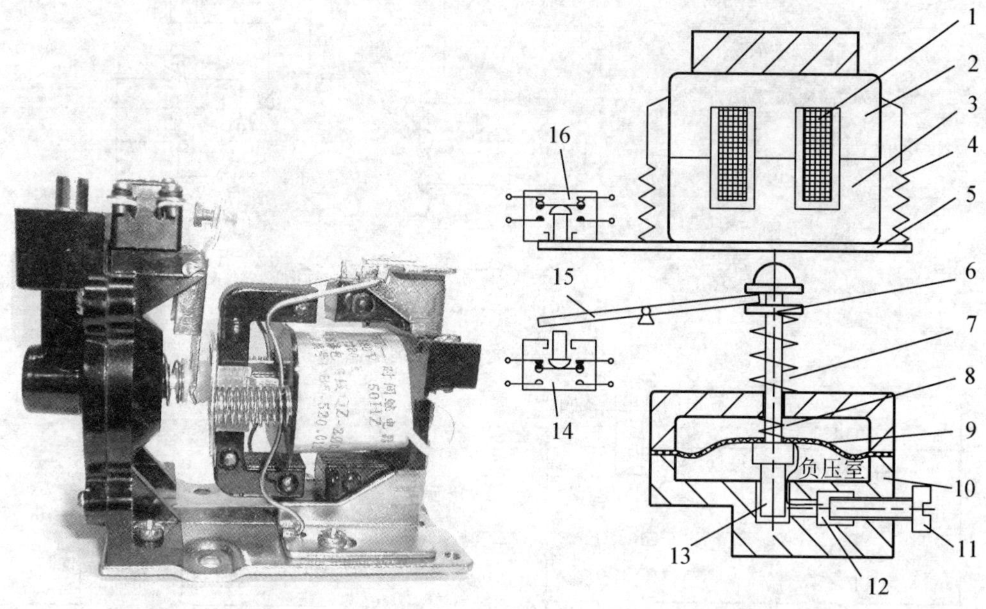

图 1.69 通电延时型空气阻尼式时间继电器图

1—线圈 2—铁芯 3—衔接 4—复位弹簧 5—推板 6—活塞杆 7—塔形弹簧 8—弱弹簧 9—橡皮膜 10—空气室壁 11—调节螺杆 12—进气孔 13—活塞 14、16—微动开关 15—杠杆

当线圈通电时，衔铁克服反作用弹簧的阻力，与静铁芯吸合，活塞杆在弹簧的作用下带动橡皮膜向上移动，其上移速度受进气孔进气速度的限制。进气速度可通过调节螺钉改变进气孔的大小来进行调节。空气缓慢进入气囊，经过一段时间后，活塞杆才能升到最上端，并通过杠杆压动微动开关，使其触点动作，故将微动开关 14 的触点称为延时动作触点，而将微动开关 16 的触点称为瞬时动作触点。

当线圈断电时，衔铁在弹簧的作用下，通过活塞杆将活塞推向最下端，这时橡皮膜下方气室内的空气通过橡皮膜与活塞杆之间的缝隙经上方气室排出，微动开关各触点瞬时复位。

【特别提示】

空气阻尼式时间继电器的优点是延时范围大、结构简单、寿命长、价格便宜，而其缺点是延时误差大。

2）晶体管式时间继电器

晶体管式时间继电器具有延时范围广、精度高、体积小、调节方便和使用寿命长等优点，已逐步取代机电式时间继电器，外形与符号如图 1.70 所示。

【示例 1】

图 1.71 所示为利用通电延时时间继电器的电路。该电路的功能是当按下按钮开关 3s 后指示灯点亮，试画出其时序图。假定指示灯被点亮为止开关能一直维持按下的状态。

在按下按钮开关后，时间继电器的线圈即被励磁，3s 后时间继电器的常开触点闭合，使指示灯亮。但是，手若松开按钮开关，则指示灯就熄灭。这种电路被称作延迟动作电路。通电延时电路的时序如图 1.72 所示。

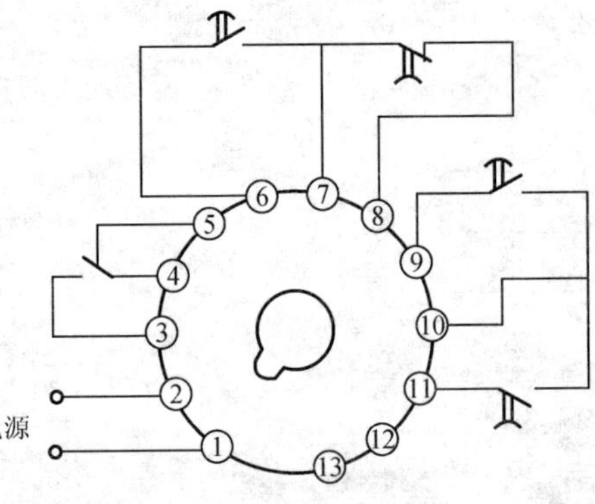

图 1.70 晶体管式时间继电器

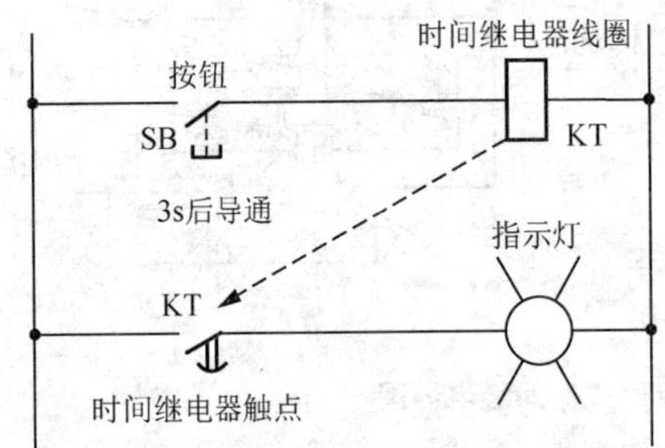

图 1.71 通电延时电路

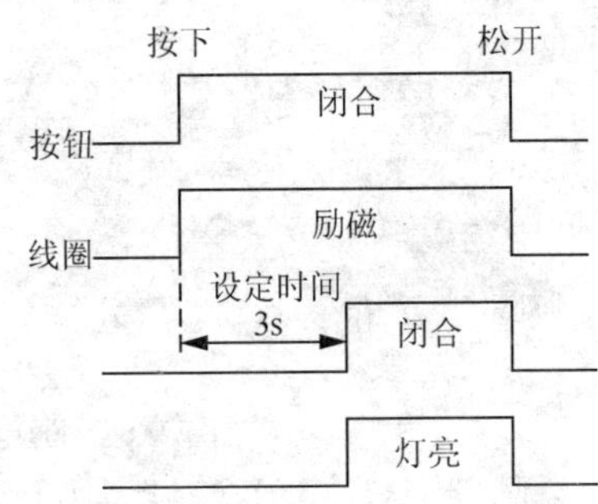

图 1.72 通电延时电路时序

【特别提示】

关于梯形图

在电气控制系统的安装、维护及故障排除过程中，需要用到各种各样的控制接线图。梯形图主要体现电路的电气工作原理，而不是电气设备的实际位置，如图 1.71 所示。

梯形图由两条垂直线和若干水平线组成。垂直线(称为梯轨)与电源相连，被定义为 L1 和 L2(对于单相电路是 P 和 N)。水平线(称为梯级)连接在 L1 和 L2 之间，其中包括控制线路。读梯形图就像读书一样，从左上方开始，从左到右，自上而下。

由于梯形图简单易懂，因此经常被用于跟踪电路的工作过程。绝大多数的可编程控制器(PLC)使用梯形图的图形化概念作为各自编程语言的基础。

大多数的梯形图仅用于说明连接在 L1 和 L2 之间的单相控制电路，不能表示三相电源电路。

【示例 2】

以由电池、按钮及指示灯构成的简单电路(点动)为例，如图 1.73 所示。

所谓时序图，是以纵轴表示各控制电器的动作状态，以横轴表示时间变化的图。这有利于理解各控制电器每隔一定时间的动作状态。图 1.74 所示为按钮开关和指示灯时序图的举例。当按钮开关的触点闭合且指示灯点亮时，其时序图如图 1.74 所示，可通过在高位上画直线来表示。

真值表就是把输入电器与输出电器的关系用“1”与“0”来表示的表。与时序图一样，它对理解电路动作状态也是很方便的。当操作如按钮开关这样的输入电器的场合或者如指示灯等输出电器动作的场合时用“1”来表示。图 1.75 所示为采用按钮开关和指示灯

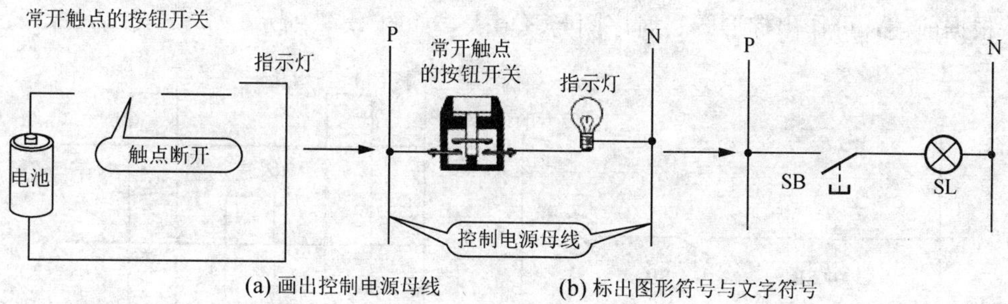

图 1.73 梯形图的画法示例

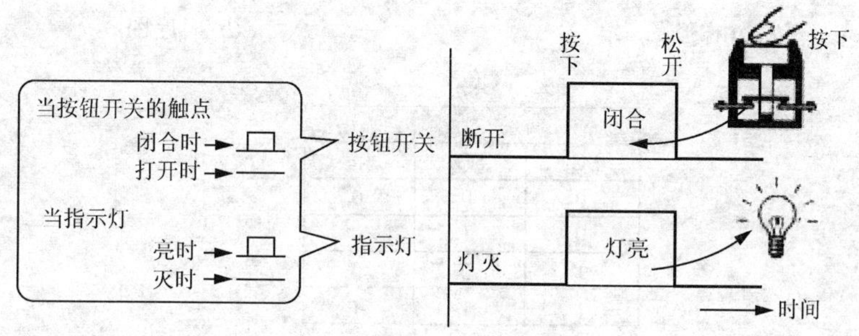

图 1.74 按钮开关和指标灯的时序图

的电路的真值表举例。

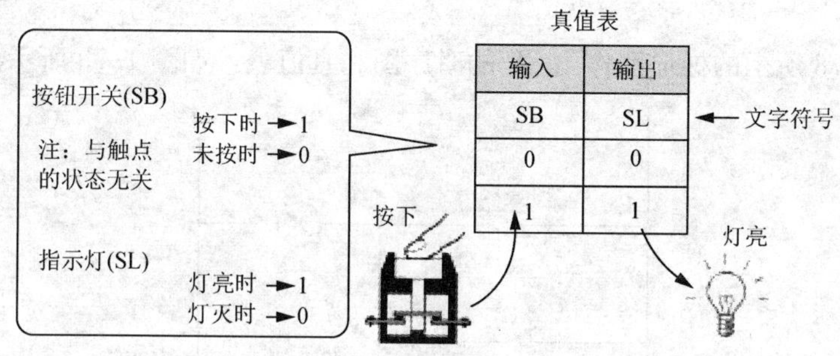

输入	输出
SB	SL
0	0
1	1

图 1.75 采用按钮开关和指示灯的电路的真值表

【示例 3】

图 1.76 所示是将两个常开触点按钮开关串联连接(与逻辑)的指示灯亮灭电路的实际接线图。试作出其梯形图、时序图及真值表。

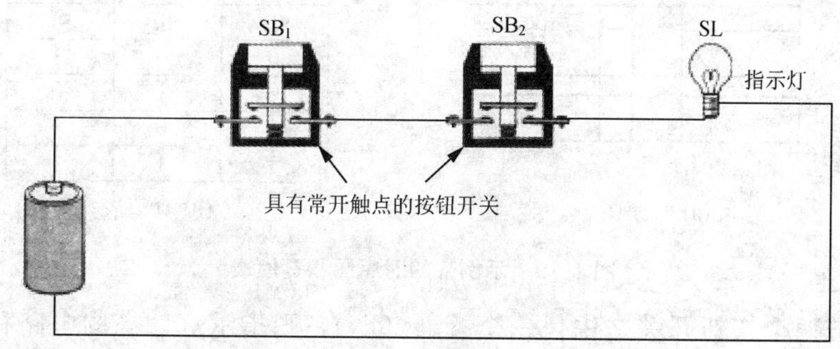

图 1.76 与逻辑电路接线图

根据前述，可作出梯形图、时序图与真值表，如图 1.77 所示。

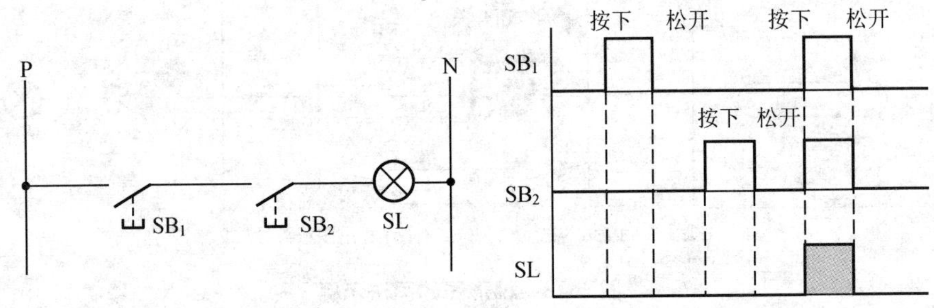

(a) 梯形图　　　　(b) 时序图

真值表

输入		输出
SB_1	SB_2	SL
0	0	0
0	1	0
1	0	0
1	1	1

(c) 真值表

图 1.77　示例 3 的结果图

【示例 4】

根据图 1.78 所示的梯形图作出 SL 的时序图和真值表，如图 1.79 所示。

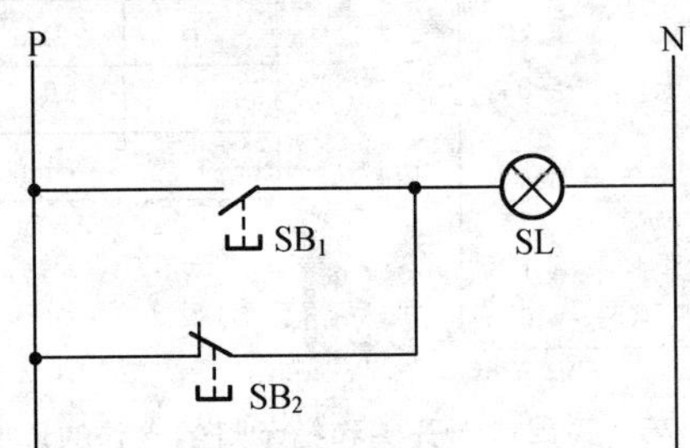

图 1.78　示例 4 的梯形图

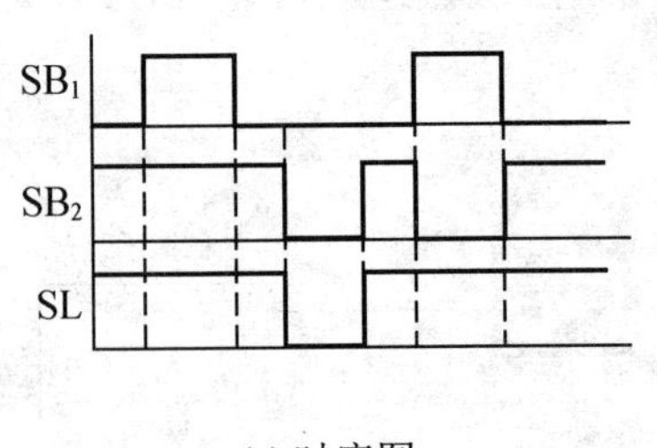

(a) 时序图

真值表

输入		输出
SB_1	SB_2	SL
0	0	1
0	1	0
1	0	1
1	1	1

(b) 真值表

图 1.79　示例 4 的时序图和真值表

将这种若两个按钮开关之中任一个接通(ON)，则指示灯就亮的电路称为或(OR)电路。

1.3.2　保护电器

保护电器的作用是在线路发生故障或者设备的工作状态超过一定的允许范围时，及时断开电路，保证人身安全，保护生产设备。

1. 熔断器

熔断器是一种结构简单，却十分有效的保护电器，其外形如图 1.80(a)所示。它串接在被保护电路的首端，当电路严重过载或发生短路故障时，熔体熔化，分断电路，起到保护其他电器的作用。熔断器的符号如图 1.80(b)所示。

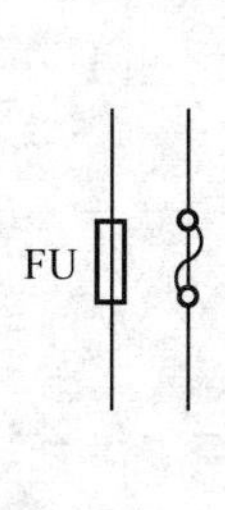

(a) 外形　　(b) 符号

图 1.80　熔断器

熔断器具有结构简单、维护方便、价格便宜、体小量轻等优点。熔体是熔断器的核心部分，它的材料、形状及尺寸直接影响熔断器的性能。熔体材料基本上分为两类：一类由铅、锌、锡及锡铅合金等低熔点金属制成，主要用于小电流电路；另一类由银或铜等较高熔点金属制成，用于大电流电路。在小电流电路中，熔体为丝状，熔丝直径分成若干等级。在大电流电路中，熔体为不同截面尺寸的金属片。

熔断器的主要特性为“安秒特性”，即熔体的熔断电流与熔断时间之间的关系曲线，如图 1.81 所示。

当电流小于 I_o 时，熔断时间趋于无穷大。将 I_o 称为最小熔化电流，它与额定电流之比被称为熔化系数。

图 1.81　熔断器的安秒特性图

熔断器的其他主要技术参数如下。

(1) 额定电压：熔断器分断后能长期承受的电压。

(2) 额定电流：熔断器在长期工作时，各部件温升不超过规定值时所能承载的电流。

(3) 额定分断能力：在规定的使用条件(线路电压、功率因数或时间常数)下，熔断器所能分断的预期电流(对交流而言为有效值)。

(4) 截断电流：在规定的使用条件下，截断电流与预期电流的关系特性。在交流情况下，截断电流是指任何非对称情况下熔断器所能达到的电流最大值；在直流情况下，截断电流是指在规定的时间常数下熔断器所能达到的电流最大值。

(5) 焦耳积分：指被熔断器所保护的电路中的 1Ω 电阻上所释放的焦耳能，它分为弧前和熔断两种情况。

熔断器从结构上分为插入式、螺旋式、封闭管式(包括无填料式和有填料式)。从用途

上分为一般工业用熔断器、半导体保护用快速熔断器和特殊熔断器(如自复式熔断器)。

(1) 插入式。如图 1.80(a)所示，其由瓷座和瓷插头组成，结构简单。熔丝(软铅丝和铜丝)装在插头上，更换方便，但熔断时不能完全防止电弧火焰的喷出。其主要作为低压分支电路的短路保护，一般安装在墙壁等固定不动的场合中。

(2) 螺旋式。螺旋式熔断器由于具有较大的热惯量和较小的安装面积且使用可靠，故被大量用于机电设备中作为电动机短路或过载保护，如图 1.82 所示，它由瓷帽、熔管、瓷套及瓷座等组成。熔管内装有熔丝和石英砂。石英砂具有很大的热惯性与较高绝缘性能，有利于快速灭弧。熔管端盖中间装有熔断指示器，当熔丝熔断后指示器弹出，可由瓷帽玻璃窗口观察。

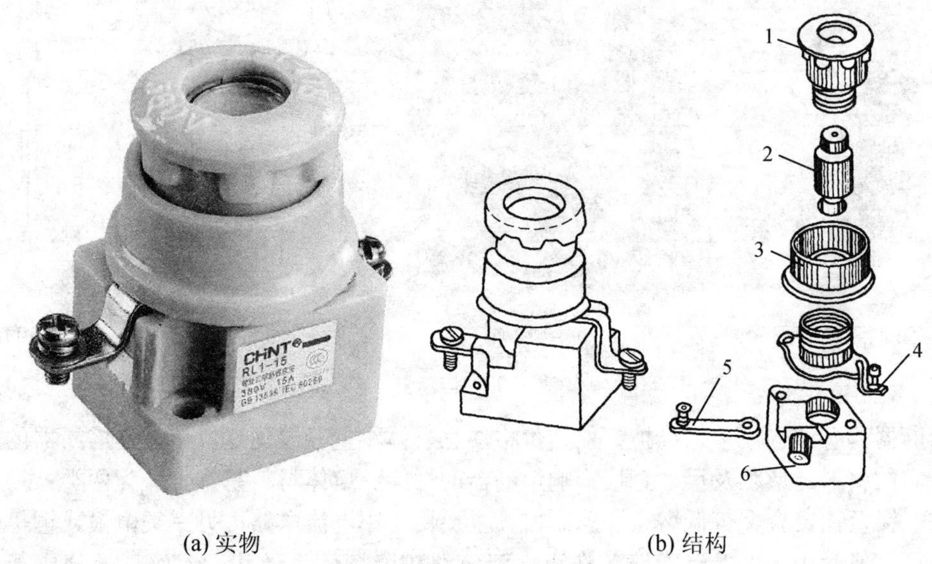

(a) 实物　　(b) 结构

图 1.82　螺旋式熔断器

1—瓷帽　2—熔管　3—瓷套　4—上接线端　5—下接线端　6—底座

【特别提示】

对于螺旋式熔断器，其熔体为银丝，适用于小容量的硅整流元件和晶闸管的短路或某些适当的过载保护。

(3) 封闭管式。封闭管式熔断器将熔体封闭在绝缘熔管中，保证熔体熔断时电弧火焰不会喷出，如图 1.83 所示。熔管采用硬质纤维制成，称作钢纸管或反白管。它在电弧高温下能产生大量气体，使管内压力迅速增大，促使电弧收缩，迅速熄灭。这种熔断器灭弧能力强，熔管更换方便，被广泛用作变电站和电动机的保护。同时，它可分为无填料式和有填料式两件。

无填料式熔断器在低压电力网络、成套配电设备中用作短路保护和连续过载保护，如图 1.84 所示。

有填料式熔断器如图 1.85 所示。管内装有石英砂、灭弧能力强、断流能力大，用于具有较大短路电流的电力输配电系统中。

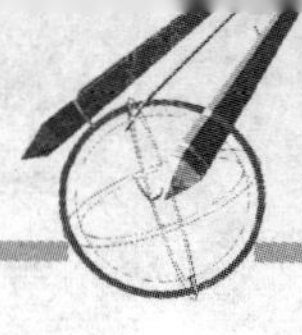

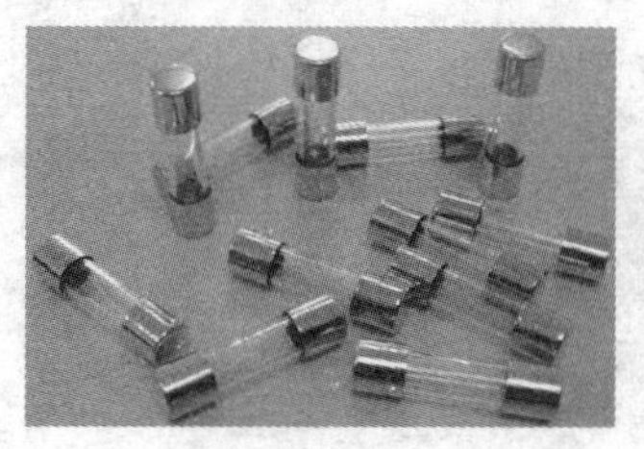

(a) 实物

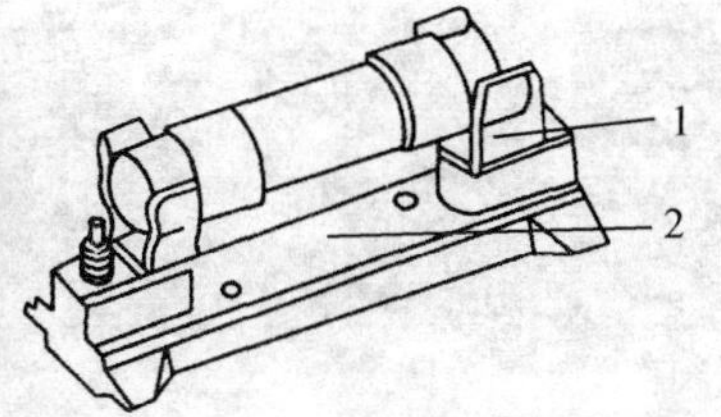

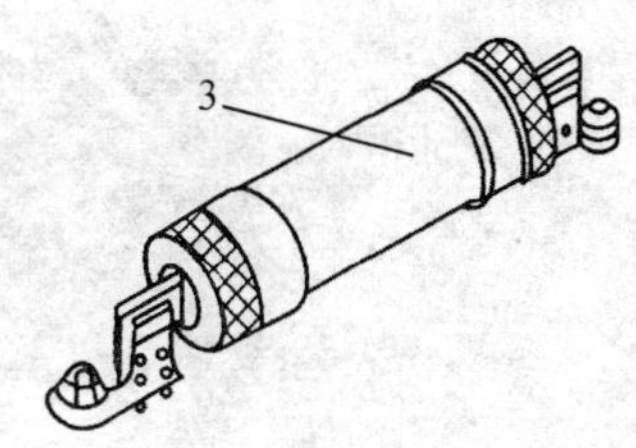

(b) 结构

图 1.83　封闭管式熔断器

1—夹座　2—底座　3—熔管

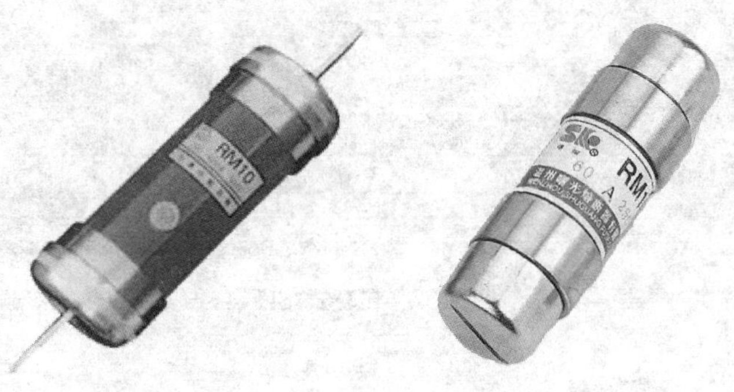

图 1.84　无填料式熔断器

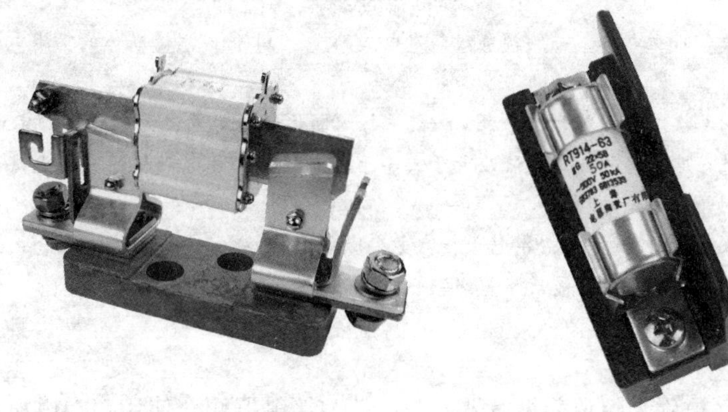

图 1.85　有填料式熔断器

（4）快速熔断器。快速熔断器如图 1.86 所示，主要作为硅整流管及其成套设备的过载及短路保护。

（5）自复式熔断器。自复式熔断器如图 1.87 所示，采用金属钠作为熔体。在常温下，钠的电阻很小，允许通过正常工作电流。当电路发生短路时，短路电流产生高温使钠迅速气化，气态钠电阻变得很高，从而限制了短路电流。当故障消除后，温度下降，气态钠又变为固态钠，恢复其良好的导电性。其优点是能重复使用，不必更换熔体；它的主要缺点是只能限制故障电流，而不能切断故障电流。

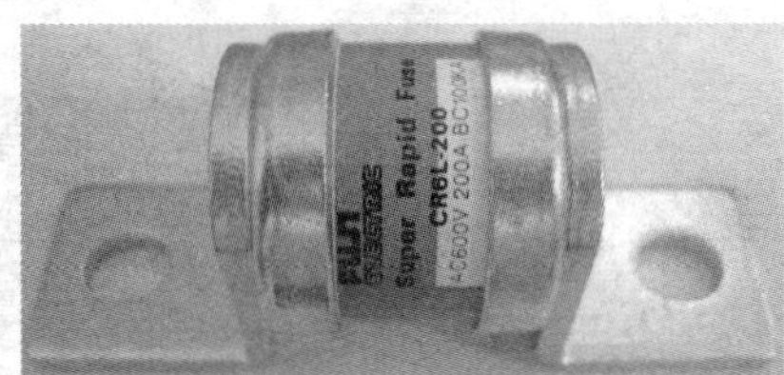

图 1.86　快速熔断器

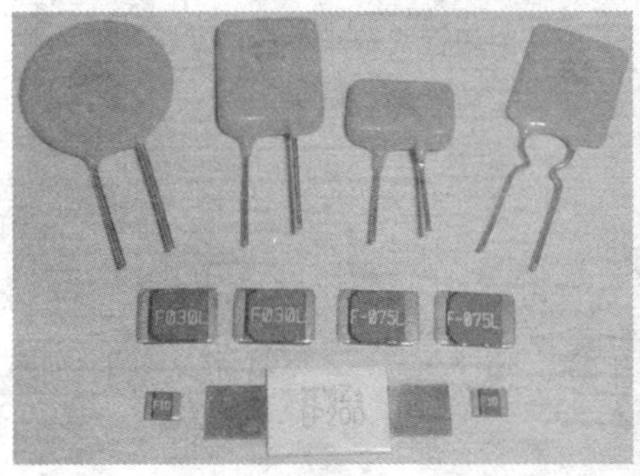

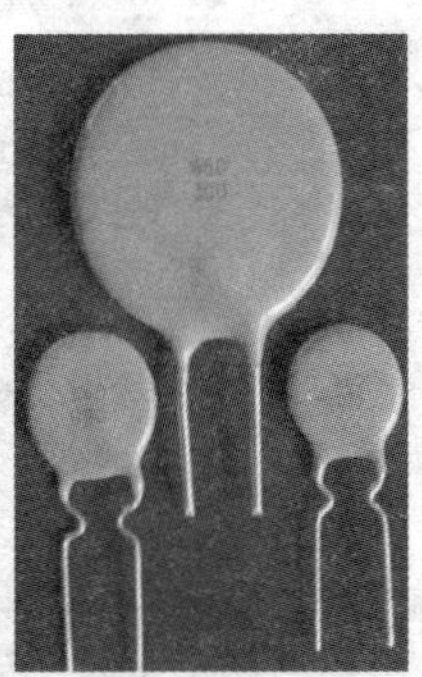

图 1.87　自复式熔断器

【特别提示】

熔断器的选择

(1) 电阻性负载或照明电路。一般按负载额定电流的1～1.1倍选用熔断体的额定电流，进而选定熔断器的额定电流。

(2) 电动机控制电路。对于单台电动机，一般选择熔断体的额定电流为电动机额定电流的1.5～2.5倍；对于多台电动机，熔断体的额定电流应大于或等于其中最大容量电动机的额定电流的1.5～2.5倍，再加上其余电动机的额定电流之和。

为防止发生越级熔断，上、下级(供电干线、支线)熔断器间应有良好的协调配合，为此应使上一级(供电干线)熔断器的熔断体额定电流比下一级(供电支线)大1～2个级差。

2. 过载继电器

过载继电器又被称为超负荷继电器，它一般与接触器配合使用。在电机或加热器的使用过程中发生超高电流时动作，保护设备不受损坏。因此，设计过载继电器要满足电动机控制电路的特殊要求。

(1) 允许在不中断电路的情况下暂时过载(像电动机启动过程)。

(2) 在某段时间内，如果电流过大，足以造成电动机损坏，它就会断开电路。

(3) 当过载故障排除，即可复位。

过载继电器的种类有两种，一种是双金属片方式的热动式过电流继电器(Thermal Over Current Relay，THR)，简称热继电器；另一种是利用电线磁场强度的电子式过电流继电器(Electronic Overload Current Relay，EOCR)。

1) 热继电器

热继电器将热元件和电动机电源串联，产生的热量随着电流增多，如果出现过载，则

热量会使触点断开，使电路断电。安装不同的热元件会改变跳闸的电流。

热继电器分为两类：熔合金式和双金属片式。熔合金式利用的是焊锡在到达熔点温度时熔化的原理。图 1.88 所示是双金属式热继电器，它是根据电流通过发热元件所产生的热量，使双金属片受热弯曲而推动机构动作的一种电器，主要用于电动机的过载、断相及电流不平衡的保护。

图 1.88　双金属片式热继电器

1—双金属片固定柱　2—双金属片　3—导板　4—静触头　5—动触头　6、7—复位调节螺钉　8—复位按钮　9—推杆　10—弹簧　11—支撑件　12—调节旋钮　13—加热元件　14—补偿双金属片

从图 1.88 中可以看出，它由发热元件、双金属片、触点及一套传动和调整机构组成。发热元件是一段阻值不大的电阻丝，串接在被保护电动机的主电路中。双金属片由两种不同热膨胀系数的金属片辗压而成。当电动机过载时，通过发热元件的电流超过整定电流，双金属片便会弯曲，使常闭触点断开。由于常闭触点是接在电动机的控制电路中的，它的断开会使得与其相接的接触器线圈断电，从而使接触器主触点断开，电动机的主电路断电，从而实现过载保护。

【特别提示】

在热继电器动作后，双金属片经过一段时间冷却，按下复位按钮即可复位。

热继电器的图形和文字符号如图 1.89 所示。

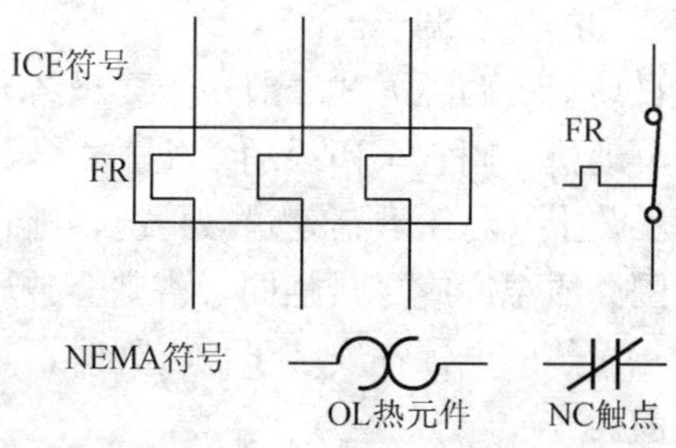

图 1.89　热继电器的图形和文字符号

【特别提示】

一般情况下，轻载启动、长期工作的电动机或间断长期工作的电动机选择两相结构的热继电器；电源电压的均衡性和工作环境较差、较少有人照管的电动机或多台电动机的功率差别较大可选择三相结构的热继电器；而三角形联结的电动机应选用带断相保护装置的热继电器(图 1.90)。

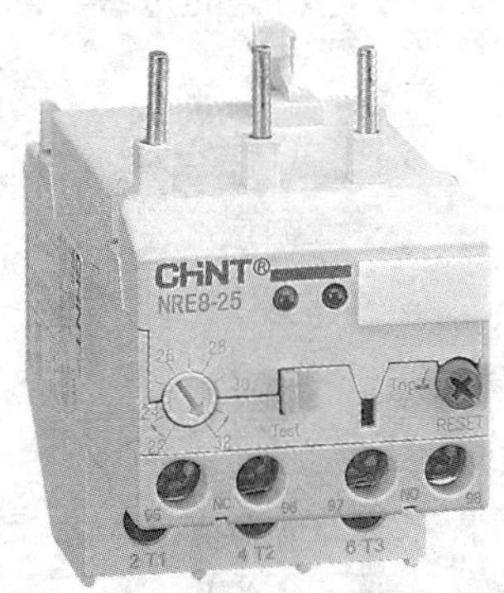

图 1.90　带断相保护装置的热继电器

三相电动机的一根接线松开或一相熔丝熔断是造成三相异步电动机烧坏的主要原因之一。如果热继电器所保护的电动机为 Y 型接法，那么当线路发生一相断电时，另外两相电流便增大很多。由于线电流等于相电流，流过电动机绕组的电流和流过热继电器的电流增加的比例相同，因此普通的两相或三相热继电器可以对此做出保护，如果电动机是 Δ 型接法，当发生断相时，由于电动机的相电流与线电流不等，流过电动机绕组的电流和流过热继电器的电流增加的比例不相同，而热元件又串联在电动机的电源进线中，故按电动机的额定电流即线电流来整定，整定值较大。当故障线电流达到额定电流时，在电动机绕组内部，电流较大的那一相绕组的故障电流将超过额定相电流，便有过热烧毁的危险。

2）热继电器的选用及注意事项

热继电器的额定电流应略大于电动机的额定电流。

热继电器的整定电流是指热继电器长期不动作的最大电流，超过此值即动作。一般将热继电器的整定电流调整到等于电动机的额定电流；对过载能力差的电动机，可将热继电器的整定电流调整到电动机额定电流的 0.6～0.8 倍；对启动时间较长、拖动冲击性负载或不允许停车的电动机，热继电器的整定电流应调整到电动机额定电流的 1.1～1.15 倍。

当电动机为重复短时工作时，首先注意确定热继电器的允许操作频率。因为热继电器的操作频率是很有限的，如果用它保护操作频率较高的电动机，则效果很不理想，有时甚至不能使用。

对于可逆运行和频繁通断的电动机，不宜采用热继电器保护，必要时可采用装入电动机内部的温度继电器。

热继电器本身的额定电流等级并不多，但其发热元件编号很多。每一种编号都有一定的电流整定范围，故在使用时先应使发热元件的电流与电动机的电流相适应，然后根据电动机实际运行情况再做上下范围的适当调节。

热继电器有手动复位和自动复位两种方式。对于重要设备，当热继电器动作后，必须待故障排除后方可重新启动电动机，则宜采用手动复位方式；如果热继电器和接触器的安装地点远离操作地点，且从工艺上又易于看清楚过载情况，则宜采用自动复位式。

热继电器和电动机的周围介质温度应尽量相同，否则会破坏已整调好的配合情况。例如，当电动机安装于高温处，而热继电器却安装于低温处时，热继电器动作将会延迟；反之，热继电器的动作将会提前。

对于热继电器的出线端的连接导线，必须严格按规定选用，因为导线的材料和其线径大小均能影响发热元件端点传导到外部热量的多少。导线过细，轴向导热较差，热继电器可能提前动作；反之，导线过粗，轴向导热快，热继电器可能延迟动作。按规定，连接导线应为铜线，若不得已要用铝线，则导线的截面积应放大 1.8 倍。除此之外，出线端螺钉应当拧紧，以免因螺钉松动导致接触电阻增大，影响发热元件的温升，最终可能使保护特性不稳定而引起误动作。

热继电器必须按照产品说明书中规定的方式安装。当与其他电器装在一起时，应将热继电器装在其他电器的下方，以免其动作特性受其他电器发热的影响。

使用中应定期去除尘埃和污垢。若双金属片中出现锈斑，则可用棉布蘸上汽油轻轻揩拭，切忌用砂纸打磨。

使用中每年要通电校验一次。另外，当主电路发生短路事故后，应检查发热元件和双金属片是否已发生永久性变形。若发生变形或无法做出判断，则应进行通电试验。在调整时，绝不允许弯折双金属片。

由于热继电器有热惯性，不能做短路保护，故应考虑与短路保护配合的问题，当用热继电器保护三相异步电动机时，至少要有两相接热元件。

【特别提示】

当电动机出现过载电流时，会使其绕组温升过高，利用发热元件可间接地反映出绕组温升的高低，热继电器可以起到电动机过载保护的作用。但是，当电网电压不正常升高时，即使电动机不过载，也会导致铁损增加而使铁芯发热，或者电动机环境温度过高以及通风不良等，这些都会使绕组温度过高。当出现后两种情况时，若用热继电器已显得无能为力，则应当使用温度传感器(温度继电器)。

温度传感器是埋设在电动机发热部位，如电动机定子槽内、绕组端部等，可直接反映该处发热情况，无论是电动机本身出现过载电流引起温度升高，还是其他原因引起电动机温度升高，温度传感器都可引起保护作用。不难看出，温度传感器具有“全热保护”的作用。

虽然目前热继电器的使用较为广泛，但由于其电流小、动作不稳定，故已被电子式过电流继电器逐渐取代。

3. 断路器

断路器又被称为 MCCB(Molded Case Circuit Breaker)，是指能够关合、承载和开断正常回路条件下的电流，并能关合、在规定的时间内承载和开断异常回路条件(包括短路条件)下的电流的开关装置，如图 1.91 所示。断路器可用来分配电能，不频繁地启动异步电动机，对电源线路及电动机等实行保护，当它们发生严重的过载或者短路及欠压等故障时，能自动切断电路，其功能相当于熔断器式开关与过欠热继电器等的组合，而且在分断故障电流后一般不需要变更零部件。目前，它已获得了广泛应用。

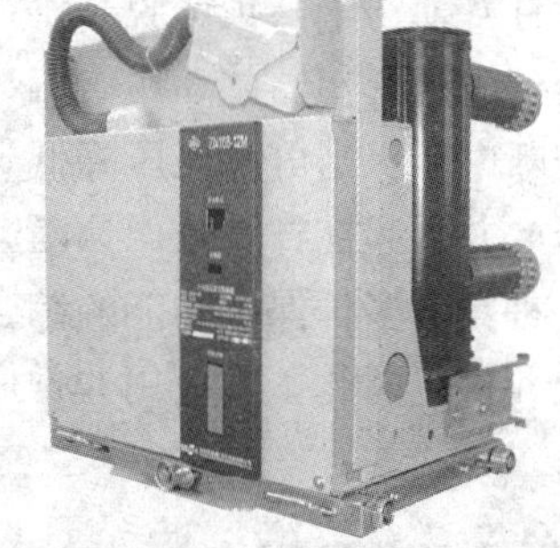

图 1.91　断路器

断路器的作用是切断和接通负荷电路以及切断故障电路，从而防止事故扩大，保证安全运行。高压断路器一般由触头系统、灭弧系统(开断 1500V，电流为 1500～2000A 的电弧)、操作机构、脱扣器、外壳等构成。当短路时，大电流(一般 10～12 倍)产生的磁场克服反力弹簧，脱扣器拉动操作机构动作，开关瞬时跳闸。当过载时，电流变大，发热量加剧，双金属片变形到一定程度推动机构动作(电流越大，动作时间越短)。

电子型的断路器使用互感器采集各相电流大小，并与设定值比较，当电流异常时微处理器发出信号，使电子脱扣器带动操作机构动作。

1）低压断路器

低压断路器又被称为自动开关，是一种不仅可以接通和分断正常负荷电流和过负荷电流，还可以接通和分断短路电流的开关电器，如图 1.92 所示。低压断路器在电路中除起控制作用外，还具有一定的保护功能，如过负荷、短路、欠压和漏电保护等。低压断路器的分类方式很多，按使用类别可分为选择型(保护装置参数可调)和非选择型(保护装置参数不可调)；按灭弧介质可分为空气式和真空式(目前国产多为空气式)。低压断路器的容量范围很大，最小为4A，而最大可达5000A。低压断路器被广泛应用于低压配电系统各级馈出线、各种机械设备的电源控制和用电终端的控制和保护。

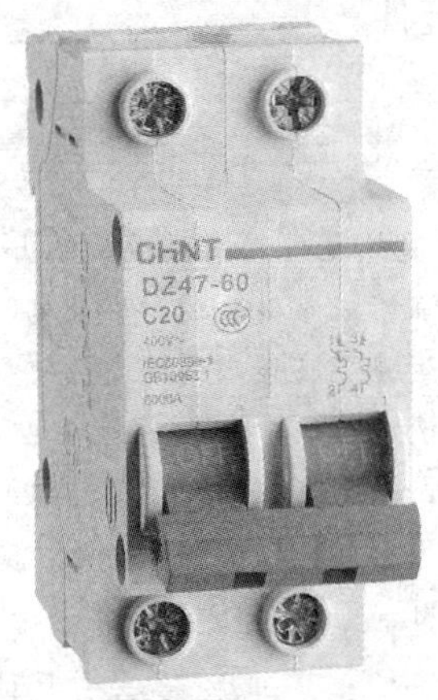

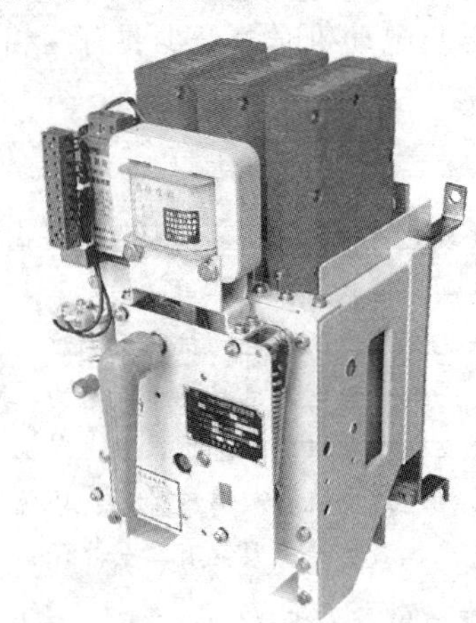

图 1.92　低压断路器

图 1.93(a)为低压断路器动作原理图，其图形及文字符号如图 1.93(b)所示。在图 1.93 中，主触点 1 串联在三相电路中，当断路器合闸后，锁键 2 钩住钩子 3，主触点处于闭合状态。当电路发生短路、主回路电流超过一定值时，电磁脱扣器 3 将衔铁吸合，顶起杠杆使钩子与锁键脱开，在弹簧的作用下，主触头断开电路。若电路发生过载，但又达不到电磁脱扣器的动作电流，则发热元件 5 可使双金属片受热弯曲，也能顶起杠杆，从而切断电路。当电源电压降低到某一值时，欠电压脱扣器 6 吸力减小，衔铁在弹簧的作用下释放并顶起杠杆，从而切断电路，起到了欠压或失压保护作用。由此可见，低压断路器是一种具有多种保护功能的综合配电电器，而且动作电流可根据需要整定，动作后不需要更换元件。因此，其应用非常广泛。

【特别提示】

图 1.93 所示的断路器仅为简化示意图，且只为一相电流进行了采样。在实际使用过程中要对三相电流全部进行监控。

切断电路过电流的最简单装置就是熔断器(Fuse)。一般来说，在打开短路及过电流时，熔断器被视为是不使用保护继电器的简单方法，但却不适合超负荷保护。在三相电机运转电路中，如果保险丝因超

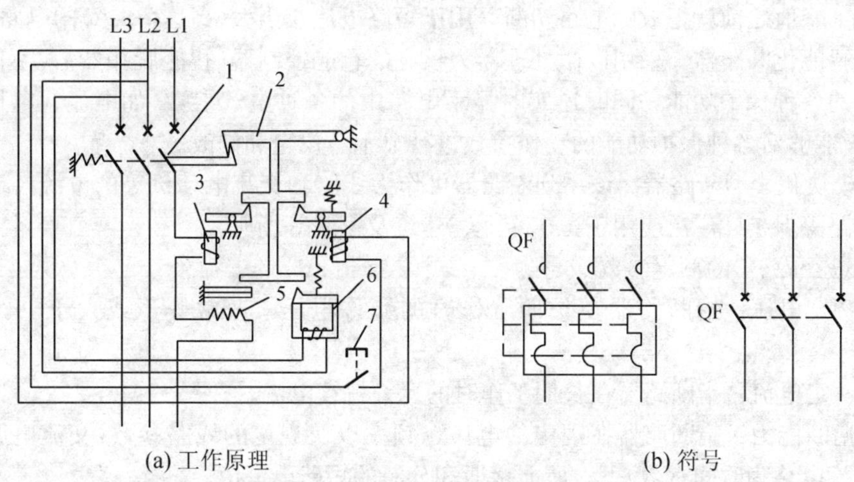

图 1.93　低压断路器工作原理与符号

负荷而断开一相，则电机只发出"嗡"的声音，而不运转。如果长时间持续这种状态，则电机可能受创。为防止这种危险，就不能使用熔断器，而应使用 NFB(No Fuse Braker)或 MCCB 接线断路器。

在输出功率超过 0.2kW 的电机中，为防止烧毁，也应设置电机保护接线断路器。

2）低压断路器的类型

(1) 万能式低压断路器。又被称为敞开式低压断路器，如图 1.94 所示，具有绝缘衬底框架结构底座，所有的构件组装在一起，用于配电网络的保护。

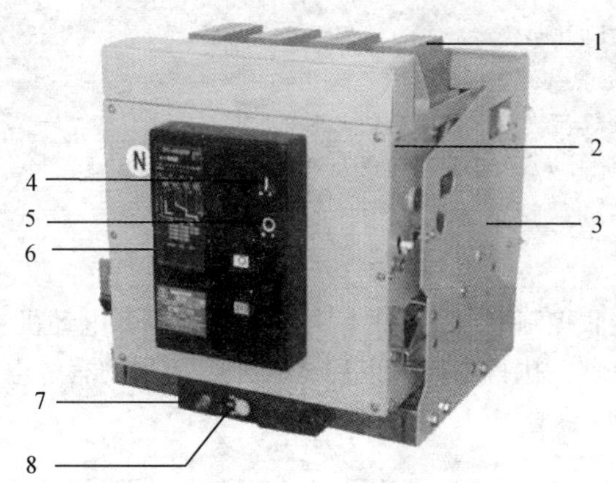

图 1.94　万能式低压断路器

1—天弧罩　2—开关本体　3—抽屉座　4—合闸按钮　5—分闸按钮　6—智能脱扣器
7—摇匀柄插入位置　8—连接、试验、分离指示

(2) 装置式低压断路器。其又被称为塑料外壳式低压断路器，用模压绝缘材料制成的封闭型外壳将所有构件组装在一起，用于配电网络的保护和电动机、照明电路及电热器等控制开关。

(3) 快速断路器。具有快速电磁铁和强有力的灭弧装置，最快动作时间可在 0.02s 以内，用于半导体整流元件和整流装置的保护。

(4) 限流断路器。利用短路电流产生巨大的吸力，使触点迅速断开，能在交流短路电

流尚未达到峰值之前就把故障电路切断，用于短路电流相当大(高达 70kA)的电路中。

(5) 智能化断路器。采用以微处理器为核心的智能控制器(智能脱扣器)，不仅具备普通断路器的各种保护功能，同时还实时显示电路中的各种电气参数(如电流、电压、功率因数等)，能够对各种保护功能的动作参数进行显示、设定和修改。

(6) 模块化小型断路器。该系列断路器可作为线路和交流电动机等的电源控制开关及过载、短路等保护，广泛应用于工矿企业、建筑及家庭等场所。

3) 低压断路器的额定参数

(1) 额定电压：指断路器在长期工作时的允许电压，通常等于或大于电路的额定电压。

(2) 额定电流：指断路器在长期工作时的允许持续电流。

(3) 通断能力：指断路器在规定的电压、频率以及规定的线路参数(交流电路为功率因数，直流电路为时间常数)下，所能接通和分断的短路电流值。

(4) 保护特性：断路器动作时间与动作电流的函数曲线。

(5) 壳架等级额定电流：壳架中能安装的最大脱扣器的额定电流。

【特别提示】

低压断路器的额定电压和额定电流应大于或等于被保护线路的正常工作电压和负载电流，热脱扣器的整定电流应等于所控制负载的额定电流，过电流脱扣器的瞬时脱扣整定电流应大于负载正常工作时可能出现的峰值电流。对于用于控制电动机的低压断路器，其瞬时脱扣整定电流为

$$I_Z = KI_{st}$$

式中：K 为安全系数，可取 1.5～1.7；

I_{st} 为电动机的启动电流。

欠压脱扣器额定电压应等于被保护线路的额定电压。

低压断路器的极限分断能力应大于线路的最大短路电流的有效值。

1.3.3 执行电器

执行电器是用来接收控制电路发出的信号，接通或断开电动机主电路及直接产生生产机械所需机械动作的电器。执行电器以电磁式为主，常用的有继电器、接触器、电磁铁、电磁阀等。

1. 继电器

在传统控制系统中，对开关量的逻辑运算、延时、计数等功能主要依靠各类控制继电器来完成。广泛应用于机电传动控制环节的电动机需要继电器作为关键控制元件。

继电器(Relay)也称电驿，是一种电子控制器件，如图 1.95 所示。它具有控制系统(又称输入回路)和被控制系统(又称输出回路)。当输入量(激励量)的变化达到规定要求时，电气输出电路中的被控量会发生预定的阶跃变化。

继电器可以被看成是用小电流去控制大电流运作的一种“自动开关”，图 1.96 所示是其工作原理图。

继电器结构由线圈部分与触点部分以及机械可动部分构成，如图 1.96 所示，在铁芯上绕有线圈，当在此线圈中流通电流时，铁芯就变成电磁铁，吸引可动部分的铁片(衔

图 1.95　继电器

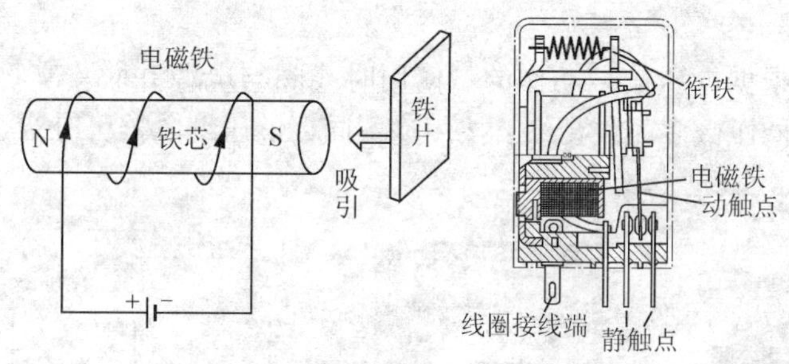

图 1.96　继电器的工作原理图

铁），在此铁片上装设有电气触点，因此同时进行触点的切换，起到电路开关作用。如果没有电流流通，则铁芯的磁力就会消失，而弹簧力起作用，使可动部分复位，触点复原。

继电器触点的种类和按钮开关一样，也分为常开触点、常闭触点等。继电器的常开触点在线圈中没有电流流通时断开，在线圈中有电流流通时则闭合；继电器的常闭触点最初是闭合的，在线圈中有电流流通时断开。继电器触点与线圈的图形符号如图 1.97 所示。

【特别提示】

继电器(图 1.98)由两个固定端子(NO(Normally Open)端子与 NC(Normally Close)端子)和具有可动触点的公共端子(Common，C 端子)构成。当电流流过线圈时，C 端子的可动触点动作，将 NC 端子切换到 NO 端子。这种交互进行开关动作的触点被称作先开后合切换触点(Change-Over Break Before Make Contact)。

改变继电器端子连接可以作为常开触点或常闭触点来使用。当作为常开触点使用时，可利用 C 端子与 NO 端子，当作为常闭触点使用时，可利用 C 端子与 NC 端子。

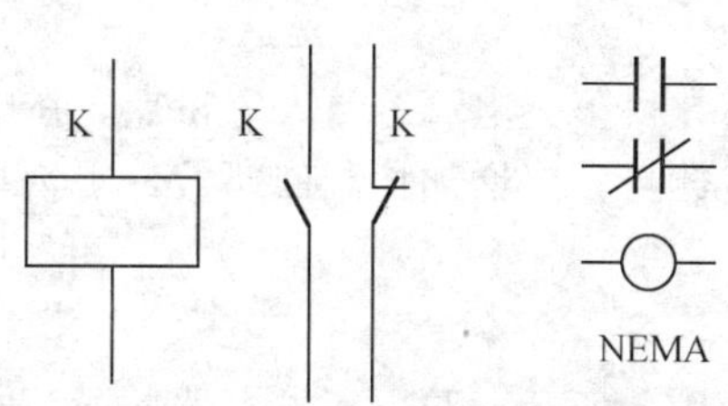

图 1.97　继电器触点与线圈的图形符号

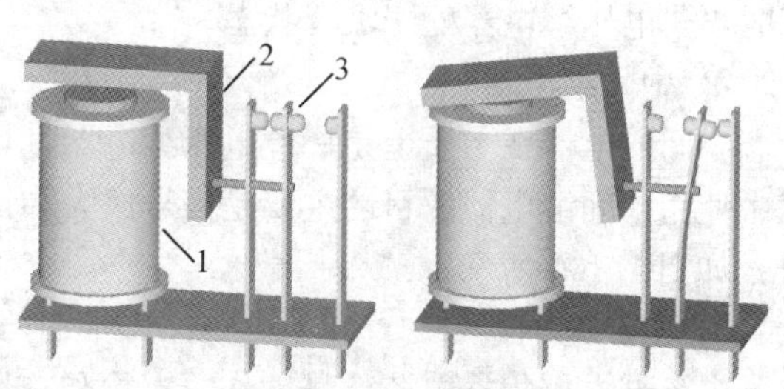

图 1.98　继电器端子名称

电磁式继电器有交流、直流之分。交流继电器的线圈通以交流电，铁芯由硅钢片叠成，且磁极端面装有防止震动的铜制短路环；直流继电器的线圈通以直流电，铁芯用软钢制成，不需要装短路环。

【特别提示】

因为继电器具有多个触点，所以同时开关多个电路。由于输入(线圈)与输出(触点)是分离的，故能接在不同的电源电路中。但要注意以下几点。

(1) 触点的容量(为负载的 1.2～1.5 倍的触点容量是必要的)磨耗或烧损。

(2) 在触点动作时会产生振动(振颤)。

1) 电压继电器

电压继电器是根据电压信号动作的，使用时线圈与电源并联，实物与符号如图 1.99 所示，其特点是线圈匝数多而线径细。按用途不同，电压继电器可分为过电压继电器和欠电压继电器。

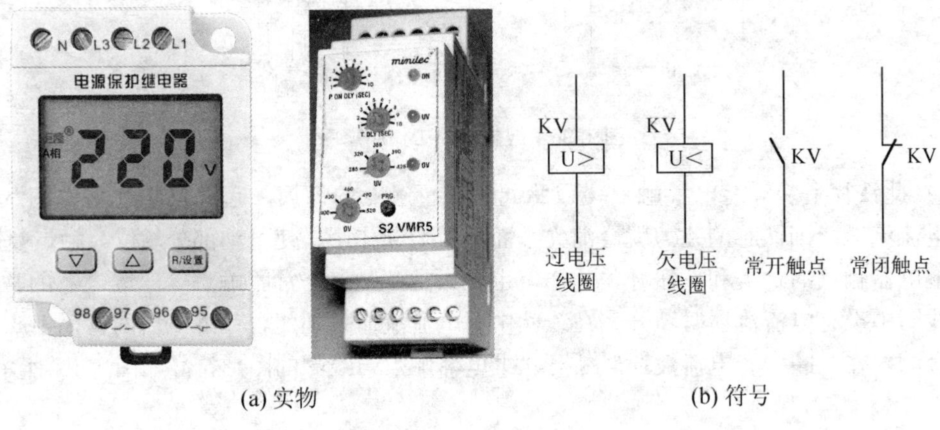

(a) 实物　　(b) 符号

图 1.99　电压继电器

(1) 过电压继电器。当线圈两端的电压超过整定值时立即吸合，动断触头断开。由于直流电路中一般不会出现波动较大的过电压现象，所以没有直流过电压继电器。

(2) 欠电压继电器。对于异步电动机，其电磁转矩正比于电源电压的平方，当控制线路电压过低时，运行中的电动机或其他电气设备将无法正常工作，此时应利用欠电压继电器进行欠电压保护。当线圈两端的电压低于整定值时，欠电压继电器立即释放，其动合触头动作，并控制接触器使电动机脱离电源。与过电压继电器不同，在电路未出现低电压故障时，欠电压继电器处于吸合状态。

2) 中间继电器

中间继电器在本质上是一种电压继电器，具有触头数目多、电流容量大等特点。在电路中使用中间继电器的目的主要是信号放大和扩展触头数目，以增加控制回路数，实物与符号如图 1.100 所示。

3) 电流继电器

电流继电器根据电流信号动作，实物和符号如图 1.101 所示。与电压继电器不同，电流继电器线圈匝数少、线径粗，并能过较大的电流。常用的电流继电器有过电流继电器和

欠电流继电器两种。

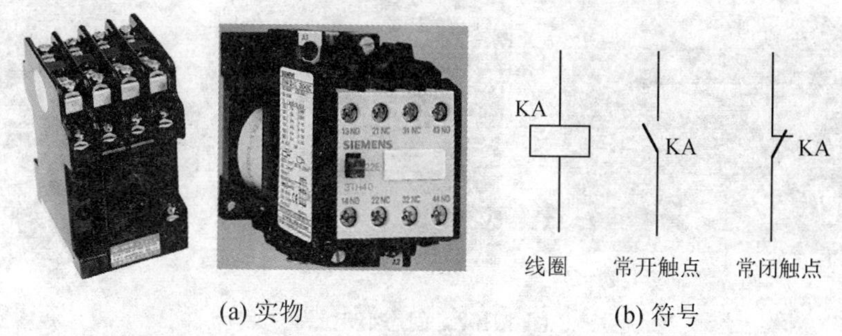

(a) 实物　　(b) 符号

图 1.100　中间继电器

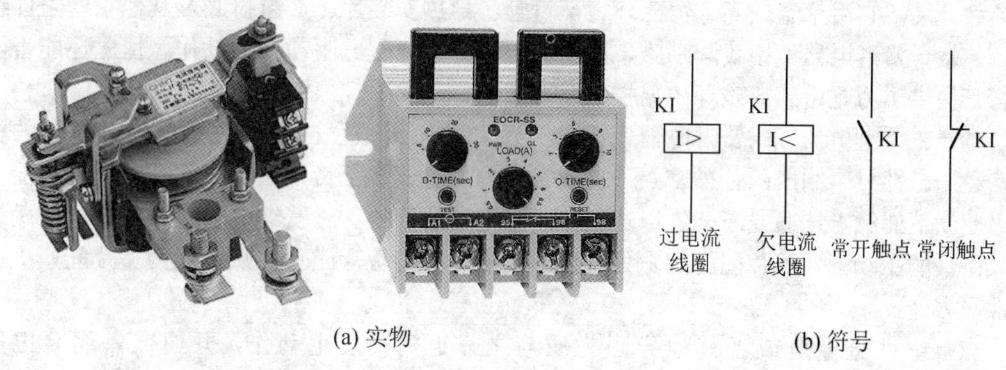

(a) 实物　　(b) 符号

图 1.101　电流继电器

(1) 过电流继电器在正常工作时过电流继电器不动作，当短路或由于严重过载而产生过大的电流时，过电流继电器产生吸合动作，带动动断触头打开，从而切断电动机的电源，起到保护作用。

(2) 欠电流继电器在正常工作时处于吸合状态，当电流过小时，欠电流继电器释放，其动合触头打开。

【特别提示】

在产品上，只有直流欠电流继电器，而没有交流欠电流继电器。

4) 其他类型的继电器

继电器种类很多，除上边介绍的电磁继电器外，还有固态继电器(SSR)、热敏干簧继电器、磁簧继电器和光耦继电器等。

(1) 固态继电器(SSR)。固态继电器(图 1.102)是具有隔离功能的无触点电子开关，其在开关过程中无机械接触部件，因此固态继电器除具有与电磁继电器一样的功能外，还具有逻辑电路兼容、耐振耐机械冲击、安装位置无限制、良好的防潮防霉防腐蚀性能、在防爆和防止臭氧污染方面的性能极佳、输入功率小、灵敏度高、控制功率小、电磁兼容性好、噪声低和工作频率高等特点。

固态继电器按负载电源类型可分为交流型和直流型；按开关型式可分为常开型和常闭型；按隔离型式可分为混合型、变压器隔离型和光电隔离型，其中以光电隔离型居多。

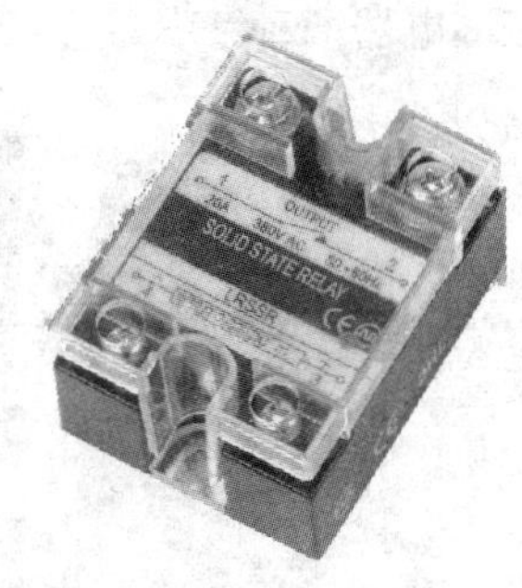

图 1.102　固态继电器

(2) 热敏干簧继电器。热敏干簧继电器是一种利用热敏磁性材料检测和控制温度的新型热敏开关。它由感温磁环、恒磁环、干簧管、导热安装片、塑料衬底及其他一些附件组成。热敏干簧继电器不用线圈励磁，而由恒磁环产生的磁力驱动开关动作。恒磁环能否向干簧管提供磁力是由感温磁环的温控特性决定的。

(3) 磁簧继电器。磁簧继电器由磁簧开关和线圈组成。磁簧开关是此类继电器的核心，是用磁性材料制成的，被密封于玻璃管内的一对或多个簧片而形成的开关元件，能在磁力驱动下使触点接通或断开，以达到控制外电路的目的。磁簧继电器在线圈通电激励或永久磁铁的驱动下，簧片间的间隙处就会形成磁通并将簧片磁化，从而使两簧片间产生了磁性吸力。

当整块铁磁金属或者其他导磁物质与之靠近时，发生动作，开通或者闭合电路(图 1.103)。

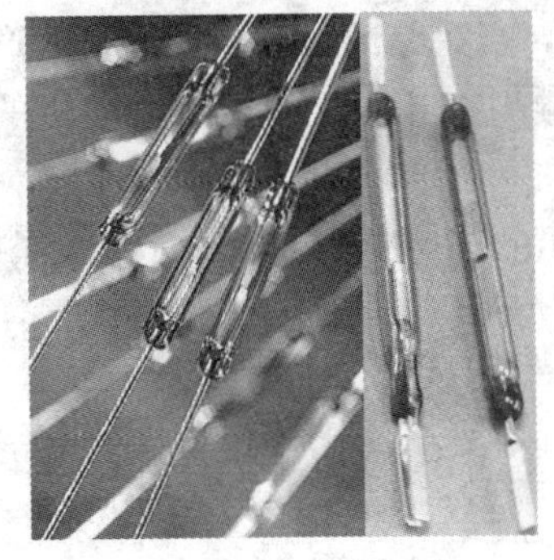
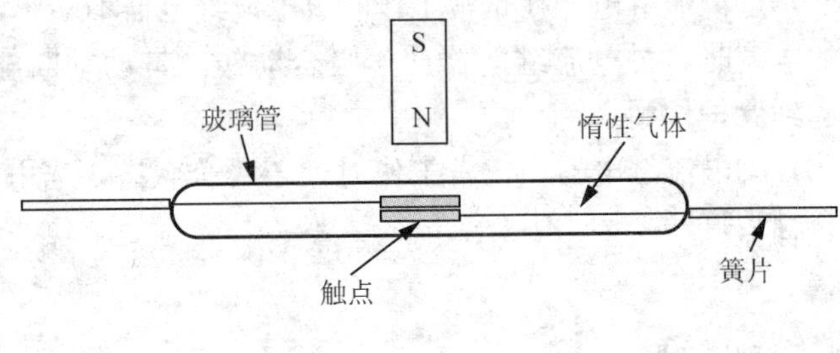

图 1.103　磁簧继电器

磁簧继电器结构坚固，触点为密封状态(可有效地防止老化和污染，也不会因触点产生火花而引起附近易燃物的燃烧)，耐用性高(触点采用金、钯的合金镀层，接触电阻稳定，寿命长，为 100 万～1000 万次)，灵敏度高(动作速度快，为 1～3ms，比一般继电器快 5～10 倍)，与永久磁铁配合使用方便、灵活，承受电压低，通常不超过 250V。它可以用作机械设备的位置限制开关，也可以在电气、电子和自动控制设备中用作快速切换电路的转换执行元件，如液位控制等，还可以用在防盗系统中探测铁制门、窗等是否在指定位置。

(4) 光耦继电器。光耦继电器为 AC/DC 并用的半导体继电器，指发光器件和收光器件一体化的器件，如图 1.104 所示。输入侧和输出侧电气性绝缘，但信号可以通过光信号传输。其特点为寿命为半永久性、微小电流驱动信号、高阻抗绝缘耐压、超小型、光传

输、无接点等，主要应用于量测设备、通信设备、医疗设备。

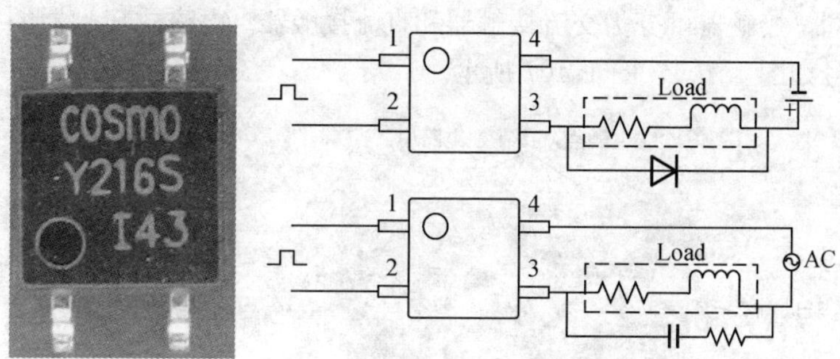

图 1.104　光耦继电器及使用方法

5）继电器常用参数

(1) 额定工作电压：指继电器正常工作时线圈所需要的电压，也就是控制电路的控制电压。根据继电器的型号不同，可以是交流电压，也可以是直流电压。

(2) 吸合电流：指继电器能够产生吸合动作的最小电流。在正常使用时，给定的电流必须略大于吸合电流，这样继电器才能稳定地工作。对于线圈所加的工作电压，一般不要超过额定工作电压的 1.5 倍，否则会产生较大的电流而把线圈烧毁。

(3) 释放电流：指继电器产生释放动作的最大电流。当继电器吸合状态的电流减小到一定程度时，继电器就会恢复到未通电时的释放状态，这时的电流远远小于吸合电流。

(4) 触点切换电压和电流。指继电器允许加载的电压和电流。它决定了继电器能控制电压和电流的大小，继电器在使用时不能超过此值，否则很容易损坏其触点。

2. 接触器

接触器(图 1.105)是一种用于远距离控制、频繁接通(高达每小时 1500 次)和切断交直流主电路和大容量控制电路的自动控制电器。它的主要控制对象为交直流电动机，也可用于电焊机、电热设备、照明设备等其他负载的控制。接触器具有控制容量大、过载能力强、寿命长(机械寿命达 2000 万次，电寿命达 200 万次)、设备简单经济等特点，还具有低电压释放保护功能，是电力拖动中使用最广泛的电器元件。

图 1.105　接触器

接触器将电磁能转换成机械能，其通过电磁力吸引衔铁带动触点动作，以实现对电路的控制。它配合继电器可以实现定时操作、联锁控制及各种定量控制和失压及欠压保护。

接触器主要包括电磁结构、触点(主触点、辅助触点)和灭弧装置等。按主触头所控制的电路种类不同，接触器可分为交流接触器和直流接触器。电磁式接触器的基本结构与组成示意图及符号如图 1.106、图 1.107 所示。

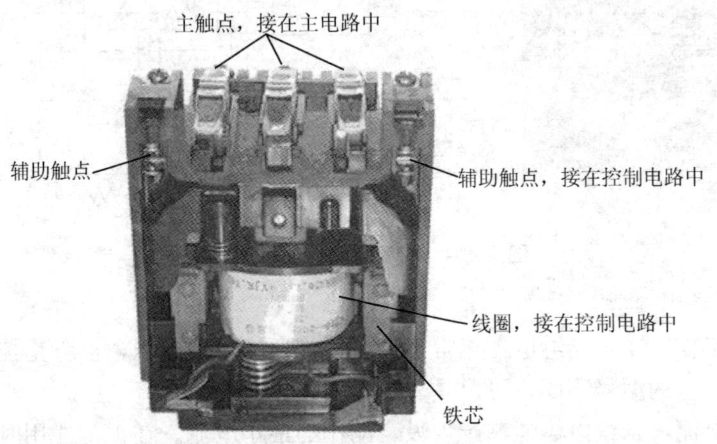

图 1.106　电磁式接触器的基本结构

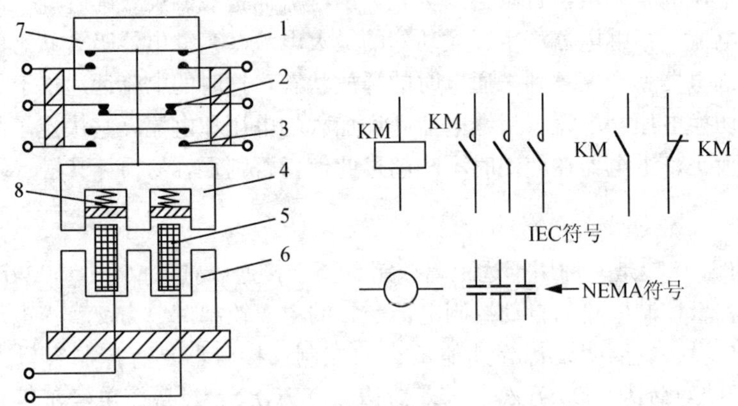

图 1.107　电磁式接触器的组成示意图及符号

1—主触头　2—常闭辅助触头　3—常开辅助头　4—动铁芯　5—电磁线圈　6—静铁芯　7—灭弧装置　8—弹簧

接触器的工作原理如下：当接触器线圈(外面有一层环氧树脂以增加耐湿度从而延长线圈寿命，其形状与接触器功能类型有关)通电后，铁芯和衔铁中产生磁通，所产生的电磁吸力克服弹簧的反力，将衔铁吸合并带动支架移动，常闭触头断开，常开触头闭合；当线圈断电或电压显著下降时，在弹簧作用下，触点恢复常态。可见，接触器有欠(零)电压保护功能。

对于交流接触器，为防止铁芯振动，需加短路环(或称校正线圈或校正环，它产生辅助吸引力，该力与主磁场不同步，即使主磁场在过零点时，也可以使衔铁与铁芯紧密吸合，如图 1.108 所示。当损坏或断开时，只要接触器工作就会发出刺耳的噪声，让人感觉到线圈有问题)。

接触器的主触点用于通断主电路，其一般由接触面较大的动合触点组成；辅助触点用于通断电流较小的控制电路。

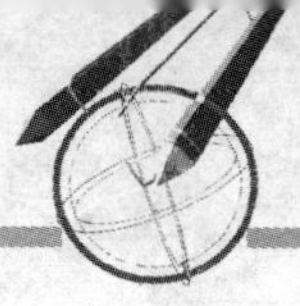

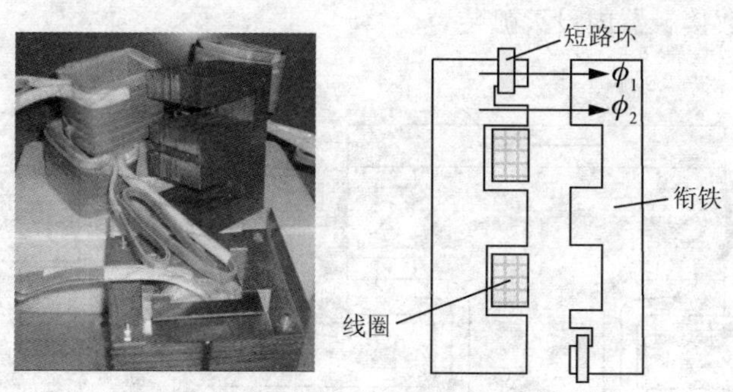

图 1.108 短路环

1—衔铁 2—铁芯 3—线圈 4—短路环

接触器在分断大电流电路时，往往会在动、静触点之间产生很强的电弧，而电弧会使触点烧伤，还会使电路切断时间加长，甚至会引起其他事故，因此接触器都要有灭弧装置。

1）接触器的技术参数

(1) 额定电压U_N。接触器铭牌上的额定电压是指主触点的额定电压。交流接触器的额定电压有220V、380V、500V；直流接触器的额定电压有110V、220V、440V。

(2) 额定电流I_N。接触器铭牌上的额定电流是指主触点的额定电流，有5A、10A、20A、40A、60A、100A、150A、250A、400A、600A。

(3) 吸引线圈额定电压。交流接触器的吸引线圈额定电压有36V、110V、220V、380V；直流接触器的吸引线圈额定电压有24V、48V、220V、440V。

(4) 通断能力。通断能力分为最大接通电流和最大分断电流。

(5) 寿命及操作频率。接触器的电气寿命是在按规定使用类别的正常操作条件下，不需修理或更换零件的负载操作次数。额定操作频率(次/h)是指允许每小时接通的最多次数。

【特别提示】

额定电压相同的直流接触器线圈和交流接触器线圈不能互换使用。因为在直流接触器线圈中电流只受电阻影响(闭合时线圈的电流和正常工作时的电流相同)，而在交流接触器线圈中电流还要受阻抗限制(断开时由于衔铁没有吸合，磁路中存在气隙，所以当接触器闭合时，气隙变小，线圈感抗变大，电流减小，交流接触器在大电流时闭合，在小电流时保持。交流接触器线圈的浪涌电流可以是保持电流的5～10倍)，而且和交流接触器线圈相比，直流接触器线圈的匝数多、阻值大。

2）灭弧

若触点在载荷时断开，则会产生电弧(电弧是引起触点磨损的主要原因之一)。其原因在于：即使触点分开，但由于触点间电压足够高，故触点表面之间(空气被电离，电流路径得以持续)还是会有电流，如图1.109所示。

电弧的阻值随着触点之间的距离增大而增大，电流随之减小，能够让电弧维持的触点电压也变大。最终，当距离增大到使触点电压是全电压时，将不再产生电弧。

电弧电流使触点表面温度大幅升高，如果电弧持续时间较长，那么高温会将触点熔化，因此在绝大多数接触器内设灭弧装置。

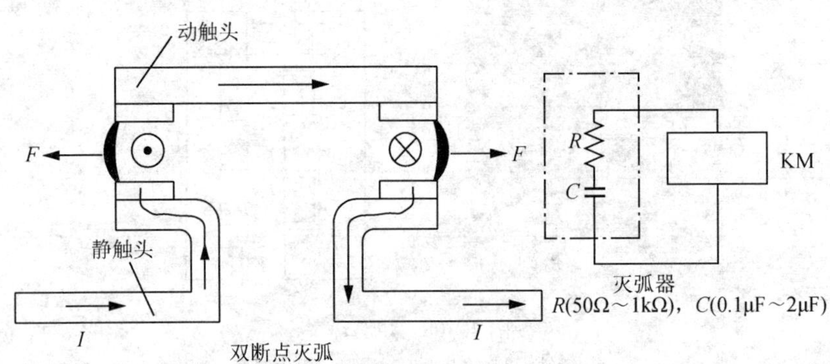

图 1.109　灭弧

影响电弧大小的因素有通断电压和电流的大小、通断电压和电流的类型(直流电弧比交流电弧难灭得多，因为交流电弧在过零点时可以熄灭)、负载类型(阻性负载电弧持续时间由分离速度决定，而感性负载释放磁场中存储的能量会产生维持电流)和接触器动作快慢(分离越快，灭弧越快)。

【特别提示】

接触器触点在闭合时也会产生电弧。因为触点过近，使得触点之间会产生击穿电压，电弧就会填充触点间的气隙。另外，就是触点一侧的毛边接触另一触点并熔化，形成电离路径，使电流流通。无论哪种情况，都会持续至触点表面完全吸合。

此外，当感性负载中的电流被切断时，若切断接触器线圈的电流，则会产生高压尖峰脉冲。如果不加以抑制，那么尖峰脉冲能达到几千伏并产生破坏性浪涌电流。与设备连接的固态元件反应尤为明显，如 PLC 模块。可以按如图 1.109 所示那样使用 RC 模块来抑制，因为电阻和电容的串联可以降低暂态电压的上升速率。

为了抵制、分离和冷却电弧，接触器上配置了消弧栅或灭弧罩，这样电弧就不容易维持。此外，由于直流电路的电弧难灭，故在直流接触器中除使用消弧栅外还增加了磁性灭弧线圈来帮助灭弧。磁性灭弧线圈由和触点并联安装在触点上的粗铜线圈组成，当电流流过灭弧线圈时，在断开的触点之间就会形成磁场，以“吹”灭电弧。当电弧形成时，其会在自身周围产生与灭弧线圈相反的磁场，灭弧线圈产生的推力使得电弧越来越长直到熄灭。

真空接触器由于没有电离的空气而使电弧熄灭得更快，而且触点不受灰尘和腐蚀影响，与传统空气接触器相对，其耐电程度更高，在高频率通断、启动重型负载和线电压大于 600V 时应当优先选择。

3）负载运行

接触器在工作时涉及两个电路：主电路和控制电路。其中，控制电路与线圈连接，主电路与主触点连接，接触器与操控装置配合可以实现大电流负载的自动控制。操控装置的电流承载能力有限，其被用于将控制电流传给接触圈线圈，并利用接触器触点控制大电流负载的通断。

【特别提示】

接触器的选择要注意以下几个方面。

(1) 接触器主触点的额定电压应大于或等于被控电路的额定电压。

(2) 接触器主触点的额定电流应大于或等于1.3倍的电动机的额定电流。

(3) 接触器线圈额定电压的选择。

(4) 接触器的触头数量、种类应满足控制线路要求。

(5) 操作频率的选择。

接触器的工作电压在线圈额定电压的85%～110%之间，而且线圈电压的变化范围在±5%之间时线圈磨损最低。电压过高会加速衔铁吸合，过低会减速，而这两种情况都会使接触器在闭合时晃动，这是磨损的主要原因。

4) 专用接触器

专用接触器是专门为空调、冰箱、电阻加热器、数据处理、照明等电器设备设计的，如图1.110所示。

(a) 空调专用

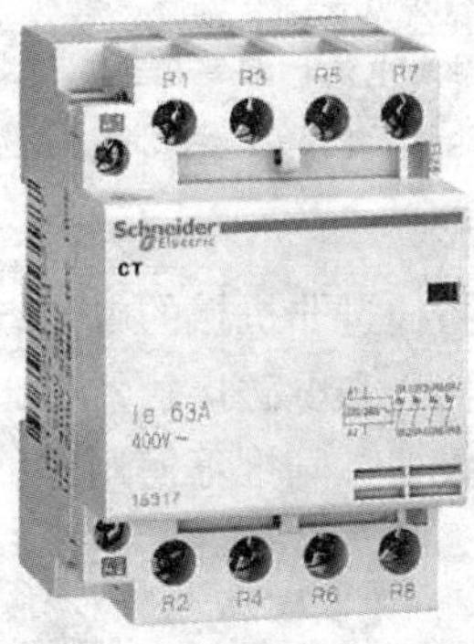

(b) 照明专用

图1.110 专用接触器

照明接触器能控制钨丝灯(或白炽灯)、荧光灯(或汞灯)以及其他非机动负载，为办公室、学校、医院、体育馆和机场等提供有效控制。

【特别提示】

接触器可以实现电气或机械保持。电气保持是指为保持主触点闭合，接触器线圈一直通电；机械保持接触器只需要加入线圈电流脉冲就可以改变状态。和普通电气保持接触器相比，机械保持接触器的运行更安定，冷却效果更好。

5) 接触器的维护

接触器线圈在出现过热(爆裂、熔化、绝缘损坏)情况时必须更换。在更换时要注意线圈的安培——匝数，必须选择和控制电压相匹配的线圈。同时，额定电压相同的交流接触器线圈和直流接触器线圈不能互换使用，因为直流线圈中电流只受电阻限制，而在交流线圈中还要受阻抗影响。和交流线圈相比，直流接触器线圈的匝数多、阻抗大。

如今，大多数的触点由低阻值的银合金制成(熔接或焊接在铜触点上)，在断路时，银

导电而铜导电弧。许多生产商建议不要挫银触点，也不需要清洁，因为出现的黑色污点是银的氧化物，也是导电性相对较好的导体。通常，接触器正常工作产生的轻微摩擦和灼烧可使触点表面保持清洁，使之正常工作。对于仍使用铜触点的接触器，需要保持触点干净以减小电阻，而且损坏的触点要成对更换，以保持触点接触紧密。

【特别提示】

接触器触点电阻大不仅会造成触点过热，同时会使触点间产生显著的电压差，从而导致负载工作电压变小。

工作在额定电压和额定电流范围内的灭弧线圈很少出现问题，但灭弧栅经常在电弧产生的高温下工作，最终可能会烧坏，因为电弧会使金属短路并熔断极芯。因此，应定期检查灭弧栅并及时更换。

【特别提示】

对于给定的接触器而言，直流触点和交流触点电流的额定值不同。在相同电压情况下，交流触点电流的额定值比直流触点电流的额定值大，这是因为在每个周期内交流电流有两次过零，从而降低了触点通断产生电弧的可能性。同样，对于电感性负载直流电路而言，触点通断将产生更高的衰减电压。

6）固态接触器

固态通断是指通过非机械的电子方式实现电源通断控制。图 1.111 就是使用电子开关的交流固态接触器。和电磁接触器相比，电子接触器非常安静而且其触点不会磨损。若需要开关频率高的设备，则推荐使用这种固态接触器。

图 1.111　固态接触器

在固态接触器中，最常使用的是大功率开关半导体，如可控硅整流器(SCR)。

1.3.4　电磁铁

电磁铁是通过电磁作用原理控制机械装置动作的设备。其被广泛应用于机械制动、牵引及流体传动中的换向阀。它也是电磁离合器、接触器和继电器的主要组成部分。

电磁铁由吸引线圈、铁芯和衔铁三部分组成。直流电磁铁的铁芯用整块软钢制成，而交流电磁铁的铁芯则用硅钢片冲压叠铆而成(有效抑制涡流)。几种常用电磁铁如图 1.112 所示。

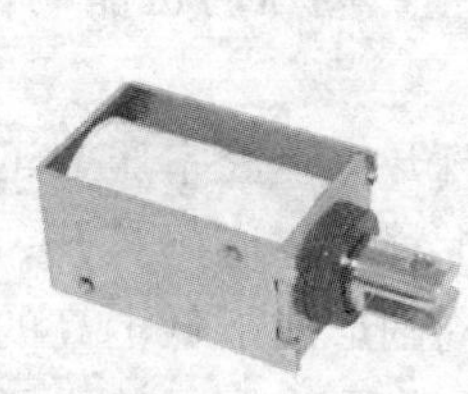
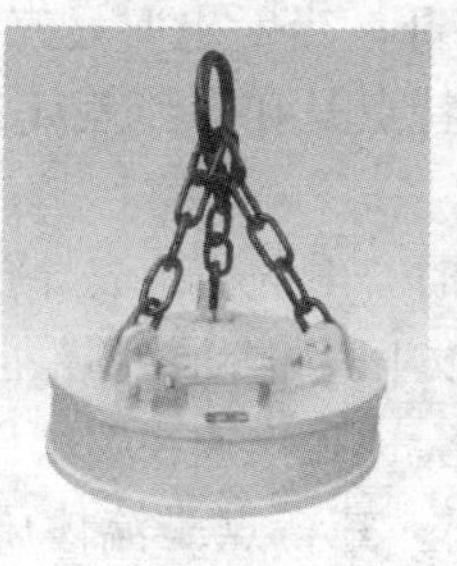

图 1.112　几种常用的电磁铁

选择直流电磁铁还是交流电磁铁通常由电源决定，不过大多数电磁铁使用直流。两者的区别如下。

(1) 交流达到完全断开的位置比直流需要更多的能量，这样会产生比正常最大电流还大 10 倍的浪涌电流。

(2) 直流电磁铁的线圈电流只受线圈电阻限制。交流电磁铁的电阻值很低，电流主要受线圈感抗限制。

(3) 交流电磁铁一定要完全闭合，这样浪涌电流才能回到正常值。如果中间卡住则有可能烧掉线圈，而在同样情况下，直流则会发生过热现象。

(4) 交流电磁铁通常动作比直流快，但是响应时间有几毫秒的变化，这由电磁铁通电时间决定。直流电磁铁运作慢些，但可以重复提供精确的闭合时间。

(5) 交流电磁铁通过合理设计(增加短路环等措施)可以除去闭合时的噪声，但接触面有灰尘或过载后还会产生，而直流电磁铁比较安静。

1.3.5　电磁阀

电磁阀(图 1.113)是用电磁控制的工业设备，它通过在线圈中通入电流来改变阀门状态。一般来说，在电磁阀内部安装某机械部件(通常为弹簧)，以保持阀门的初始位置。电磁阀是电磁铁与阀门的组合，用来控制、调整液体或气体介质的方向、流量、速度和其他的参数。当通电时电磁阀动作，导通或切断流体。电磁阀可以配合不同的电路来实现预期的控制，而控制的精度和灵活性都能够保证。电磁阀有很多种，不同的电磁阀在控制系统的不同位置发挥作用，最常用的是单向阀、安全阀、方向控制阀、速度调节阀等。

电磁阀从原理上分为三大类：直动式电磁阀、分步直动式电磁阀和先导式电磁阀。

图 1.113　电磁阀

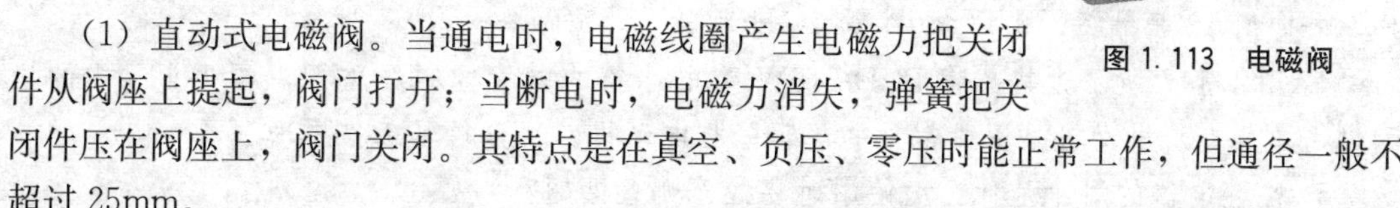

(1) 直动式电磁阀。当通电时，电磁线圈产生电磁力把关闭件从阀座上提起，阀门打开；当断电时，电磁力消失，弹簧把关闭件压在阀座上，阀门关闭。其特点是在真空、负压、零压时能正常工作，但通径一般不超过 25mm。

(2) 分步直动式电磁阀。它采用的是直动和先导式相结合的原理，当入口与出口没有压差时，在通电后，电磁力直接把先导小阀和主阀关闭件依次向上提起，阀门打开。当入口与出口达到启动压差时，在通电后，电磁力先导小阀，主阀下腔压力上升，上腔压力下

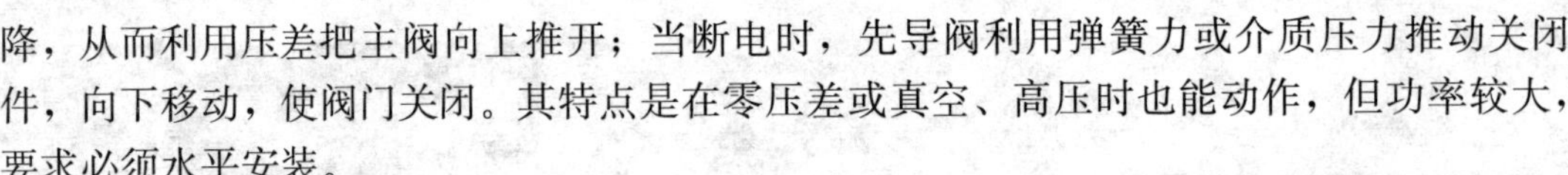

降，从而利用压差把主阀向上推开；当断电时，先导阀利用弹簧力或介质压力推动关闭件，向下移动，使阀门关闭。其特点是在零压差或真空、高压时也能动作，但功率较大，要求必须水平安装。

(3) 先导式电磁阀。当通电时，电磁力把先导孔打开，上腔室压力迅速下降，在关闭件周围形成上低下高的压差，流体压力推动关闭件向上移动，阀门打开；当断电时，弹簧力把先导孔关闭，入口压力通过旁通孔迅速在关阀件周围形成下低上高的压差，流体压力推动关闭件向下移动，关闭阀门。其特点是流体压力范围上限较高，可任意安装(需定制)，但必须满足流体压差条件。

思考与练习

1. 常开与常闭的含义是什么？

2. 解释标准按钮的结构。

3. 图 1.114 表示从具有 4 套触点的继电器底部所见的端子编号。试在下文的括号中填入适当的端子编号。设继电器的电源电压为直流 24V(在有极性的场合，要将 14 号作为“十”侧)。

(a) 具有4套触点的继电器

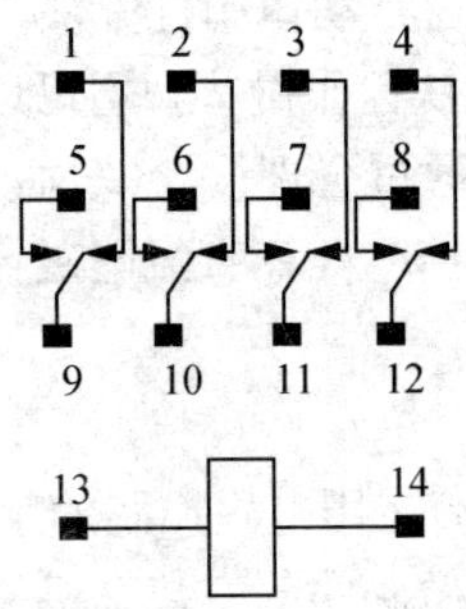

(b) 继电器的端子编号

图 1.114　习题 3 图

(1) 当在继电器的线圈上施加电压时，可在( )号端子与( )号端子上接线，施加直流 24V 电压。

(2) 当继电器的触点作为常开触点使用时，应在 9 号端子与( )号端子上接线。此外，若使用 10 号端子，则应在( )号端子上接线。

(3) 当继电器的触点作为常闭触点使用时，应在 11 号端子与( )号端子上接线。此外，若使用 12 号端子，则应在( )号端子上接线。

4. 图 1.115 所示为某品牌 BCD-216W 型电冰箱的电气控制线路图，图 1.115 中的压缩机用单相交流电动机采用最常见的电容分相电动机，试分析其工作原理。

5. 热继电器的用途是什么？使用时要注意哪些问题？

6. 时间继电器有哪些不同触点？

7. 使用接触器应注意什么？接触器与电磁式继电器的主要区别是什么？

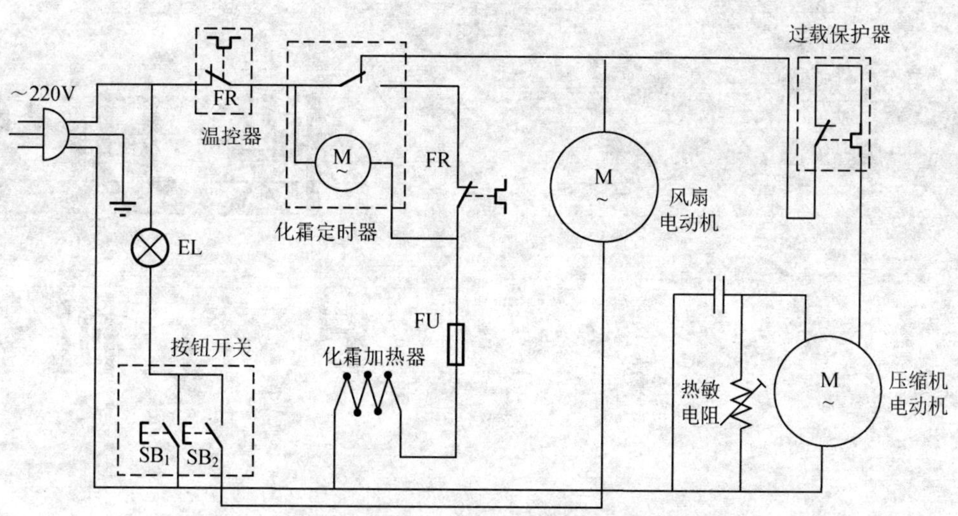

图 1.115 BCD-216W 型电冰箱的电气控制线路图

模块 2

执行机构

本模块介绍机电传动控制系统的重要组成部分——执行机构。如果以机器人为例的话，则执行机构相当于机器人的肌肉。其执行机构通常包括以下几个子模块。

(1) 一个能源装置用来提供功率。

(2) 一个功率放大装置。

(3) 一个马达。

(4) 一个传动装置。

执行机构各组成部分之间的关系如图 2.1 所示。

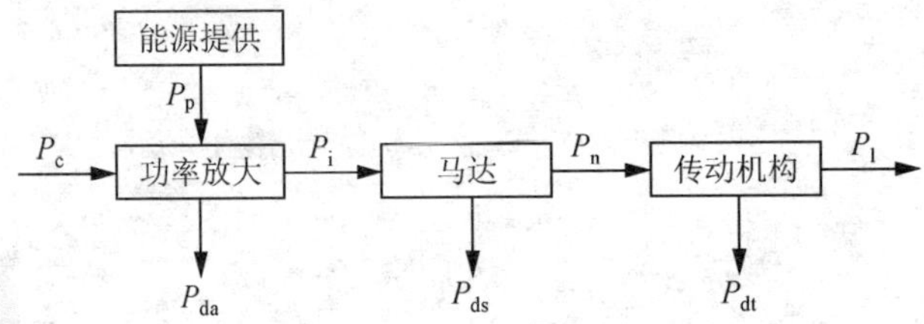

图 2.1　执行机构各组成部分之间的关系

图中：P_p 为主要的功率(如电力、承压流体和空气等)；P_c 为输入的控制功率(通常是电)；P_i 为输入给马达的功率(电、液压或气压)；P_n 为马达输出的功率；P_L 为工作机械需要的功率；P_{da}、P_{ds}、P_{dt} 为在功率放大装置、马达和传动机构之间转换时损失的功率。

概述：理解执行机构

执行机构的选择要根据工作机械的功率要求 P_L 进行，并应从运动需要的力和速度两方面考虑。按照马达功率输入 P_i，执行机构可分为如下 3 类。

(1) 气压传动执行机构：采用活塞或涡轮机装置把由压缩机提供的气动能量转换成机械能。

(2) 液压执行机构：采用合适的泵装置把存储在液体中的液压能量转换成机械能。

(3) 电气传动执行机构：输入的主功率来自配电系统的电能。

1. 气压传动执行机构

气压传动是两种流体功率设备之一，另一种是液压传动。气压执行机构以空气压缩机为动力源，以压缩空气为工作介质进行能量传递或信号传递，在工业上应用广泛。气压传动执行机构通常包括气缸和其他配套设备，图 2.2 就是一个典型的气动传动系统示例(可增加手抓实现工业机器人夹持等)。

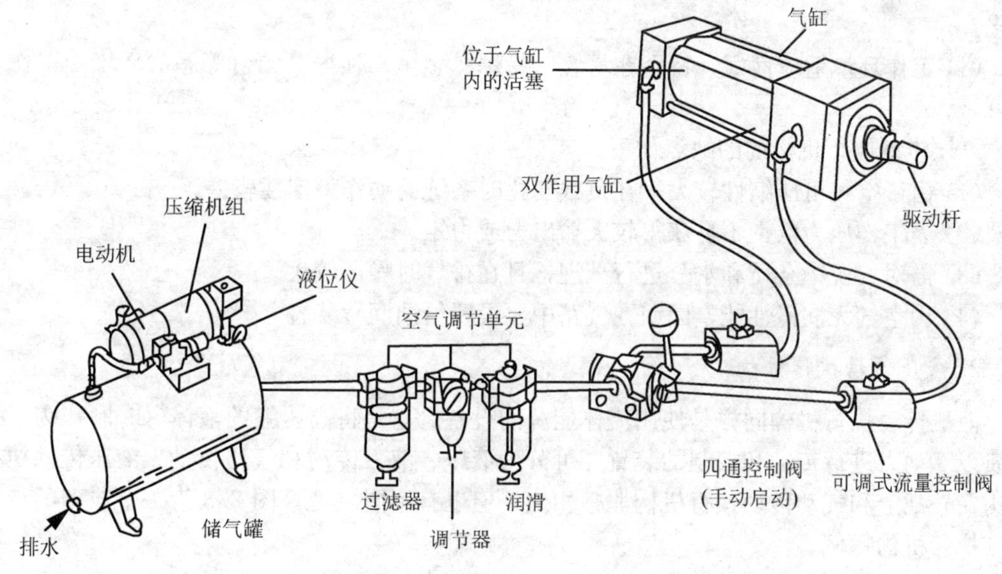

图 2.2 气动传动系统的组成

一个典型的气动系统由方向控制元件、气动执行元件、各种气动辅助元件、气源净化元件组成。

1) 方向控制元件

它采用电磁控制换向阀(简称电磁阀)，即利用电磁力的作用来实现阀的切换以控制气流的流动方向。

2) 气动执行元件

气缸是气动系统的执行元件之一。它将压缩空气的压力能转换为系统的动力能。

3) 气动辅助元件

油雾器是一种特殊的注油装置。它以空气为动力，使润滑油雾化后，注入空气流中，并随空气进入需要润滑的部件，以达到润滑的目的。

消声器的作用是降低噪声，它是通过阻尼或增加排气面积来降低排气速度和功率，从而降低噪声的。

管道连接件是连接成一个完整的气动控制系统必不可少的元件。

4）气源净化元件

储气罐的作用是储存一定数量的压缩空气，同时也是应急动力源，以解决空压机的输出气量和气动设备的耗气量之间的不平衡。

油水分离器的作用是分离并排出压缩空气中凝聚的油分、水分和灰尘杂质，使压缩空气得到初步净化。

过滤器是气压传动系统中的重要环节，用来进一步滤除压缩空气中的杂质。

气压传动执行机构的的优点如下。

(1) 是所有执行机构中最便宜的，工作介质是空气，来源方便，使用后可直接排出，不需回气管道，也不污染环境。

(2) 空气黏度很小，使得压力损失小，节能高效，因而适用于远距离输送。

(3) 气动系统动作迅速、反应快、维护简单、成本低，易于标准化、系列化和通用化。

(4) 工作环境适应性好，特别在易燃、易爆、多尘、强振、辐射等恶劣环境中工作安全可靠。

气压传动执行机构的的缺点如下。

(1) 由于空气可压缩性较大，在负载变化时系统的动作稳定性较差。

(2) 因工作压力低，不易获得较大输出力或力矩。

(3) 需对气源中杂质和水分进行处理，且在排气时噪声较大。

(4) 因空气无润滑性能，因而在气路中要设置给油润滑装置。

2. 液压传动执行机构

液压传动执行机构同样是使用流体能源的设备。它是将高压缩的液体(如油)作为工作介质以对动力进行传动和控制的装置，可分为液压、液力传动和气压传动。液压传动执行机构在外观上和气动传动执行机构非常相似，但也有不同之处，图 2.3 为一个典型的液压传动执行机构示例。

液压传动执行机构设计工作在很高的压力下(压强典型值在 7～17MPa)，因而适合于大功率应用，且具有下列优点。

(1) 液压执行机构的功率/重量比和扭矩/惯量比大。液压控制系统的加速性好、结构紧凑、尺寸大、重量轻，适用于控制大功率、大惯量负载的场合。

(2) 液压执行机构响应速度快，系统频带宽。

(3) 液压系统的刚度大、抗干扰性能力强、误差小、精度高。由于液压压缩性小，液压执行机构泄漏少，因此其稳态速度和动态位置刚度都比电气控制系统大，所以液压控制系统具有高精度和快速响应的能力。

(4) 液压控制系统低速平稳性好，调速范围宽。

液压控制系统虽然具有上述优点，但也有如下缺点。

(1) 液压元件加工精度要求高、成本高、价格高。

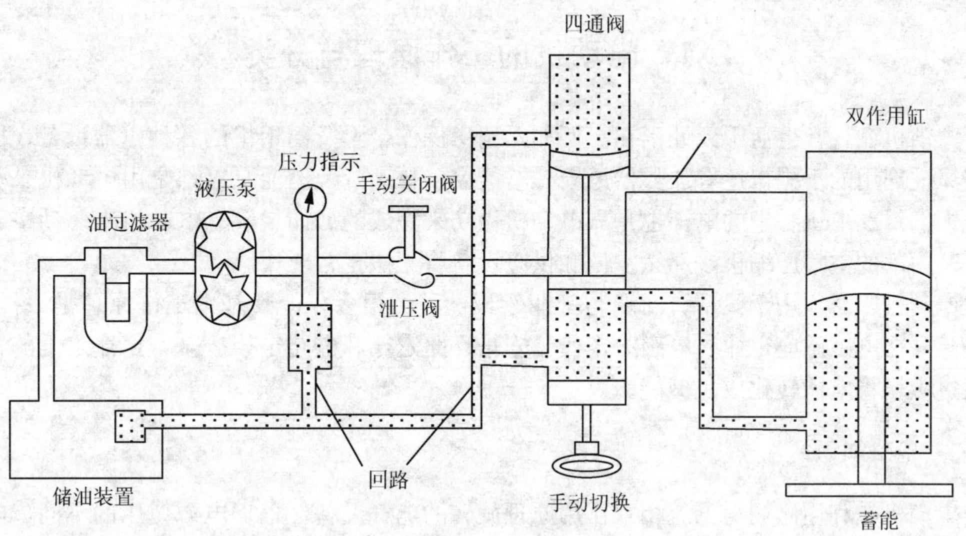

图 2.3 液压传动执行机构示例

(2) 液压元件易漏油，且污染环境，可能引起火灾。

(3) 液压油易受污染，进而导致液压控制系统产生故障。

(4) 液压系统易受环境温度变化的影响。

(5) 液压能源的获得、储存和输送不方便。

3. 电气传动执行机构

电气传动执行机构以电为驱动能源，因此具有以下优点。

(1) 电能供应方便。

(2) 作为基础驱动设备的电动机与相关设备比使用流体能源的轻。

(3) 能量转换效率高。

(4) 对工作环境没有污染。

(5) 比较安静和干净，非常环保。

(6) 维护和维修方便。

电气传动执行机构由电动机、电气控制装置、传动装置、工作机构和电源等组成，如图 2.4 所示。

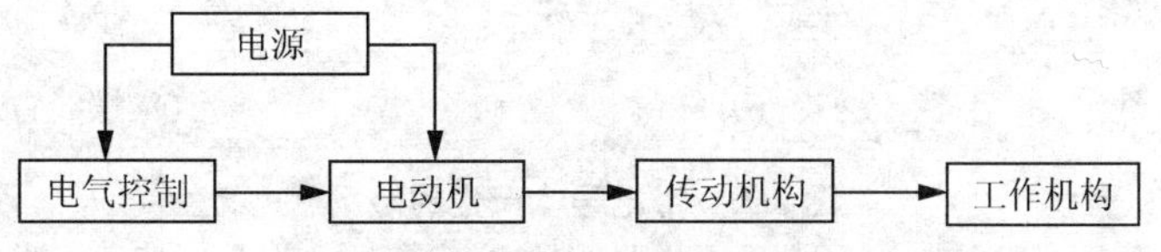

图 2.4 机电传动执行机构的组成

生产过程得以正常进行，各种生产工艺过程的完成是通过对生产机械的的调节实现的，从图 2.4 所示中可以看出，它们在本质上是通过控制电动机实现的。

2.1 电动机的工作原理与分类

电动机在日常生活中无处不在。例如，厨房操作台上及橱柜里的各种电器设备，擦汽车挡风玻璃用的雨刷，还有加热器风扇、节能窗、自动门及燃油泵等都是由电动机来驱动的。人们每次上班乘坐的电梯也是靠电动机做功来完成的。如果没有电动机来驱动空调装置及其内部的空气压缩机，那么空调和供暖设备将无法正常工作。

电动机广泛应用于民用、商业与工业领域，种类很多，但其基本工作原理是一样的，都是建立在电磁感应定律、电磁力定律、安培环路定律和电路定律等基本定律之上的，都是通过磁场将电能转化成机械能。

2.1.1 电磁知识

电动机是利用磁场与电流相互作用原理旋转的电气设备。根据电源使用的不同，电动机可分为直流电动机和交流电动机两种类型，且这两种类型电动机使用的基本部件是相同的，都是通过电磁场交互作用实现的定向转动，因此需要首先回顾一下电磁原理。

1. 磁力线和磁感应强度

永磁铁会吸引磁性材料并将其吸住，这说明它周围存在磁场。磁场的分布用磁力线来表示。带电导体周围产生的场(电生磁)与磁场类似(产生磁场的电流称为励磁电流)。磁场强度与通过导体的电流成正比，并在导线周围形成同心圆。通过导体的电流方向与磁场方向的关系用右手螺旋定则(右手握拳，拇指伸出指示电流方向，则卷曲四指指示方向为磁力线方向)描述，如图2.5(a)所示。

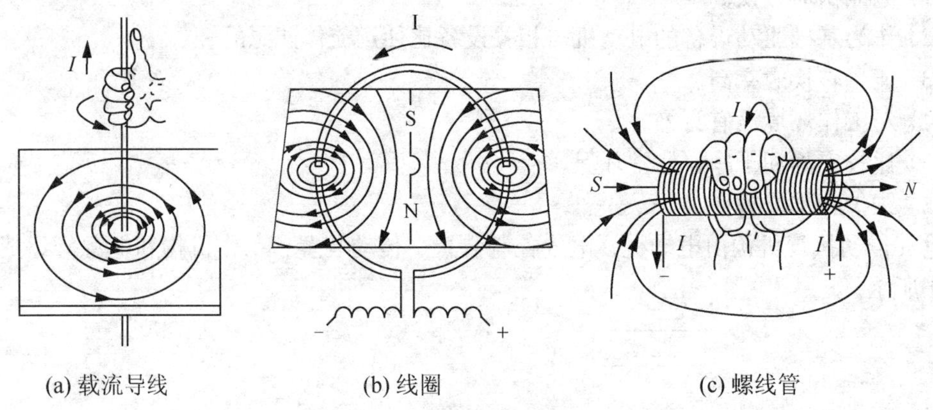

(a) 载流导线　　(b) 线圈　　(c) 螺线管

图2.5　带电导体产生的磁场

描述磁介质中实际的磁场强弱和方向的物理量是磁感应强度 B，单位是特斯拉 T 或 Wb/m^2。而磁场中各点的磁感应强度可以用磁力线的疏密程度来表示。磁力线具有以下特点。

(1) 磁力线总是闭合的，既没有起点，也没有终点。

(2) 磁场中的磁力线不会相交。

当带电导体是一个线圈时，每一匝线圈形成的磁力线都会合成为一个强大的磁场，如图2.5(b)、(c)所示。如果在线圈中加入铁芯的话，这种磁场还会进一步增强，这是由

于铁芯的磁阻比空气的磁阻小。当流入线圈的电流反向时，线圈内磁场的极性也会改变，如图 2.6 所示。如果没有这种现象，电动机就不可能运行了。

2. 磁通

如图 2.7 所示，磁场中穿过某一截面 A 的磁感应强度 B 的量称为磁通 Φ，单位是 Wb。

$$\Phi = \int_A B\mathrm{d}A$$

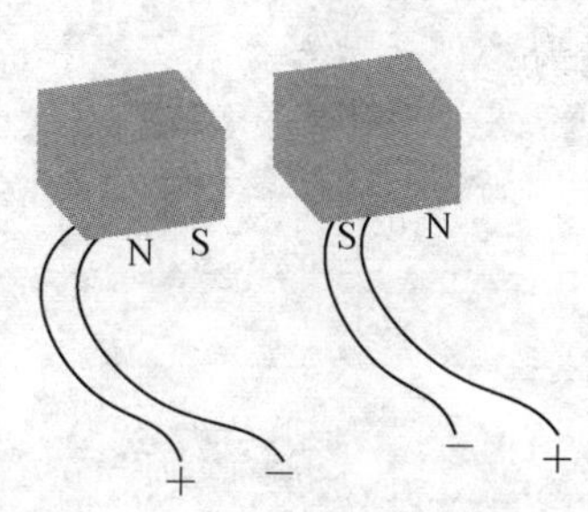

图 2.6 改变电流方向或绕组方向可以电磁铁的极性

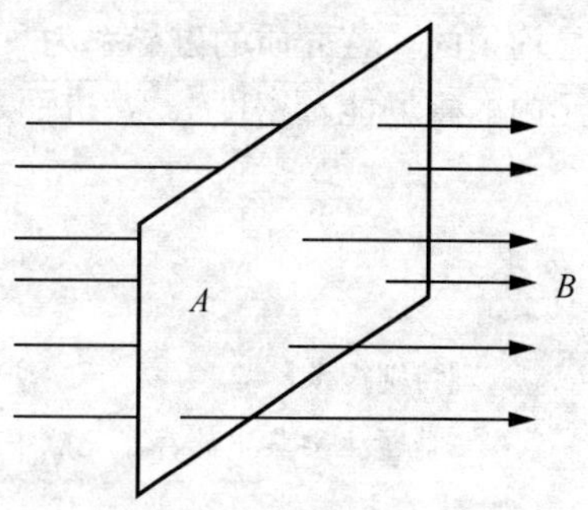

图 2.7 磁通的定义

若磁场均匀，且磁场与截面垂直，则 $\Phi = BA$ 。

通过任意封闭曲面的磁通量总和必等于零，即

$$\Phi = \oint B \cdot \mathrm{d}A = 0$$

因此，B 又是单位面积上的磁通，称为磁通密度，简称为磁密。

3. 磁场强度和磁导率

表征磁场强弱和方向的物理量称为磁场强度 H，单位是 A/m；表征磁场中介质导磁能力的物理量称为磁导率 μ，单位是 H/m。

对于线性介质 μ 为常数，非线性介质 μ 不是常数(铁磁材料磁导率不是常数)。真空中磁导率为常数：$\mu_0 = 4\pi \times 10^{-7}$ H/m。电机中所用的介质，主要是铁磁材料和非导磁材料。其中对于空气、铜、铝和绝缘材料等非导磁材料，它们的磁导率可认为等于真空的磁导率；而对于铁磁材料，它们的磁导率远大于真空的磁导率，如铸钢的磁导率约为 μ_0 的 1000 倍，各种硅钢片的磁导率产约为 μ_0 的 6000～7000 倍。

【特别提示】

H 代表电流本身产生磁场的强弱，反应了电流的励磁能力，且与介质性质无关，即 $H \propto I$。

B 代表电流产生的以及介质被磁化后产生的总磁场强弱，其大小不仅与电流的大小有关，还与介质的性质有关：

$$B = \mu H$$

4. 磁场储能

电机通过磁场储能实现机电能量的转换，而且磁场中的能量密度(即单位体积内的磁场能量)为

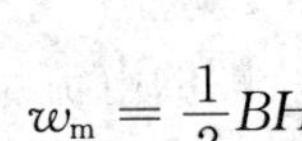

$$w_m = \frac{1}{2}BH$$

对于线性介质：

$$w_m = \frac{1}{2}BH = \frac{B^2}{2\mu}。$$

利用磁场能量密度可以计算一般非均匀磁场的能量。具体步骤：在非均匀磁场中取一体积元 dv，则在 dv 内，介质和磁场都可以看作是均匀的，所以磁场能量密度也可以看作是均匀的。若介质的磁导率为 μ，磁感应强度为 B，则由磁场能量密度公式，即可求出体元内的磁场能量密度 w_m，进而求出体元内的磁场能量为

$$w_m = \int_V w_m \mathrm{d}v$$

【特别提示】

磁场能量主要集中储存在气隙中。

2.1.2 基本电磁定律

1. 切割电动势 e

如图 2.8 所示，如果磁场恒定不变，且导体或线圈与磁场的磁力线之间有相对切割运动时，则在线圈中会产生感应电动势，也称为切割电动势，又称速度电动势。

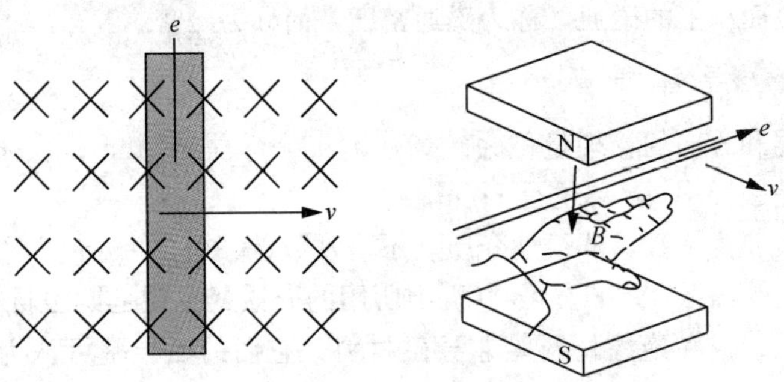

图 2.8 电磁感应定律

若磁力线、导体与切割运动三者方向相互垂直时，则由电磁感应定律可知切割电动势 e 的计算公式为

$$e = Blv(\mathrm{V})$$

式中：e 为产生和切割电动势；B 为磁感应强度；l 为切割磁力线导线的有效长度；v 为切割速度。

感应电动势正方向符合右手定则。

2. 自感电动势 e_L

若匝数为 N 的线圈环链的磁通为 Φ，则当 Φ 发生变化时，线圈两端产生感应电动势：

$$e = \frac{\mathrm{d}\Psi}{\mathrm{d}t} = -N\frac{\mathrm{d}\Phi}{\mathrm{d}t}\ (\mathrm{V})$$

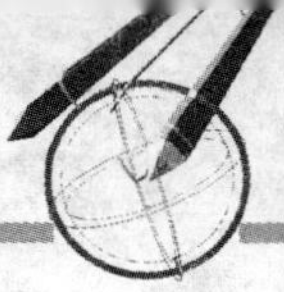

式中：$\Psi = N\Phi$ ，是线圈交链的总磁通，称为磁链。

3. 互感电动势 e_M

在相邻的两个线圈中，当线圈 1 中的电流 i_1 交变时，它产生的与线圈 2 相交链的磁通 Φ_{21} 也产生变化，由此在线圈 2 中产生的感应电动势称为互感电动势，用 e_{M2} 表示：

$$e_{M2} = -\frac{d\Psi_{21}}{dt} = -M\frac{di_1}{dt}$$

式中：$\Psi_{21} = N_2\Phi_{21}$ ，为线圈 1 产生与线圈 2 相交链的互感磁链。

2.1.3　基本电路定律

1. 欧姆定律

一段电路上的电压降 U，等于流过该电路的电流 I 与电路电阻 R 的乘积，即

$$U=RI$$

2. 基尔霍夫电流定律(KCL)

对于电路中任一节点，在任意时刻，流出该节点的电流和等于流入该节点的电流和。

$$\sum_{\text{流出}} i(t) = \sum_{\text{流入}} i(t)$$

3. 基尔霍夫电压定律(KVL)

对于某一电路，在任意时刻，沿任一回路，各支路电压的代数和恒等于零。

$$\sum u(t) = 0$$

2.1.4　安培环路定律(全电流定律)

如图 2.9 所示，磁场中沿任一闭合回路 l 对磁场强度 H 的线积分等于该闭合回路所包围的所有导体电流的代数和：

$$\oint_l H dl = \sum i$$

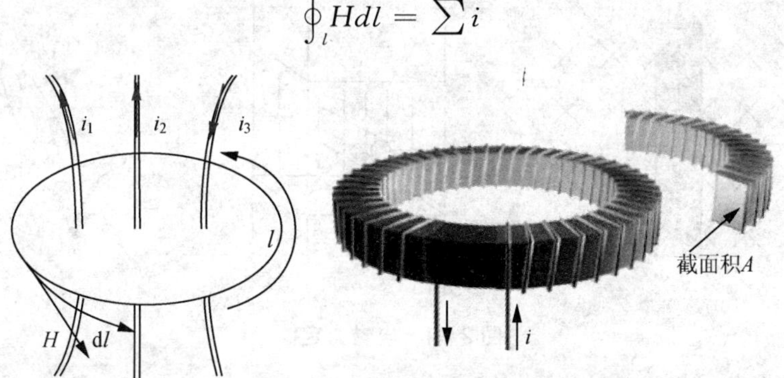

图 2.9　安培环路定律

对于通电螺线管，磁场是均匀的，磁场强度 H 处处相等，总电流由通有电流的匝线圈提供：

$$HL=Ni$$

对于工程中用到的几何形状复杂的磁路，可以将其分成几段，分别应用安培环路写

好，再求电流总和：

$$\sum_{k=1}^{n} H_k l_k = \sum i$$

如图 2.10 所示，对于带气隙的铁芯磁路，磁场是不均匀的，则其安培环路定律可表示为

$$Ni = H_{Fe} l_{Fe} + H_\delta \delta$$

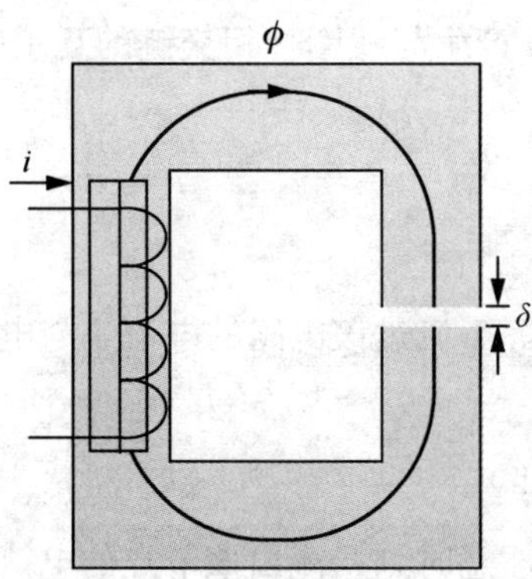

图 2.10　带气隙的安培环路定律

2.1.5　电动机的旋转

1. 电磁力

载流导体在磁场中会受到电磁力的作用。当磁场力和导体方向相互垂直时，载流导体所受的电磁力的计算公式为

$$F = Bli\,(\mathrm{N})$$

且电磁力的方向符合左手定则，如图 2.11 所示。

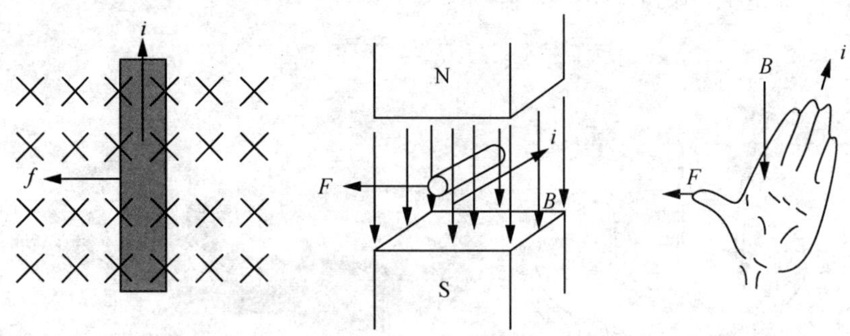

图 2.11　电磁力定律

2. 电磁转矩

电磁转矩的描述如图 2.12 所示。图中，导体左侧受力向上，右侧受力向下。

【特别提示】

电磁转矩实际上是导体的磁场(电枢磁场)形成的 N、S 极磁场与主定子磁场(或为励磁电流产生)相

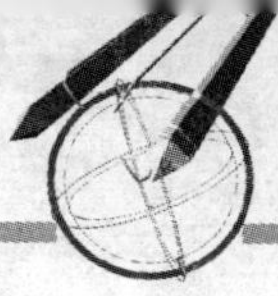

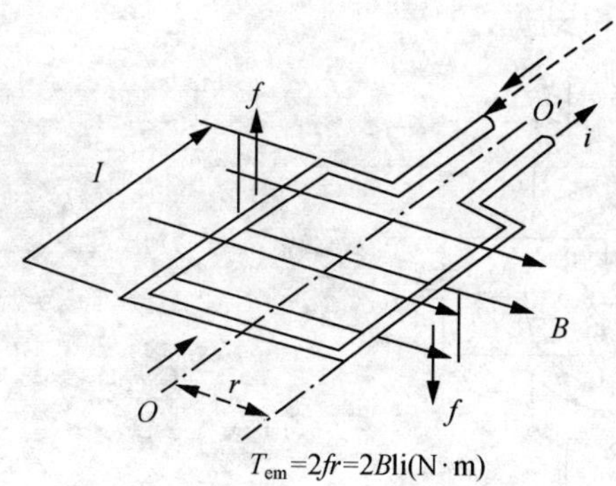

图 2.12 电磁转矩

互作用对电枢施加的一个持续的力矩。经过分析，直流电动机所受到的电磁转矩 T 可用下式计算：

$$T = K_t \Phi I_a$$

式中：I_a 为电枢电流，A；Φ 为主磁通，Wb；K_t 为转矩常数，与电机结构有关。

3. 电动机的旋转

两个磁场的相互作用使电动机旋转是由于同极性相斥异极性相吸，磁场之间的的吸引力与排斥力产生了旋转力，如图 2.13 所示。

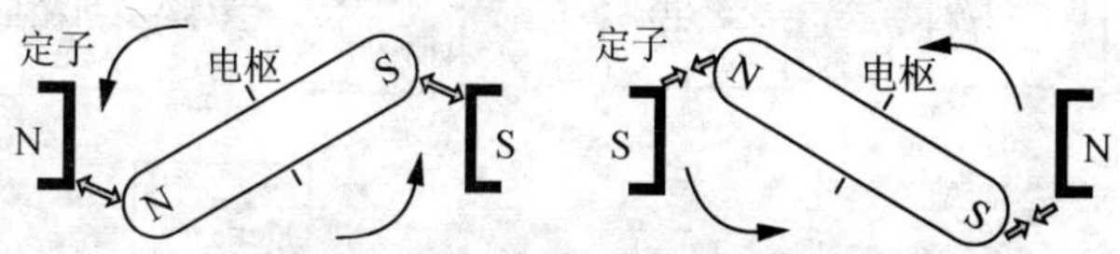

图 2.13 电动机的旋转

电动机旋转的具体工作原理如下。

(1) 电磁铁是移动的电枢，永磁铁是固定的定子。

(2) 由于同性相斥，使电枢旋转。

(3) 随着不断的旋转，异性之间的吸引力增加，使电磁铁持续旋转。

(4) 电磁铁继续旋转，直到电枢两极与磁场两极异名极相对时，由于异名极之间的吸引力转子会停止运动。

(5) 换向是当电枢的两极与磁场的两极异名相对时，电枢电流反向，从而导致电枢的磁场极性改变。

(6) 电枢与磁场之间因同极性相斥，电枢继续旋转。

2.1.6 反电动势

电枢在电动机内旋转时，电枢线圈切割定子磁场，并在线圈中产生感应电压或者感应电动势，如图 2.14 所示。这是电动机旋转带来的副产品，有时也称为电动机的发电运行，因此也称为反向电动势或者反电动势。

根据分析，其大小可用下式计算

$$E_a = K_e \Phi n$$

式中：K_e 为电动势常数，它是只与电动机结构有关的常数；Φ 为励磁磁通，Wb；n 为电

枢转速，r/min；E_a 为电枢电动势，V。

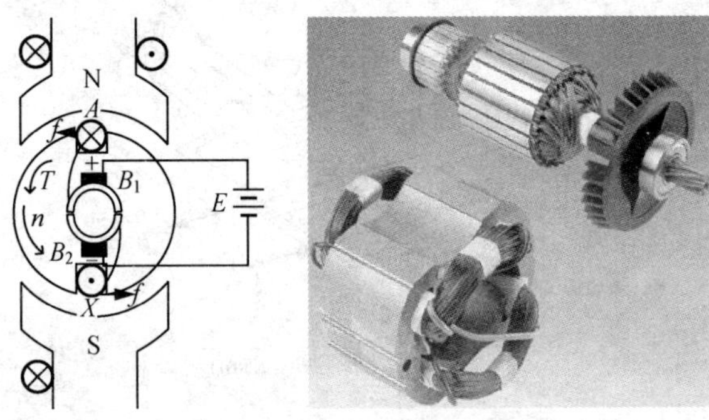

图 2.14　反电动势

从式中可以看出：反电动势与电枢转速和场强大小成正比，也就是说，当转速增加或场强增加时，反电动势会随之增加；反之，当转速减小或场强减小时，反电动势随之减小。

由于反电动势的存在，使得电枢两端的实际电压变为电枢两端所加电源电压减去反电动势，因此电枢绕组电压变小。电动机工作的电磁关系如图 2.15 所示。

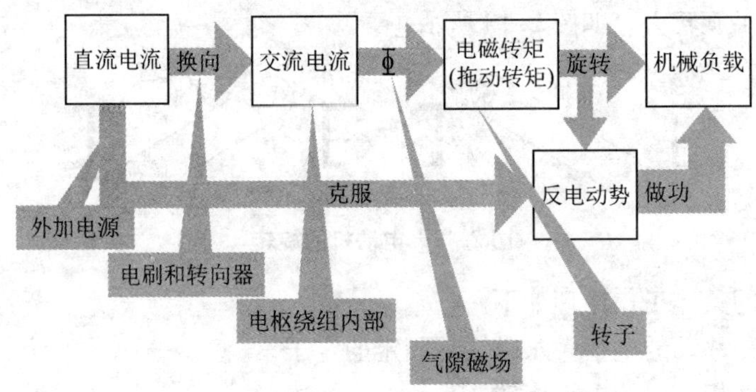

图 2.15　电动机工作的电磁关系

【特别提示】

电动机启动瞬间，因此电枢不转动，电枢内没有反电动势，使得全部电源电压直接加在电枢上，电枢电流相当大。在电动机提速后，电枢产生反电动势，电枢电流会迅速下降。

当电动机空载全速运行时，反电动势与电动机两端的电压几乎相当，且电枢电流仅够维持电动机全速运行。当电动机接入负载后，它的转速下降，反电动势减小，电枢电流随之升高。因此，电动机的负载通过影响反电动势与电流来控制电动机转速。

【特别提示】

电动势常数 K_e 和转矩常数 K_t 都取决于电动机的结构数据，对于已制造完成的同一台电动机而言，K_e 和 K_t 都是恒定不变的常数，而且两者之间有一个关系式为

$$\frac{K_t}{K_e}=\frac{60}{2\pi}\approx 9.55$$

2.1.7 电动机的分类

电动机种类繁多，而且可以按不同标准分类，但通常来讲，电动机是根据电源类型与操作原理进行分类的。常用电动机根据其应用特性可分为若干类型，如图 2.16 所示。

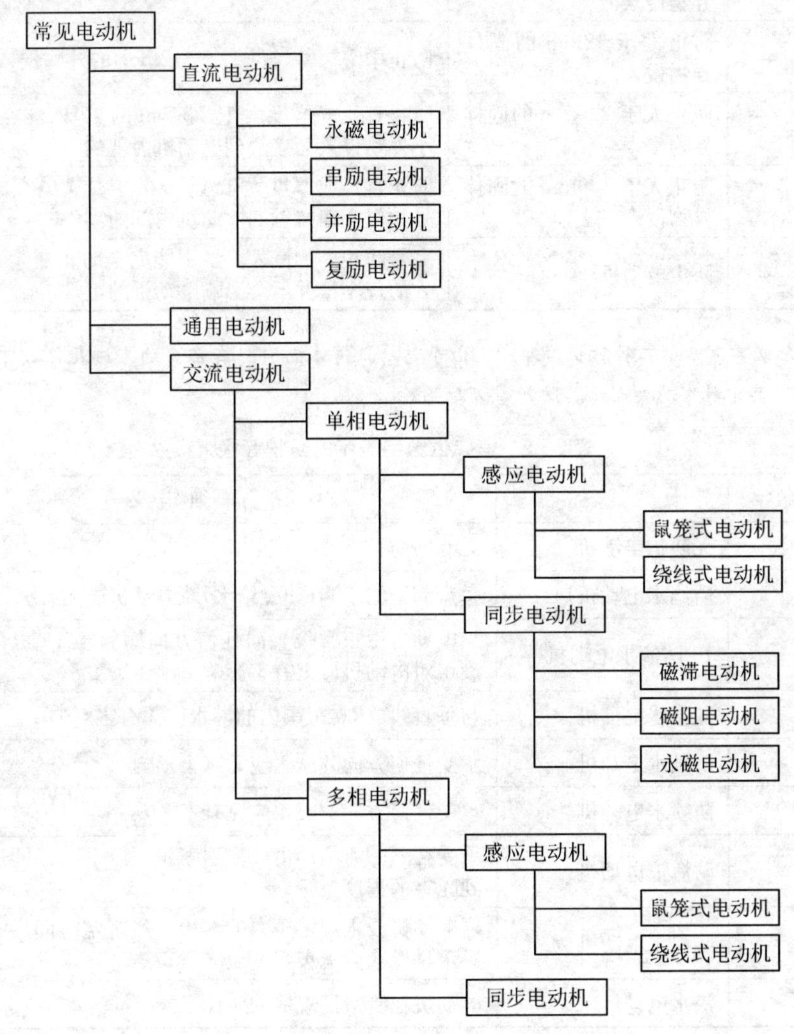

图 2.16 常见电动机的分类

【拓展阅读】

电动机外壳防护等级

电动机外壳防护等级的标志由表征字母“IP”(International Protection，国际防护)及附加在其后的两个表征数字组成，如 IP44。

第一位表征数字表示第一种防护，即防止人体触及或接近壳内带电部分和壳内转动部件，以及防止固体异物进入电动机，其防护等级见表 2-1，其中数字越大表示其防护等级越高。

表 2-1　第一位数字表示的防护等级

第一位表征数字	简　述	详细定义
0	无防护电动机	无专门防护
1	防止大于 50mm 的固体异物侵入	防止较大尺寸(直径大于 50mm)的外物侵入
2	防止大于 12mm 的固体异物侵入	防止中等尺寸(直径大于 12mm)的外物侵入
3	防止大于 2.5mm 的固体异物侵入	防止直径或厚度大于 2.5mm 的工具、电线或类似的小外物侵入而接触到电动机内部的零件
4	防止大于 1.0mm 的固体异物侵入	防止直径或厚度大于 1mm 的工具、电线或类似的小外物侵入而接触到电动机内部的零件
5	防尘电动机	完全防止外物侵入，虽不能完全防止灰尘进入，但侵入的灰尘量并不会影响电动机的正常工作

第二位表征数字表示第二种防护，即防止由于电动机进水而引起有害影响，该表征数字表示的防护等级见表 2-2，其中数字越大表示其防护等级越高。

表 2-2　第二位数字表示的防护等级

第二位表征数字	简　述	详细定义
0	无防护电动机	无专门防护
1	防滴水电动机	垂直滴下的水滴(如凝结水)对电动机应无有害影响
2	15°防滴水电动机	当电动机由正常位置向任何方向倾斜至 15°以内时，垂直滴水对电动机应无有害影响
3	防淋水电动机	与垂直线成 60°范围内的淋水应无有害影响
4	防溅水电动机	承受任何方向的溅水应无有害影响
5	防喷水电动机	承受任何方向的喷水应无有害影响
6	防海浪电动机	承受猛烈的海浪冲击或强烈喷水时，电动机的进水量应达到无害的程度
7	防浸水电动机	当电动机浸入规定压力的水中，经规定时间后，电动机的进水量应达到无害程度
8	潜水电动机	电动机在制造厂规定的条件下能长期潜水。一般为水密型

当只需用一个表征数字表示某一防护等级时，被省略的数字应以字母“X”代替，如 IPX5。当防护的内容有所增加时，可用补充字母表示，且补充字母放在数字之后或紧跟“IP”之后。

思考与练习

1. 列举 3 条气动传动系统的优点与缺点？上网查找 3 家生产气动设备公司，了解其产品价格。

2. 电动机的基本用途是什么？

3. 通常来讲，电动机分为哪两类？

4. 为什么要在电动机内部安装铁芯?
5. 磁场磁力线的方向是如何规定的?

2.2 认识直流电动机

直流电机是将直流电能转换成机械能或将机械能转换成直流电能的设备，其中将直流电能转换成机械能的电机叫直流电动机，将机械能转换成直流电能的电机叫直流发电机，因此一台直流电机既可作为电动机，也可以作为发电机使用(电动机的可逆原理，也适用于交流电机)。

直流电动机(图 2.17)比交流电动机的结构复杂(主要是因为换向器、电刷与电枢绕组造成的)，价格也比交流电动机昂贵，且使用(现有供电系统输送的几乎都是交流电)维护也不方便，所以在使用上不如交流电动机那么常用。近年来，由于变频调速技术的发展和应用，在中小功率的电动机调速领域中，交流电动机正在逐步取代直流电动机。然而，对于某些特殊应用，使用直流电动机是很有益处的。

图 2.17 直流电动机的外形与结构

【特别提示】

与交流电动机的设计相比，直流电动机更重视电刷和换向器的维护。而交流电动机不需要换向器和电刷，大多数使用铝铸式鼠笼转子代替铜线绕组。

直流电动机具有良好的启动、制动性能，宜在大范围内平滑调速，且可以满足设备对大范围精确转矩与转速控制的需要，在许多需要调速或快速正反向的电力拖动领域中(如起重机、传送带及电梯尤其是大功率的生产设备，如龙门刨床对启动转矩和调速要求较高，仍然多采用直流电动机来驱动)得到了广泛的应用。

【特别提示】

近年来，高性能交流调速技术发展很快，交流调速系统有逐步取代直流调速系统的趋势。然而，直流拖动控制系统毕竟在理论上和实践上都比较成熟，而且从控制的角度来看，它又是交流拖动控制系统的基础。因此，首先应该很好地掌握直流拖动控制系统。

2.2.1 直流电动机的基本结构

直流电动机的用途和功率不同，其结构形式也各有不同，但不管结构形式如何变化，从原理上讲都是由定子和转子组成(图 2.18)，其物理结构上包括磁极、电枢、电刷及换向器(又称整流子或转换器)三大部分。

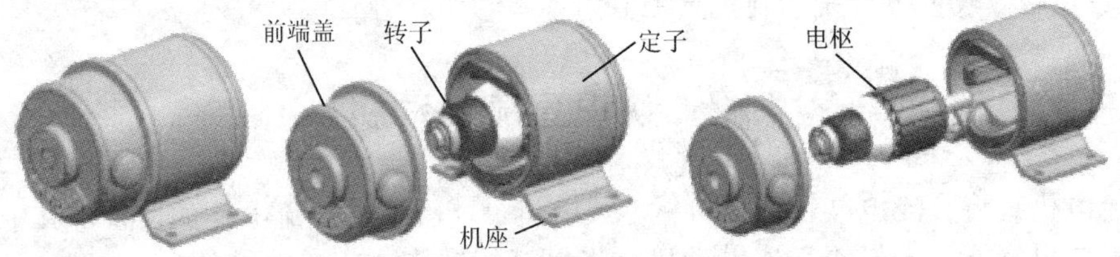

图 2.18 直流电机模型

【特别提示】

直流电动机N、S两个磁极在工作时固定不动，故又称为定子，且由主磁极铁芯和励磁线组两部分组成。定子磁极用于产生主磁场。在永磁式直流电动机中(一般为小功率的直流电动机)，磁极由永磁材料制成。直流电动机运行时转动的部分称为转子，一般由硅钢片叠压而成，其主要作用是产生电磁转矩和感应电动势，是直流电动机进行能量转换的枢纽，因此又通常称为电枢。

1. 定子部分

定子主要由主磁极、换向磁极、励磁绕组、换向绕组等组成，如图 2.19 所示。另外还有机座、前/后端盖、轴承和电刷装置等。

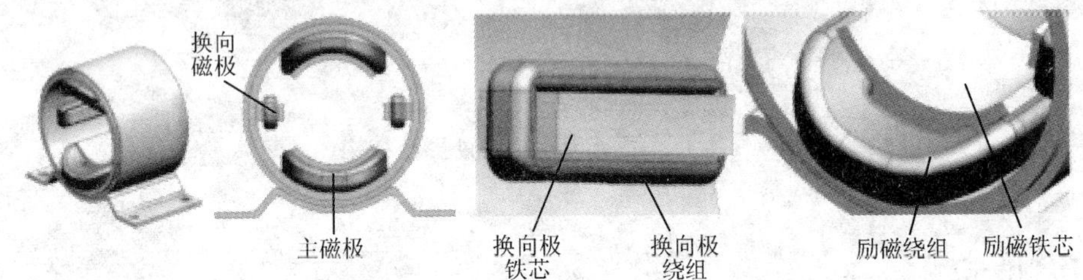

图 2.19 直流电机的定子结构

1) 主磁极

主磁极的作用是产生恒定的主磁场，由主磁极铁芯和套在铁芯(用 1～1.5mm 厚的钢板冲片叠压紧固而成)上的励磁绕组组成，如图 2.20 所示。铁芯的上部叫极身，下部叫极

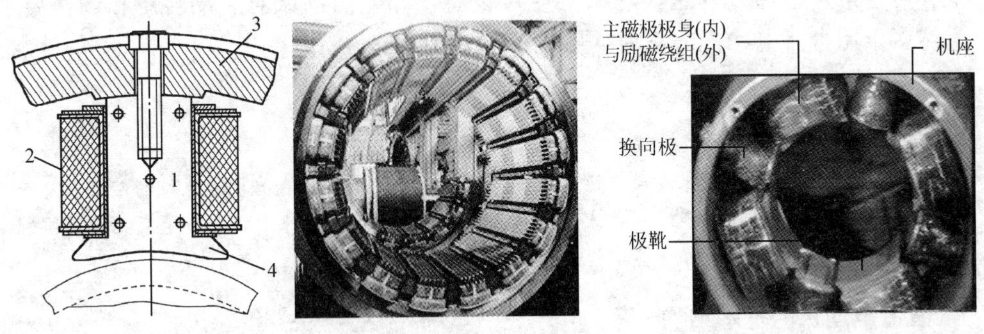

图 2.20 主磁极

1—主磁极铁芯 2—励磁绕组 3—机座 4—极靴

靴(磁靴、极脚)，其中极靴的作用是减小气隙磁阻，使气隙磁通沿气隙均匀分布。

2）机座

机座有两个作用，一是作为各磁极间的磁路，这部分称为定子的磁轭；二是作为电机的机械支撑。

3）换向极

换向极(装在两主磁极之间，也是由铁芯和绕组构成。铁芯一般用整块钢或钢板加工而成。换向极绕组与电枢绕组串联，如图 2.21 所示)的作用是改善直流电机的换向性能，并消除直流电机带负载时换向器产生的有害火花。换向极的数目一般与主磁极数目相同，只有小功率的直流电机不装换向极或装设只有主磁极数一半的换向极。

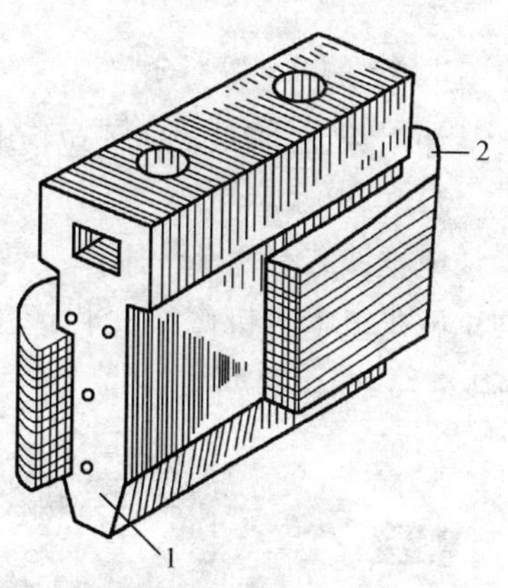

图 2.21　换向极的构成

1—换向极铁芯　2—换向极绕组

【特别提示】

流过电枢导体的电流会产生磁场，使主磁极的磁通发生畸变并且减弱。电动机定子磁场畸变与减弱的现象称为电枢反应。磁场减弱使电动机转矩减小；绕组在换向时感应电压出现短路，电刷出现电弧。

对于小型直流电动机，电刷安装的位置可以满足所有负载的换向；在大型直流电动机中换向极放在主磁极中间，使电枢反应的影响降至最低。换向极线圈用几匝粗导线制成，与电枢串联。换向极间磁场强度随着电枢电流变化。换向极产生的磁场设计成与所有负载电流电枢反应产生的磁场等值反向，用来改善换向效果。

4）电刷装置

电刷装置的作用有两个，一是使转子绕组与电机外部电路接通；二是与换向器配合，完成直流电机外部直流与内部交流的互换，如图 2.22 所示。

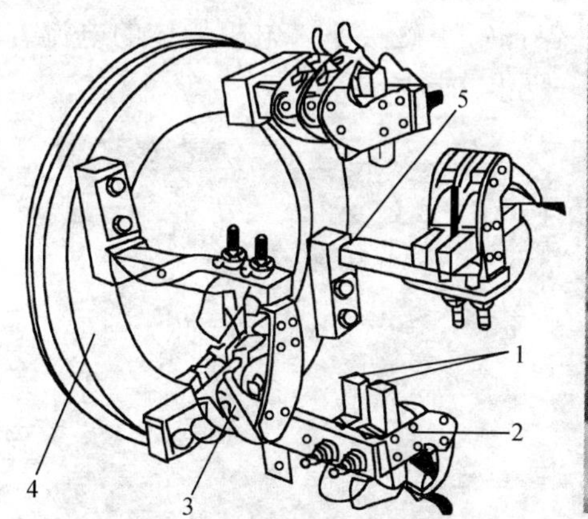

图 2.22　电刷的组成

1—电刷　2—刷握　3—弹簧压板　4—刷杆座　5—刷杆

5）端盖

端盖在机座两端(图 2.18)。通过端盖中的轴承支撑转子，将定子转子连为一体并对电动机内部起到防护作用。

2. 转子(电枢)部分

如图 2.23 所示，转子包括电枢铁芯、电枢绕组、换向器及转轴、支架、风扇等。

1) 电枢铁芯

电枢铁芯有两个作用：一是作为磁路的一部分；二是将电枢绕组安放在铁芯的槽内。为了减小由于电机磁通变化产生的涡流损耗，电枢铁芯通常采用 0.35～0.5mm 硅钢片(图 2.24)冲压叠成。

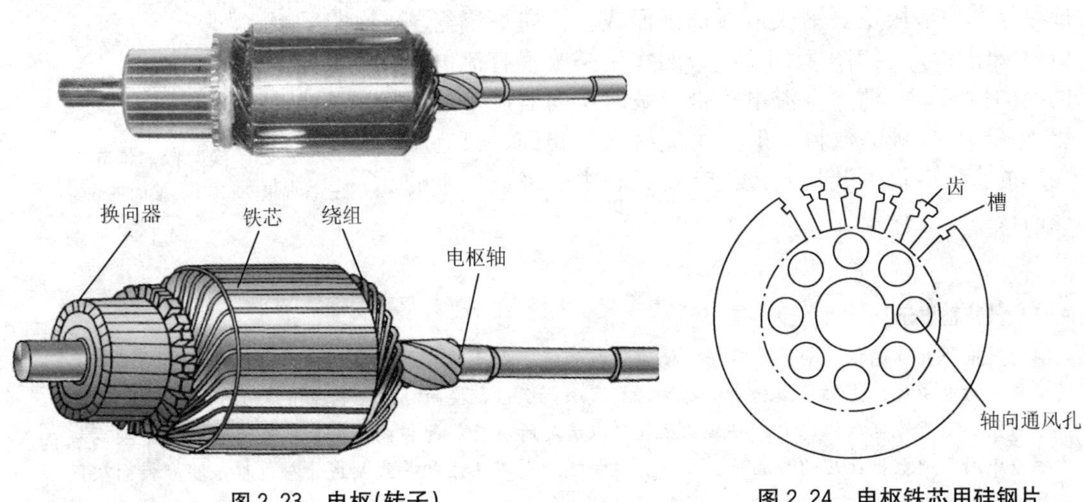

图 2.23 电枢(转子)

图 2.24 电枢铁芯用硅钢片

2) 电枢绕组

电枢绕组的作用是产生感生电动势和电磁转矩，从而实现电能和机械能的相互转换。

3) 换向器

换向器是直流电动机的关键部件，如图 2.25 所示。在直流电动机中，换向器能将外加的直流电流转换成电枢绕组的交流电流，并保证每一磁极下，电枢导体的电流方向不变，以产生恒定的电磁转矩。

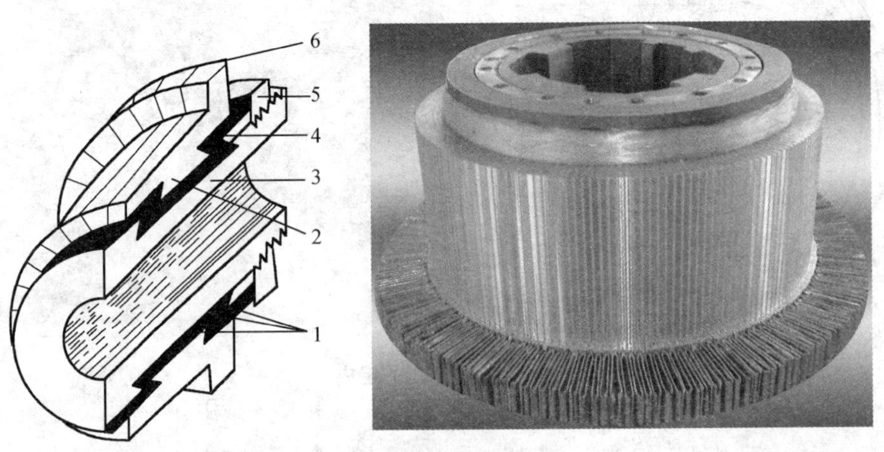

图 2.25 换向器的组成

1—云母绝缘 2—换向片 3—套筒 4—V 形环 5—螺帽 6—片间云母

4）转轴、支架和风扇

对于大容量直流电动机，电枢铁芯装在金属支架上；而对于小容量电动机，电枢铁芯就装在转轴上。其中转轴上的风扇对电动机提供冷却作用。

2.2.2 直流电动机的主要参数与机械特性

1. 直流电动机的主要参数

用来衡量直流电动机性能的主要参数有额定(也称为满载，下同)电压、额定电流、额定功率、额定转速和额定转矩等。

1）额定电压 U_N

当直流电动机能够安全工作时，电枢绕组上输入电压的额定值，单位为V(伏)。

【特别提示】

对于发电机而言，额定电压指输出电压。

2）额定电流 I_N

当直流电动机按照规定的工作方式运行时，电枢绕组上电动机出线端允许流过的电流的额定值，单位为A(安培)。

【特别提示】

并励包括励磁和电枢电流。

3）额定功率 P_N

当直流电动机按照铭牌规定的工作方式运行时，转轴上输出的机械功率，单位为W(瓦)。当额定功率大于1000W或1000000W时，则用kW(千瓦)或MW(兆瓦)表示。

$$P_N=U_N I_N \eta_N = T\,\omega$$

【特别提示】

对于发电机而言，额定功率是电枢出线端输出的电功率：$P_N=U_N I_N$

4）额定转速 n_N

当直流电动机在额定电压、额定电流和输出额定功率的情况下运行时，直流电动机的旋转速度，单位为r/min(转/分)。

【特别提示】

直流电机的转速一般在500r/min以上。特殊的直流电机转速可以做到很低(如每分钟几转)或很高(每分钟3000转以上)。

在调速时对于没有调速要求的电机，最大转速不能超过$1.2n_N$。

5）额定转矩 T_N

电动机在额定电压下输出轴旋转产生的转矩。

额定转矩 T_N 与额定功率 P_N 及额定速度 n_N 的关系是

$$T_N = 9.55\frac{P_N}{n_N}$$

【特别提示】

在实际运行中，电机不是总运行在额定状态。如果电机运行时引出端的电流小于额定电流，则称电机工作在欠载或轻载状态；如果电流大于额定电流，则称电机运行在过载或超载状态；如果电流恰好等于额定电流，则称电机运行在满载或额定状态。

如果将直流电机的转轴用于与机械负载相连，然后将直流电通过接线盒中的接线端子通入电机内部电路，则电机将电能转换为机械能，此时为直流电动机。而如果电机的转轴与一台电动机相连，则它是在这台电动机的拖动下旋转起来的，且在电动机接线盒中的接线端子上将输出直流电，此时电动机为直流发电机。

【示例 1】

一台直流电动机，其额定功率 $P_N=160\text{kW}$；额定电压 $U_N=220\text{V}$，额定效率 $\eta_N=90\%$，额定转速 $n_N=1500\text{r/min}$，求该电动机的额定电流和额定转矩。

解

$$I_N=\frac{P_N}{U_N\eta_N}=\frac{160\times1000}{220\times0.9}=808(\text{A})$$

$$T_N=9.55\frac{P_N}{n_N}=9.55\times\frac{160\times1000}{1500}=1018.7(\text{N}\cdot\text{m})$$

【特别提示】

当 $T=0$ 时的转速称为理想空载转速(图 2.26)，用 n_0 表示。理想空载转速与带负载后的转速之差称为转速降，用 Δn 表示，即

$$\Delta n = n_0 - n$$

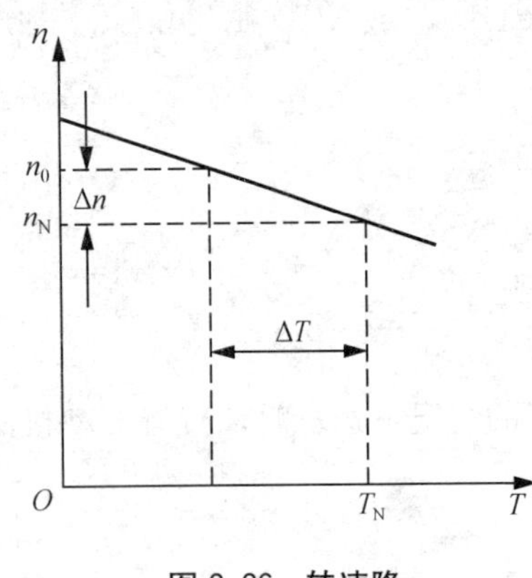

图 2.26 转速降

从图 2.26 中可以看出，当负载转矩变化了 ΔT 时，转速也变化了 Δn。这说明负载的波动会引起转速的变化，而且特性曲线越平直，转速的变动就越小。为了衡量机械特性的平直程度，这里引进一个机械特性硬度的概念，记做 β，定义为

$$\beta=\frac{\mathrm{d}T}{\mathrm{d}n}=\frac{\Delta T}{\Delta n}\times100\%$$

根据 β 值的不同，可将电动机的机械特性分为 3 类：绝对硬特性($\beta\to\infty$)、硬特性($\beta>10$)和软特性($\beta<10$)。

2. 直流电动机的机械特性

直流电动机的机械特性是指在电枢电压、励磁电流、电枢总电阻为额定值的条件下，直流电动机的转速 n 与电磁转矩 T 之间的关系曲线，即 $n=f(T)$，又称为转矩——转速特性。机械特性是直流电动机的重要特性，因为直流电动机用于拖动生产机械时均需满足生

产机械对转矩和转速的要求。

【特别提示】

机械特性中的转矩 T 是电磁转矩，与电动机轴上的输出转矩 T_d 差一个空载转矩 T_0（有机械摩擦损耗）：

$$T = T_d + T_0$$

直流电动机的固有机械特性指的是在额定条件（额定电压 U_N 和额定磁通 Φ_N）下和电枢电路内不外接任何电阻时的机械特性；而人为地改变电动机电枢外加电压 U 和励磁磁通 Φ 的大小以及电枢回路串接附加电阻 R_{ad} 所得到的机械特性称为人为机械特性。

2.2.3 常用直流电动机介绍

一般来讲，直流电动机可按结构、用途和容量大小等进行分类。但从运行的观点来看，在直流电动机的定子绕组即励磁绕组中通入直流电，用于产生励磁磁场；在直流电动机的电枢绕组中也通入直流电，与励磁磁场相结合，用于产生电磁转矩。因此，直流电动机从电路上可以等效成转子回路和定子回路两个电路。直流电动机励磁绕组与电枢绕组的电路连接方式，称为直流电动机的励磁方式。根据磁场类型的不同可以将直流电动机分为永磁式、他励式、串励式、并励式与复励式电动机。除永磁式不需要励磁电路外，后 4 种电路均需要励磁电路，连接方式如图 2.27 所示。

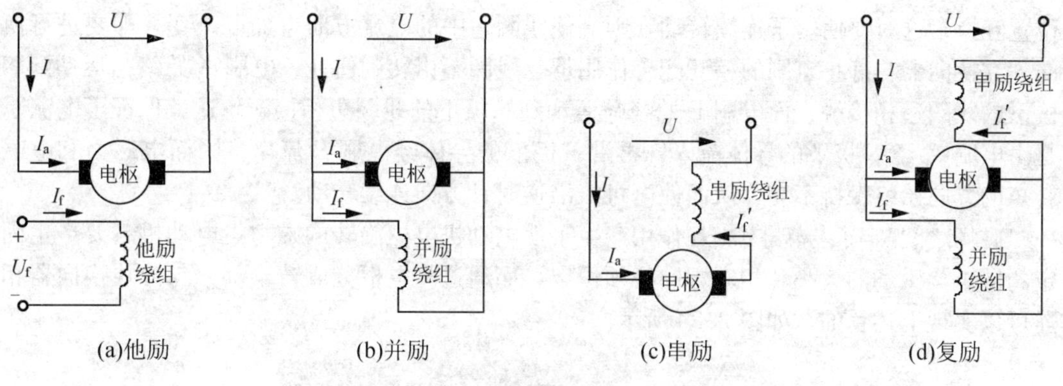

图 2.27 励磁连接方式

【特别提示】

励磁功率虽然只占电动机功率的 1%～3%，但励磁方式对直流电动机的运行有非常大的影响。

1. 永磁直流电动机

永磁直流电动机利用永磁体建立励磁主磁通，利用电磁铁提供电枢磁通。因没有另设的励磁系统，因而体积小、重量轻、结构简单且效率高，是小功率直流电动机的主要类型。其工作原理如下。

直流电源的电能通过电刷和换向器进入电枢（直流电动机中的转动部分，又称转子，由硅钢片叠成，并在表面嵌有绕组）绕组，产生电枢电流，然后电枢电流产生的磁场与主磁场相互作用产生电磁转矩，使电机旋转并带动负载，如图 2.28 所示。

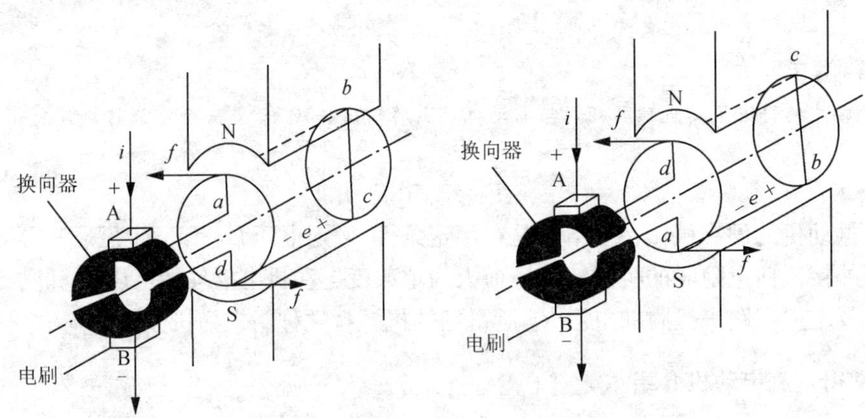

图 2.28 永磁直流电动机的工作原理

从图中可以看出，在接入直流电源以后，电刷 A 为正极性，电刷 B 为负极性，且电流从正电刷 A 经线圈 *ab*、*cd*，到负电刷 B 流出。根据电磁力定律，在载流导体与磁力线垂直的条件下，线圈每一条有效边将受到一电磁力的作用，且电磁力的大小与它所带电流大小成正比，其方向可用左手定则判断：伸开左手，掌心向着 N 极，4 指指向电流的方向，与 4 指垂直的拇指方向就是电磁力的方向。图 2.28 中导线 *ab* 与 *dc* 中所受的电磁力为逆时针方向，在这两个电磁力的作用下，转了将逆时针旋转。随着转子的转动，线圈边位置互换，这时要使转子连续转动，则应使线圈边中的电流方向也加以改变，即要进行换向。在换向器与静止电刷的相互配合作用下，线圈不论转到何处，电刷 A 始终与运动到 N 极下的线圈边相接触，而电刷 B 始终与运动到 S 极下的线圈边相接触，这就保证了电流总是由电刷 A 经 N 极下的导体流入，再沿 S 极下的导体经电刷 B 流出。因而电磁力和电磁转矩的方向始终保持不变，从而使电机能沿逆时针方向连续转动。

磁场之间(定子与转子)相互作用产生了使电动机电枢旋转的磁力。电动机若要产生固定的转矩，磁场的大小和相对方向必须恒定，而通过将电枢分成若干部分与分块换向器相连可以实现上述目的，如图 2.29 所示。

图 2.29 固定转矩的永磁直流电动机

当换向器的各换向片经过电刷时，与电刷连接的线圈内部电流将发生改变。这里可以把换向器看成换路开关，其作用在于在电枢线圈上获得正确的电流方向，使电枢绕组产生恒转矩。

永磁电动机的旋转方向由电枢电流的方向决定。如果电枢电压的极性改变，那么它的

旋转方向也随之改变，如图 2.30 所示。

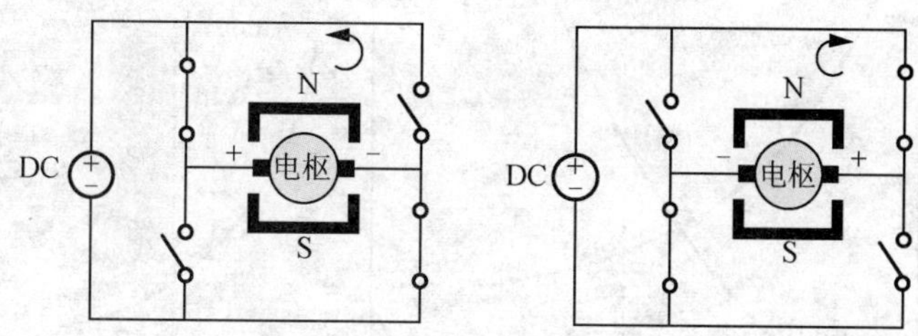

图 2.30 永磁直流电动机的换向

电动机的转速与电枢电压的大小有关，电枢电压越大，电动机转动越快，因此改变电枢电压可以调节永磁式电动机的转速。

【特别提示】

永磁电动机比绕线磁极电动机转矩大，但带负载能力有限，主要用于低功率应用。

2. 串励直流电动机

除了永磁直流电机不需要励磁电流产生磁场外，直流电机的励磁方式有自励(串励、并励和复励)式和他励式。串励直流电动机的外形与接线方式如图 2.31 所示。

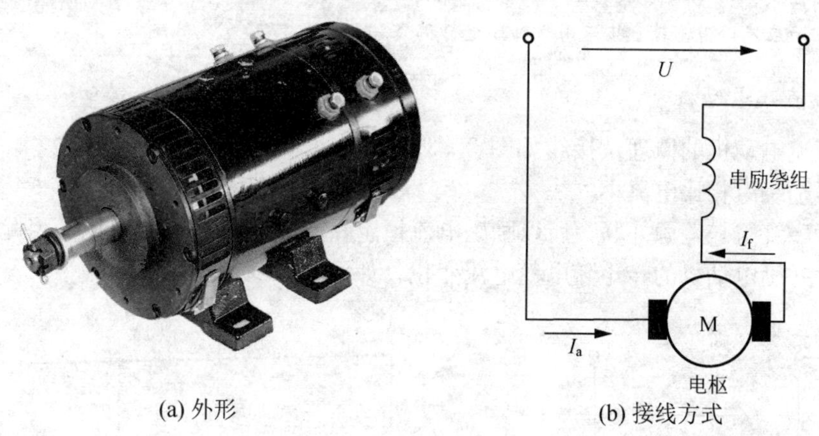

(a) 外形　　(b) 接线方式

图 2.31 串励直流电动机

由于励磁绕组与电枢串联，因而流过二者的电流相等。励磁绕组用粗导线绕成，可以承受电动机的额定电流，且由于励磁绕组的直径较大，匝数很少，所以阻值很小。

串励直流电动机的励磁绕组与电枢的阻值较小，故启动时电流较大，使得电动机磁场很强，转矩很大，这对于启动重型机械负载来说非常理想，图 2.32 所示的是串励直流电动机的转速、转矩特性曲线。

【特别提示】

串励直流电动机的转速大小取决于负载的大小：负载小则电机转速快，当负载增大时转速慢慢降低，也就是说当负载变化时，电动机不能一直保持恒速。

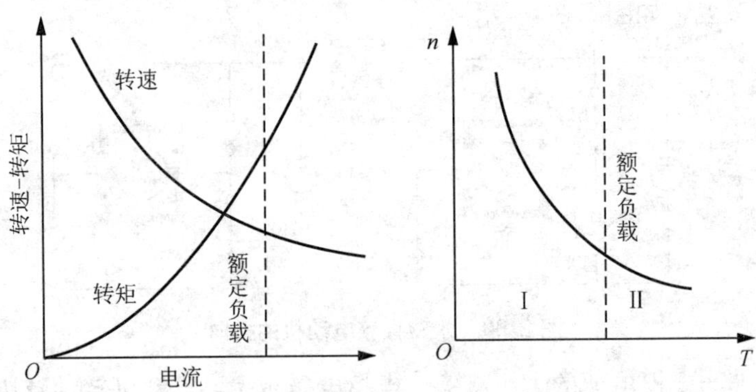

图 2.32　串励直流电动机的特性曲线

串励直流电动机的启动电流较大，因此常用在吊车、起重机和电梯等重载启动设备中。其改变转向的方法也是通过单独改变电枢电流，或单独改变励磁线圈电流的方向，来实现的。

【特别提示】

不带负载的串励直流电动机的转速会有极大的提高，对电动机造成伤害。因此，串励电动机决不可以在无负载或轻载(小于额定负载的15%～20%)的情况下运行，也不允许用皮带等容易发生断裂或滑脱的传动机构，而应采用齿轮或直接采用联轴器进行耦合。

3. 并励直流电动机

并励直流电动机的原理及接线如图 2.33 所示。并励绕组导线细、匝数多，所以阻值较大，与串励绕组相比电流小。

由于励磁绕组与电源并联，所以励磁电流恒定，不随电动机转速变化，因此与串励电动机一样，并励电动机的转矩随电枢电流变化，如图 2.34 所示。

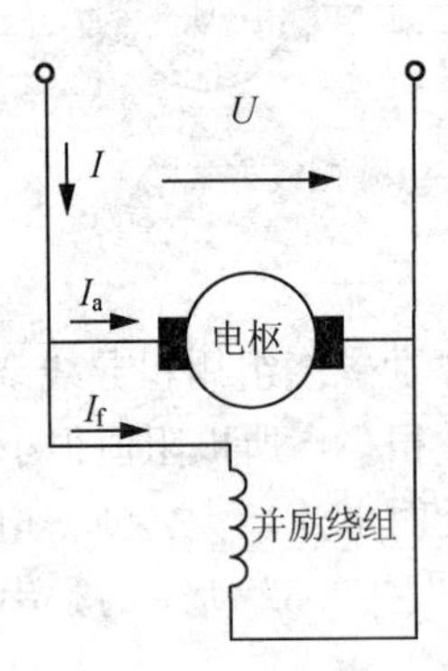

图 2.33　并励直流电动机

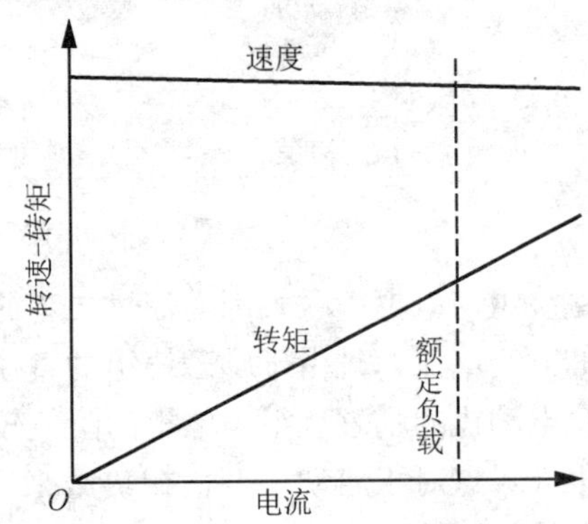

图 2.34　并励直流电动机的特性曲线

从图中可以看出当电动机启动时，转速很低，转矩很小；当电动机达到全速时，转矩最大。

【特别提示】

并励电动机的主要优点是转速恒定，且满载转速与空载时几乎一样。

与串励电动机不同，在空载时并励电动机转速不会升到很高，因此特别适用于要求恒速但不需要很大启动转矩的设备，如传送带。通过限制并励电动机磁场电流的大小可以改变磁场强度，进而可以控制并励直流电动机的旋转速度，如图 2.35 所示。

并励电动机的励磁绕组与电枢绕组既可以接相同电源也可以接不同电源(他励)。他励电动机的优势是可以使用调速直流驱动器分别控制励磁绕组与电枢，下面详细介绍。

4. 复励直流电动机

复励是串励和并励的结合。复励直流电动机有两个励磁绕组，一个与电枢并联，另一个与电枢串联，如图 2.36 所示。

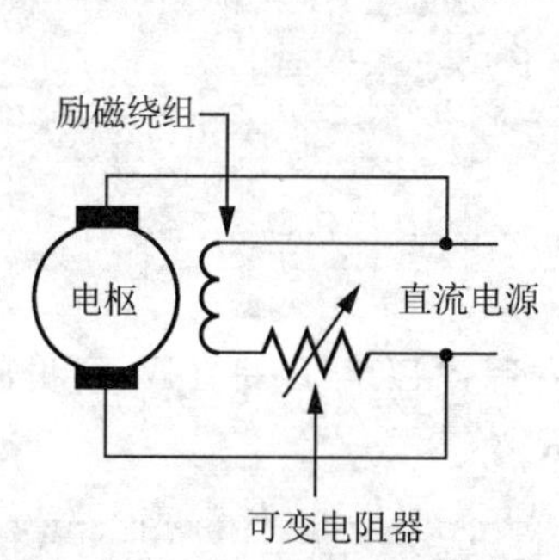

图 2.35　并励直流电动机的速度控制

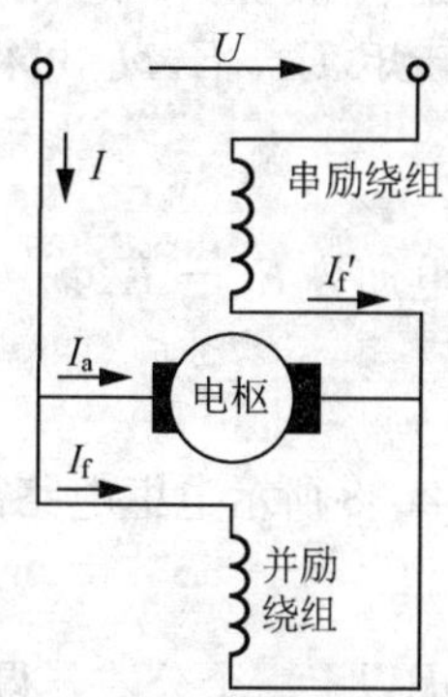

图 2.36　复励直流电动机

与普通并励电动机类似，它可以提供恒速，而且串励绕组在电动机启动时可以提供较大转矩，带动重型负载。电动机一般接成积复励(两个励磁绕组磁通势方向相同称为积复励，相反称为差复励)形式，即在带载工作时，串励磁场与并励磁场方向相同，共同加强总磁通。

图 2.37 为积复励直流电动机与串并励直流电动机特性对比图。

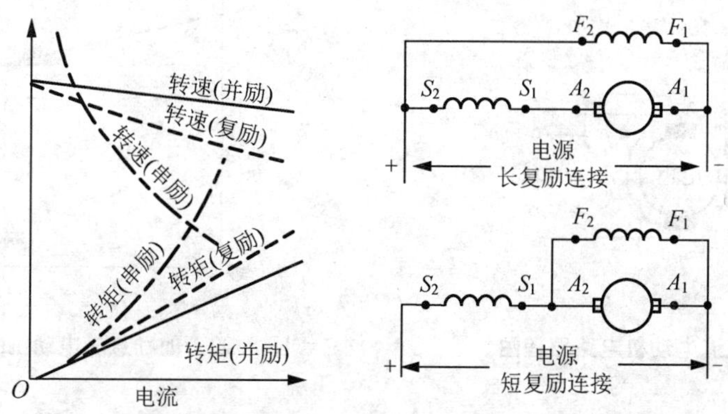

图 2.37　积复励直流电动机与串并励直流电动机特性对比

从图中可以看出：复励电动机的特性介于并励直流电动机与串励直流电动机之间。

在复励连接中，并励绕组又可分为长复励与短复励。对于短复励，复励绕组只与电枢并联；而对于长复励，复励绕组与电枢和串励绕组并联，但长复励与短复励的操作特性没有什么区别。

【特别提示】

串励励磁绕组匝数少、导线粗、电阻小；并励励磁绕组匝数多、导线细、电阻大。

当需要高转矩和优良调速性能时，通常选用复励直流电动机，因为复励电动机在启动转矩或过载大时，可以在空载和轻载下运行。

5. 他励直流电动机

他励直流电动机的接线如图 2.38 所示。

他励直流电动机的参数关系推导如下。

由电磁转矩 $T=K_t\Phi I_a$ 可得到

$$I_a=\frac{T}{K_t\Phi}$$

由感应电动势 $E_a=K_e\Phi n$ 可得到

$$n=\frac{E_a}{K_e\Phi}$$

根据图 2.38 所示电枢电路得到的电动势平衡方程式 $U=E_a+I_aR_a$ 可推出

$$E_a=U-I_aR_a$$

综合考虑以上三个公式，得到电动机的转速特性 $n=\frac{U-I_aR_a}{K_e\Phi}$，进而获得他励直流电动机机械特性一般表达式：

$$n=\frac{U}{K_e\Phi}-\frac{R_a}{K_eK_t\Phi^2}T=n_0-\Delta n$$

上式对应的特性曲线如图 2.39 所示。

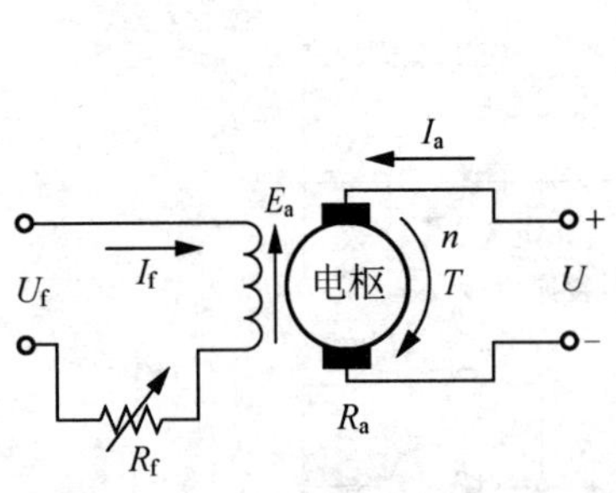

图 2.38　他励直流电动机电路原理图

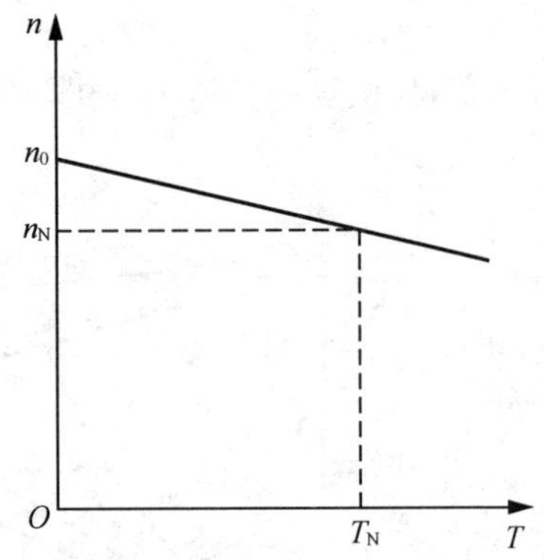

图 2.39　他励直流电动机的机械特性曲线

从图中可看出，当 $T=0$ 时，$n_0=\frac{U}{K_e\Phi}$ 称为理想空载转速；n_N 为额定转速；T_N 为额定转矩。

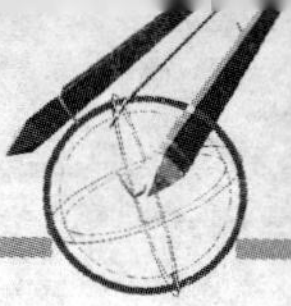

2.2.4 直流电动机调速

从生产机械要求控制的物理量来看，自动控制系统有调速系统、位置随动系统(伺服系统)、张力控制系统、多电机同步控制系统等多种类型，而且各种系统往往都是通过控制转速来实现的。

【特别提示】

按照直流自动调速系统中使用的直流电动机的种类不同，可分为普通直流电动机的调速系统和控制用直流伺服电动机的调速系统。

按照电动机调速控制系统中有无反馈环节，可分为开环(手动)调速系统和闭环(自动)调速系统；在闭环调速系统中，又可分为单闭环调速系统和双闭环调速系统。

按照调速系统中采用的电力电子器件的不同，可分为晶闸管——电动机直流自动调速系统、晶体管——电动机直流自动调速系统和集成电路——电动机直流自动调速系统。

1. 直流电动机的调速特性

机电传动控制系统调速方案的选择，主要是根据生产机械对调速系统提出的调速技术指标来决定的。

1）调速范围 D

调速范围是指电动机在额定负载时所能达到的最高转速 n_{max} 与最低转速 n_{min} 之比(对于少数负载很轻的机械，也可用实际负载时的最高和最低转速)：

$$D=\frac{n_{max}}{n_{min}}$$

不同的生产机械要求的调速范围各不相同，如车床 $D=20\sim100$，龙门刨床 $D=20\sim40$，轧钢机 $D=3\sim15$ 等。

当采用机械和电气联合调速时，如 D 是指生产机械的调速范围，若以 D_m 代表机械调速范围，D_e 代表电气调速范围，则有

$$D_e=\frac{D}{D_m}$$

2）调速的平滑性 φ

调速的平滑性，通常是用两个相邻调速级的转速差来衡量的。在一定的调速范围内，可以得到的稳定运行转速级数越多，调速的平滑性就越高，若级数趋近于无穷大，则表示转速连续可调，称为无极调速。不同的生产机械对调速的平滑性要求也不同，有的采用有极调速即可，有的则要求无级调速。

3）调速的相对稳定性和静差率

相对稳定性是指负载转矩在给定的范围内变化时所引起的速度的变化，它取决于机械特性的斜率。

调速的静差率(又称静差度、转速调整率)是指在同一条机械特性上，当达到额定负载时的转速降 Δn 与理想空载转速 n_0 之比，用百分数可表示为

$$\delta\%=\frac{\Delta n}{n_0}\times100\%=\frac{n_0-n}{n_0}\times100\%$$

δ 越小，相对稳定性越好。当负载变化时，要求生产机械转速的变化要能维持在一定

范围之内，即要求静差率小于一定数值。

【特别提示】

由于δ在低速时较大，因此在一个调速系统中，如果在最低转速运行时能满足静差率的要求，则在其他转速时必能满足要求。

不同的生产机械对静差度的要求不同，见表2-3。

表2-3 不同的生产机械对静差率的要求

普通设备	普通车床	龙门刨床	冷轧机	热轧机
S≤50%	S≤30%	S≤5%	S≤2%	0.2%～0.5%

2. 直流电动机的一般调速方法

直流电动机的最大优点是它可以控制转速。直流电动机铭牌上给出的基本转速是指导电动机在额定电枢电压，额定励磁电流与额定负载电流下的运行转速。

直流电动机转速和其他参量之间的稳态关系用下式表示：

$$n=\frac{U-I_aR_a}{K_e\Phi}$$

式中：n为转速，r/min；U为电枢电压，V；I_a为电枢电流，A；R_a为电枢回路总电阻，Ω；Φ为励磁磁通，Wb；K_e为由电机结构决定的电动势常数。

由该式可以看出，调节电动机的转速有3种方法，即调节电枢供电电压、减弱励磁磁通和改变电枢回路电阻。

1）调节电枢电压调速

将电枢使用一个独立电源，并通过升高或降低电枢电压提高或降低电动机转速。电枢控制直流电动机能够在0与基本转速之间的任意转速都提供额定转矩。功率变化与转速成正比，只有在额定转速与额定转矩的情况下电动机才提供额定功率，如图2.40所示。

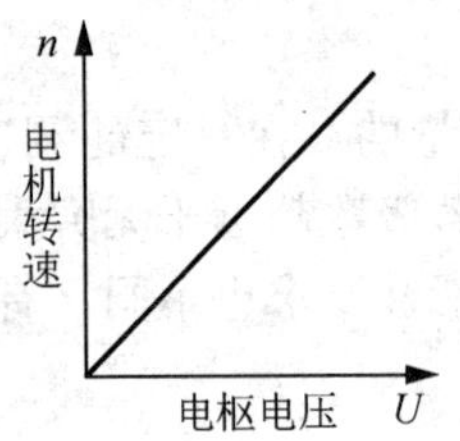

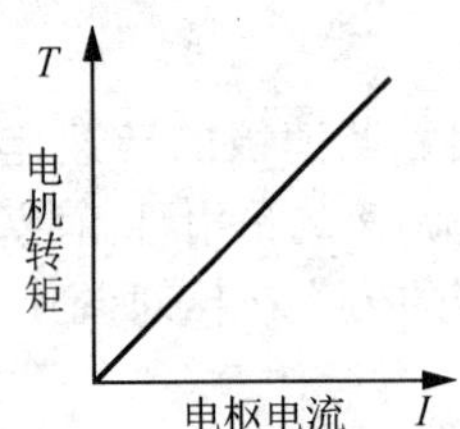

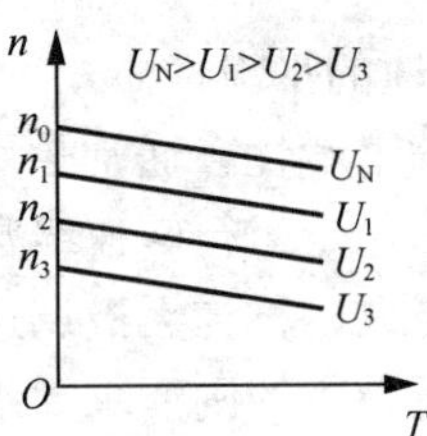

图2.40 电枢电压控制直流电动机

【特别提示】

由于电动机电枢绕组绝缘耐压强度的限制，电枢电压只允许在其额定值以下调节，所以不同值的人为特性曲线均在固有特性曲线之下。如果在超过额定转速下工作会对人和设备造成损坏。当铭牌上只标出基本转速时，如果要在高于基本转速下工作，则需要和生产厂商进行联系。

图 2.41 所示特性为改变电动机电枢供电电压 U 的调速特性。

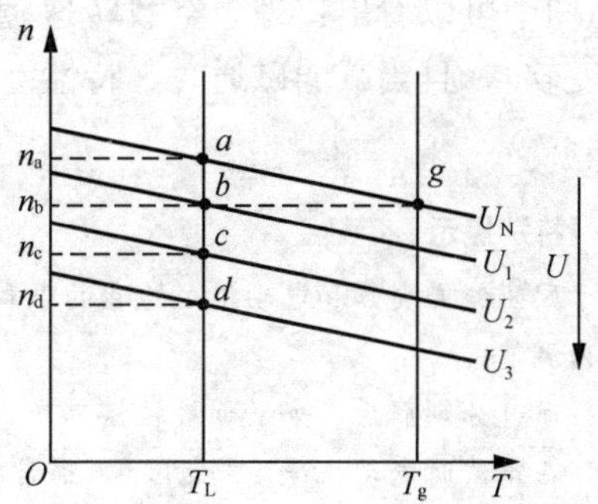

图 2.41 改变电动机电枢供电电压调速的特点

从图中可看出，在一定的负载转矩 T_L 下，在电枢两端加上不同的电压 U_N、U_1、U_2 和 U_3 可以分别得到稳定工作点 a、b、c 和 d，对应的转速分别为 n_a、n_b、n_c 和 n_d，即改变电枢电压可以达到调速的目的。

以电压由 U_1 突然升高至 U_N 为例：当电压为 U_1 时，电动机工作在 U_1 特性的 b 点，稳定转速为 n_b。当电压突然上升为 U_N 的一瞬间，由于系统机械惯性的作用，转速 n 不能突变，在不考虑电枢电路的电感时，电枢电流 I_L 将随 U 的突然上升，即由 I_b 突增至 I_g，电动机的转矩也由 T_L 突增至 T_g，即在突增的这一瞬间，电动机的工作点由 U_1 特性的 b 点过渡到 U_N 特性的 g 点(实际上平滑调节时，I_g 并不大)。由于 $T_g>T_L$ 所以系统开始加速，反电势 E 也随转速的上升而增加，电枢电流则逐渐减少，电动机转矩也相应减少，电动机的工作点将沿 U_N 特性由 g 点向 a 点移动，直到 $n=n_a$ 时 T 又下降到 T_L，此时电动机已工作在一个新的稳定转速 n_a。

这种调速方法的特点如下。

(1) 当电源电压连续变化时，转速可以平滑无级(一般只能在额定转速以下)调节。

(2) 调速特性与固有特性互相平行，机械特性硬度不变，调速的稳定度较高，且调速范围较大，无论轻载还是重载，调速范围相同，一般 $D=2.5\sim12$。

(3) 在调速时，因电枢电流与电压 U 无关，且 $\Phi=\Phi_N$，转矩 $T=K_m\Phi_N I_a$ 不变，属于恒转矩调速，所以适合于对恒转矩型负载进行调速。

(4) 可以靠调节电枢电压来启动电机，而不用其他启动设备。

由于这种调速的稳定度较高，因此其在大型设备或精密设备上得到广泛的应用。而电压的调节，过去是用直流发电机组、水银整流器等，目前用得较多的是可调直流电源、晶闸管整流装置和晶体管脉宽调制放大器供电系统等。

2) 减弱励磁磁通调速

当改变磁通时(给励磁电源串联电阻或使用可调电源)电动机的变化情况如图 2.42 所示，此时的条件是 $U=U_N$，电枢回路没有电阻，只是 Φ 发生变化。当 Φ 不同时，可得到不同曲线。

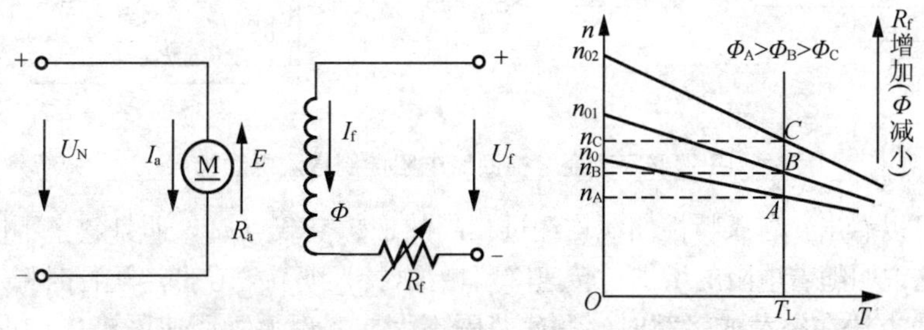

图 2.42 减弱励磁磁通控制直流电动机

从图中可以看出：理想空载转速随磁通的改变而变化；转速降随磁通的改变而变化(特性变软)，且当减弱磁通时，特性上移。

【特别提示】

由于励磁线圈发热和电动机磁饱和的限制，电动机的励磁电流和它对应的磁通只能在低于其额定值的范围内调节。

当磁通过分削弱后，如果负载转矩不变，将使电动机电流大大增加而严重过载。当 $\Phi=0$ 时，从理论上说，在空载时电动机速度趋近 ∞ ，通常将这种情况称为"飞车"。

当电动机轴上的负载转矩大于电磁转矩时，电动机不能启动，电枢电流为 I_{st}，长时间的大电流会烧坏电枢绕组。因此，在直流他励电动机启动前必须先加励磁电流，且在运转过程中，决不允许励磁电路断开或励磁电流为零，为此直流他励电动机在使用中，一般都设有"失磁"保护。

这种调速方法的特点如下(图 2.43)。

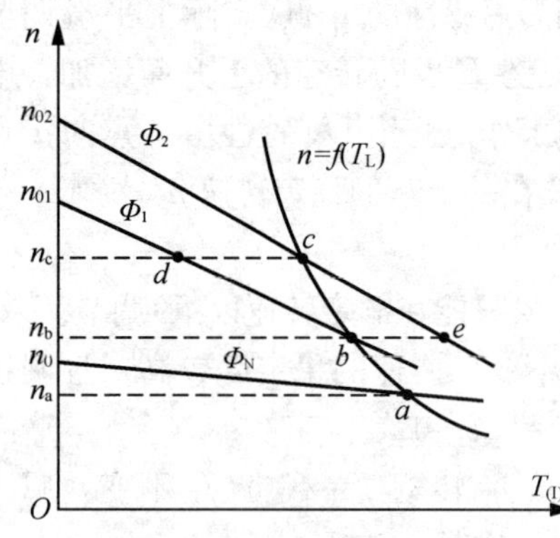

图 2.43　改变电动机主磁通调速

(1) 可以平滑无级调速，但只能弱磁调速，即在额定转速以上调节。

(2) 调速特性较软，且受电动机换向条件等的限制。

(3) 普通他励电动机的最高转速不得超过额定转速的 1.2 倍。

在调速时维持电枢电压 U 和电枢电流 I_a 不变，电动机的输出功率为 $P=UI_a$，且电动机的输出功率不变，属于恒功率调速，因此适合于对恒功率型负载进行调速。

3) 改变电枢回路电阻调速

通过调节串入电枢回路的外加电阻 R_{ad}(调阻调速法或电阻控制法)，或通过调节电枢电压，来调整直流电动机的转速、其电路与调整效果如图 2.44 所示 。

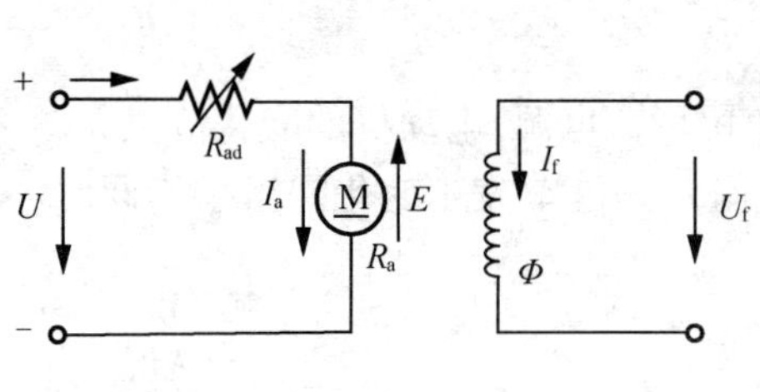

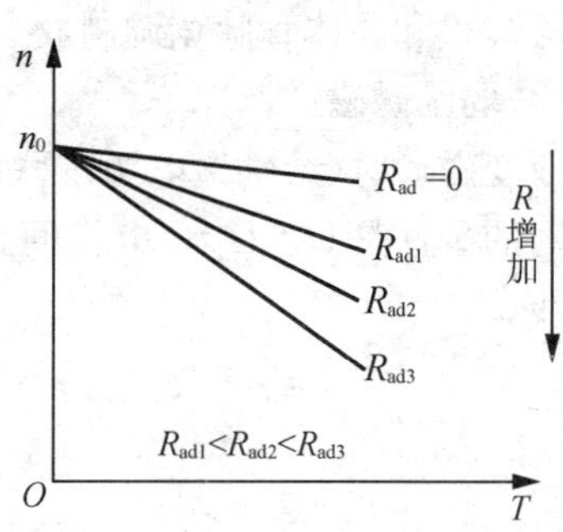

图 2.44　改变电枢回路电阻控制直流电动机

从图中可以看出，各条特性曲线均经过相同的理想空载点 n_o，而且斜率不同，R_{ad} 越大，斜率越大，这说明随着电阻的增加，转速降落增加(特性变软，在低速运行时稳定度变差)。

这种调速方法在空载或轻载时，调速范围不大，实现无级调速困难，在重载时会产生堵转现象，且由于电枢电流流过调速电阻，因而消耗电能较大、转速越低、损耗越大。因此，这种调度方法虽然简单，但只适用于对调速性能要求不高的中、小电动机，而大容量

电动机不宜采用。

【特别提示】

对于要求在一定范围内无级平滑调速的系统来说，以调节电枢供电电压的调速方式为最好。减弱磁通虽然能够平滑调速，但调速范围不大，往往只是配合调压方案。通过降低电枢电压可使直流电动机在低于基本转速下工作，通过降低磁场电流可使之在高于基本转速下工作。

通常，以最大励磁电流启动电动机可以为最大启动转矩提供最大磁通量，而降低励磁电流可以削弱磁场、提高转速。同理，励磁电流减小，反向电动势减小，可以给电动机负载提供更大的电枢电流。

一般情况下通过同时使用控制电枢电压与励磁电压来增大直流电动机调速范围，即在达到基本转速之前，保持额定励磁电压不变，电动机通过调节电枢电压，实现恒转矩变功率提速(恒转矩变功率)，在达到基本转速之后，采用弱磁增速实现恒功率变转矩调速，使电动机达到最高额定转速(恒功率变转矩)。

【特别提示】

在运行时，如果直流电动机励磁电流缺失，电动机转速会立刻上升至负载所允许的最高转速。如果负载很轻，则会使电动机损坏。

【示例 2】

某台他励直流电动机，额定功率 P_N 为 22kW，额定电压 U_N 为 220V，额定电流 I_N 为 115A，额定转速 n_N 为 1500r/min，电枢回路总电阻 R_a 为 0.1Ω，忽略空载转矩 T_0，当电动机带额定负载运行时，要求把转速降到 1000r/min，计算：

(1) 采用电枢串电阻调速需串入的电阻值。

(2) 采用降低电源电压调速需把电源电压降到多少?

(3) 上述两种调速情况下，电动机的输入功率与输出功率(输入功率不计励磁回路之功率)。

(4) 若采用弱磁升速调速，且要求负载转矩 T_L 为 $0.6T_N$，转速升到 2000r/min，则此时磁通应该降到额定值的多少倍?

解

(1) 根据 $n=\dfrac{U-I_aR_a}{K_e\Phi}$，先计算 $K_e\Phi_N$：

$$K_e\Phi_N=\frac{U_N-I_NR_a}{n_N}=\frac{220-115\times 0.1}{1500}=0.139\ (\text{V}/(\text{r/min}))$$

理想空载转速

$$n_0=\frac{U_N}{K_e\Phi_N}=\frac{220}{0.139}=1582.7\ (\text{r/min})$$

额定转速下降

$$\Delta n_N=n_0-n_N=1582.7-1500=82.7(\text{r/min})$$

电枢串电阻后转速下降至 n

$$\Delta n=n_0-n=1582.7-1000=582.7(\text{r/min})$$

电枢串电阻，则有

$$\frac{R_a+R}{R_a}=\frac{\Delta n}{\Delta n_N}$$

$$R=\frac{\Delta n}{\Delta n_N}R_a-R_a=0.1\times\left(\frac{582.7}{82.7}-1\right)=0.605(\Omega)$$

(2) 降低电源电压后的理想空载转速为

$$n_{01}=n+\Delta n_N=1000+82.7=1082.7(\text{r/min})$$

降低后的电源电压为 U_1，则

$$\frac{U_1}{U_N}=\frac{n_{01}}{n_0}$$

$$U_1=\frac{n_{01}}{n_0}U_N=\frac{1082.7}{1582.7}\times 220=150.5(\text{V})$$

(3) 电动机降速后，电动机输出转矩为

$$T_2=9.55\frac{P_N}{n_N}=9.55\times\frac{22\times 1000}{1500}=140.1(\text{N}\cdot\text{m})$$

输出功率为

$$P_2=T_2\omega=T_2\frac{2\pi}{60}n=140.1\times\frac{2\pi}{60}\times 1000=14670(\text{W})$$

电枢串电阻降速时，输入功率为

$$P_1=U_1I_N=150.5\times 115=17308(\text{W})$$

(4) 转矩为 $0.6T_N$，转速为 2000r/min 时，电动机额定电磁转矩为

$$T_N=9.55K_e\Phi_N I_N=9.55\times 0.139\times 115=1522.66(\text{N}\cdot\text{m})$$

把调速后的转矩与转速等有关数值代入他励直流电动机机械特性方程中，有

$$n=\frac{U}{K_e\Phi}-\frac{R_a}{K_eK_t\Phi^2}T=\frac{U}{K_e\Phi}-\frac{R_a}{9.55(K_e\Phi)^2}T$$

$$2000=\frac{220}{K_e\Phi}-\frac{0.1}{9.55(K_e\Phi)^2}\times 0.6\times 152.66$$

解后得到两个结果

$$K_e\Phi=0.1054(\text{V/(r/min)})\text{和}\ 0.0045(\text{V/(r/min)})$$

$K_e\Phi=0.0045(\text{V/(r/min)})$时，磁通减少太多了，这样小的磁通产生 $0.6T_N$ 的电磁转矩，所需要的电枢电流太大，远远超过 I_N，因此不能调到如此低的磁通，应该取 $K_e\Phi=0.1054(\text{V/(r/min)})$。

磁通减少到额定磁通 Φ_N 的数值为

$$\frac{\Phi}{\Phi_N}=\frac{K_e\Phi}{K_e\Phi_N}=\frac{0.01054}{0.139}=0.758$$

2.2.5 直流电动机的启动与制动

电动机在接通电源后，转速从 0 上升到稳定负载转速的过程称为启动过程或启动。

1. 直流电动机的启动

把直流电动机的电枢绕组直接接到额定电压的电源上，这种启动方法称为直接启动。在启动时，要求电动机有足够大的启动转矩以拖动负载转动起来。启动转矩就是电动机在启动瞬间所产生的电磁转矩，也称为堵转转矩。

对直流电动机而言，以图 2.45 所示他励直流电动机的启动为例。在未启动之前 $n=0$，反电动势 $E=0$，而 R_a 一般很小。当将电动机直接接入电网并施加额定电压时，启动电流为 I_{st}

$$I_{st} = U_N/R_a$$

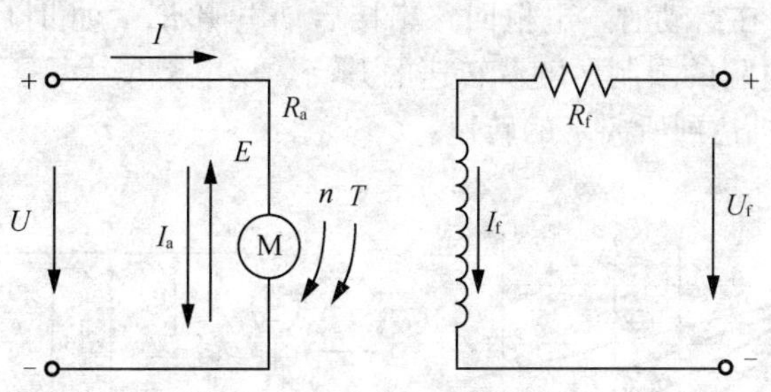

图 2.45　他励直流电动机

这个电流很大，一般情况下能达到其额定电流的 10～20 倍。这样大的启动电流不仅使电动机在换向过程中产生危险的火花，烧坏换向器；过大的电枢电流产生过大的电动应力，可能引起绕组的损坏，而且产生与启动电流成正比的启动转矩，这会在机械系统和传动机构中产生过大的动态转矩冲击，使机械传动部件损坏。对供电电网来说，过大的启动电流将使保护装置动作，电源跳闸造成事故，或者引起电网电压的下降，影响其他负载的正常运行。因此，这种直接将电枢电压接入直流电动机的方法(称为全压启动)只适合于 1kW 以下的小容量直流电动机的启动。对于大功率的直流电动机是不允许直接启动的，即在启动时必须设法限制电枢电流。

限制直流电动机的启动电流，一般有降压启动和电枢回路串电阻启动两种方式。

1) 降压启动

如图 2.46 所示，所谓降压启动，即在启动瞬间，降低供电电源电压，而且随着转速的升高，反电势增大，再逐步提高供电电压，最后在达到额定电压时，电动机达到所要求的转速。

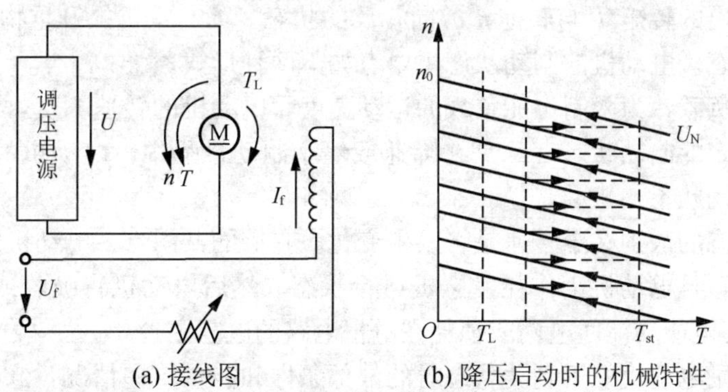

(a) 接线图　　(b) 降压启动时的机械特性

图 2.46　他励直流电动机的降压启动

在启动瞬间，一般工程上 I_{st} 通常限制在$(1.5\sim2)I_N$ 内，即可达到启动性能的要求。此时，启动转矩大于负载转矩，电动机开始旋转。随着转速升高，E_a 也逐渐增大，电枢电流 $I_a=(U-E_a)/R_a$ 相应减小，此时电压必须不断升高(手动调节或自动调节)，并且使 I_a 保持在$(1.5\sim2)I_N$ 范围内，直至电压升到额定电压。

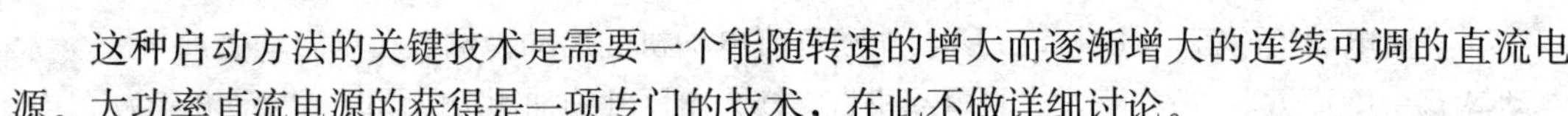

这种启动方法的关键技术是需要一个能随转速的增大而逐渐增大的连续可调的直流电源。大功率直流电源的获得是一项专门的技术，在此不做详细讨论。

2）电枢回路串电阻启动

如图 2.47 所示，在启动时，电枢回路串接启动电阻 R_{st}，此时启动电流 $I_{st}=U_N/(R_a+R_{st})$将受外加启动电阻的限制。随着转速的升高，反电势增大，再逐步切除外加电阻直到全部切除时，电动机达到所要求的转速。

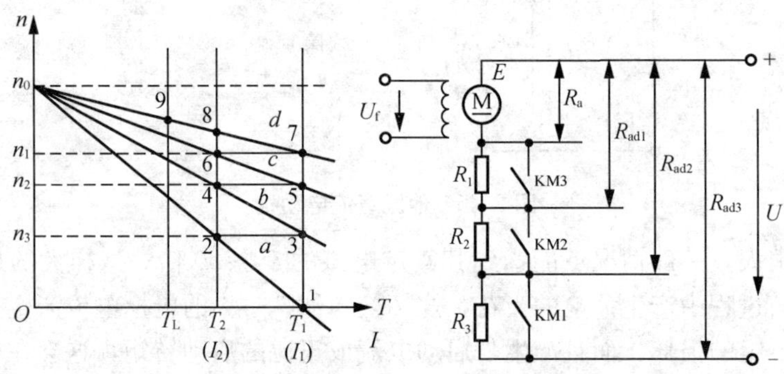

图 2.47　他励直流电动机电枢回路串电阻启动

这种启动方法，启动设备简单，操作方便，但启动能耗大。

2. 制动

在生产实践中，电动机拖动的机电系统有启动的要求，也就必然有停止的要求，有的系统还可能有频繁启停的要求。启动是从静止加速到某一稳定转速，而制动则是从某一稳定转速开始减速到某一较低的转速或停止，或是限制位能负载下降速度的一种运转状态。

就能量转换的观点而言，电动机有两种运转状态，即电动状态和制动状态。电动状态是电动机最基本的工作状态，其特点是电动机所发出的转矩 T 的方向与转速 n 的方向相同，如起重机提升重物时电动机将电源输入的电能转换成机械能，使重物上升；但电动机也可工作在其发出的转矩 T 与转速 n 方向相反的状态，如起重机提升重物下降时，这就是电动机的制动状态。电动机的制动状态主要有如下两种形式。

一是位能性负载，为限制位能负载的运动速度，电动机的转速不变，以保重物的匀速下降，这属于稳定的制动状态；二是在降速或停车制动过程中，电动机的转速是变化的，这属于过渡的制动状态。

两种制动状态的区别在于转速是否发生变化，它们的共同点：电动机发出的转矩 T 与转速 n 方向相反，且电动机工作在发电机运行状态，然后电动机将吸收或消耗机械能(位能或动能)转化为电能反馈回电网或消耗在电枢电路的电阻中。

根据直流他励电动机处于制动状态时的外部条件和能量传递情况，它的制动状态分为能耗制动、反馈制动、反接制动三种形式。

1）能耗制动

电动机在电动状态运行时，若把外施电枢电压 U 突然降为零，而将电枢串接一个附加电阻短接起来便能得到能耗制动的状态。这时由工作机械的机械能带动电动机发电，使传动系统储存的机械能转变成电能，并通过电阻(电枢电阻和附加制动电阻)转化成热量消耗掉，故称之为“能耗”制动，如图 2.48 所示。

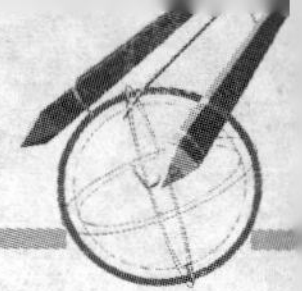

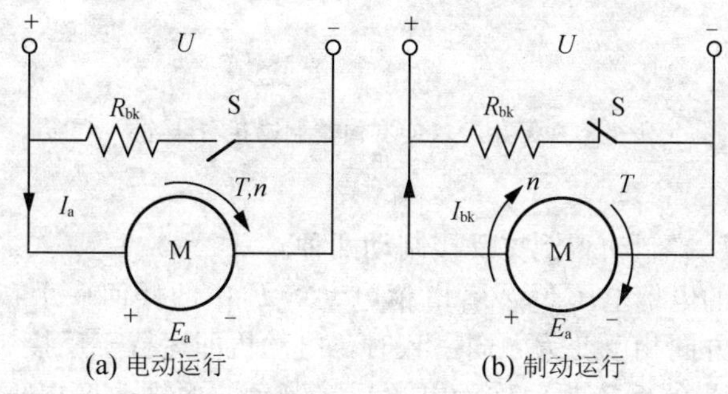

(a) 电动运行 (b) 制动运行

图 2.48 直流电动机能耗制动原理示意图

图 2.48(a)所示为电动机运行在电动状态时电源电压 U 的极性、电枢电流 I_a 的方向、电枢回路反电动势 E_a 的方向，设在此电枢电流方向下，电动机电磁转矩 T 与转速 n 的方向均为顺时针，且电动机运行在电动状态。

如图 2.48(b)所示，当电动机处于正常电动运行状态时，切除电枢电源，合上开关 S，使电阻 R_{bk} 与电枢回路串接后构成一闭合回路，由于此时励磁回路中的电流大小和方向保持不变，因此励磁磁通的方向与电动时相同，电动机由于惯性仍按顺时针方向继续旋转，所以其反电动势 E_a 的方向与电动时相同，但由于此时没有外接直流电源，所以此时电枢回路中电枢电流称为制动电流，用 I_{bk} 表示，方向与电动时正好相反，由左手定则可判断出，电磁转矩的方向为逆时针，与电动时相反，与电动机的转动方向相反，且为一制动力矩，此时电动机运行在制动状态。在这个制动力矩的作用下，电动机转速迅速下降或停车。

电动机转速下降的过程，实际上就是将其动能逐渐释放的过程，电动机因机械惯性具有的动能，通过电枢绕组切割磁通转换成电能后，消耗在了电枢回路中的电阻上，因此称这种制动方法为能耗制动。

能耗制动通常应用于拖动系统需要迅速而准确的停车及卷扬机类负载恒速下放重物的场合。而改变制动电阻的大小便有不同的稳定转速。

【特别提示】

能耗制动特点如下。

(1) 设备简单，运行可靠，且不需从电网输入电能。

(2) 能准确停车。

(3) 低速时制动效果较差。

2) 反馈制动

当电动机为正常接法时，在外部条件作用下电动机的实际转速大于其理想空载转速 n_0，此时电动机即运行于反馈制动状态。如当电车走平路时，电动机工作在电动状态，电磁转矩 T 克服摩擦性负载转矩；当电车下坡时，电车位能负载转矩使电车加速，转速增加使 $n>n_0$，感应电势 E 大于电源电压 U，故电机中电流 I_a 的方向便与电动状态相反，转矩的方向也由于电流方向的改变而与电动状态相反。这时实际上是电车的位能转矩带动电动机发电，把机械能转变成电能，并向电源馈送，故称为反馈制动，也称为再生制动或发电制动。

【特别提示】

串励电动机由于理想空载转速无穷大，所以没有回馈制动运行状态。

3）反接制动

反接制动有电源反接制动和倒拉反接制动两种。

他励直流电动机的电枢电压 U 或者电枢电动势 E 中的任何一个在外部条件作用下改变了方向，即两者由方向相反变为方向一致时，电动机即运行于反接制动状态。把改变电枢电压 U 的方向所产生的反接制动称为电源反接制动，而把改变电枢电势 E 的方向所产生的反接制动称为倒拉反接制动。

由于在反接制动期间，电枢电势 E 和电源电压 U 是串联相加的，因此为了限制电枢电流 I_a，电动机的电枢电路中必须串接足够大的限流电阻。

电源反接制动一般应用在要求迅速减速、停车和反向的场合以及要求经常正反转的生产机械上。

【特别提示】

反接制动特点如下。

(1) 设备简单，制动转矩大，常用于反抗性负载的快速停车和快速反向运行。

(2) 能量损耗大。

直流电动机制动形式的比较和应用见表 2-4。

表 2-4　直流电动机制动形式的比较和应用

制动形式	优　点	缺　点	应用场合
能耗制动	① 制动线路简单、平稳可靠，制动过程中不吸收电能，经济、安全 ② 可以实现准确停车	制动效果随转速下降而成比例减小	适用于要求减速平衡的场合，例如反抗性负载准确停车，下放重物
反馈制动	① 制动简单可靠，不需改变电动机接线 ② 能量反馈到电网，比较经济	① 只在转速较高使 $E_a>U$ 时才能产生制动，应用范围较窄 ② 不能实现停车	应用于位能性负载在 $n>n_0$ 的条件下稳定高速下降场合。 在降压和减弱磁通调速的过渡过程中可能出现这种制动状态
反接制动	① 电枢反接制动转矩随转速变化小，制动转矩较恒定，制动强烈而迅速 ② 倒拉反接制动的转速可以很低，安全性好	① 电枢反接制动有自动反转的可能性。在转速接近零时，应及时切断电源 ② 倒拉反接制动从电网吸收大量电能	电枢反接制动应用于频繁正反转的电力拖动系统。 倒拉反接制动不能用于停车，只能应用于启动设备以较低的稳定转速下放重物的场合

【拓展阅读】

直流电动机的连接

直流电机有 4 个出线端，其中电枢绕组、励磁绕组各两个，且可通过标出的字符和绕组电阻的大小区别。

(1) 绕组的阻值范围。电枢绕组的阻值在零点几欧姆到几十欧姆。他励(并励)电机的励磁绕组的阻

值有几百欧姆。串励电机的励磁绕组的阻值与电枢绕组的相当。

(2) 绕组的符号。绕组的符号见表 2-5。

表 2-5 绕组符号的含义

始 端	末 端	绕组名称	始 端	末 端	绕组名称
S_1	S_2	电枢绕组	H_1	H_2	换向极绕组
T_1	T_2	他励绕组	BC_1	BC_2	补偿绕组
B_1	B_2	并励绕组	Q_1	Q_2	启动绕组
C_1	C_2	串励绕组			

思考与练习

1. 说出大多数设备很少优先考虑使用直流电动机的两个原因。哪些特殊过程有必要使用直流电动机?
2. 比较串励、并励与复励电动机的启动转矩及负载与转速关系的特性。
3. 换向器在直流电动机中起什么作用?
4. 直流串励电动机能否空载运行? 为什么?
5. 直流他励电动机启动时，为什么一定要先把励磁电流加上? 若忘了先合励磁绕组的电源开关就把电枢电源接通，这时会产生什么现象? 当电动机运行在额定转速下，若突然将励磁绕组断开，此时又将出现什么情况?
6. 他励直流电动机有哪些方法进行调速? 其特点是什么?
7. 大容量直流电动机为什么一般不允许采用全压启动?
8. 他励直流电动机电气制动有哪几种方法?
9. 何谓能耗制动? 其特点是什么?

2.3 认识交流电动机

在当今的电动机应用领域中，交流电动机的应用占主导地位(图 2.49)，其装机容量占电动机总装机容量的 90%以上。交流感应电动机的种类繁多，有单相结构的也有三相结构的，输出功率从几十瓦到几千千瓦不等，额定运行速度可以采用定值，也可以通过调速驱动器进行调速。

交流电动机和直流电动机的主要区别是交流电动机的磁场由定子产生。旋转磁场是控制所有交流电动机的关键。交流电动机按照转子转速与旋转磁场速度(同步速度)的异同，可分为交流异步电动机与交流同步电动机：同步电动机转子转速与旋转磁场速度相同；异步电动机转子转速与旋转磁场速度不同。其中，异步电动机按电源相数不同又可分为三相异步电动机与单相异步电动机。三相异步电动机使用三相交流电源，它具有结构简单、使用和维修方便、坚固耐用等优点，在工农业生产中应用极为广泛。

交流异步电动机按照转子的结构形式可分为笼式(Squirrel Cage，由于其叠片式转子铁芯内部嵌有铝制或铜制鼠笼而得名)异步电动机和绕线式(Wound Rotor)转子异步电动机，如图 2.50 所示。

(a) 交流高压笼式

U_N=690 V，2～11 kV

(b) 交流低压笼式

U_N=400～690 V

(c) Y、YR 系列普通用途电机

标准防护等级 IP23，IP44 派生的

YD、YEJ

(d) 起重冶金用交流异步电机

(e) 变频调速电机

0.37～315 kW， 3～100 Hz

(f) 塔机起升用的电机

图 2.49　各种交流电动机

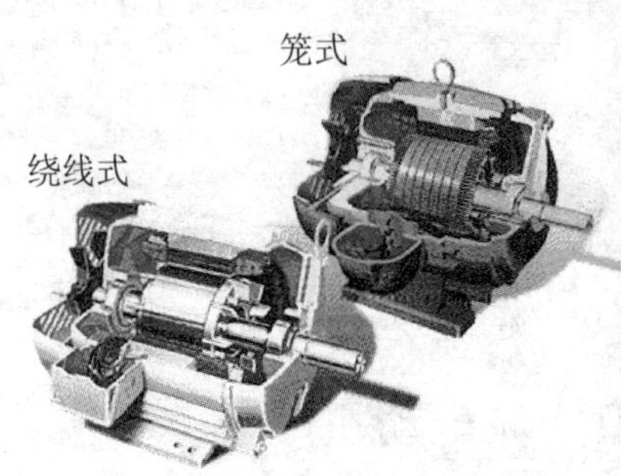

图 2.50　笼式和绕线式转子异步电动机

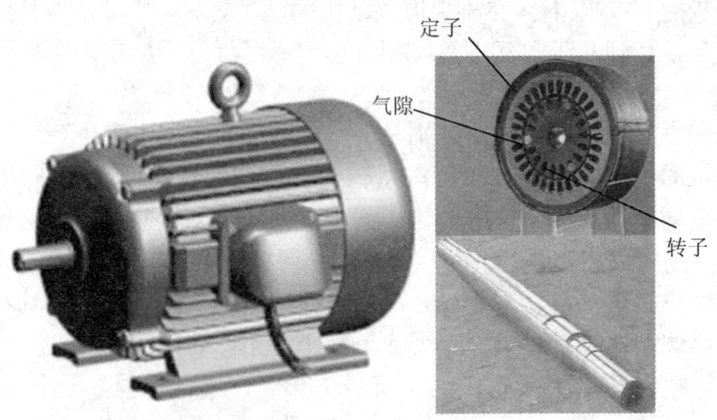

图 2.51　三相鼠笼式异步电动机

笼式异步电动机因具有结构简单(图 2.51)、制造方便、价格低廉、坚固耐用、运行可靠等优点得到了极其广泛的应用。绕线式异步电动转子采用绕线方式，尽管造价昂贵，但绕线式电动机的控制性能得到大幅度提升，调速简单，且在吊车、卷扬机等对转速和转矩有特殊要求的场合得到了广泛的应用。

2.3.1 三相异步电动机的基本结构

图 2.52 所示是三相异步交流电动机的基本结构，从图中可以了解电动机的各部分结构。

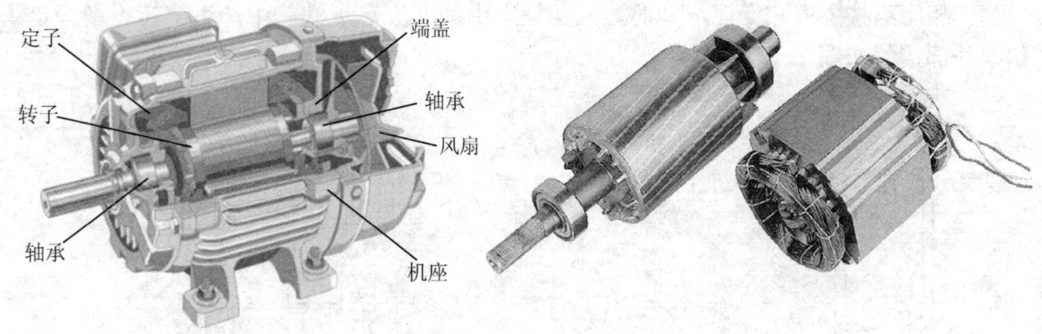

图 2.52 三相笼式异步电动机结构图

三相异步电动机主要由定子(Stator)和转子(Rotor)构成。定子是静止不动的部分，转子是旋转部分，在定子与转子之间有一定的气隙，间隙一般在 0.2～2mm。气隙越小，功率因数越高，但装配困难，运行不可靠(导致损耗增加及使启动性能变差)。

1. 定子

定子由定子铁芯、定子绕组与机座三部分组成。

1) 定子铁芯

定子铁芯是磁路的一部分，如图 2.53 所示。它由 0.5mm 的硅钢片叠压而成，而且片与片之间是绝缘的，以减少涡流损耗。定子铁芯硅钢片的内圆冲有定子槽，槽中安放线圈。硅钢片铁芯在叠压后成为一个整体，固定于机座上。

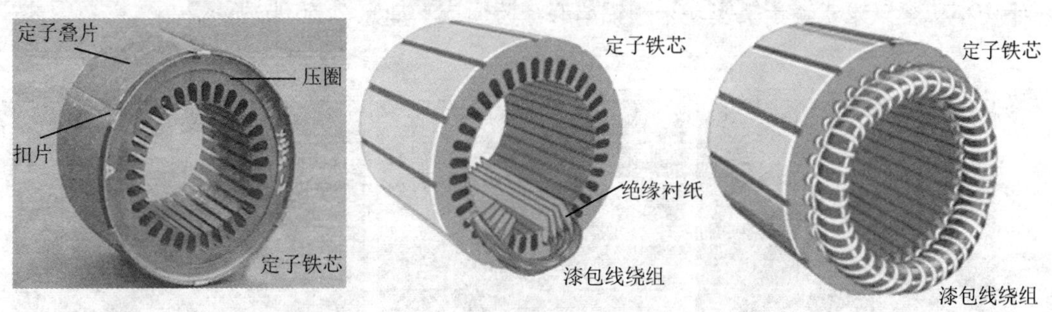

图 2.53 定子铁芯结构

2) 定子绕组

定子绕组(图 2.54)是电动机的电路部分。三相电动机的定子绕组分为 3 个部分对称地分布(空间互差 120°)在定子铁芯上，称为三相绕组，分别用 AX、BY、CZ 表示，对外一

般有 6 个出线端(U_1、U_2、V_1、V_2、W_1、W_2)，分别接于机座外部的接线盒内。

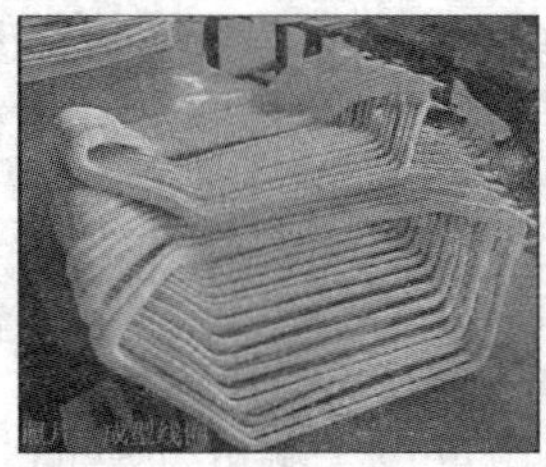

图 2.54　定子绕组结构

当三相绕组接入三相交流电源时，三相绕组中的电流定子铁芯中产生旋转磁场。定子绕组及外部接线如图 2.55 所示。

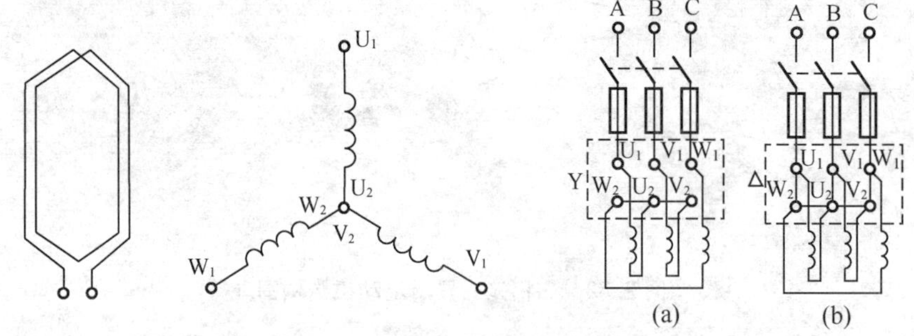

图 2.55　定子绕组及外部接线

2. 转子

转子由转子铁芯、转子绕组和转轴三部分组成。它的作用是产生转子电流，即产生电磁转矩。三相异步电动机的转子绕组按照结构形式可分为鼠笼式转子绕组和绕线式转子绕组两种。

笼式电动机的转子绕组与定子绕组大不相同：它是在转子叠片铁芯(Laminated Core)槽里插入铜条(Copper Bars)，再将全部铜条焊接在两端铜环(Metal Ring)上，如果将转子铁芯拿掉，则可看出，剩下来的绕组形状像个笼子，如图 2.56(a)所示，因此叫笼式转子。对于中小功率鼠笼式转子绕组多采用铝离心浇铸而成，如图 2.56(b)所示。

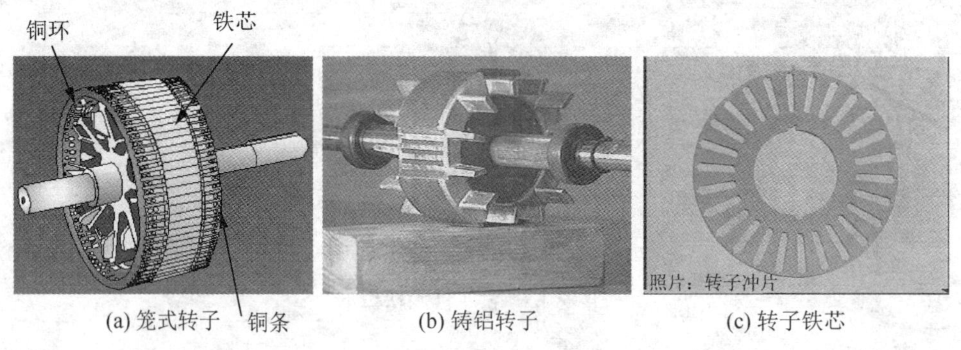

(a) 笼式转子　(b) 铸铝转子　(c) 转子铁芯

图 2.56　笼式转子结构

转子铁芯是电动机的磁路的一部分，由图 2.56(c)所示硅钢片叠压而成，且装在转轴上。

当给定子通三相交流电时，定子内产生旋转磁场，转子内产生感应电压。由于转子条相当于单匝线圈，所以会有电流流过，因而转子电流形成转子磁场，与定子磁场作用产生转矩。转子的旋转转矩使转子的旋转方向与定子磁场的旋转方向相同。

绕线式异步电动机的转子绕组与定于绕组一样，是将线圈(Coils)组成绕组放入转子叠片铁芯(Laminated Core)槽内，并分为三相对称绕组，其与定子产生的磁极数相同，如图 2.57 所示。

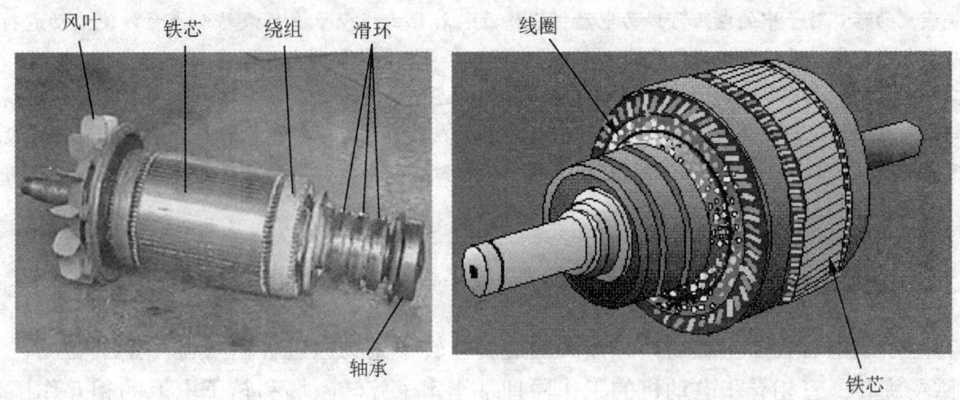

图 2.57 绕线式异步电动机转子结构

线绕式转子通过轴上的滑环和电刷在转子回路中接入外加电阻(通常情况下，电动机启动时接入外部的全部电阻，然后通过手动或者自动控制逐渐使电阻降为 0)，用以改善启动性能与调节转速，如图 2.58 所示。

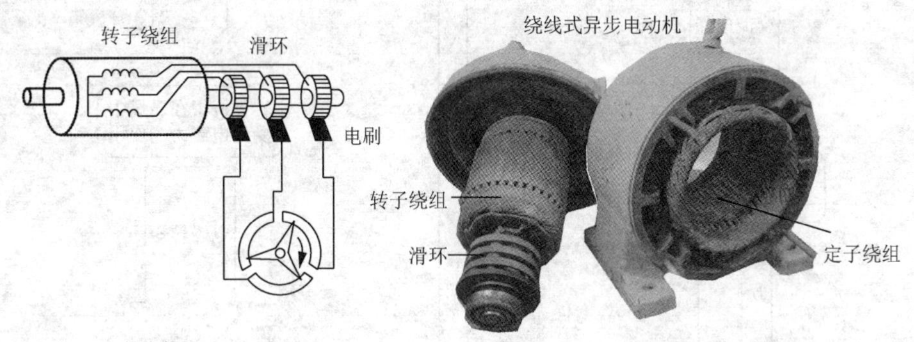

图 2.58 绕线式异步电动机

若电动机启动电流相对较低，则转速从 0 加到全速会导致启动转矩变化极大。若外接电阻为 0，则绕线式电动机的特性接近鼠笼式电动机。若改变定子电源的任意两根端子接线，则可使电动机反转。

3. 机座

机座起固定和支撑定子铁芯的作用，一般用铸铁制造，如图 2.59 所示。

图 2.59 电动机的机座

【特别提示】

鼠笼式异步电动机不能使转子电阻改变而调速，但同绕线式电动机相比要坚固而价廉，因此其在大多数商业与工农业生产中得到极其广泛的应用。绕线式电动机用于需要恒速、启动转矩比鼠笼式电机更高的应用(吊车、卷扬机等)中。

如果鼠笼式电动机带转动惯量很高的负载，由于在启动时转子耗能巨大，会导致转子损坏。但如果使用绕线式的话，转子中的电阻可以为电动机提供最佳转矩曲线以承受负载转动惯量，使启动成功。因此，对于大型设备，更适合采用绕线式。

绕线式电动机也可以调速。这时转子电阻必须根据连续电流设定。如果只用来提供缓慢加速或高启动转矩，则在电机达额定负载时就将电阻移除，使电机在最大转速下持续运行。在这种情况下，设定好的工况适用于额定启动，且电动机的转速随负载变化。但若每个控制点的转速都是恒定的就不能用此电动机，如机床。

2.3.2 三相异步电动机的基本工作原理

在定子通电后会产生磁场，并按圆周旋转。转子磁场通过吸引与排斥定子磁场，跟随定子磁场旋转。三相异步电动机的工作原理基于定子旋转磁场和转子电流的相互作用，如图 2.60 所示。

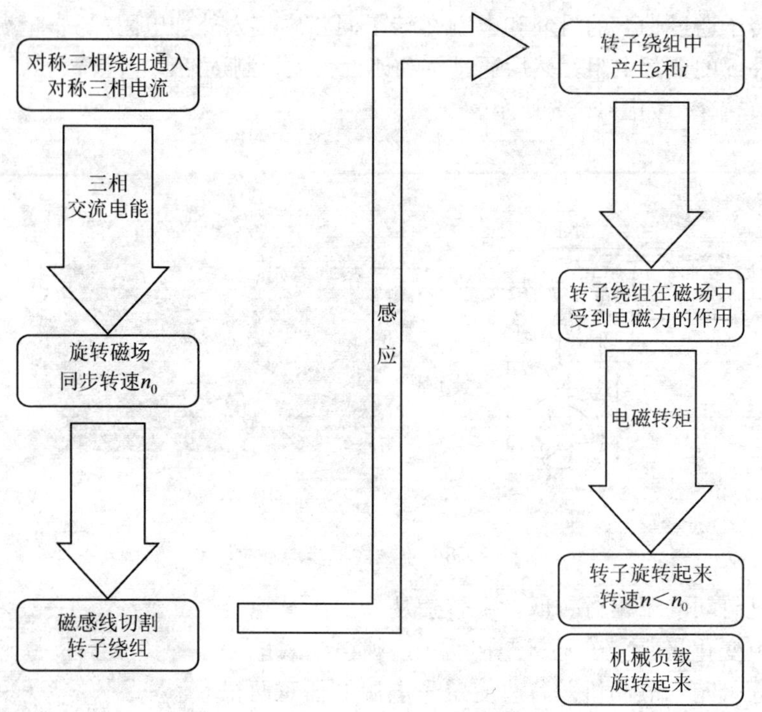

图 2.60 三相异步电动机的基本工作原理

1. 旋转磁场的产生

如图 2.61 所示，当电动机定子绕组通以三相电流时，各相绕组中的电流都产生自己的磁场。

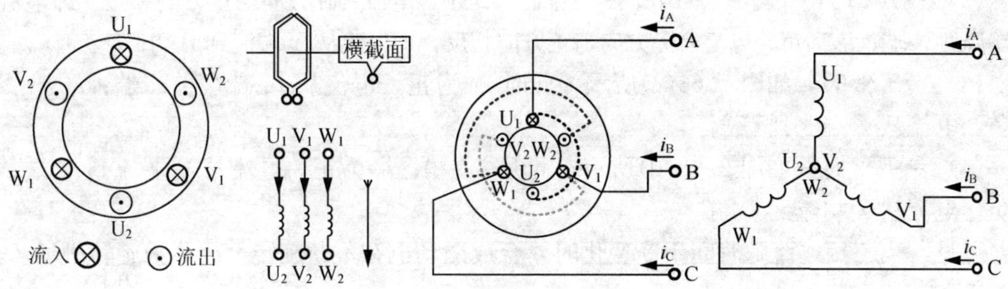

图 2.61 定子三相绕组

由于电流随时间变化而变化(图 2.62)，所以它们产生的磁场也将随时间变化而变化。三相电流产生的总磁场(合成磁场)不仅随时间的变化而变化，而且是在空间旋转的，因此称其为旋转磁场。

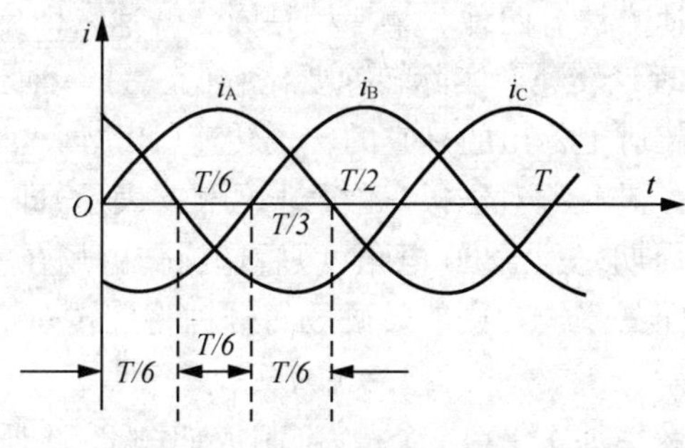

图 2.62 三相源电流波形

假定定子绕组中电流的正方向为从首端流向末端，且 i_A 的初相位为零，则三相绕组 A、B、C 的电流(相序为 A—B—C)的瞬时值为

$$i_A = I_m \sin\omega t$$

$$i_B = I_m \sin\left(\omega t - \frac{2}{3}\pi\right)$$

$$i_C = I_m \sin\left(\omega t + \frac{2}{3}\pi\right)$$

(1) $t=0$ 时，如图 2.63(a)所示，此时 $i_A=0$；i_B 为负，电流实际方向与正方向相反，即电流从 Y 端流到 B 端；i_C 为正，电流实际方向与正方向一致，即电流从 C 端流到 Z 端。

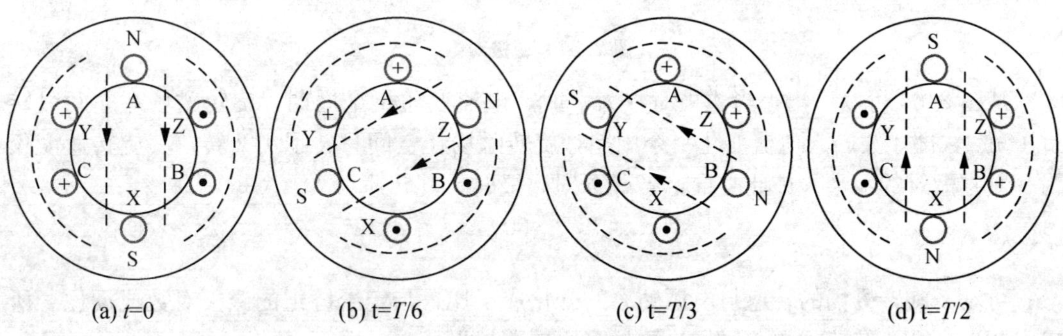

图 2.63 旋转磁场的产生

(2) $t=T/6$ 时，如图 2.63(b)所示，此时 i_A 为正，电流实际方向与正方向一致，即电流从A端流到X端；i_B 为负，电流实际方向与正方向相反，即电流从Y端流到B端；$i_C=0$。

(3) $t=T/3$ 时，如图 2.63(c)所示，此时 i_A 为正，电流从A端流到X端；$i_B=0$；i_C 为负，电流从Z端流到C端。

(4) $t=T/2$ 时，如图 2.63(d)所示，此时 $i_A=0$；i_B 为正，电流从B端流到Y端；i_C 为负，电流从Z端流到C端。

可见，当三相电流随时间不断变化时，合成磁场也在不断旋转，故称为旋转磁场。

【特别提示】

要改变旋转磁场的旋转方向，只要把定子绕组接到电源的3根导线中的任意两根对调即可。

2. 旋转磁场的极数及旋转速度

定义交流电动机的转速方法有两种。第一种是同步转速，即旋转磁场的旋转速度，用 n_0 表示。同步转速是一种理论转速，实际转速要比它低。另一种是转子转速，指转轴的转速。大多数交流电动机的铭牌上标出的是它的转子转速(RPM)，而不是同步转速。

以上讨论的旋转磁场，具有一对磁极(磁极对数用 p 表示)即 $p=1$。从上述分析可以看出，电流变化经过一个周期(变化360电角度)后，旋转磁场在空间也旋转了一转(转了360机械角度)，若电流的频率为 f，则旋转磁场每分钟将旋转 $60f$ 转，即

$$n_0 = 60f$$

如果把定子铁芯的槽数增加1倍(12个槽)，制成如图2.64所示的三相绕组。再将这三相绕组接到对称三相电源使通过对称三相电流，便产生具有两对磁极的旋转磁场。

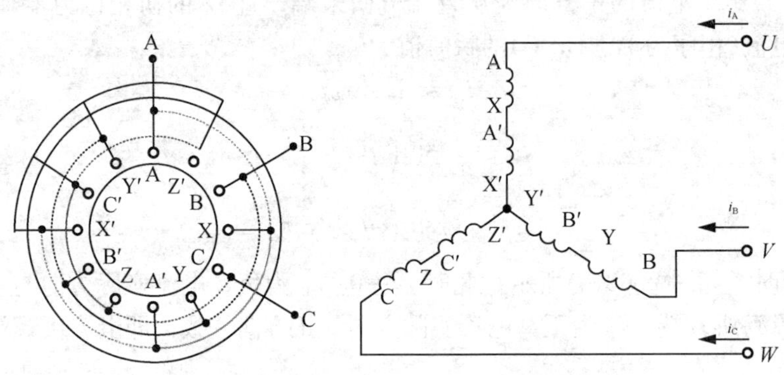

图2.64 磁极对数

从图2.65可以看出，当磁极对数为2时，电流变化半个周期，旋转磁场在空间只转过了 $\pi/2$，即1/4转；电流变化一个周期，旋转磁场在空间只转了1/2转。其旋转速度仅为一对磁极时的一半。依此类推，当有 p 对磁极时，其转速为

$$n_0 = \frac{60f}{p}$$

可见，旋转磁场的转速与电源频率的变化成正比，与定子绕组的磁极对数成反比。所以，频率越高，转速越快；磁极对数越多，转速越慢。

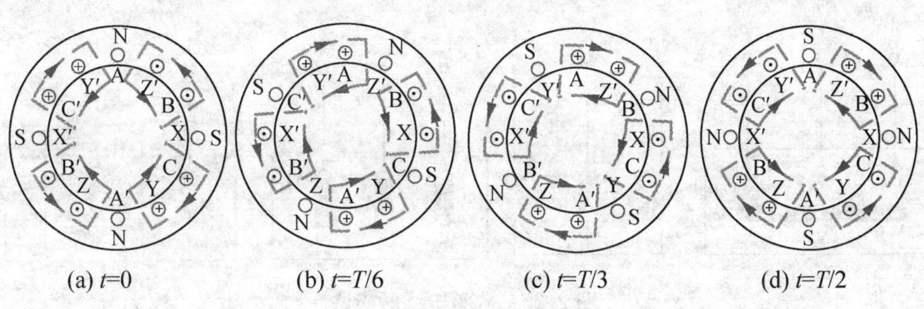

图 2.65 磁场变化情况

2.3.3 三相异步电动机的运行

带有负载的电动机转子实际转速 n 要比电动机的同步转速 n_0 低一些(由于转子转速不等于同步转速，所以把这种电动机称为异步电动机)，常用转差率来描述异步电动机的各种不同运行状态，即把转速差(n_0-n)与同步转速 n_0 的比值称为异步电动机的转差率，用 S 表示，即

$$S=\frac{n_0-n}{n_0}$$

通常，在启动时 $n=0$，转速差 $n_0-n=n_0$(转子电磁感应最强)，随着电动机转子转速加快，转差变小(转子电磁感应减弱，当 $n_0=n$ 时转子电磁感应消失)。当异步电动机在额定负载时，n 接近于 n_0，此时转差率很小，一般为 0.015～0.06。电动机各种运行状态对应的转差率 S 见表 2-6。

表 2-6 异步电动机的各种运行状态

状 态	制 动	堵 转	额 定	理想空载	发 电
转子转速	$n<0$	$n=0$	$0<n<n_0$	$n=n_0$	$n>n_0$
转 差 率	$S>1$	$S=1$	$0<S<1$	$S=0$	$S<0$

1. 三相异步电动机定子绕组出线端子的连接方式

定子绕组的首端和末端通常都接在电动机接线盒的接线柱上，且一般按图 2.66 所示的方法排列。

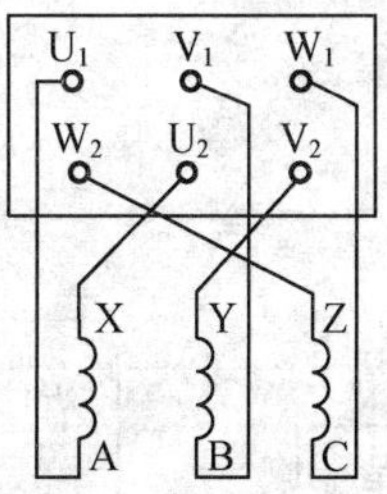

图 2.66 定子线圈的接线

我国电工专业标准规定，定子三相绕组出线端的首端是 U_1、V_1、W_1，末端是 U_2、V_2、W_2。

三相电动机的定子绕组有星形(Y 形)和三角形(Δ 形)两种不同的接法，如图 2.67 所示。

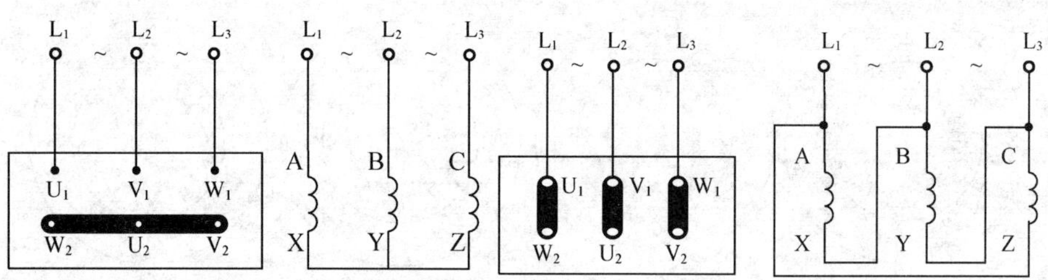

图 2.67　Y 形与△形接法

定子三相绕组的连接方式要根据电源的线电压而定。如果接入电动机电源的线电压等于电动机的额定相电压(即每相绕组的额定电压)，则它的绕组应该接成三角形；如果电源的线电压是电动机额定相电压的 $\sqrt{3}$ 倍，则它的绕组应该接成星形。

【特别提示】

线电压与相电压

线电压：两相绕组首端之间的电压，用 U_l 表示；相电压：一相绕组首、尾之间的电压，用 U_P 表示。对于星形接法，$U_l=\sqrt{3}\,U_P$；对于三角形接法，$U_l=U_P$

线电流与相电流

线电流：电网的供电电流，用 I_l 表示；相电流：每相绕组的电流，用 I_P 表示。

对于星形接法，$I_l=I_P$；对于三角形接法，$I_l=\sqrt{3}\,I_P$。

电动机的输入功率

$$P=\sqrt{3}U_l I_l\cos\varphi$$

2. 多速异步电动机的接线方法

多级变速电动机可以多挡调速，且由绕组的接线所形成不同的磁极对数来决定。双速单绕组电动机称为罩极电动机。罩极电动机低速挡的速度是高速挡的一半。如果需要提供其他转速，可以使用双绕组电动机。

罩极单绕组电动机的定子绕组是固定的，可以通过改变极对数来使某些线圈中电流反向。图 2.68 所示为三相双速鼠笼单绕组电动机，出线端为 6 根。通过对这些端子的接线，

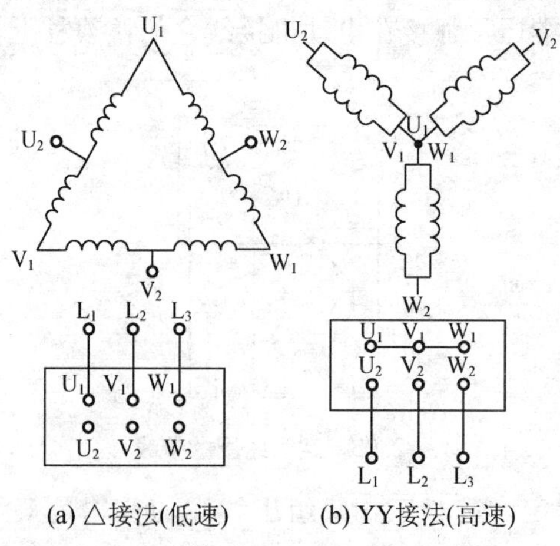

图 2.68　三相双速鼠笼单绕组电动机接线方法

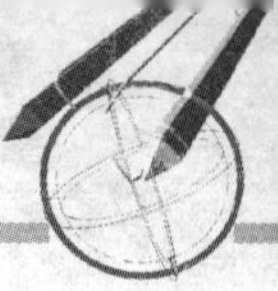

使绕组接成串联三角形或并联星形。三角形接线使电动机低速运行，双星形接线使电动机高速运行。这两种转速下转矩都是相同的。只要绕组不变，相同转速下功率等级相同。

3. 三相异步电动机的参数

当电动机在制造工厂所拟定的情况下工作时，称为电动机的额定运行，通常用额定值来表示其运行条件，这些数据大部分都标明在电动机的铭牌上，如图 2.69 所示。

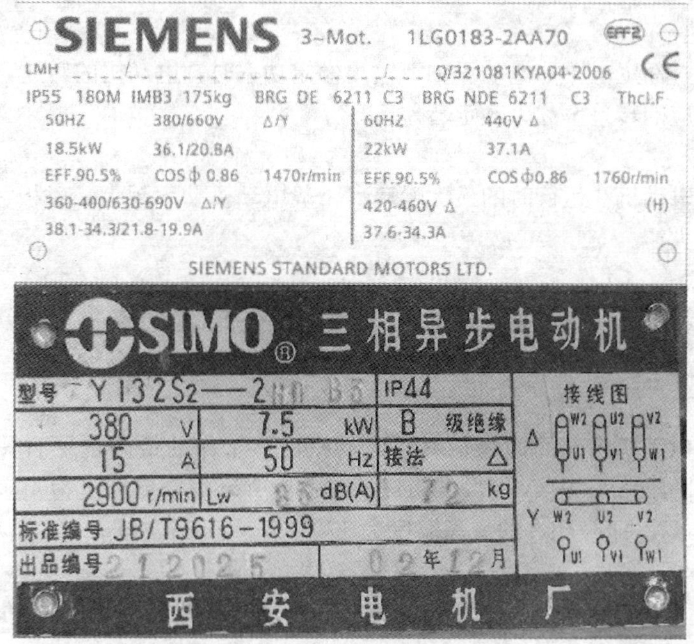

图 2.69 电动机的铭牌

在使用电动机时，必须看懂铭牌，电动机的铭牌上通常标有下列数据。

1）额定功率 P_N

在额定运行情况下，电动机轴上输出的机械功率为

$$P_N = \eta_N P_{1N}$$

式中：η 是效率；P_{1N}是额定输入功率。

2）额定电压 U_N

在额定运行情况下，定子绕组端应加的线电压，单位为 V。如标有两种电压值(例如 220/380V)，这表明定子绕组采用△/Y 连接时应加的线电压值。即在使用三角形接法时，定子绕组应接～220V 的电源电压；在使用星形接法时，定子绕组应接～380V 的电源电压。

3）额定频率 f

在额定运行情况下，定子外加电压的频率(我国为 50Hz，有些国家采用 60Hz)。

4）额定电流 I_N

在额定频率、额定电压和轴上输出额定功率时，定子的线电流值。如标有两种电流值(例如 10.35/5.9A)，则对应于定子绕组为△/Y 连接的线电流值。即在使用三角形接法时，定子电流为 10.35A；在使用星形接法时，定子电流为 5.9A。

【特别提示】

可以根据电动机的额定电压、电流及功率，利用三相交流电路功率计算公式计算出电动机在额定负载时定子边的功率因数 $\cos\varphi$。

$$\cos\varphi = \frac{P_N}{\sqrt{3}U_N I_N}$$

5）额定转速 n_N

在额定频率、额定电压和电动机轴上输出额定功率时，电动机的转速，单位为 r/min。与额定转速相对应的转差率称为额定转差率 S_N。

6）噪声值

噪声值是指电动机在运行时的最大噪声。一般电动机功率越大，磁极数越少，额定转速越高，噪声越大。

7）工作制式

工作制式是指电动机允许工作的方式，共有 $S1\sim S10$ 共 10 种工作制。其中，S1 为连续工作制，S2 为短时工作制；其他为不同周期或者非周期工作制。

8）绝缘等级

绝缘等级与电动机内部的绝缘材料与电动机允许工作的最高温度有关，共分 A、E、D、F、H 共 5 种等级。其中 A 级最低，H 级最高。在环境温度额定为 40℃时，A 级允许的最高温度为 65℃，H 级允许的最高温度为 130℃。

9）防护等级

IP 为防护代号，第一位数字(0～6)规定了电动机防护体的等级标准。第二位数字(0～8)规定了电动机防水的等级标准。如 IP00 为无防护，数字越大，防护等级越高。

10）其他

对于绕线转子电动机还必须标明转子绕组接法、转子额定电动势及转子额定电流；有些还标明了电动机的转子电阻；有些特殊电动机还标明了冷却方式等。

4. 三相异步电动机的定子电路和转子电路

当定子绕组接上三相电源电压(相电压为 u_1)时，则有三相电流通过(相电流为 i_1)，使得定子三相电流产生旋转磁场，且其磁力线通过定子、气隙和转子铁芯而闭合，这种磁场在定子每相绕组和转子每相绕组中分别感应出电动势 e_1 和 e_2。这种电磁关系同三相变压器类似，定子绕组相当于变压器的原绕组，转子绕组(一般是短接的)相当于副绕组。定子和转子每相绕组的匝数分别为 N_1 和 N_2。

1）定子电路

旋转磁场的磁感应强度沿气隙的分布接近于正弦规律分布，每相绕组中产生的感应电动势 $e_1 = -N_1\frac{d\varphi}{dt}$，其有效值为

$$E_1 = 4.44 f_1 N_1 k_1 \Phi$$

式中：f_1 为定子感应电动势的频率；k_1 为定子绕组系数；Φ 为气隙每极磁通量。

定子电流除产生旋转磁通(主磁通)外还产生漏磁通(很小)，且仅在定子绕组上产生漏磁电动势，用以实现起电抗压降的作用。其压降与电动势 E_1 比较起来，常可忽略，于是 $U_1 \approx E_1$。

由于极对数为 P 的旋转磁场每转一周，穿过定子绕组的磁通按正弦规律交变 P 次，而旋转磁场和定子间的相对转速为 n_o，所以定子电流的频率为

$$f_1 = p\frac{n_o}{60}$$

2）转子电路

在定子接上电源后，旋转磁场在转子绕组中产生感应电动势，从而产生转子电流。转子感应电动势就是转子电路的电源，其表达式为 $e_2 = -N_2\frac{d\varphi}{dt}$，其有效值为

$$E_2 = 4.44 f_2 N_2 k_2 \Phi$$

式中：f_2 为转子感应电动势的频率；k_2 为转子绕组系数；Φ 为气隙每极磁通量。

由于旋转磁场和转子间的相对转速为$(n_o - n)$，则转子绕组切割主磁通在转子回路中每秒交变的次数，即转子感应电动势的频率为

$$f_2 = p\frac{n_o - n}{60} = p\frac{n_o - n}{n_o}\frac{n_o}{60} = Sf_1$$

可见转子频率 f_2 与转差率 S 有关，也就是与转速 n 有关。

3）转子绕组的漏感抗 X_2

转子的感应电动势产生转子电流，而转子电流也会产生漏磁通，漏磁通会在转子每相绕组中产生漏感抗，从而产生漏磁电动势 $E_{L2} = -L_{L2}\frac{di_2}{dt}$。因此，对于转子每相电路，转子感应电动势的表达式为

$$\dot{E}_2 = \dot{I}_2 R_2 + (-\dot{E}_{L2}) = \dot{I}_2 R_2 + j\dot{I}_2 X_2$$

式中：R_2 和 X_2 为转子每相绕组的电阻和漏磁感抗。

由于感抗与转子频率成正比，漏磁感抗 X_2 的表达式为

$$X_2 = 2\pi f_2 L_{L2} = 2\pi S f_1 L_{L2}$$

式中：L 为转子绕组的漏电感。

在 $n=0$，即 $S=1$ 时，转子感抗最大，即为

$$X_{20} = 2\pi f_1 L_{L2}$$

比较两式可看出，$X_2 = S X_{20}$，即转子感抗 X_2 与转差率 S 有关。

转子每相绕组的阻抗 $Z_2 = R_2 + jX_2 = R_2 + jSX_{20}$。

4）转子绕组的电流 I_2

转子绕组在正常运行时处于短路状态，且转子电流的表达式为

$$I_2 = \frac{E_2}{\sqrt{R_2^2 + X_2^2}} = \frac{E_2}{\sqrt{R_2^2 + X_2^2}} = \frac{SE_{20}}{\sqrt{R_2^2 + (SX_{20})^2}}$$

可见转子电流也与转差率有关。当 S 增大，即转速 n 降低时，转子与旋转磁场间的相对转速增加，转子导体被磁力线切割的速度提高，于是 E_2 增加，I_2 也增加。当 $S=0$，即 $(n_o - n)_o$ 时，$I_2 = 0$；当 S 很小时，R_2 远大于 SX_{20}，$I_2 \approx \frac{SE_{20}}{R_2}$ 即与 S 近似的成正比，当 S 接近 1 时，SX_{20} 远大于 R_2，$I_2 \approx \frac{E_{20}}{X_{20}}$ 为常数。

5）转子电路的功率因数

转子电路的功率因数为

$$\cos\varphi_2 = \frac{R_2}{\sqrt{R_2^2 + X_2^2}} = \frac{R_2}{\sqrt{R_2^2 + (SX_{20})^2}}$$

其也与转差率 S 有关。当转速很高，S 很小时，R_2 远大于 SX_{20}，$\cos\varphi_2 \approx 1$，当转速降低，S 增大时，X_2 也增大，$\cos\varphi_2$ 减小，当 S 接近 1 时，$\cos\varphi_2 \approx \frac{R_2}{SX_{20}}$。

2.3.4　三相异步电动机的机械特性

电动机作为一种将电能转化为机械能的装置，电磁转矩和转速是它的重要物理量，而转速与电磁转矩之间的关系($n-T$)曲线，即 $n=f(T)$称为异步电动机的机械特性。它有固有机械特性和人为机械特性之分。

1. 固有机械特性

异步电动机在额定电压和额定频率下，用规定的接线方式，且定子和转子电路中不串联任何电阻或电抗时的机械特性称为固有(自然)机械特性。

三相异步电动机的电磁转矩是由旋转磁场的每极磁通 Φ 与转子电流 I_2 相互作用而产生的，它与 Φ 和 I_2 的乘积成正比，此外，它还与转子电路的功率因数 $\cos\varphi_2$ 有关，从能量的观点来分析，与有功功率成正比的转矩只取决于转子电流的有功分量，故三相异步电动机的电磁转矩为

$$T = K_t \Phi I_2 \cos\varphi_2$$

式中：K_t 为仅与电动机结构有关的常数。由于

$$I_2 = \frac{SE_{20}}{\sqrt{R_2^2 + (SX_{20})^2}} = \frac{S4.44 f_1 N_2 \Phi}{\sqrt{R_2^2 + (SX_{20})^2}},\ \cos\varphi_2 = \frac{R_2}{\sqrt{R_2^2 + (SX_{20})^2}},$$

故

$$T = K\frac{SR_2U^2}{R_2^2 + (SX_{20})^2}$$

式中：K 为与电动机结构参数、电源频率有关的一个常数，$K \propto 1/f_1$；U 为电源相电压；R_2 为转子每相绕组的电阻；X_{20} 为是电动机不动($S=1$)时转子每相绕组的感抗。

其转速与电磁转矩之间的关系曲线如图 2.70 所示。

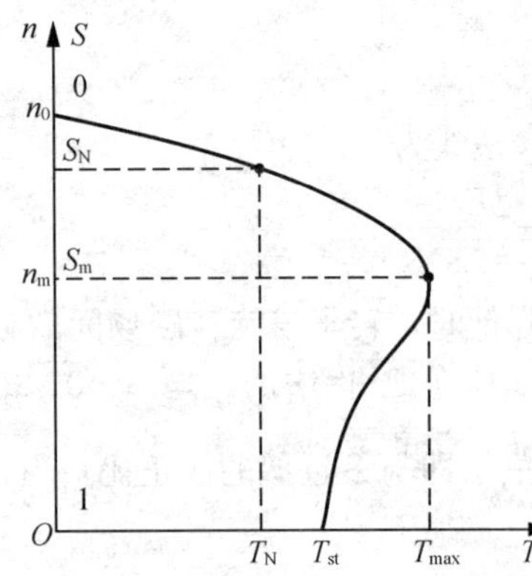

图 2.70　三相异步电动机的固有机械特性曲线

1) $T = 0, n = n_0, S = 0$

电动机处于理想空载工作点，此时电动机的转速为理想空载转速，$n = n_0 = \frac{60f}{p}$。

2) $T = T_N, n = n_N, S = S_N$

电动机额定工作点。此时额定转矩和额定转差率为

$$T_N = 9.55\frac{P_N}{n_N} \qquad S_N = \frac{n_0 - n_N}{n_0}$$

式中：P_N 为电动机的额定功率，W；n_N 为电动机的额定转速，r/min，一般 $n_N = (0.94-0.95)n_0$；S_N 为电动机的额定转差率，一般 $S_N = 0.015 - 0.06)n_0$；T_N 为电动机的额定转矩，N • m。

3) $T = T_{st}, n = 0, S = 1$

电动机的启动工作点：

$$T_{st} = K \frac{R_2 U^2}{R_2^2 + X_{20}^2}$$

可见，异步电动机的启动转矩与电源电压 U、转子回路的 R_2 与 X_2 有关：启动转矩与定子每相绕组上的电压 U 的平方成正比，当电压 U 下降时启动转矩会明显减小，且在一定的范围内，当转子电阻适当增大时，启动转矩会增大；而若增大转子电抗则会使启动转矩大为减小。启动时只有启动转矩大于负载转矩电动机才能启动。

【特别提示】

从公式可以看出：转子的电阻对电动机的运行性能有很大影响。转子电阻大，在低启动电流的情况下会产生很大的启动转矩；转子电阻小，则电动满载转差率小，工作效率高。一般来说，标准型电动机提供正常的启动转矩，启动电流低，转差率小，适用于正常启动转矩的机器，如风扇与吹风机；转子电阻稍大些的，启动转矩很大，带负载时超出的阻值会产生一个更大的转差率，适用于像水泵这类需要较大启动转矩的设备；转子电阻特别大的，产生的启动转矩也特别大，适用于需要高惯性的设备，像起重机、吊车等。此外，若增大转子电抗则会使启动转矩大为减小。

通常把在固有机械特性上启动转矩 T_{st} 与额定转矩 T_N 之比 $\lambda_{st} = T_{st}/T_N$ 称为启动能力系数，它是衡量异步电动机启动能力的一个重要数据，一般 $\lambda_{st} = 1.0 \sim 1.2$。

4) $T = T_{max}, n = n_m, S = S_m$

电动机的临界工作点。当电动机的负载转矩超过此点时，电动机的输出转矩将会急剧下降，转速也会随之下降，甚至造成堵转。

欲求转矩的最大值，可由式 $T = K \frac{SR_2 U^2}{R_2^2 + (SX_{20})^2}$，并令 $\mathrm{d}T/\mathrm{d}S = 0$，而得临界转差率 $S_m = R_2/X_{20}$，再代入该式，即可得

$$T_{max} = K \frac{U^2}{2X_{20}}$$

从上式可知：最大转矩的大小与定子每相绕组上所加电压 U 的平方成正比，这说明最大转矩对电源电压的波动很敏感。

最大转矩的大小反映了异步电动机的过载能力。异步电动机在运行中经常会遇到短时冲击负载，如果冲击负载转矩小于最大电磁转矩电动机仍然能够运行，则电动机短时过载也不会引起剧烈发热。

通常把在固有机械特性上最大电磁转矩与额定转矩之比 $\lambda_{max} = T_{max}/T_N$ 称为电动机的过载能力系数，它表征了电动机能够承受冲击负载的能力大小。对于鼠笼式异步电动机 $\lambda_m = 1.8 \sim 2.2$；绕线式异步电动机 $\lambda_m = 2.5 \sim 2.8$。可见绕线式转子电动机的 λ_m 往往大于笼式异步电动机，这就是绕线转子电动机多用于起重、冶金等冲击性负载的机械设备上的原因。

2. 人为机械特性

异步电动机的机械特性除与电动机的参数有关外，还与外加定子电压、定子电源频率、定子或者转子电路中串入的电阻或电抗等有关，将这些参数人为地加以改变而获得的机械特性称为异步电动机的人为机械特性。

改变定子电压U、定子电源频率f、定子电路串入电阻或电抗、转子电路串入电阻或电抗等得到异步电动机的人为机械特性见表 2－7。

表 2－7　三相异步电动机的人为机械特性

状　态	特性曲线	说　　明
改变电压	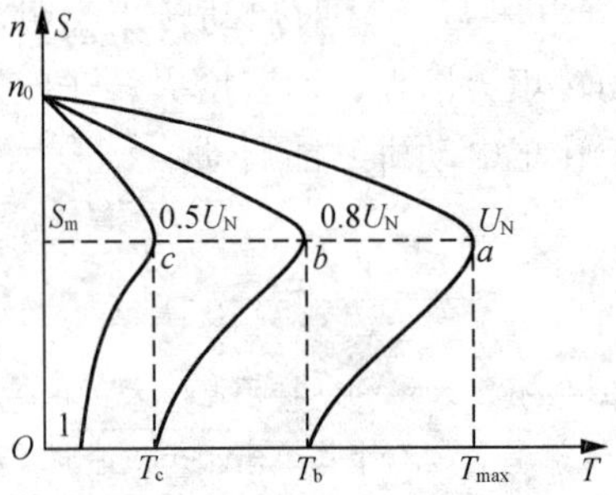	电压愈低，人为特性曲线愈往左移。 T_{max}和T_{st}随着电压的减小而大大地减小。如果电压降低太多，会使电动机发生堵转或者根本不能启动。 电网电压下降，在负载不变的条件下，将使电动机转速下降，转差率增大，电流增加，进而引起电动机发热甚至烧坏。 电压的改变并不影响理想空载转速n_0和临界转差率S_m
改变频率	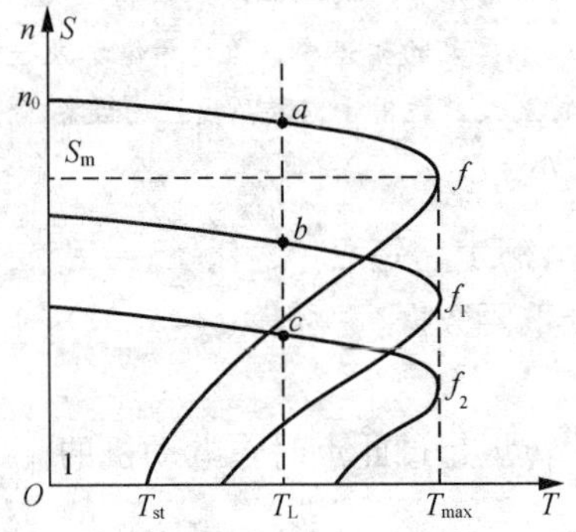	一般变频调速采用恒转矩调速，即使电动机气隙磁通保持不变，为此需使$U/f=C$。在此条件下，随着频率的降低，理想空载转速n_0要减小，临界转差率S_m要增大，启动转矩T_{st}要增大，而最大转矩T_{max}维持不变
定子电路接入对称电阻或电抗	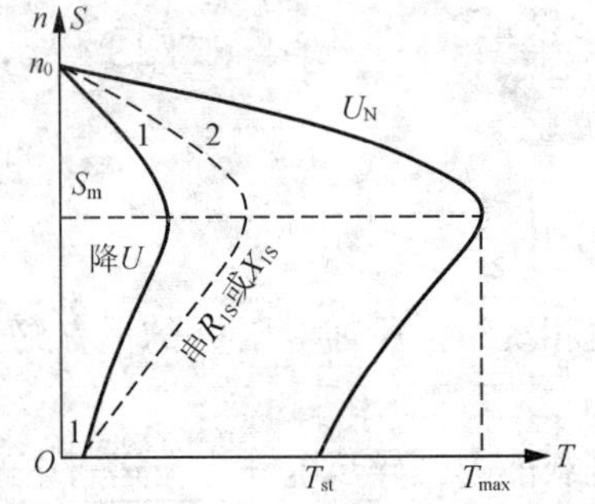	定子电路中外串电阻或电抗后，电动机端电压为电源电压减去定子外串电阻上或电抗上的压降，致使定子绕组相电压降低，这种情况下的人为特性与降低电源电压时的相似。 串入电阻或电抗后的最大转矩T_{max}要比直接降低电源电压时的最大转矩大一些。 在一些要求低成本的电动机启动的场合，通常采用串接电阻或电抗器的启动方法限制电动机的启动电流，以减小对电网的冲击
转子电路串接对称电阻	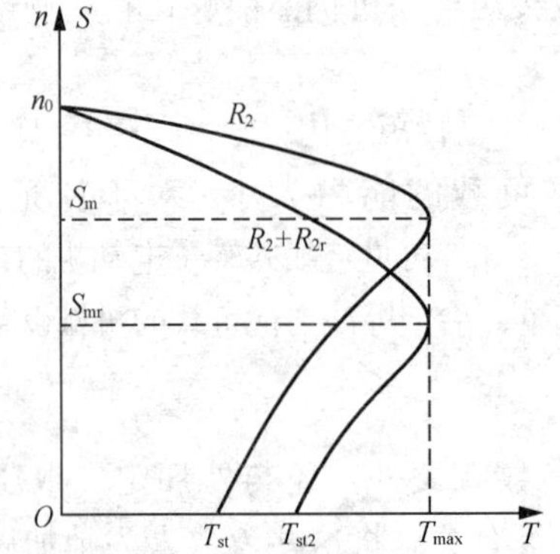	在三相线绕式异步电动机的转子电路中串入电阻后，转子电路中的电阻为R_2+R_{2r}，且n_0不变，T_{max}不变，S_m随着串接电阻的增加而增大。此时的人为特性比固有机械特性较软。一般用于绕线转子异步电动机的启动和调速

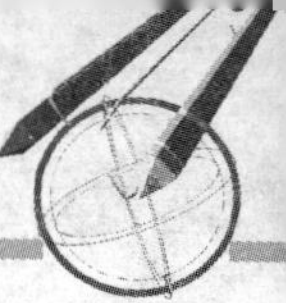

2.3.5 三相异步电动机的调速

异步电动机实际转速 n 与电动机输入定子电源频率 f、转差率 S 和电动机磁极对数 P 的关系式为

$$n = n_0(1-S) = \frac{60f}{p}(1-S)$$

可以看出，异步电动机的调速有改变磁极对数 P、调节转差率 S 及改变定子频率 f 共 3 种方式，如图 2.71 所示。

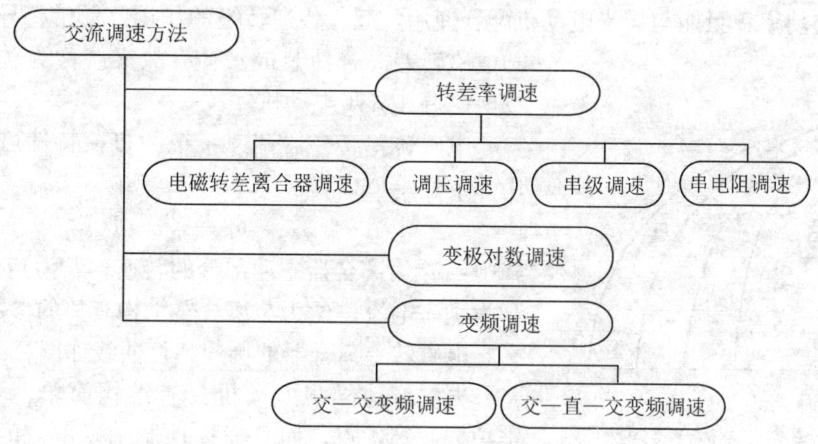

图 2.71 交流调速方法

1. 变转差率调速

1）电磁转差离合器调速系统

电磁转差离合器调速系统是通过改变电磁离合器的励磁电流来实现调速的，对异步电动机本身并不进行调速，如图 2.72 所示。

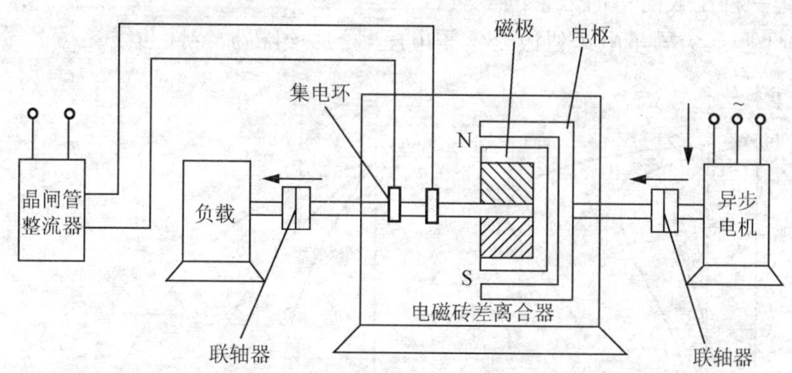

图 2.72 电磁转差离合器调速

电磁离合器由电枢和感应子(励磁线圈与磁场)两个基本部分组成，且这两部分没有机械上的连接，都能自由地围绕同一轴心转动，彼此间的圆周气隙为 0.5mm。

一般情况下，电枢与异步电动机硬轴连接，由电动机带动它旋转，称为主动部分，其转速由异步电动机决定，是不可调的；感应子则通过联轴器与生产机械固定连接，称为从动部分。

当感应子上的励磁线圈通入励磁电流以后，就建立了磁场，形成磁极，使得电枢与感应子之间有了电磁联系。当二者之间有相对运动时，便在电枢铁芯中产生涡流，使载流导体在磁场中受力作用。但由于电枢已由异步电动机拖动旋转，根据作用与反作用力大小相等方向相反的原理，该电磁力形成的转矩 T 要迫使感应子连同负载沿着电枢同方向旋转，并将异步电动机的转矩传给生产机械(负载)。

由电磁离合器工作原理可知，感应子的转速要小于电枢转速，这一点完全与异步电动机的工作原理相同，故称这种电磁离合器为电磁转差离合器。由于电磁转差离合器本身不产生转矩与功率，只能与异步电动机配合使用，起着传递转矩的作用，通常将异步电动机和电磁转差离合器装成一体，故又统称为转差电动机或电磁调速异步电动机。

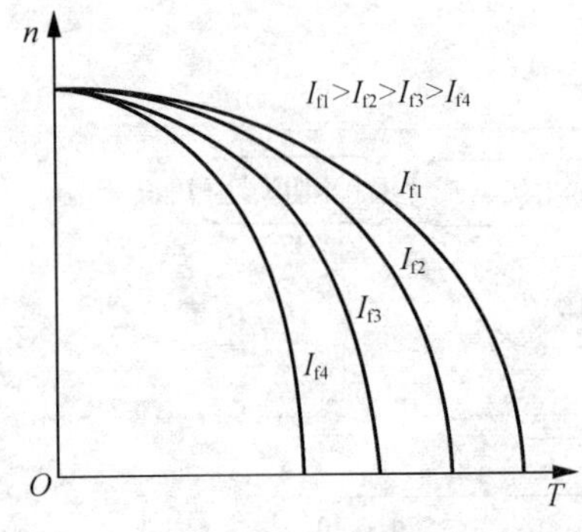

图 2.73　电磁转差离合器调速曲线

电磁转差离合器调速系统的机械特性可以近似地用如下经验公式表示：

$$n_2 = n_1 - KT^2/I_f^4$$

式中：n_1 为离合器主动部分的转速；T 为离合器转矩；I_f 为励磁电流；K 为与离合器结构有关的参数。

电磁转差离合器的调速特性曲线如图 2.73 所示。

电磁调速异步电动机具有结构简单、可靠性好、维护方便等优点，而且通过控制励磁电流的大小可实现无级平滑调速，所以广泛应用于机床、起重、冶金等生产机械上。

2）异步电动机调压调速系统

由异步电动机电磁转矩和机械特性方程可知，异步电动机的输出转矩与定子电压的平方成正比，因此改变异步电动机的定子电压也就是改变电动机的转矩及机械特性，从而实现调速，这是一种比较简单而方便的方法。

如图 2.74 所示为异步电动机改变定子电压时的一组机械特性曲线。

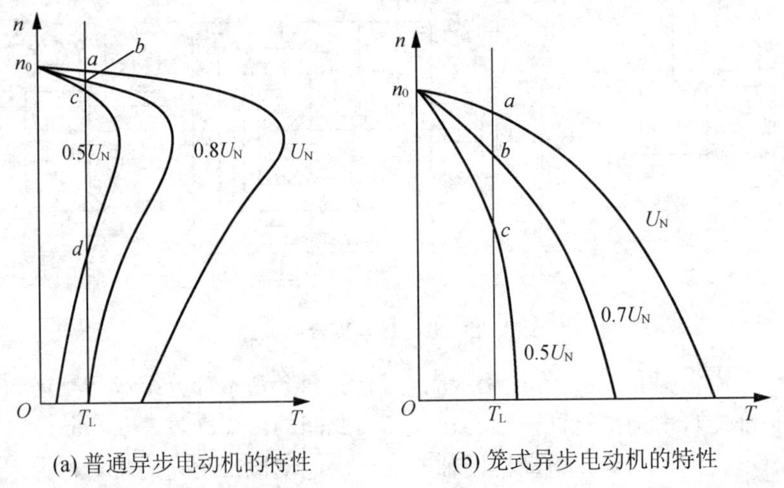

图 2.74　普通异步电动机与笼式异步电动机的特性曲线

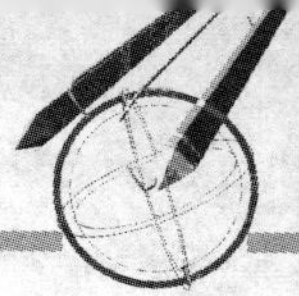

在某一负载 T_L 的情况下，异步电动机将稳定工作于不同的转速(如图 2.74(a)中 a，b，c 共 3 点对应的转速)。

由图可见，异步电动机调压调速的特点如下。

(1) 异步电动机在轻载时，即使外加电压变化很大，转速变化也很小，即电动机的转速变化范围不大。

(2) 异步电动机在重载时，如果降低供电电压，则转速下降很快甚至停转，从而引起电动机过热甚至烧坏。

(3) 如果要使电动机能在低速段运行(如点 d)，一方面传动系统运行不稳定，另外随着电动机转速的降低会引起转子电流相应增大，可能引起过热而损坏电动机。

所以，为了使电动机能在低速下稳定运行又不致过热，要求电动机转子绕组有较高的电阻。

对于笼式异步电动机，可以将电动机转子的鼠笼由铸铝材料改为电阻率较大的黄铜条，使之具有如图 2.74(b)所示的机械特性。即使这样，调速范围仍不大，且低速时运行稳定性不好，不能满足生产机械的要求，因此可采用异步电动机调压调速系统。

(1) 异步电动机调压调速系统。为了既能保证低速时的机械特性硬度，又能保证一定的负载能力，一般在调压调速系统里采用转速负反馈构成闭环系统，其控制系统原理框图如图 2.75 所示。

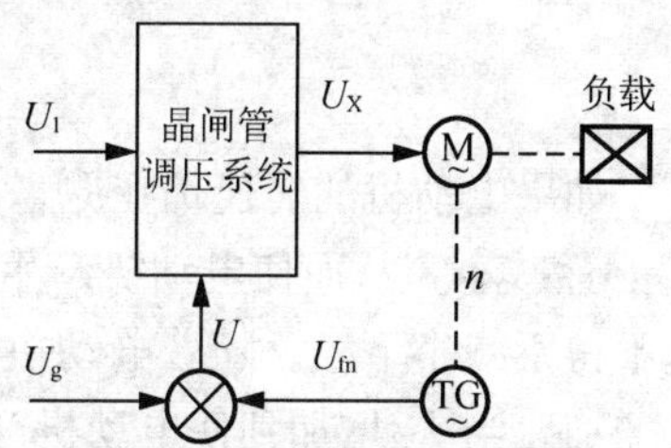

图 2.75 加转速反馈的调压调速系统方框图

图中：U_1 为电网电压(固定不变)；U_X为电动机定子电压(可调)；$U=U_g-U_{fn}$

速度调节过程如下。

负载 $\uparrow \rightarrow n\downarrow \rightarrow U_{fn}\downarrow \rightarrow U\uparrow = U_g - U_{fn} \rightarrow U_X\uparrow \rightarrow n\uparrow$

这种调速方法的特点如下。

① 只要能平滑地改变定子电压，就能平滑调节异步电动机的转速；

② 在加转速负反馈后，低速的特性较硬，调速范围亦较宽。

(2) 调压调速时的损耗。

转差功率：传到转子上的电磁功率与转子轴上产生的机械功率之差叫损耗功率，也叫转差功率。

由于旋转磁场和转子具有不同的速度，因此转差功率为

$$P_S = P_\Psi - P_m = \frac{Tn_o}{9550} - \frac{Tn}{9550} = \frac{Tn_o}{9550}\,\frac{n_o - n}{n_o} = P_\Psi S$$

由上式可见：① 转差功率的大小由转差率 S 决定；② 这个转差功率通过转子导体发热而消耗掉。

【特别提示】

在调压调速中，如果工作在低速状态，S 将较大，即转差功率很大，所以要求低速运行的恒转矩负载不适合采用交流调压调速。如要用于这种机械，电动机容量就要适当选择大一些。

另外，如果负载具有转矩随转速降低而减小的特性(如通风机类型的工作机械 $T_L=Kn^2$)，则当向低速方向调速时转矩减小，电磁功率及输入功率也减小，从而使转差功率较恒转矩负载时小得多。因此，

定子调压调速的方法特别适合于通风机及泵类等机械。

3）线绕式异步电动机调速系统

线绕式异步电动机调速方法及特点如下。

转子电路串接电阻——电阻上消耗大量的能量，速度越低损耗越大。

转子电路串接电势——把电阻上的能量加以利用，从而获得比较经济的运行效果。为了利用这部分能量，在转子电路中增加了一套交流装置。这样，就构成了由异步电动机和交流装置共同组成的串级调速系统。

（1）串级调速的一般原理。异步电动机的串级调速，就是在异步电动机转子电路内引入附加电势 E_{ad}，以调节异步电动机的转速。电动势引入的方向，可与转子电动势 E_2 方向相同或相反，其频率则与转子频率相同。

当转子电路中未引入附加电势 E_{ad}时，转子电流为

$$I_2=\frac{E_2}{\sqrt{R_2^2+X_2^2}}=\frac{SE_{20}}{\sqrt{R_2^2+S^2X_{20}^2}}$$

当引入与转子电势 E_2 频率相同而相位相反的附加电势后，转子电流将由下式表示：

$$I_2=\frac{SE_{20}-E_{ad}}{\sqrt{R_2^2+S^2X_{20}^2}}$$

如果电动机的转速仍在原来的数值上，即 S 值未变动，则串入附加电势后，转子电流 I_2必然减小，从而使电动机产生的转矩也随之减小，当小于负载转矩 T_L 时，电动机的转速不得不减小下来。随着电动机转速减小，$(SE_{20}-E_{ad})$的数值不断增大，转子电流 I_2 也将增加。当 I_2增加到使电动机产生的转矩又重新等于 T_L 后，电动机又稳速运行。但此时的转速已较原来的转速为低，这样就达到了调速的目的。串入的附加电势 E_{ad}愈大则转速降低愈多，这就是向低于同步转速方向调速的原理。同理，如果引入一个相位相同的附加电势，则可以得到所谓超同步转速的调速，对此，读者可参考其他有关书籍。

（2）串级调速。目前，国内外已广泛应用的串级调速系统，如图 2.76 所示。

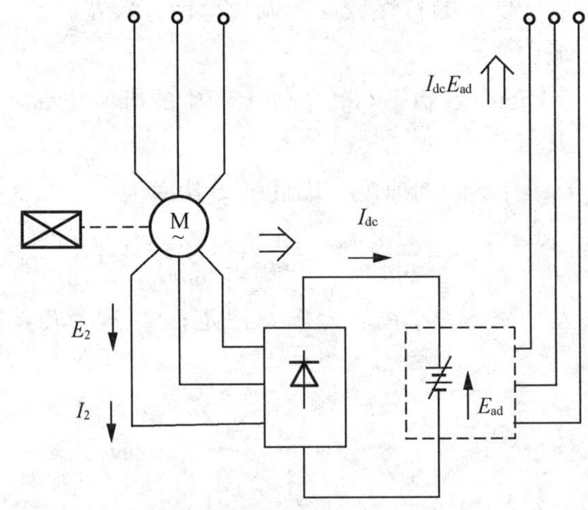

图 2.76　采用直流附加电势 E_{ad}的串级调速系统

图 2.76 中，电动机的转子绕组端接进一个不可控的整流器，这样为实现调速而串入的附加电势 E_{ad}就可以采用可调直流电源。当 $E_{ad}=0$ 时，电动机在接近于额定转速下运

转，若改变 E_{ad} 的大小就可以改变电动机转速。

图 2.77 给出了串级调速时异步电动机转速低于同步转速的一组机械特性曲线。

由图可见，串级调速时异步电动机的机械特性与直流电动机的特性很相似。由特性可知，若引入的附加电势愈大，则 n_0 愈小，即电动机的转速愈低。如果 E_{ad} 用负值代入，则可以得到当附加电势与转子电势同相位时的机械特性。

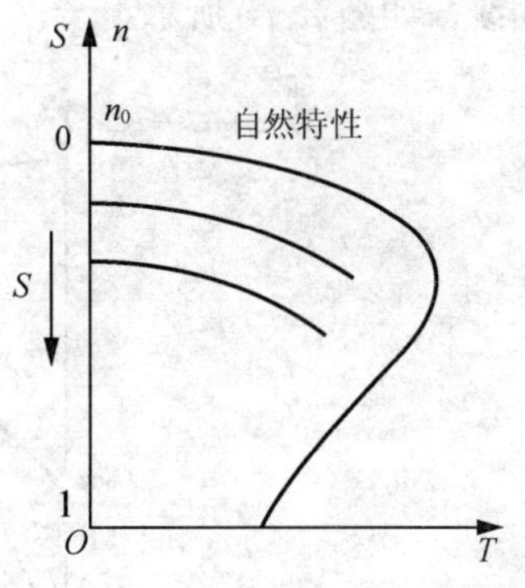

图 2.77 低于同步转速的机械特性

【特别提示】

晶闸管串级调速具有调速范围宽、效率高(因转差功率可反馈电网)、便于向大容量发展等优点，是很有发展前途的绕线转子异步电动机的调速方法。它的应用范围很广，适用于通风机负载，也适用于恒转矩负载。其缺点是功率因素较差。但现已采用电容补偿等措施，使功率因素有所提高。

常用的异步电动机调速方法及其比较见表 2-8。

表 2-8 常用异步电动机调速方法及其比较表

方法	改变磁极对数 P	改变频率 f	改变转差率 S		
措施	改变电动机极对数 P	PWM 变频	改变定子电压	改变转子串接电阻值	串级调速
类别	有极	无极	无极	有极	调速范围小时可做到无极平滑调速
精度	高	最高	一般	一般	高
节能	高效	最高效	低效	低效	高效
功率因素	良	优	良	良	差
装置	简单	复杂	较简单	简单	较复杂
电网干扰	无	有	大	无	较大
维护	最易	较易	易	易	较难
适用	几挡	长期低速，起停频繁或调速范围较大	高调速范围内的小容量异步电动机	调速范围不大，硬度要求不高的绕线转子电动机	调速范围不大，对动态性能要求不高的绕线转子电动机

由表中的对比可以看出，PWM 变频调速是最理想的调速方式，在后续课程中将作详细介绍。

2.3.6 三相异步电动机的工作特性

异步电动机的工作特性是指当外加电源电压和电源频率为常数时，异步电动机的转速 n、转矩 T、定子绕组电流 I_1、定子功率因数 $\cos\varphi_1$ 及效率 η 与该电动机输出功率 P_2 的关系曲线，如图 2.78 所示。

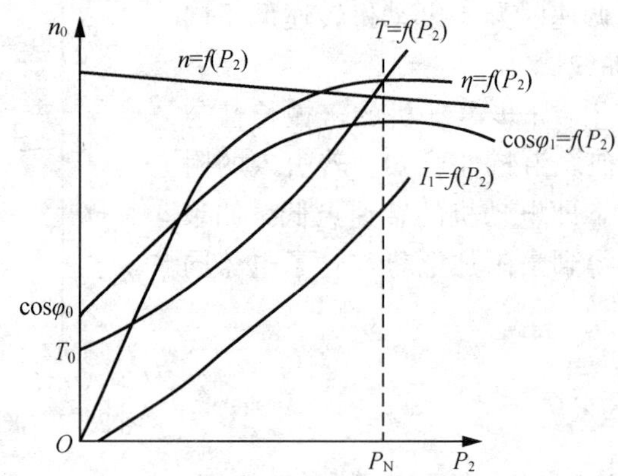

图 2.78　三相异步电动机的工作特性

这些曲线可用实验方法测得。从异步电动机的工作特性曲线可以判断它的工作性能好坏，从而可以正确选用电动机，以满足不同的工作要求。

1. 转速特性

异步电动机的转速在电机正常运行的范围内随负载的变化不大，所以转速特性曲线 $n=f(P_2)$ 是一条略微下倾的近似直线。如果略去电动机的机械损耗，则输出功率

$$P_2 \approx T\frac{2\pi n}{60}$$

$$T \approx \frac{30}{\pi n}P_2$$

式中：P_2 的单位为 kW；n 的单位为 r/min；T 的单位为 N·m。

2. 定子电流特性

定子电流特性曲线 $I_1=f(P_2)$ 随着负载增加，转速下降，转子电流增大，定子电流也随着增大，定子电流几乎随 P_2 按比例增加。

3. 功率因素特性

功率因数特性曲线是 $\cos\varphi_1=f(P_2)$。异步电动机在空载时功率因素很低，随着负载增加开始时 $\cos\varphi_1$ 增加较快，通常在额定负载时达最大值。当负载再增加时，由于转差率增大，使转子漏感抗变大，因而使 $\cos\varphi_1$ 反而降低，转子电流的无功分量增加，因而定子电流的无功分量随之增加，使电动机定子功率因数又重新开始下降。

4. 电磁转矩特性

电磁转矩特性曲线是 $T=f(P_2)$。由于电动机在正常运行范围内，转速 $n=f(P_2)$ 曲线变化不大，近似为直线，故 $T=f(P_2)$ 也近似为一直线。由于 $T=T_2+T_0$，在转速不变的情况下，T_0 为常数，所以 T 是 T_2 的基础上叠加 T_0，因此异步电动机的转矩特性是一条不通过原点的近似直线。

5. 效率特性

效率特性曲线是 $\eta=f(P_2)$。电动机的效率随着负载的增大，开始时增加较快，通常

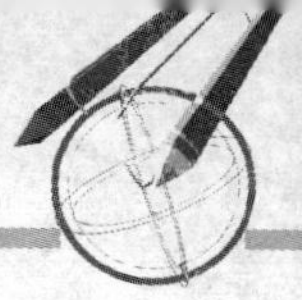

也在额定负载时达到最大值。此后，随 P_2 的增加效率反而略有下降。因为效率达最大值后，如果负载继续增大，由于定、转子铜损耗增加很快，效率反而降低。对于中、小型异步电动机，最大效率通常出现在 $0.7 \sim 1.0P_N$ 范围内。一般说来，电动机的容量越大，效率越高。

6. 启动特性

电动机的启动是指电动机接通电源后，由静止状态加速到稳定运行状态的过程。在电动机启动后的加速时间内会产生很高的浪涌电流，也叫转子堵转电流。常见的三相异步电动机在额定电压下启动，堵转电流最高会达到铭牌上所标额定电流的4～7倍(启动时由于转子功率因数很低，启动转矩却不大，一般 $T_{st}=(0.8 \sim 1.5)T_N$)。允许堵转电流的大小由转子铜条决定，但过高的堵转电流会使供电电压骤降，不仅会影响其他设备运行，而且有可能造成保护设备误动作。异步电动机对启动的要求如下。

(1) 要求异步电动机有足够大的启动转矩。

(2) 在满足生产机械能启动的情况下，启动电流越小越好。

(3) 启动过程中，电动机的平滑性越好，对生产机械的冲击就越小。

2.3.7 三相同步电动机

三相同步电动机和它的名字一样，从空载到满载的运行速度都是恒定的，且其频率与线路频率同步。它和鼠笼式感应电机一样，转速也由极对数和线路频率决定。

同步电动机(图2.79)具有运行速度恒定、功率因数可调、运行效率高等独特的特点，在低速和大功率的场合，例如面粉厂的主传动轴、橡胶磨和搅拌机、破碎机、切片机、造纸工业中的纸浆研磨机、匀浆机、压缩机、直流发电机、轧钢机等都采用同步电动机来传动。

图2.79 同步电动机

1. 同步电动机的基本结构

三相同步电动机的定子由铁芯、定子绕组(又称为电枢绕组，通常是三相对称绕组，并通有对称三相交流电流)、机座以及端盖等主要部件组成；转子包括主磁极、装在主磁极上的直流励磁绕组、特别设置的鼠笼式启动绕组、电刷以及集电环等主要部件。

同步电动机按转子主磁极的形状可分为隐极式和凸极式两种结构，如图2.80所示。

隐极式转子的优点是转子圆周的气隙比较均匀，适用于高速电机；凸极式转子呈圆柱

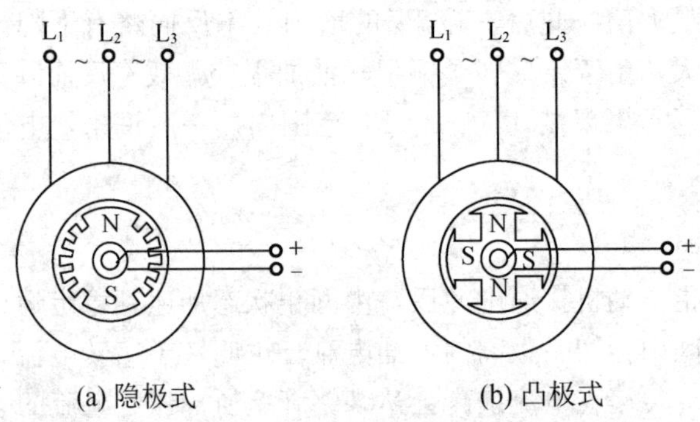

(a) 隐极式　　(b) 凸极式

图 2.80　同步电动机结构示意

形，且转子有明显的磁极，气隙不均匀，但制造较简单，适用于低速电机(转速低于1000r/min)。

由于同步电动机中作为旋转部分的转子只需要较小的直流励磁功率，故特别适用于大功率高电压的场合。

2. 同步电动机的工作原理

当给定子绕组通以对称三相交流电流后，定子周围产生旋转磁场，当在转子励磁绕组中通以直流电流后，转子周围出现磁场。由于这两个磁场的相互作用，使转子被定子旋转磁场拖着以同步转速一起旋转。

由于转子不需要从定子磁场获得感应电流进行励磁，因此与需要提供转差的感应电机不同，三相同步电机转差为0。

同步电机的磁场一部分是由定子电流提供的(辅助磁场)，另一部分是由转子励磁绕组提供的(称主磁场)。由于转子转速与同步转速相同，所以这两个磁场在空间上是相对静止的，气隙磁场是这两个磁场的合成。当输入的三相交流电压一定时，这个合成磁场也基本上是恒定的。所以改变转子直流励磁电流，使转子磁通的大小相应改变，则定子磁通会随之改变，定子励磁电流也要随之作相应改变，功率因数也会随之改变。

(1) 调节转子励磁电流，同步电机的励磁全部由转子励磁提供，电枢绕组不从交流电网中吸取无功励磁电流，定子电流与外加电压同相，此时同步电动机相当于一个纯电阻负载，称其为正常励磁。

(2) 当转子直流励磁小于正常励磁时，则同步电动机的电枢将从交流电网中吸取无功励磁电流，使交流电流滞后交流电压，此时同步电动机相当于一个感性负载，称欠励。

(3) 当转子直流励磁大于正常励磁时，则多余的无功能量会通过电枢交流绕组馈回电网，表现为电枢交流电流超前交流电压，此时同步电动机相当于一个容性负载，称过励。

根据过励这一基本原理，同步电动机常用来补偿电网的无功功率因数，以使电网功率因数提高并接近于1。调节同步电动机转子的直流励磁电流控制功率因素的大小和性质(容性或感性)是同步电动机最突出的优点。如果不需要输出机械功率，或者消耗成本较高，三相同步电动机可以很好地用于控制功率因素的“非电动机设备”，并作为静电电容器来使用。

【特别提示】

由于需要直流电源、启动以及控制设备，故它的一次性投入要比异步电动机高得多。此外还需要一套严格的投磁控制系统及异步启动控制系统，而且对维护技术要求也较高。

3. 同步电动机的启动

同步电动机虽具有功率因数可以调节的优点，但却没有像异步电动机那样得到广泛应用，这不仅是由于它的结构复杂、价格贵，而且是由于它的启动困难。同步电动机本身没有启动转矩，因为它的转子在尚未转动以前加直流励磁电流时，产生的磁场是固定的。当定子绕组接上三相交流电源时，定子产生的旋转磁场以 n_0 的速度旋转，如图 2.81(a)所示。

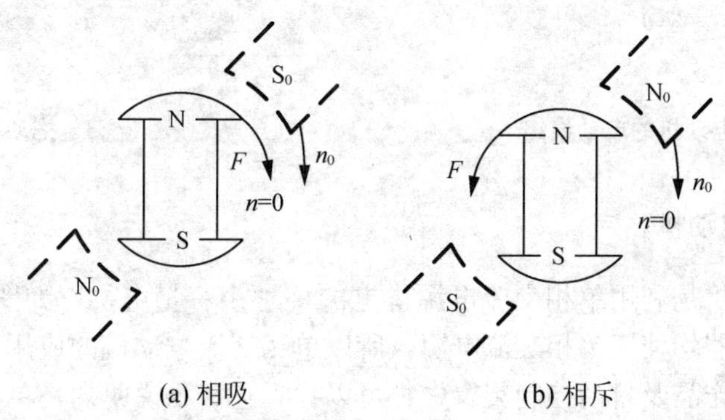

图 2.81 同步电动机的启动转矩

两者相吸，定子旋转磁场欲吸引转子旋转，但由于转子与转轴上生产机械的惯性，还没有来得及转动时，旋转磁场却已转到图 2.81(b)所示的位置，两者又相斥，转子忽被吸，忽被斥，因此平均转矩为 0，不能启动。

为了启动同步电动机，在为转子提供直流电前要使转子的转速接近同步转速，可采用异步启动法，即在转子磁极的极掌上装上和鼠笼式绕组相似的启动绕组，如图 2.82 所示。

启动时不先加入直流磁场，只在定子上加上三相对称电压以产生旋转磁场，使鼠笼绕组内感应电动势，产生电流，从而使转子转动起来，等转速接近同步转速时，再在励磁绕组中通入直流励磁电流，使产生固定极性的磁场，通过定子旋转磁场与转子励磁的相互作用，便可把转子拉入同步。当转子到达同步转速后，启动绕组与旋转磁场同步旋转，即无相对运动，这时启动绕组中便不产生电动势、电流与转矩。因此，同步电动机在稳定运行时，转子上的鼠笼式绕组是不起作用的。

【特别提示】

在异步启动时，励磁绕组不能开路、不能短路，且需接限流电阻：$R_S \approx (8 \sim 12) R_f$。

除了使用这种异步启动方法外，还可使用如图 2.83 所示的拖动启动法(辅助启动法)和变频启动法。

变频启动法需要一个能够把电源频率从 0 逐步调节到额定频率的变频电源，这样就可把旋转磁场的转速从 0 调到额定同步转速。在启动的整个过程中，转子的转速始终与定子旋转磁场的转速同步。这种方法多用于大型同步电动机的启动。

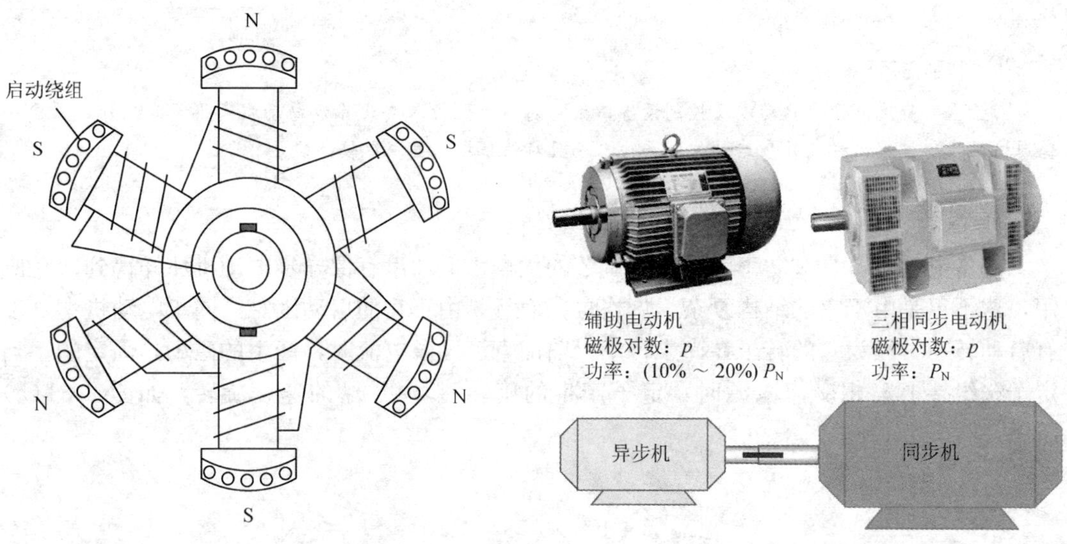

图 2.82　同步电动机的启动绕组　　　　图 2.83　拖动启动法

2.3.8　单相交流电动机

单相交流电动机是利用单相交流电源供电的一种小容量电机，如图 2.84 所示。大多数的家用与商用电器均使用单相交流电源，所以单相交流电动机的应用也很广泛，在家用电器、医疗器械等产品及自动控制装置中都可以找到它。要说明的是单相交流电机虽然结构简单、成本低廉，但转矩脉动无规律、功率因素更小、效率较低，因此一般在小容量(8～750W)范围内使用。

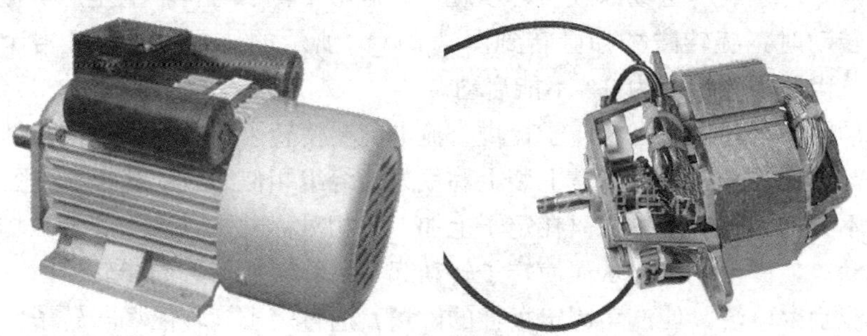

图 2.84　单相交流电动机

1. 单相交流电动机的结构与定子电路

单相异步电动机的结构示意图如图 2.85 所示，它主要由定子和转子组成，其中定子绕组为单相，转子一般为鼠笼式。

当定子接入单相交流电源时，会在定、转子气隙中产生一个脉动磁场，此磁场在空间并不旋转，只是其磁通或磁感应强度的大小随时间作正弦变化。

可以证明，一个空间轴线固定而大小按正弦规律变化的脉动磁场，可以分解成两个转速相等而方向相反的旋转磁场，如图 2.86 所示，两个旋转磁场分别作用于鼠笼式转子而产生两个方向相反的转矩。在转子静止时($n=0$ ，$S = 1$)，合成转矩为零，即 $T = 0$，表

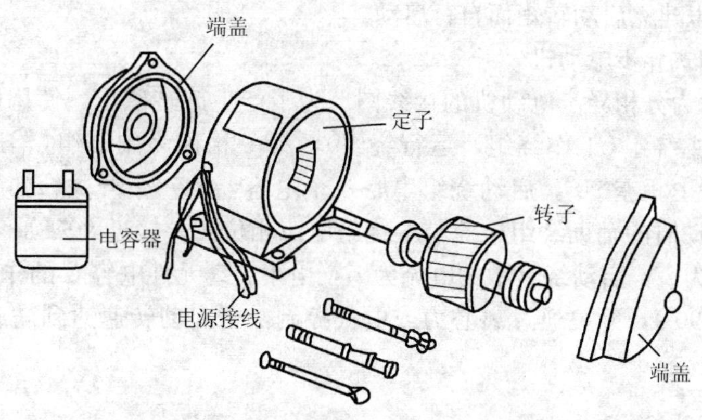

图 2.85 单相异步电动机的结构

明单相异步电动机一相绕组通电时无启动转矩，不能自行启动。要解决单相异步电动机的应用问题，首先必须解决它的启动转矩问题，即需要使用辅助手段进行启动。

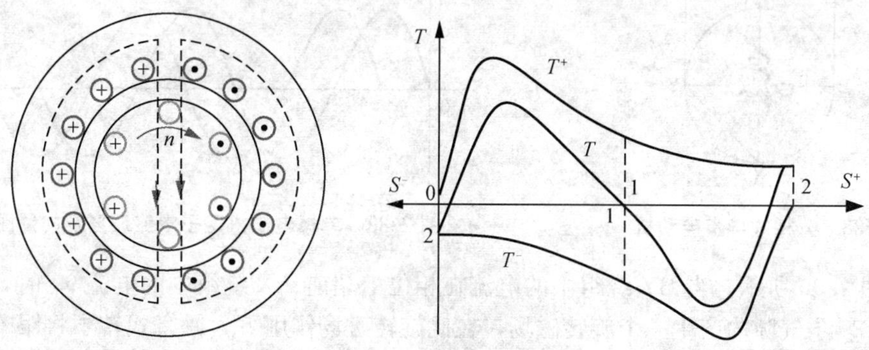

图 2.86 单相异步电动机磁场分布与机械特性

【特别提示】

单相电动机可通过机械设备使转子旋转，然后迅速地通以电源进行启动。

当电动机开始转动后，电磁转矩的方向与转动方向有关，当 $n>0$ 时 $T>0$，当 $n<0$ 时 $T<0$，因而这时电动机的电磁转矩为拖动转矩，可以拖动负载运行。

由于同时存在正、反向电磁转矩，将使电动机总转矩减小，最大转矩也减小，因此单相异步电动机过载能力将降低，即输出功率较小，效率较低，运行性能下降。

为了解决单相异步电动机的启动问题，在定子中加入了启动绕组，且启动绕组与主绕组在空间上相差 $\pi/2$，如图 2.87 所示。

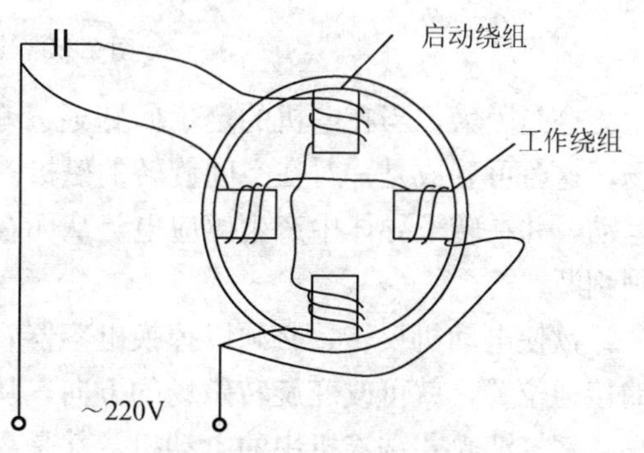

图 2.87 定子铁芯与绕组

2. 单相异步电动机的启动方法

单相异步电动机在启动时若能产生一个

旋转磁场，就可以建立启动转矩而自行启动。

1）电容分相式异步电动机

图 2.88 所示为分相异步电动机的接线图。为了产生旋转磁场，使用两个绕组使电流分流，一相称为主绕组(工作绕组，运行绕组)，另一相称为副绕组(辅助绕组，启动绕组)，它们在位置上相差 90°。启动绕组串联一个电容器和一个开关，如果电容器选择适当，则可以使启动时的辅助绕组电流与主绕组电流相位相差接近 90°(如图 2.89 所示，工作绕组中的电流为 i_1，启动绕组中的电流为 i_2，由于启动元件电容 C 的作用，使这两个电流在相位上互差 90°)，开关通过离心力或电气控制，当启动转速达到满载转速的 75%时断开。

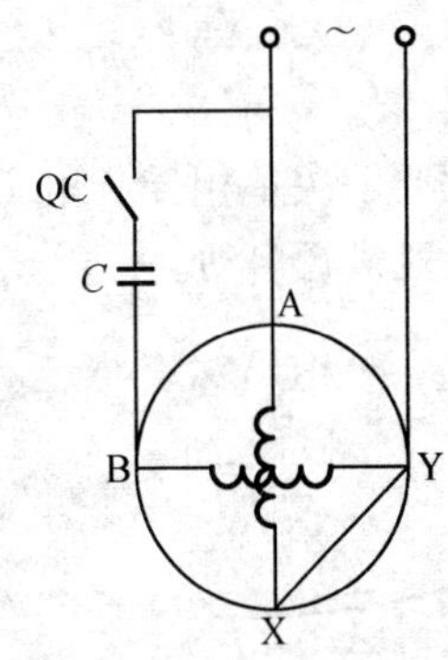

图 2.88　分相式异步电动机

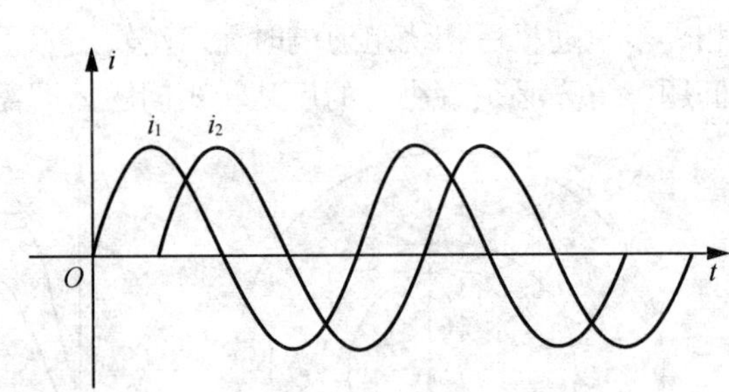

图 2.89　单相电动机定子电流波形及向量图

如图 2.90 所示，当 BY 绕组中的电流在相位上超前 AX 绕组中的电流 90°时，通电后能在定、转子气隙内产生一个旋转磁场，在此旋转磁场作用下，鼠笼式转子将跟着旋转磁场一起旋转。

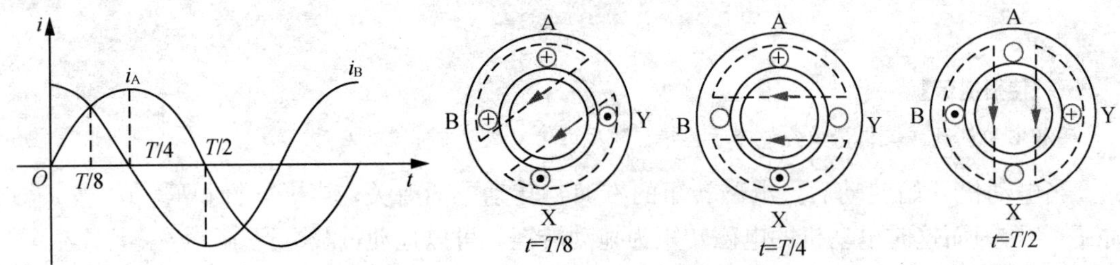

图 2.90　旋转磁场的产生

这是因为，当在电机的定子回路通入单相交流电源后，定子绕组将其转换成旋转磁场，这时可看成是一对在空间旋转的磁极。旋转磁场在转子导体表面做切割磁力线的相对运动，并在转子导体中产生感应电势从而在转子回路形感应电流。电流的方向可由右手定则判断。

欲使电动机反转，必须以掉换电容器 C 的串联位置来实现。如图 2.91 所示，改变 QB 的接通位置，就可改变旋转磁场的方向，从而实现电动机的反转。

双缸波轮式洗衣机中的电动机，就是靠定时器中的自动转换开关来实现这种切换，如图 2.92 所示。

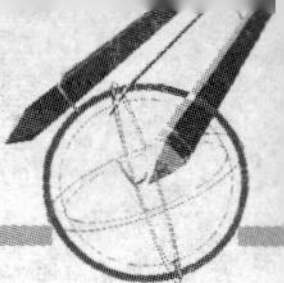

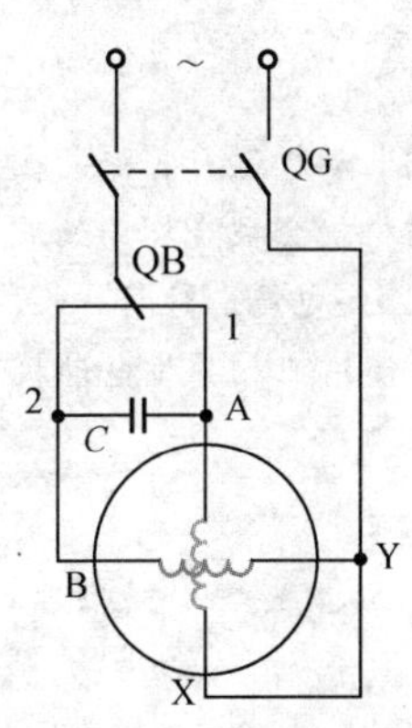

图 2.91 正反转接线原理图

图 2.92 双缸波轮式洗衣机的电气控制线路

【特别提示】

电容可以用来改善启动转矩，但不能用来改善功率因素，因为在电动机启动时，电容只连接在电路中几秒。如果电容短路会使启动绕组中的电流过大，运行中短路会导致电动机停止运行。

因此只要单相电动机启动完成后，就可以将启动绕组和启动电容 C 从电路上切除，此时的工作绕组产生的磁场不再是旋转磁场，但电机仍然可以继续正常运行，这一点非常重要。

2）罩极式单相异步电动机

罩极式单相交流电动机相对于上述的笼式电动机而言，结构简单，制造方便，噪声小，且允许短时过载运行。罩极式单相异步电动机只有一个绕组，没有启动绕组或开关，转子为笼式结构。如图 2.93 所示，定子做成凸极铁芯，然后在凸极铁芯上安装集中绕组，组成磁极，并在每个磁极截面的 1/3 处开一个小槽，装上短路铜环，将部分铁芯罩住。

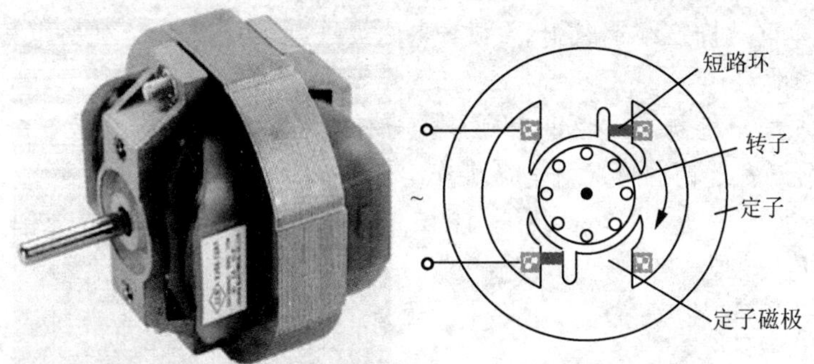

图 2.93 罩极式单相交流电动机

铜环中的电流使磁极中磁通滞后，并提供旋转磁场。由于存在旋转磁场，会产生一个非常小的启动转矩，使转子转动。

由于罩极式单相异步电动机中的旋转方向总是由磁极的未罩部分向被罩部分，因此即使改变电源的接法，也不能改变电动机的转向。

罩极式电动机启动转矩小，最适用于低功率的家用设备，因为电动机的启动转矩与额定效率很低。

【特别提示】

三相电动机接到电源的3根导线中，若由于某种原因断开了一线，就成为单相电动机运行。如果在启动时就断了一线，则不能启动，只能听到嗡嗡声，这时电流很大，时间长了，电机就会被烧坏。如果在运行中断了一线，则电动机仍将继续转动，若此时还带动额定负载，则势必超过额定电流，时间一长，电动机也会烧坏，这种情况往往不易察觉(特别在无过载保护的情况下)。因此，在使用三相异步电动机时必须注意导线是否完好无损。

思考与练习

1. 三相电动机的启动与单相感应电动机的启动区别是什么？

2. 电源线电压为380V，现有两台电动机，其铭牌数据如下，试选择定子绕组的连接方式。

(1) J32-4，功率1.0kW，连接方法△/Y，电压220/380V，电流4.25/2.45A，转速1420r/min，功率因数0.79。

(2) J02-21-4，功率1.1kW，连接方法△，电压380V，电流6.27A，转速1410r/min，功率因数0.79。

3. 将三相异步电动机接三相电源的3根引线中的两根对调，电动机为什么会反转？

4. 有一台四极三相异步电动机电源电压的频率为50Hz，满载时电动机的转差率为0.02，求电动机的同步转速、转子转速与转子电流频率。

5. 当三相异步电动机的负载增加时，此时电动机的定子电流、转子电流及转速有无变化？如何变化？

6. 三相异步电动机带动一定的负载运行时，若电源电压降低了，此时电动机的转矩、电流及转速有无变化？如何变化？

7. 三相异步电动机正在运行时，转子突然被卡住，这时电动机的电流会如何变化？对电动机有何影响？

8. 三相异步电动机断了一根电源线后，为什么不能启动？而在运行时断了一线，为什么仍能继续转动？这两种情况对电动机产生什么影响？

9. 详细说出三相异步电动机的各种调速方法的优缺点。

10. 现有50Hz三相异步电动机一台，相关参数如下：

$$P_N = 15\text{kW},\quad U_N = 380\text{V},\quad I_N = 30.1\text{A},$$
$$n_N = 1460\text{r/min},\quad \cos\varphi_N = 0.85$$

试确定该电机额定运行时的输入功率及效率。

11. 日常生活中的电风扇大多数是有挡控制的，调节风扇挡位的过程，就是改变风扇中单相电动机转速的过程，这在电机控制中被称为电动机的调速控制。它的控制电路如图2.94所示，试分析其工作原理。

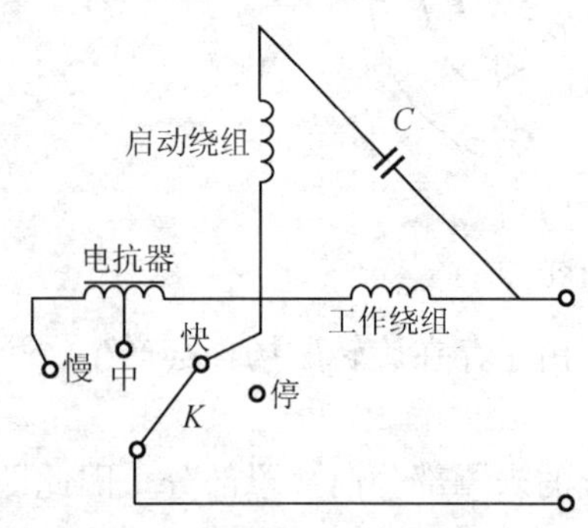

图2.94 电风扇的调速控制电路

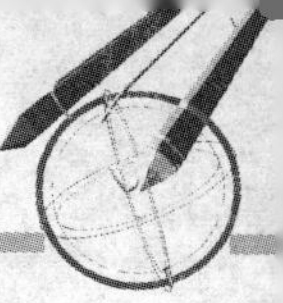

2.4 电动机的选择

机电传动系统中对电动机的选择首先要考虑生产机械对电动机的性能要求，包括机械特性、启动性能、调速性能、制动方法、过载能力等。其次要考虑经济效益，要了解各类电动机的性能特点、价格高低以及维护成本等。此外，还要按照节能的原则来选择，使电动机的运行效率符合国家标准的要求。

2.4.1 电动机选择的基本原则

电动机选择的基本原则如下。

(1) 电动机的机械特性应满足生产机械的要求，保证一定负载下的转速稳定，并具有一定的调速范围和良好的启动、制动性能。

(2) 在电动机工作过程中，其额定功率能得到充分利用，温升接近但不能超过额定值。

(3) 电动机结构形式要满足安装要求和适应周围环境工作条件。

各类电动机的性能特点见表 2-9。

表 2-9 常用电动机的特点

<table>
<tr><th colspan="2">种 类</th><th>机械特性</th><th>T_{st}</th><th>调速性能</th><th>可靠性</th><th>价格</th><th>维护成本</th></tr>
<tr><td rowspan="3">直流电动机</td><td>他/并励</td><td>硬</td><td rowspan="3">大</td><td rowspan="3">好</td><td rowspan="3">较低</td><td rowspan="3">高</td><td rowspan="3">高</td></tr>
<tr><td>串励</td><td>软</td></tr>
<tr><td>复励</td><td>硬</td></tr>
<tr><td rowspan="4">三相异步电动机</td><td>笼式</td><td>硬</td><td>小</td><td rowspan="2">差异大</td><td rowspan="4"></td><td rowspan="2">低</td><td rowspan="2">低</td></tr>
<tr><td>线绕式</td><td>硬</td><td>大</td></tr>
<tr><td>多速</td><td></td><td></td><td>2～4 种速度</td><td rowspan="2"></td><td rowspan="2"></td></tr>
<tr><td>高 T_{st}</td><td></td><td>大</td><td></td></tr>
<tr><td colspan="2">单相异步电动机</td><td colspan="6">机械特性硬、功率小、$\cos\varphi$ 和 η 较低</td></tr>
<tr><td colspan="2">三相同步电动机</td><td colspan="6">转速恒定、$\cos\varphi$ 可调、只能采用变频调速</td></tr>
<tr><td colspan="2">单相同步电动机</td><td colspan="6">转速恒定、功率小</td></tr>
</table>

从表中可以看出：一般情况下，要优先考虑三相交流异步电动机，尤其是笼式异步电动机，对于要求启动转矩大且有一定调速要求的，选用绕线式异步电动机；对于只要求几种速度的选择多速电动机。

要求拖动功率大及稳定的工作速度(还可补偿电网功率因素)时选择同步电动机。

要求大的启动转矩和恒功率调速的宜采用直流串励电动机。对于调速范围大、调速性能指标要求高，要求具有硬的机械特性和大的启动转矩的系统，一般选择直流电动机或交流变频调速系统。

根据生产机械所要求的转速及传动设备的情况，额定转速选择时要综合考虑转速、传动方式、调速要求等。

2.4.2 负载要求

选择电动机必须考虑负载要求，尤其是需要对转速进行控制的设备。电动机在控制负载时需要考虑的两个重要因素是转矩和与转速有关的功率。

1. 负载类型

1）恒转矩负载

恒转矩负载是指在转速变化的整个范围内负载是恒定的，如图 2.95 所示。

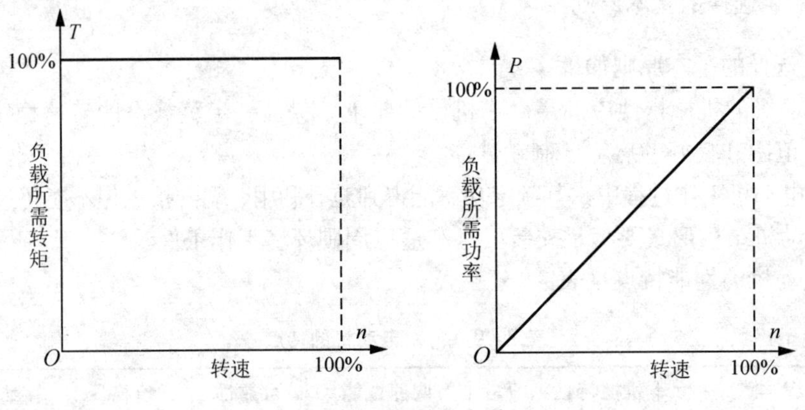

图 2.95 恒转矩负载

典型的恒转矩设备有传送带、起重机与牵引装置。当转速增加时，功率与转速变化成正比，而转矩保持不变。

2）可变转矩负载

可变转矩负载要求在低速运行时需要的转矩很低，转速变大时转矩变大，如图 2.96 所示。

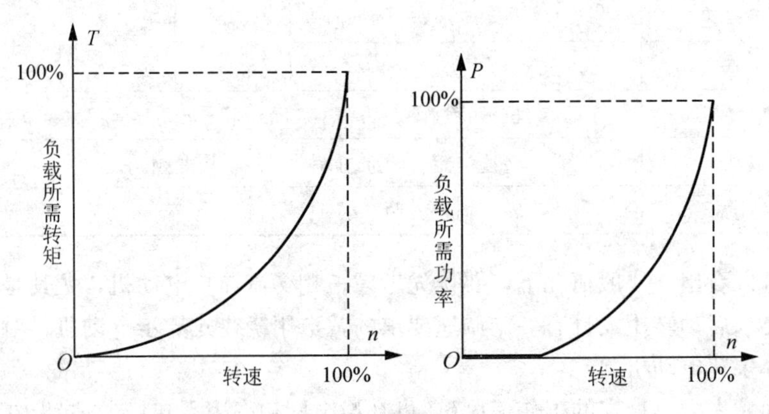

图 2.96 变转矩负载

拥有可变转矩特性的负载有离心风扇、泵和吹风机等。在为可变转矩负载选择电动机时，要以电动机在最大转速下运行时能否提供合适的转矩和功率为依据。

3）恒功率负载

恒功率负载要求在低速运行时的转矩大，高速运行时的转矩小，且无论在什么转速下

运行，它的功率都不变，如图 2.97 所示。

车床就是这种设备。在低速时操作员使用大转矩进行重切削，等到高速时完成切削，需要的转矩变小。

4）高惯性负载

惯性是指物体保持某种运动的趋势，如果静止就继续保持静止，如果运行就一直保持运行下去。高惯性负载是一种难于启动的负载，因为将负载启动并使之运行需要很大的转矩，且当电动机正常运行后转矩需要就不那么大了。高惯性负载通常与飞轮等能为运行提供能量的机器相连，这样的设备有大型风扇、冲床、商业洗衣机等。

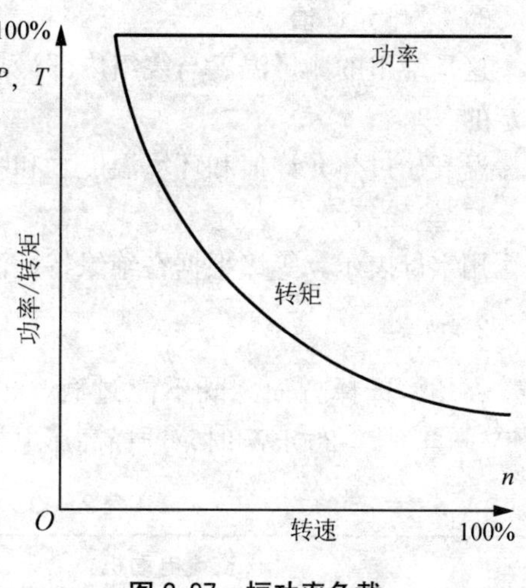

图 2.97　恒功率负载

2. 额定机械功率

额定机械功率用瓦特(W)或马力(hp)来表示(1hp=746W)。转速、转矩与功率的关系通过下式描述：

$$功率 = \frac{转矩 \times 转速}{常数}$$

式中：转矩国际单位是牛米/Nm（还有 kgm、lb-ft 这样的单位，由于 G = mg，当 g=9.8 的时候，1kg 的重量为 9.8N，所以 1kgm=9.8Nm，而磅尺 lb-ft 则是英制的转矩单位，1lb=0.4536kg；1ft=0.3048m，可以算出 1lb-ft=0.13826kgm)，转速的单位用 r/min 表示；常数由转矩使用的单位决定。

【特别提示】

在输出同样功率的情况下，电动机运行的越慢提供的转矩就越大。在功率等级相同时，为了承受更大的转矩，慢速运行的电动机组成部件要比高速运行电动机的部件耐用。所以转速慢的电动机比同功率等级电动机体积更大、更重、更贵。

2.4.3　电动机的功率选择

1. 额定温度

电动机的绝缘系统使电气元件互相隔开，以防止短路，保护绕组不会烧毁或者发生故障。绝缘损坏最大的可能就是热量，因此必须熟悉不同电动机的额定温度，使之在安全温度下工作。

1）环境温度

这是电动机在满载、连续运行时所在环境的最大安全温度。电动机在启动时，它的温度会升高，且高于环境温度。

2）温升

指电动机绕组从静止到满载工作时温度的变化值。

3）过热允许值

这是绕组的测量温度与绕组内部最热处温度差，通常在 5～15℃之间，这由电机结构决定的。

温升、过热允许值和环境温度之和一定不能超过额定绝缘温度。

4）绝缘等级

用字母表示，等级根据在绝缘特性没有受到严重破坏时电动机所承受的温度分类。

2. 功率

在功率选择方面，既不能过载，也不能长期轻载。当 $P_N \leqslant 200$kW 时，选择 $U_N=380$V；当 $P_N>200$kW 时，选择高压电机。常见电动机电压见表 2-10。

表 2-10 常见电动机电压的比较

交流电动机				直流电动机	
电压/V	额定功率/kW			电压/V	额定功率/kW
	笼式	绕线式	同步	110	0.25 ～ 110
380	0.6～320	0.37 ～ 320	3 ～ 320	220	0.25 ～ 320
6000	200 ～ 500	200 ～ 5000	250～10000	440	1.0 ～ 500
10000			1000 ～ 10900	600～870	500 ～ 4600

1）功率选择

对于恒定负载电动机，其额定功率的选择方法如下。

(1) 计算负载功率 P_L。

(2) 根据 P_L 预选电动机的 P_N：选择 $P_N=P_L$ 或略大于 P_L 的电动机。

对于变化负载电动机，其额定功率的选择方法如下

(1) 计算各时间段的负载功率，做出负载变化图，如图 2.98 所示。

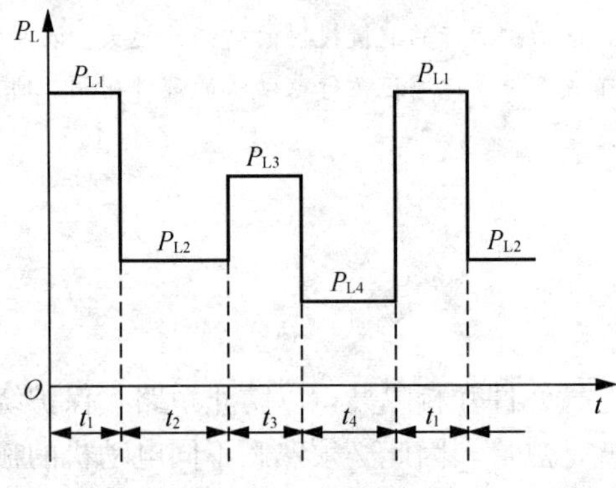

图 2.98 负载变化图

(2) 计算平均负载功率：

$$P_L=\frac{P_{L1}t_1+P_{L2}t_2+\cdots}{t_1+t_2+\cdots}$$

(3) 预选电动机的额定功率：

$$P_N=(1.1\sim1.6)P_L$$

2）功率校验

校验所选电动机，包括发热校验（连续工作制的电动机都是按恒定负载设计的，故不需做发热校验）和过载能力校验（电动机的过载能力用过载倍数 k_m 来表示，不同类型电动机的 k_m 是不同的，直流电动机 $k_m=1.5\sim2.0$；异步电动机 $k_m=2.0\sim2.2$；同步电动机 $k_m=2.0\sim2.5$）。考虑到交流电网电压波动±10% 所引起的 T_{em} 下降，按 $T_{em}=0.81k_m T_{eN}>T_L$ 来校验。

（1）发热校验。

根据 $\eta=f(P_2)$，电动机的额定功率损耗为

$$\Delta P_N=\frac{P_N}{\eta_N}-P_N$$

电动机每段时间的功率损耗为

$$\Delta P_{Li}=\frac{P_{Li}}{\eta_i}-P_{Li}$$

电动机的平均功率损耗为

$$\Delta P_L=\frac{\Delta P_{L1}t_1+\Delta P_{L2}t_2+\cdots}{t_1+t_2+\cdots}$$

如果 $\Delta P_L\leqslant\Delta P_N$，则发热校验通过，否则重新选择并校验。

（2）过载能力和启动能力校验。

若选用交流电动机，则需保证 $T_{em}>T_{Lm}$；若选用直流电动机，则需保证 $I_{Lm}<I_{am}$。如果选用三相笼式异步电动机，则需要进行启动能力校验。

2.4.4 电动机结构形式选择

根据电动机和生产机械安装的位置和场所环境，选择电动机的外形结构、防护形式（开启式、防护式、封闭式、密封式和防爆式）和安装形式（卧式还是立式），如图 2.99～图 2.103 所示。

图 2.99 全自动洗衣机电机上的开启式单相电容运转电机

图 2.100 Y 系列(IP23)防护型自扇冷式笼式三相异步电动机

图 2.101 封闭式电动机

图 2.102 密封式潜水电机

图 2.103 密封防爆式电动机(YB 系列)

电动机的发热与冷却等问题也是必须要考虑的，因为工作制(连续工作制、短时工作制、断续周期工作制)、外部环境温度(电动机允许的最高温度主要取决于所使用的绝缘材料，GB 规定额定环境温度为 40℃)和海拔高度(海拔高度越高，空气越稀薄，散热越困难)对电动机都有影响。

常见电动机型号含义见表 2-11。

表 2-11 常见电动机型号含义

符号	意 义	符号	意 义	符号	意 义
Y	笼式异步电动机	YB	隔爆型异步电动机	T	同步电动机
YR	绕线转子异步电动机	YBR	隔爆型绕线转子异步电动机	TF	同步发电机 *
YQ	高启动转矩异步电动机	YD	多速异步电动机	Z	直流电动机
YH	高转差率异步电动机	Y-F	化工防腐用异步电动机	ZF	直流发电机

思考与练习

1. 说明两种恒转矩负载机械特性各自的特点。
2. 说明恒功率负载机械特性的特点。
3. 机电传动控制系统中电动机的选用包含哪些内容？选用依据是什么？
4. 电动机在使用过程中，电流、功率、温升能否超过额定值？为什么？

模块3

电动机控制技术

20 世纪 70 年代以前，电气自动控制的任务基本上都由继电接触式控制系统完成。该系统主要由继电器、接触器和按钮等组成，它取代了原来的手动控制方式。由于这种控制系统具有结构简单、价格低廉、抗干扰能力强等优点，而且能够满足生产机械一般生产的要求，因此至今仍在许多简单的机械设备中应用。但这种控制系统的缺点也是非常明显的，它采用固定的硬接线方式来完成各种控制逻辑，实现系统的各种控制功能，所以灵活性差，另外由于机械式的触点工作频率低、易损坏，因此可靠性低。

概述：理解电气图纸

电气控制电路可以采用几种不同类型的电气图纸来描述，常用的图纸有 3 类，即电气控制原理图、电气设备位置图和电气设备接线图。

1. 电气控制原理图

如图 3.1 所示，电气控制原理图将各种电器符号连接起来以描绘全部或部分电气设备工作原理。在此图中用不同的图形符号来表示各种电气元件；用不同的文字符号表示各电气项目的种类代号。

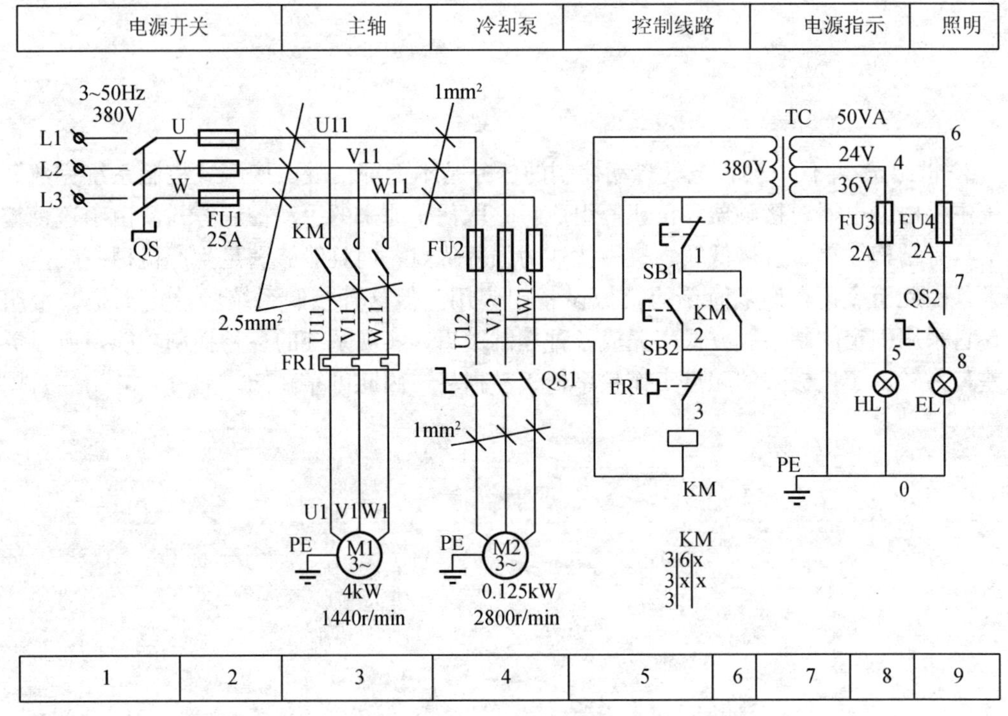

图 3.1　CW6132 型普通车床电气控制原理图

电气原理图绘制原则如图 3.1 所示。

(1) 电源电路、主电路、控制电路和信号电路分开绘制。

(2) 电源电路绘成水平线，电源相序 L1、L2、L3 由上而下排列，中性线 N 和保护地线 PE 放在相线下面；主电路应垂直电源电路画出；控制电路和信号电路应垂直画在上下两水平电源线间。

(3) 同一电气元件的各个部件(按其在电路中所起的作用)的图形符号可以不画在一起，但代表同一元件的文字符号必须相同。

(4) 线圈、信号灯等耗能元件与下水平电源线连接；控制触点连接在上水平电源线与耗能元件之间。

(5) 所有电器触点均按没有通电或没有外力作用时的状态绘制。

(6) 原理图分为若干个图区并用阿拉伯数字编号，且处在原理图下部。原理图中每个

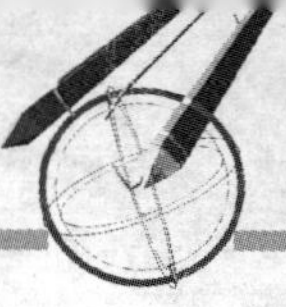

电路的功能用文字符号标明在上部的用途栏中。

(7) 每个接触器线圈的文字符号下面有两条竖直线并分成左、中、右 3 栏，栏中写有受其控制而动作的触点所处图区数字。左栏为主触点所处图区号，中栏为辅助动合触点所处图区号，右栏为辅助动断触点所处图区号。

(8) 每个继电器线圈的文字符号下有一竖直线。其左、右分为动合、动断触点所处图区号。对于备用触点用记号“×”标出。

2. 电气设备位置图

电气设备位置图表示各种电气设备在机械设备和电气控制柜中的实际安装位置，以便机电设备的制造、安装及维修，如图 3.2 所示。

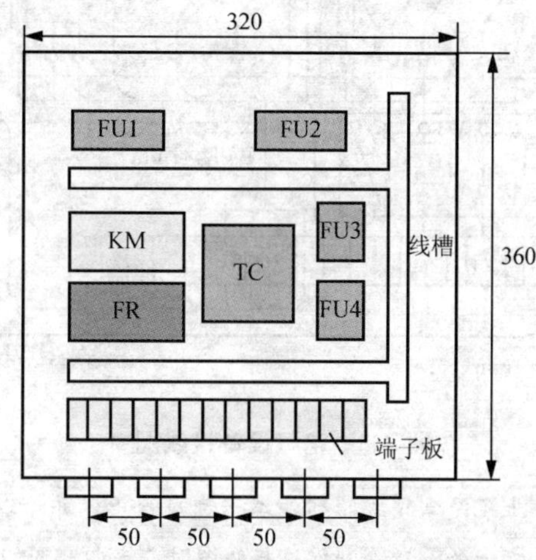

图 3.2 CW6132 型车床电气设备位置图

【特别提示】

电气设备位置图是用来表明电气原理图中各元器件的实际安装位置，可视电气控制系统复杂程度采取集中绘制或单独绘制。

各电气元件的安装位置是由机械设备的结构和工作要求所决定的，强电、弱电应分开，弱电应屏蔽，防止外界干扰。电动机要和被拖动的机械部件在一起，行程开关应放在要取得信号的地方，操纵元件应放在操纵方便的地方，体积大和较重的电气元件应安装在电气安装板的下方，而发热元件应安装在电气安装板的上面。需要经常维护、检修、调整的电气元件安装位置不宜过高或过低。

一般电气元件应放在电气控制柜中。

3. 电气设备接线图

电气设备接线图表示各电气元件之间的实际接线情况，用于安装接线、检查维修和施工，如图 3.3 所示。

【特别提示】

各电气元件均按实际安装位置绘出，元件所占图面按实际尺寸以统一比例绘制。一个元件中所有的带电部件均画在一起，并用点划线框起来，即采用集中表示法。各电气元件的图形符号和文字符号必须

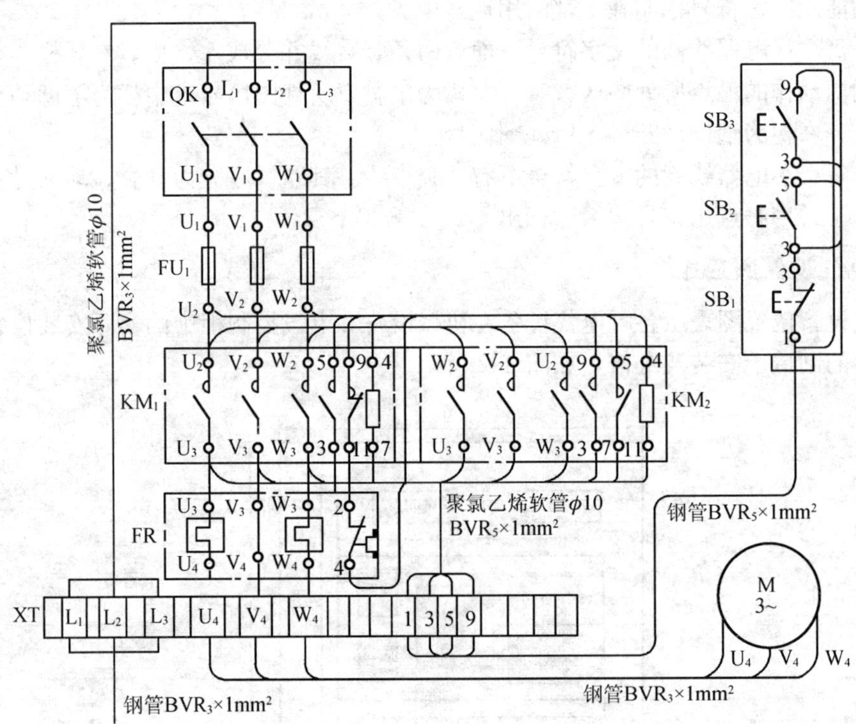

图 3.3 电气设备接线图

与电气原理图一致。各电气元件上凡是需接线的部件端子都应绘出，并予以编号，且各接线端子的编号必须与电气原理图上的导线编号相一致。在绘制设备接线图时，走向相同的相邻导线可以绘成一股线。

3.1 继电—接触器控制

继电接触控制电路是由各种有触点的接触器、继电器、按钮、行程开关及电动机和其他电器组成的。它被用来实现对电力拖动系统的启动、换向、制动及调速等运行性能的控制和对拖动系统的保护，以满足机电传动控制的需要。

机电传动控制线路都是由若干单一功能的基本线路组合而成。人们在长期生产时间中已将这些功能块线路精炼成最基本的控制单元，供线路设计选用和组合。熟练掌握这些单元线路的组成、工作原理将对电气控制线路的阅读分析和控制线路设计提供很大帮助。

由继电器接触器所组成的电气控制电路，基本控制规律有自锁与互锁的控制、点动与连续运转的控制、多地联锁控制、顺序控制与自动循环的控制等。

3.1.1 自锁电路与互锁电路

在电气控制电路中自锁电路与互锁电路应用十分广泛，是最基本的控制电路，因此要很好地掌握。

1. 自锁电路

继电器利用自己所具有的触点，使本身的动作得以保持的电路，称为自锁电路。由于

这种电路直到解除先输入的信号到来之前一直保持原来的状态，故又称为记忆电路。它在电动机的启动、停止为首的许多电路中获得应用。

【示例】

图 3.4 所示为当按下按钮开关时指示灯亮，手松开时则灯灭的点动控制电路。试在此电路中增加使用 1 个该继电器的常开触点，使一旦按下按钮 SB 后即使手立即松开，指示灯也持续亮着。

增加使用继电器另一常开触点，接于线圈的电路中，使得即便手松开按钮开关，在继电器线圈中仍有电流流通即可。完成后的效果如图 3.5 所示。

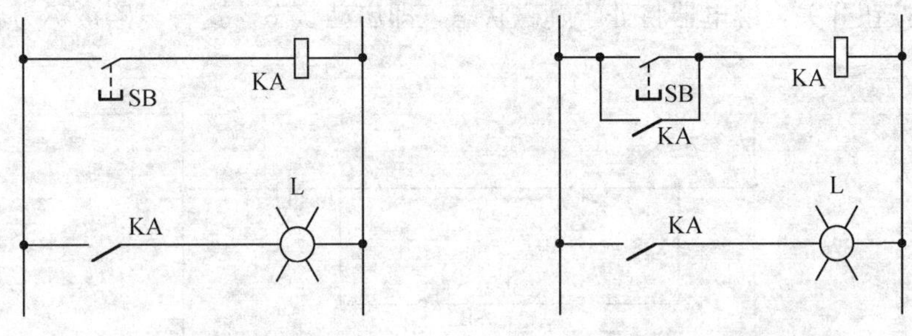

图 3.4　点动控制电路　　**图 3.5　自锁电路**

图 3.5 所示电路中指示灯是无法熄灭的。完整的自锁电路有停止优先自锁电路和启动优先自锁电路两种，通常使用停止优先自锁电路的现象较多一些。

1）停止优先自锁电路

图 3.6 显示的是停止优先自锁电路的自锁过程和解除的图解。

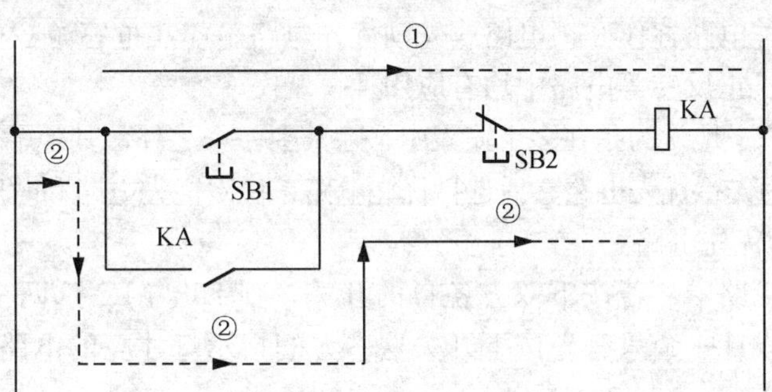

图 3.6　停止优先自锁电路

一开始时，启动按钮 SB1 与继电器 KA 的触点均断开，因此继电器电感线圈中没有电流。如果按下 SB1 按钮开关，将构成如箭头①所示的电路，继电器电感线圈接通电源(励磁)。当继电器励磁后，与 SB1 按钮并联的触点闭合。于是，电流将如箭头①②所示，通过两条岔路，分别流向继电器电感线圈(电感线圈持续保持励磁状态)。即使松开 SB1 按钮开关，使开关复位，电流也仍将通过线路②持续流向 KA 触点，使电感线圈形成励磁，且又因电感线圈已被励磁，触点 KA 仍将维持闭合状态。也就是说，与 SB1 按钮开关并联的触点 KA 将继续维持电感线圈的励磁状态，因此它也被称为自锁触点，同时这种电路被称为自锁电路。若要解除自锁状态，只需按下自锁电路和继电器电感线圈之间的 SB2 按钮，切断流入电感线圈的电流，如此电感线圈将变为无励磁状态，自锁触点将返回原位置。即使松开

SB2 按钮开关，连接电路由于自锁触点已经分离，继电器电感线圈将处于无激状态。

若同时按下图 3.6 中的启动按钮 SB1 和停止按钮 SB2 开关将会如何呢？继电器电感线圈 KA 将变成无激状态，即停止状态。这种自锁电路被称为停止优先自锁电路。

2）启动优先自锁电路

图 3.7 的电路是启动优先自锁电路。若按下 SB1 按钮，继电器 KA 将被励磁；若继电器被励磁，继电器 KA 的触点将闭合，促使电流同时流向 SB1 按钮和 KA 触点。现在，即使松开 SB1 按钮，进行复位，流向 KA 触点的电流仍将保持不变，从而构成自锁电路。若要解除自锁状态，按下与自锁触点串联的 SB2 按钮开关即可。在这一电路中，若同时按下 SB1 和 SB2 按钮开关，继电器将处于励磁状态，即启动状态。这种电路被称为启动优先自锁电路。

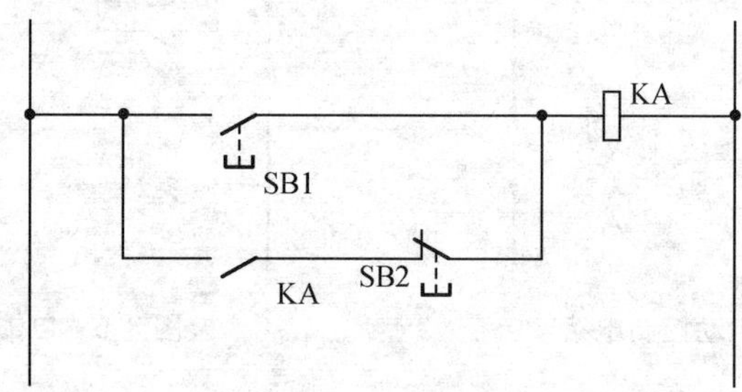

图 3.7　启动优先自锁电路

2. 互锁电路

在两条以上的电路中，当一条电路已经动作时，即使在另一条电路中再有输入信号，它也不会动作，这种电路称作互锁电路或先动优先电路。如在抢答游戏中，先按开关一方灯亮电路以及电动机正反转等电路中均有应用。

互锁电路可以广义地认为是在多个输入中，除其中一个之外，其他输入均被忽略掉的电路。互锁电路可分为先行优先电路、后选择优先电路、位次优先电路和时序优先电路几种。

1）两输入先行优先电路

在图 3.8 所示电路中，若按下双方各自的开关，则 L1 与 L2 这两个指示灯就会被点亮。利用这个电路设计一个只有先按下开关这一方的指示灯才亮的电路(开关能持续保持被按状态)。

完成后的效果如图 3.9 所示。

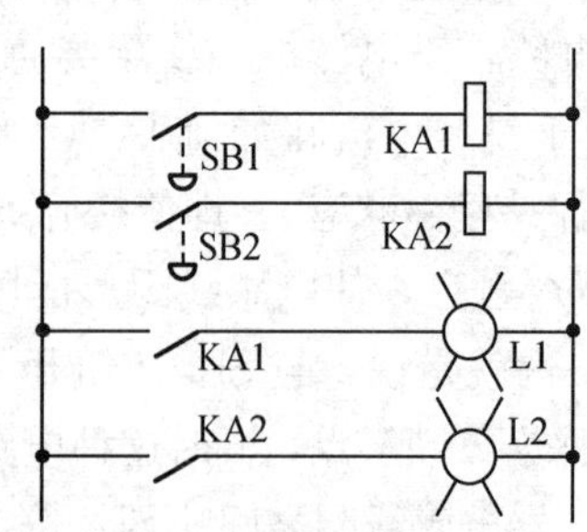

图 3.8　互锁电路设计

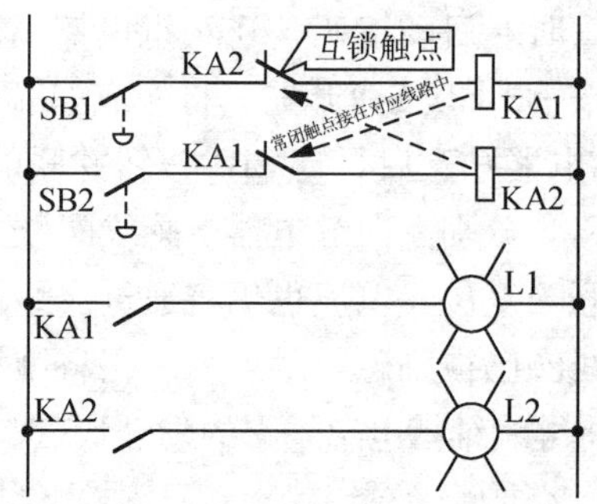

图 3.9　两输入先行优先互锁电路

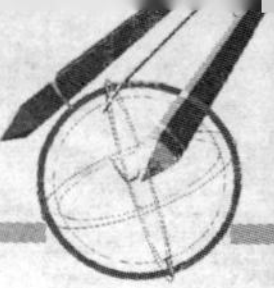

2）多输入先行优先电路

电路在多个输入中，优先选择最先接入的信号进行操作，其他接入信号则被忽视。

在图 3.10 所示的 SB1、SB2、SB3 3 个输入开关中，若输入 SB1 信号是最先接入的，那么电流将通过信号 SB1→KA2 触点→KA3 触点→KA1 电感线圈，从而使电感线圈 KA1 被励磁。由于电感线圈 KA1 被励磁，所以串联于电感线圈 KA2、KA3 的电感线圈 KA1 的触点将切断各自的电路。在这种状态下，即使按下输入信号 SB2 或 SB3，也因其已经被 KA1 的触点切断，而使 KA2、KA3 无法动作。即只有最先接入的信号才有效，之后接入的信号则无效。

3）后选择优先电路

电路在多条输入中，优先选择最后接入的信号进行操作，若有先前接入的信号，将停止该电路的动作，只根据新输入的信号进行输出。如图 3.11 所示，若接入最先输入信号 SB1，将对电感线圈 KA1 形成励磁，从而使与输入信号串联的 KA1 触点关闭，进行自锁。即使信号 SB1 消失，与 KA2 及 KA3 的自锁触点串联的 KA1 常闭触点仍将切断 KA2 及 KA3 线圈。之后，接入输入信号 SB3 后，KA3 将被励磁，从而使 KA3 的常开触点进行自锁，KA3 常闭触点解除电感线圈 KA1 的自锁，因此 KA1 将无法输出，而 KA2 常闭触点虽然关闭，但由于已经被 KA3 切断，因此最终只能输出最后接入的信号 SB3。

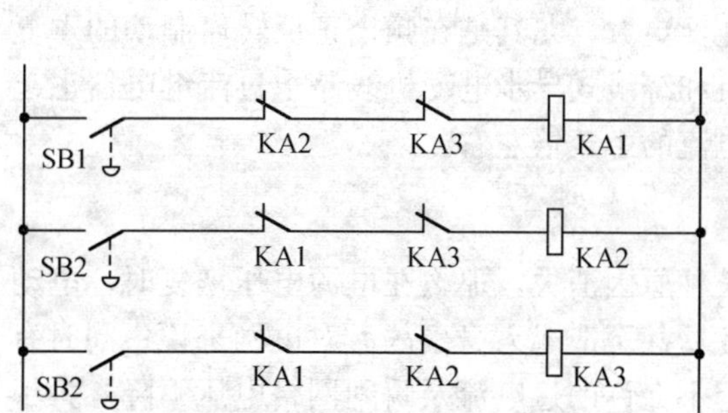

图 3.10 多输入先行优先互锁电路

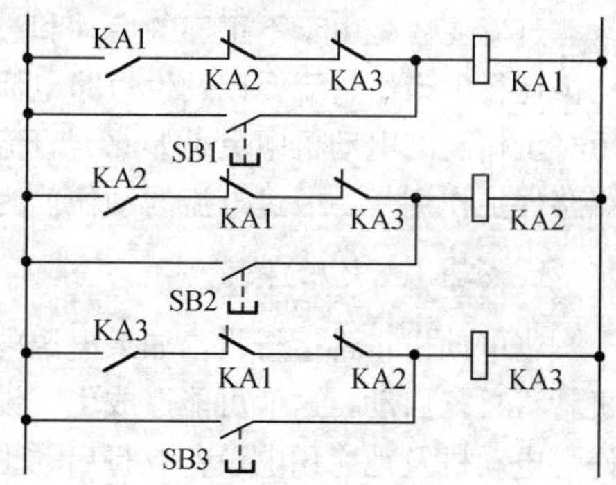

图 3.11 后选择优先互锁电路

3.1.2 电气系统中的基本保护

设备电气控制系统要长期的无故障的运行必须有各种保护措施，否则会造成电动机、电网、电气设备事故或危及人身安全，因此保护环节是所有电气控制系统不可缺少的组成部分。

电气控制系统中常用的保护环节有电流保护、零压和欠压保护、互锁保护、零励磁保护以及漏电保护等。

1. 电流保护

1）短路保护

当电动机绕组的绝缘导线的绝缘损坏或线路发生故障时，会造成短路现象，产生短路电流并引起电气设备绝缘损坏和产生强大的电动力使电气设备损坏。因此，在产生短路时，必须迅速地将电源切断。常用的短路保护电器有熔断器和自动开关。

熔断器比较适合于对动作准确度和自动化程度要求较差的系统中，如小容量的笼式电动机、一般的普通交流电源等。在发生短路时，很可能发生一相熔断器熔断，造成单相运行，而自动开关在发生短路时可将三相电路同时切断，但由于自动开关结构复杂、操作频率低，因而广泛用于控制要求较高的场合。

2）过载保护

电动机长期超载运行，绕组温升超过其允许值，电机的绝缘材料就会变脆、寿命降低，严重时将使电机损坏。过载电流越大，达到允许温升的时间就越短。常用的过载保护电器是热继电器(当电动机为额定电流时，电机为额定温升，热继电器不动作，在过载电流较大时，热继电器则经过较短时间就会动作)。

【特别提示】

由于热惯性的原因，热继电器不会受电动机短时过载冲击电流或短路电流的影响而瞬时动作，所以在用热继电器作过载保护的同时，还必须设有短路保护。

3）过流保护

过流保护广泛用于直流电动机或绕线式异步电动机，对于三相笼式异步电动机，一般不采用过流保护而采用短路保护。

过流往往是由于不正确的启动和过大的负载转矩引起的，一般比短路电流要小。在电动机运行中产生过流要比发生短路电流的可能性更大，尤其是在频繁正反转启制动的重复短时工作制的电动机中更是如此。直流电动机和绕线式异步电动机线路中过流继电器也起短路保护作用，一般过电流的动作值为启动电流的 1.2 倍左右。

2. 零压(或欠压)保护

当电动机正常运行时，如果电源电压因某种原因消失，那么在电源电压恢复时，电动机就将自行启动，这就可能造成生产设备损坏，甚至造成人身事故。对电网来说，同时有许多电动机及他它用电设备自行启动也会引起不允许的过电流及瞬间网络电压下降。为了防止电压恢复时电动机自动启动的保护叫“零压保护”。

当电动机正常运行时，电源电压过分降低将会引起一些电器释放，造成控制电路不正常工作，可能产生事故；电源电压过分降低也会引起电动机转速下降甚至停转。因此需要在电源电压降到一定值以下时将电源切断，这就是“欠压保护”。一般常用电磁式电压继电器实现欠压保护。

3. 互锁保护

一个电器通电时，另一个电器不能通电，若需后者通电，则前者必须先断电的一种保护。

4. 零励磁保护

防止直流电动机在没有加上励磁电压时，就加上电枢电压而造成机械“飞车”或电动机电枢绕组烧坏的一种保护。

5. 漏电保护

图 3.12 所示为某电流动作型漏电保护器的工作原理示意图。安装在低压电路中，在

电气设备发生漏电或接地故障达到保护器所限定的动作电流值时，漏电保护器能在非常短的时间内立即动作，自动断开电源进行保护。断路器与漏电保护器(脱扣器)两部分合并起来就构成一个完整的漏电断路器，此断路器具有过载、短路、漏电保护功能。

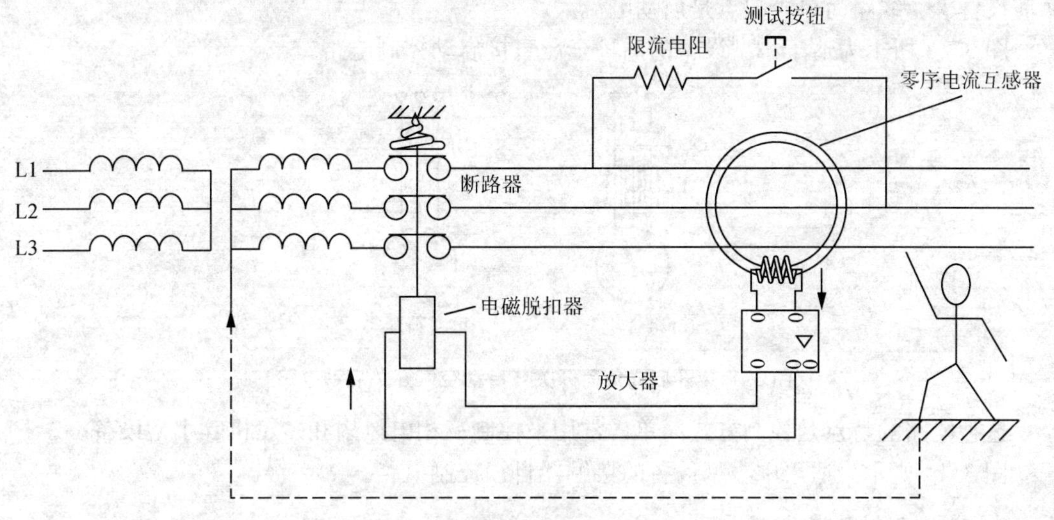

图 3.12　漏电保护器的工作原理

从图中可以看出，漏电保护器由检测元件、中间环节、执行机构和试验装置 4 部分组成。

(1) 检测元件：检测元件是一个零序电流互感器。三相电流(对于单相交流电是被保护的相线、中性线)穿过环形铁芯，构成了互感器的一次线圈 N_1，而缠绕在环形铁芯上的绕组构成了互感器的二次线圈 N_2。

(2) 中间环节：通常包括放大器、比较器、脱扣器。作用是对来自零序互感器的漏电信号进行放大和处理，并输出到执行机构。

(3) 执行机构：用于接收中间环节的指令信号，并实施动作自动切断故障处的电源。

(4) 试验装置：由于漏电保护器是一个保护装置，因此应定期检查其是否完好、可靠。试验装置就是通过测试按钮和限流电阻串联，模拟漏电路径，以检查装置能否正常动作。

在正常情况下，三相电流和对地漏电流基本平衡，流过互感器一次线圈电流的相量和约为零，即由它在铁芯中产生的总磁通为零，零序互感器二次线圈 N_2 无电流输出。当发生漏电、单相接地或触电时，三相电流(对于单相交流电源是流过相线、中性线的电流向量)和便不再等于零，而等于某一阻值。该电流会通过人体、大地、变压器中性点形成回路，这样零序电流互感器铁芯中会感应出现磁通，其二次线圈有感应电流产生(即零序电流)，经过放大器放大后输出，如达到预设动作值，就会使电磁脱扣器动作，推动断路器跳闸以达到漏电保护目的。

3.1.3　三相异步电动机控制电路

1. 笼式异步电动机的控制

三相笼式异步电动机由于具有结构简单、坚固耐用、价格便宜、维修方便等优点得到广泛的应用。它的启动控制方式有全压直接启动和降压启动两种。

1）全压直接启动控制电路

对于小容量笼式异步电动机或变压器允许的情况下，笼式异步电动机可采用全压直接(通过开关和接触器将额定电压直接加在电动机的定子绕组上)启动。该启动方法的优点是所需设备少、线路简单，缺点是启动电流大。

图 3.13 所示为适于小型设备的两种全压直接启动控制电路。

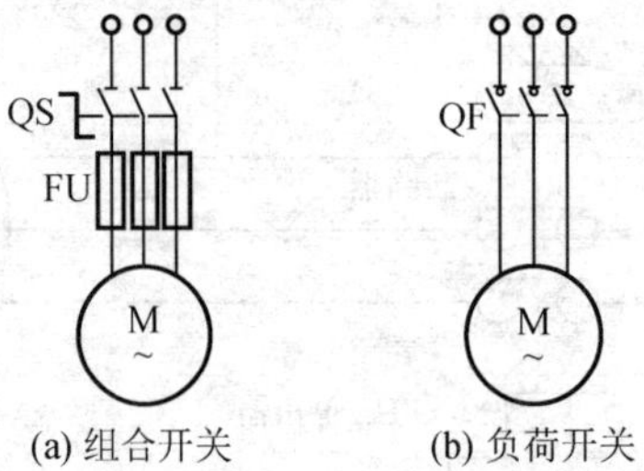

图 3.13 开启式负荷开关与自动空气开关启动电路

这种电路的特点是控制方式简单，常用来控制三相电风扇和砂轮机等小型设备。

图 3.14 所示为适于中小型设备的接触器自锁控制电路。

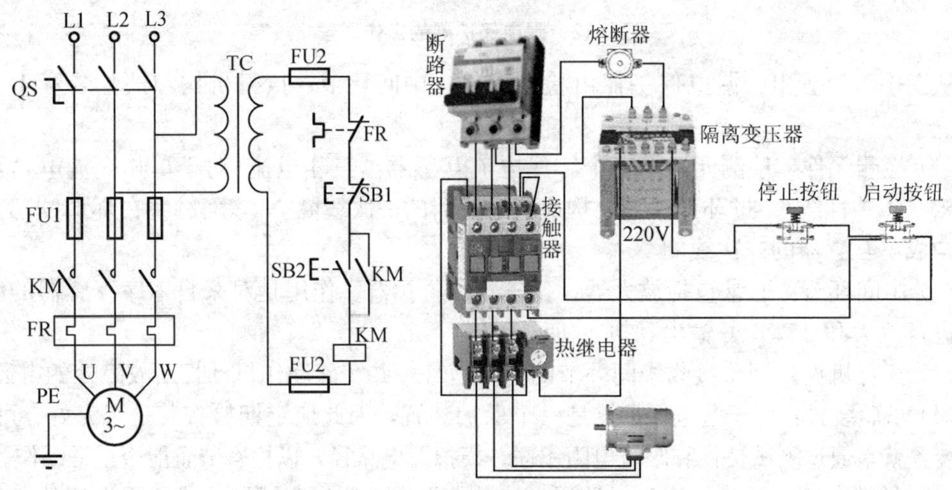

图 3.14 接触器自锁控制电路

当 QS 合上后，只有当控制接触器 KM 的触点合上或断开时，才能控制电动机接通或断开电源而启动运行或停止运行，即要求控制回路能控制 KM 的动合主触点合上或断开。

按下启动按钮 SB2 后，接触器 KM 的线圈通电，辅助动合触点自锁(利用电器自己的触点使自己的线圈得电从而保持长期工作的线路环节)，动合主触点闭合使电动机接通电源运转；按下停止按钮 SB1 后，接触器 KM 的线圈失电，动合主触点断开使电动机脱离电网而停止运转。

此电路的保护环节包括短路保护(FU1、FU2)、过载保护(FR)和零压(或欠压)保护三部分。要说明的是利用按钮的自动恢复作用和接触器的自锁作用，可不必另加设零压保护继电器，如图 3.14 所示电动机控制主线路中，当电源电压过低或断电时，接触器 KM 释放，此时其主触点和辅助触点同时打开，使电动机电源切断并失去自锁。当电源恢复正常

时，操作人员必须重新按下启动按钮 SB2 才能使电动机重新启动。所以像这样带有自锁环节的电路本身已经兼备了零压保护环节。

【特别提示】

按下启动按钮再抬起后，电动机若连续运转，则称为长动。而按下按钮时电动机运转工作，手放开按钮后电动机即停止工作，则称为点动。机床的试车调整及刀架、横梁、立柱的快速移动是需要点动操作的。长动与点动的主要区别在于控制电路能否自锁。常用的可以实现点动控制的电路如图 3.15 所示。

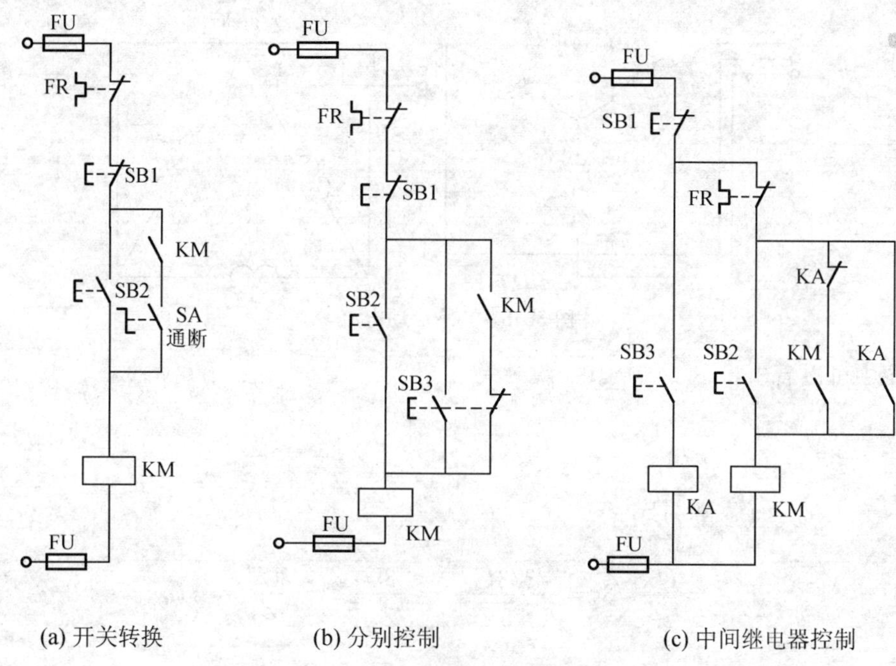

(a) 开关转换　　(b) 分别控制　　(c) 中间继电器控制

图 3.15　可以实现点动的几种控制电路

图 3.15(a)是带手动开关 SA 的点动控制电路，打开 SA 自锁触头断开，可实现点动控制，合上 SA 则可实现连续控制。图 3.15(b)增加了一个点动用的复合按钮 SB3，在点动控制时用其常闭触头断开接触器 KM 的自锁触头，实现点动控制。在连续控制时，可按启动按钮 SB2。图 3.15(c)是用中间继电器实现点动的控制线路，在点动时按 SB3，中间继电器 KA 的常闭触头断开接触器 KM 的自锁触头，KA 的常开触头使 KM 通电，电动机实现点动控制运行。在连续控制时，按 SB2 即可。

2）降压启动控制电路

由于大容量笼式异步电动机的启动电流很大，会引起电网电压降低，使电动机转矩减小，甚至启动困难，而且还会影响同一供电网络中其他设备的正常工作，所以大容量异步电动机的启动电流应限制在一定的范围内，且不允许直接启动。

【特别提示】

电动机能否直接启动，应根据启动次数、电网容量和电动机的容量来决定。一般规定是启动时供电母线上的电压降落不得超过额定电压的 10%～15%，且启动时变压器的短时过载不超过最大允许值，即电动机的最大容量不得超过变压器容量的30%。

降压启动的实质是启动时减小加在定子绕组上的电压，以减小启动电流，启动后再将电压恢复到额定值，使电动机进入正常工作状态。常用的降压启动方法有Y-△降压、定子串电阻、串自耦变压器等。

(1) Y-△降压启动控制电路。Y-△降压启动是指电动机启动时，把定子绕组接成星形(每相绕组承受相电压)以降低启动电压，减小启动电流；待电动机启动后，再把定子绕组改接成三角形(每相绕组承受线电压)，使电动机全压运行，如图3.16所示。

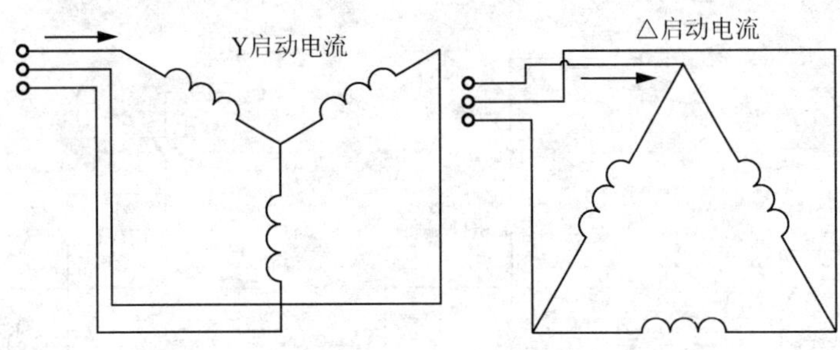

图3.16　Y-△启动电流

从图中可以看出：

$$U_{\mathrm{Y}} = \frac{1}{\sqrt{3}} U_{\mathrm{N}\triangle}$$

$$I_{\mathrm{stY}} = \frac{U_{\mathrm{Y}}}{Z}$$

$$I_{\mathrm{st}\triangle} = \frac{U_{\triangle}}{Z}\sqrt{3} = \frac{\sqrt{3}\sqrt{3}U_{\triangle}}{\sqrt{3}Z} = \frac{3U_{\triangle}}{Z\sqrt{3}} = \frac{3U_{\mathrm{Y}}}{Z} = 3I_{\mathrm{stY}}$$

$$I_{\mathrm{stY}} = \frac{1}{3} I_{\mathrm{st}\triangle}$$

如图3.17所示主回路中，当KM、KM1的动合触点同时闭合时，电动机的定子绕组接成Y形；当KM、KM2的动合触点同时闭合时，电动机的定子绕组接成△形；如果KM1和KM2同时闭合，则电源短路。

【特别提示】

启动时控制接触器KM和KM1得电，启动结束(运行)时，控制接触器KM和KM2得电，在任何时候不能使KM1和KM2同时得电。

初始状态时接触器KM、KM1、KM2和时间继电器KT的线圈均失电，电动机脱离电网而静止不动。

在合上电源开关QS后，按下启动按钮SB2，KM首先得电自锁，同时KM1、KT得电，KM和KM1的动合触点闭合，电动机接成Y形开始启动，同时KT延时开始。

启动一段时间后，KT的延时时间到，其延时动断触点断开，使KM1失电，KM1的动合触点断开，同时延时继电器的延时闭合动合触点使KM2得电，KM2的动合触点闭合。

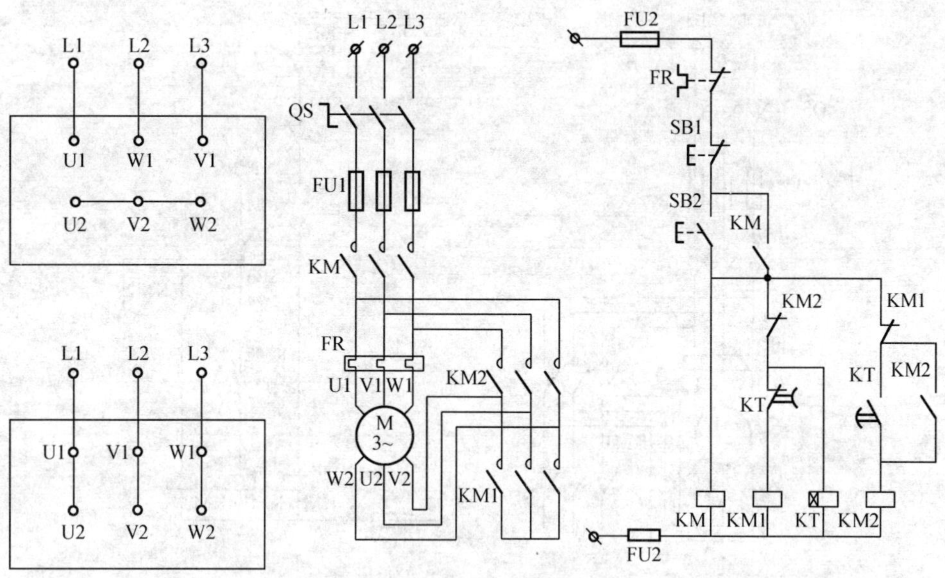

图 3.17 Y-△降压启动电路

由于KM继续得电，故当时间继电器的延时时间到后，控制电路自动控制KM、KM2得电，使电动机的定子绕组自动换接成△形而运行。之后，时间继电器线圈由于KM2常闭触点断开。

此电路的电流保护FR、FU和异步电动机直接启动电路相同。此外，还增加了互锁(联锁)保护：主回路要求KM1、KM2中任何时候只能有一个得电，所以在控制回路的KM1、KM2支路中互串对方的动断辅助触点以达到保护的目的。

此电路的特点是启动过程是按时间来控制的，时间长短可由时间继电器的延时时间来控制(KT的触点延时动作时间由电动机的容量及启动时间的快慢等决定)。在控制领域中，常把用时间来控制某一过程的方法称为时间原则控制。

图 3.18 所示为手动换接减压启动电路，其中SB2为Y启动按钮，SB3为△启动按钮(在SB1以Y方式启动后生效)。

【特别提示】

Y-△启动只能用于正常运行时为△形接法的电动机。新设计的Y系列异步电动机，4kW以上均为三角形接法。

(2) 定子串电阻降压启动控制电路。在定子串电阻降压启动控制电路启动时，电动机的定子绕组串接电阻，启动过程完成后，电动机定子绕组直接接入电网并在额定电压下正常运行。这种启动方式由于不受电动机接线形式的限制，设备简单，在机床控制电路中被经常使用。

如图 3.19(a)所示，当KM1的主触点闭合，KM2的主触点断开时，电动机定子绕组串接电阻 R 后接入电网；当KM2的主触点闭合，KM1的主触点处于任何状态时，电动机直接接入电网，即主回路要求控制回路：在启动时，控制KM1得电，KM2失电，当启动结束时，控制KM2得电。

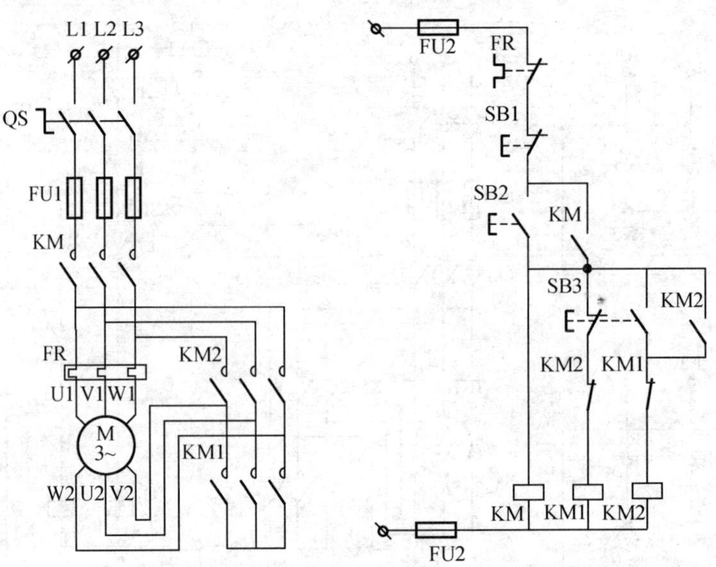

图 3.18　Y-△手动换接减压启动电路

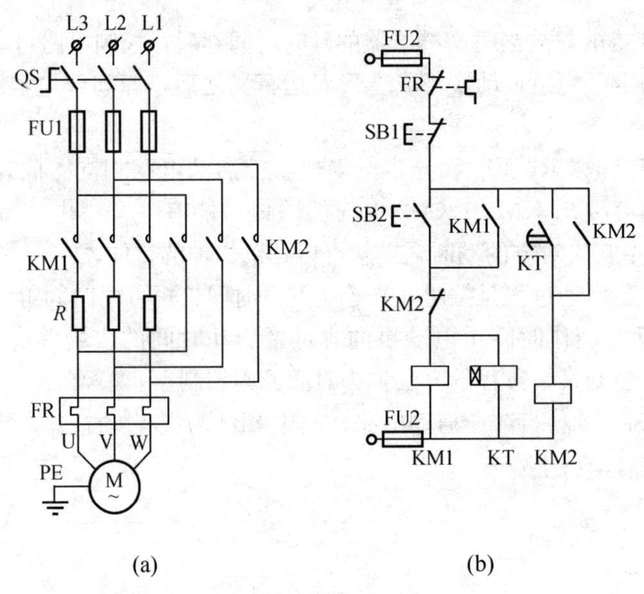

图 3.19　定子串电阻降压启动控制电路

在图 3.19(b)所示控制电路中，初始状态时接触器 KM1、KM2 和时间继电器 KT 的线圈都失电，电动机脱离电网处于静止状态。

在合上电源开关 QS 后，按下启动按钮 SB2，接触器 KM1 的线圈首先得电并自锁，其主触点闭合，电动机定子绕组串接电阻启动。同时时间继电器 KT 线圈得电延时；启动一段时间后，延时继电器 KT 的延时时间到，其延时动合触点 KT 闭合，使接触器 KM2 的线圈得电，其动合主触点 KM2 闭合，短接启动电阻 R，使电动机直接接入电网在额定电压下运行。

KM2 的互锁触头断开，使时间继电器 KT 的线圈失电，KT 的触头恢复常态，由于用 KM2 的辅助触头锁住 KT 的常开触头，使接触器 KM2 继续保持得电状态。

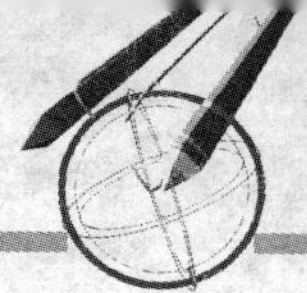

【特别提示】

当 KM2 的线圈得电后，KM1 的状态不影响电路的工作状态，但为了节省能源和增加电器的使用寿命，KM1 和 KT 用 KM2 的动断辅助触点使其断开。

图 3.19 所示控制线路是将启动电阻全部切除，对于大容量的电动机而言，当这样切除电阻时在切除瞬间(即动态时)会产生巨大的定子电流和电磁转矩，而且与全压启动时的启动电流和电磁转矩几乎一样，所以其是理论上的一种控制线路，在实际线路中一般是不直接采用的，而要增加电流监测保护电路。

在串电阻器启动时，要消耗较大的功率；在串电抗器(将图 3.19 中的电阻 R 改为电抗)启动时，当 KM2 短接启动电抗器时会产生较大的短路电流，所以串电抗适合于启动转矩要求不大且启动不频繁的场合。

(3) 串自耦变压器降压启动控制。串自耦变压器降压启动控制电路如图 3.20 所示，利用自耦变压器，在电动机启动时，给定子绕组接入(自耦变压器的次级)低于额定电压的电压，实现降压启动，而当运行时电动机定子绕组接三相交流电源，并将自耦变压器从电网切除。读者可自行分析其工作过程。

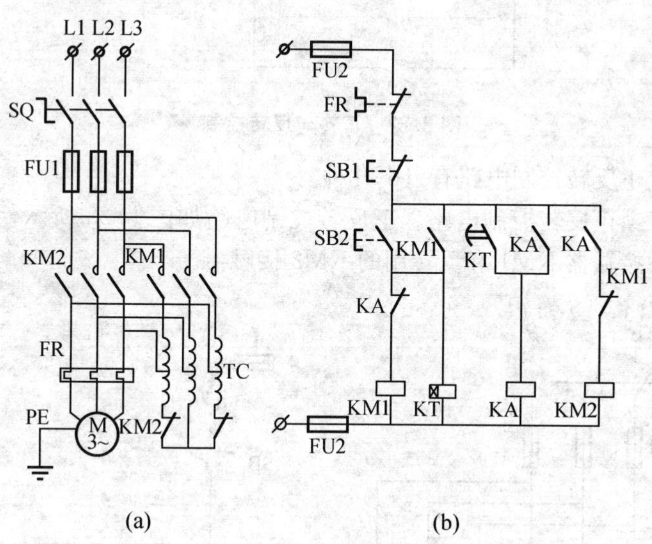

图 3.20　串自耦变压器降压启动控制电路

【特别提示】

如果启动电压是额定电压的 $1/k$ 倍，则启动电流为额定电流的 $1/k$ 倍，但是启动转矩是额定启动转矩的 $1/k^2$ 倍，启动转矩大大减小。也就是说，降低启动电压的同时，启动转矩 T_{st} 也随着电压下降而平方的下降。所以这种方法适合于对转矩要求不高的场合，轻载或空载启动。

3) 三相异步电动机正反向运行控制电路

生产机械往往要求运动部件可以向正反两个方向运行，这就要求电动机可以正反转运行控制。要使三相异步电动机的运行方向反转，如图 3.21 所示，将两条电源线交换接入即可。

这里采用正转与反转用的两个电磁接触器按图 3.22 所示连接就可以控制电动机的正

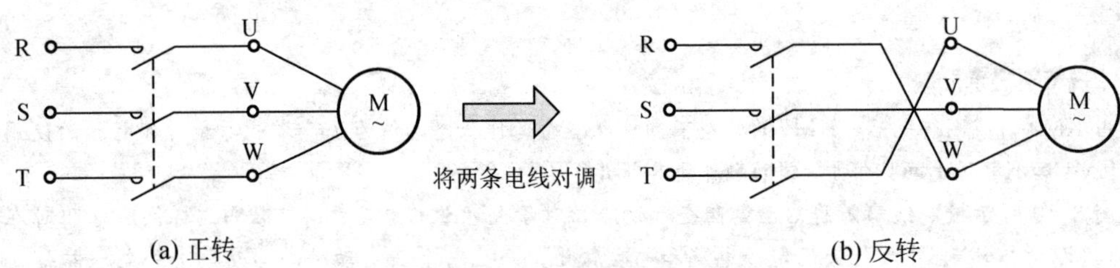

图 3.21　正转与反转

转与反转。但要注意，这种电路如果未接入互锁电路可能会造成短路。

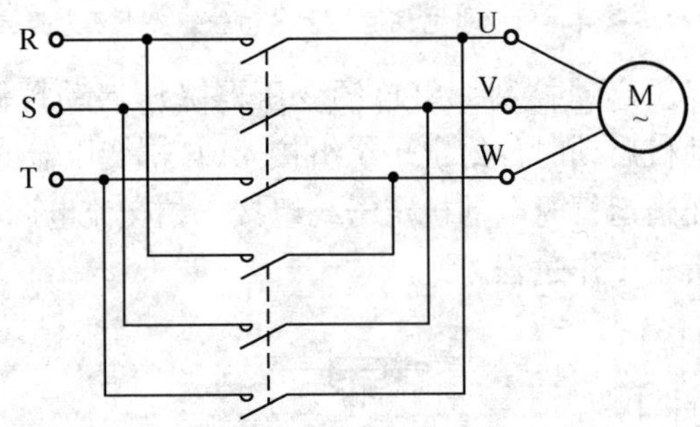

图 3.22　正转与反转控制

常用的电动机正反转控制电路有以下几种。

(1) 接触器互锁正反转控制电路。正反转控制电路如图 3.23 所示，图中采用两个接触器，即正转用的接触器 KM1 和反转用的 KM2 接触器。

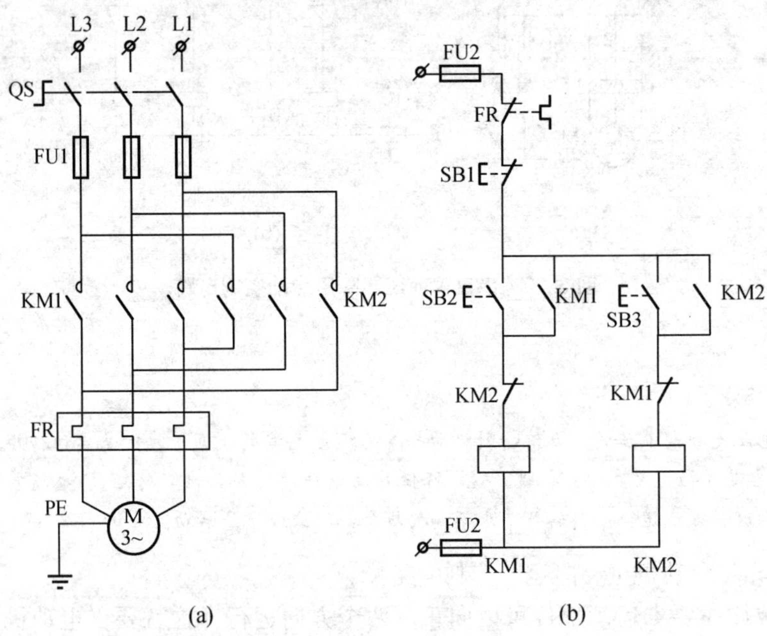

图 3.23　接触器互锁正反转控制电路

当接触器 KM1 的 3 对主触点接通时，三相电源的相序按 L1、L2、L3 接入电动机。

而当KM2的3个主触点接通时，三相电源的相序按L3、L2、L1接入电动机，电动机反转。

电路要求接触器KM1和KM2不能同时通电，否则它们的主触点就会一起闭合，造成L1和L3两相电源短路，为此在KM1和KM2线圈各自支路中相互串联一个对方的动断辅助触点，以保证接触器KM1和KM2的线圈不会同时通电。这两个动断辅助触点在线路中所起的作用即为互锁作用，这两个动断触点即为互锁触点。

在正转控制时，按下按钮SB2后，KM1线圈获电吸合，KM1主触点闭合，电动机启动正转，同时KM1的自锁触点闭合，互锁触点断开。

在反转控制时，必须先按下停止按钮SB1，接触器KM1线圈断电释放，KM1触点复位，电动机断电；然后按下反转按钮SB3，接触器KM2线圈获电吸合，KM2主触点闭合，电动机启动反转，同时KM2自锁触点闭合，互锁触点断开。

这种线路的缺点是操作不方便，因为要改变电动机的转向，必须先按下停止按钮SB1，再按下反转按钮SB3才能使电动机反转。

图3.24所示电路可不按停止按钮而直接按反转按钮进行反向启动，且当接触器发生熔焊故障时不会发生相间短路。

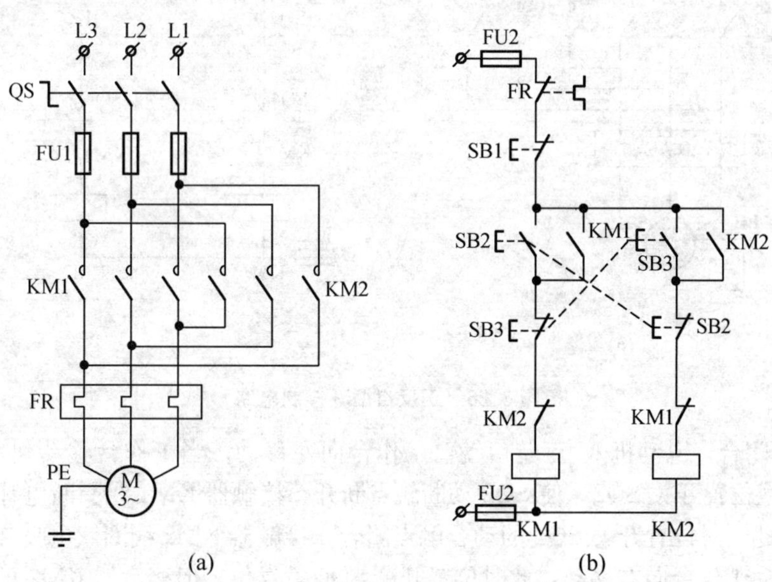

图3.24　按钮接触器互锁正反转控制电路

【特别提示】

当KM1的动合主触点闭合时，电动机正转；当KM2的动合主触点闭合时，电动机反转；当KM1、KM2同时闭合时，电源短路。

(2) 自动往复循环控制电路。利用生产机械运动的行程来控制其自动往返的方法叫自动往复循环控制，它是通过位置开关来实现的，如图3.25所示。

其控制线路如图3.26所示。

工作过程：当合上电源开关QS后，按下启动按钮SB2，接触器KM1线圈获电，

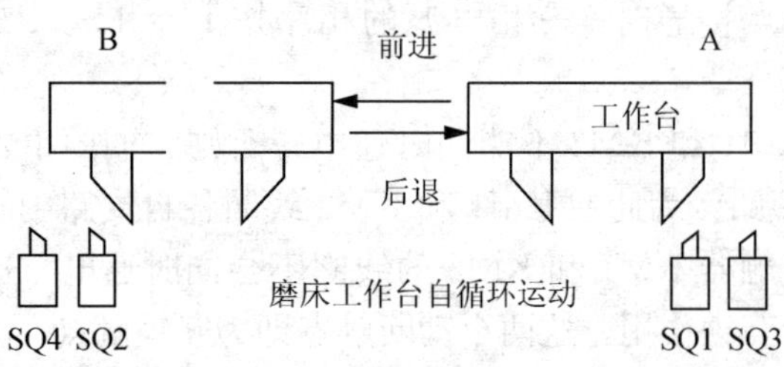

图 3.25　利用位置开关实现自动往复循环控制电路

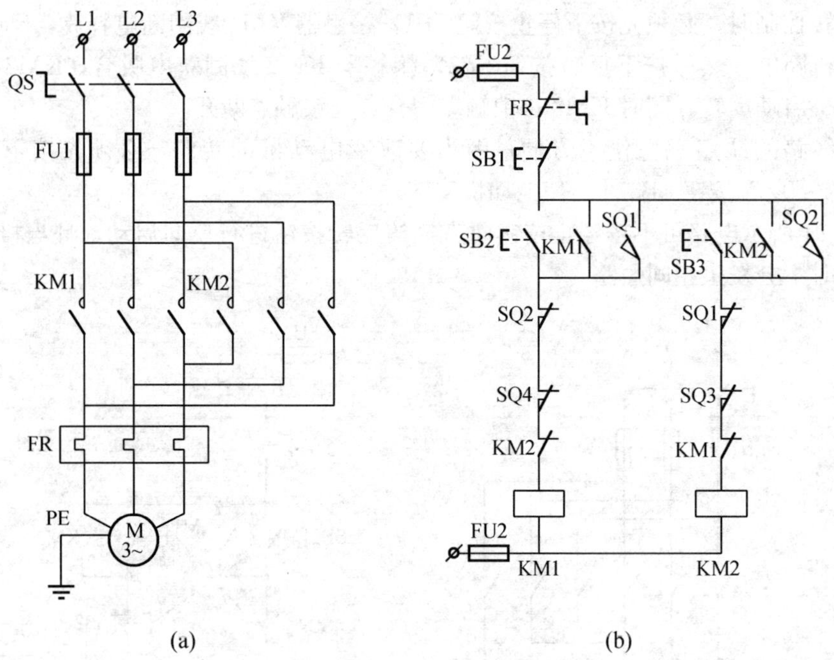

图 3.26　正反自循环控制电路

KM1 主触点闭合，电动机 M 正转启动，工作台向左移动；当工作台移动到一定位置时，左侧挡铁碰撞位置开关 SQ2，使 SQ2 动断触点断开，接触器 KM1 线圈断电释放，电动机 M 断电；与此同时位置开关 SQ2 的动合触点闭合，接触器 KM2 线圈获电吸合，使电动机 M 反转，拖动工作台向右移动，此时位置开关 SQ2 虽复位，但接触器 KM2 的自锁触点已闭合，故电动机 M 继续拖动工作台向右移动；当工作台向右移动到一定位置时，右侧挡铁碰撞位置开关 SQ1，SQ1 的动断触点断开，接触器 KM2 线圈断电释放，电动机 M 断电，同时 SQ1 的动合触点闭合，接触器 KM1 线圈又获电动作，电动机 M 又正转，拖动工作台向左移动。如此周而复始，工作台将在预定的距离内自动往复运动。

图中位置开关 SQ3 和 SQ4 安装在工作台往复运动的极限位置上，以防止位置开关 SQ1 和 SQ2 失灵，工作台继续运动不停止而造成事故。

4）三相异步电动机制动控制电路

三相异步电动机从定子绕组断电到完全停转需要一段时间，为适应某些生产机械工艺要求缩短辅助时间提高生产率，要求电动机能制动停转。三相异步电动机的制动方法一般有机械制动和电气制动两种。

利用机械装置使电动机断开电源后迅速停转的方法称为机械制动。机械制动分为通电制动型和断电制动型(图 3.27)两种。

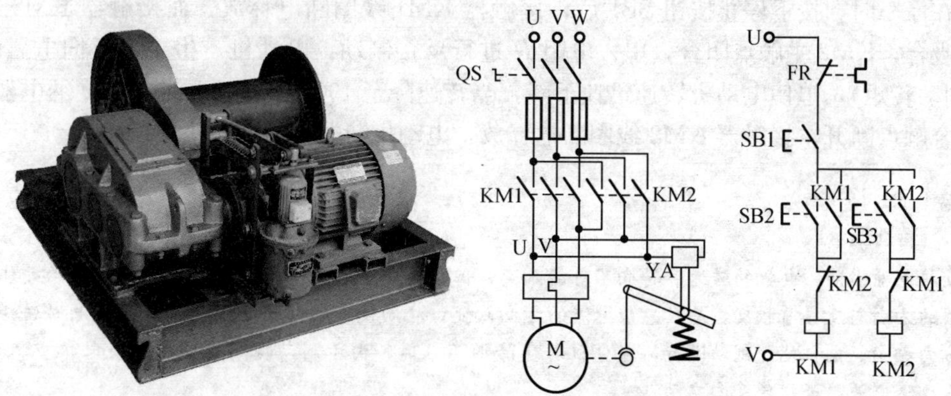

图 3.27 建筑工地卷扬机及控制电路(断电制动型)

电磁制动器工作原理是当线圈中有电流通过时，将产生电磁吸引力，提起图中所示的闸轮，使电动机正常运行；当线圈中失去电流时，电磁吸引力将消失，闸轮放下，抱住电动机，使转动的电动机立刻停止转动。

电动机的电气制动就是让电动机产生一个与其实际转向相反的电磁转矩即制动转矩而迅速停转。电气制动常用的方法有反接制动和能耗制动。

【特别提示】

当电磁转矩 T 的方向与电机转速 n 的方向相同时，电机运行于电动状态，当电磁转矩 T 的方向与转速 n 的方向相反时，电机运行于制动状态。所有的制动方法都是使电磁转矩 T 的方向与转速 n 的方向相反，称为制动转矩。

(1) 反接制动控制电路。反接制动控制电路如图 3.28 所示。

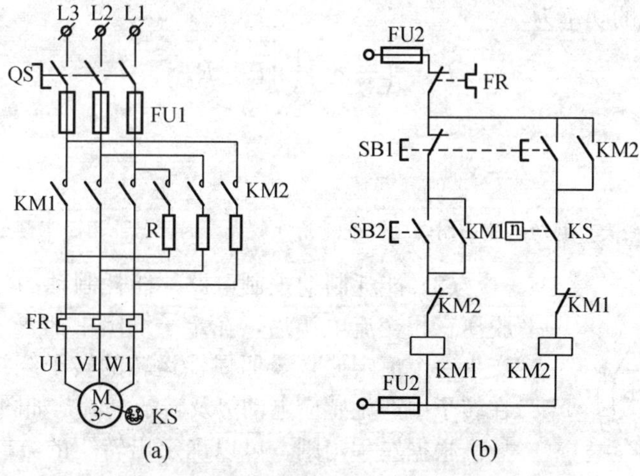

图 3.28 反接制动控制电路

当合上电源开关 QS 后，按下启动按钮 SB2，接触器 KM1 线圈获电吸合，KM1 主触

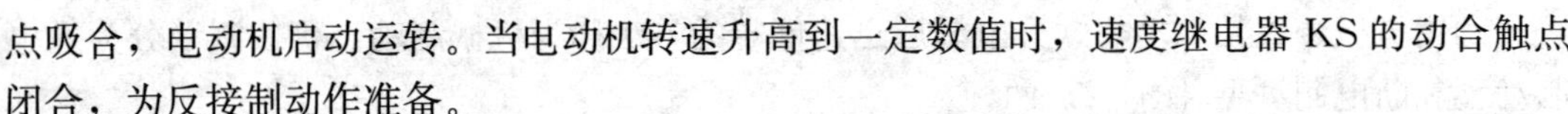

点吸合，电动机启动运转。当电动机转速升高到一定数值时，速度继电器 KS 的动合触点闭合，为反接制动作准备。

在停车时，按下停止按钮 SB1 后，接触器 KM1 线圈断电释放，而接触器 KM2 线圈获电吸合，KM2 主触点闭合，串入电阻 R 进行反接制动，电动机产生一个反向电磁转矩（即制动转矩），迫使电动机转速迅速下降，当转速降至 100r/min 以下时，速度继电器 KS 的动合触点断开，接触器 KM2 线圈断电释放，电动机断电，从而防止了反向启动。

【特别提示】

反接电源瞬间，电机的转速和转向不可能改变，但旋转磁场的方向发生了改变，因此转子导体切割磁力线的方向与反接前相反，导致感应电流的方向改变，从而使电磁转矩的方向改变，使电磁转矩与转速的方向相向。电机处于制动运行，当电机转速降低为 0 时，由于制动转矩的作用会使电机重新启动，因此需切除电源，否则会反向启动。

由于反接制动时转子与定子旋转磁场的相对速度接近于两倍的同步转速，所以定子绕组中流过的反接制动电流相当于全压直接启动时电流的两倍。为此，一般在 10kW 以上的电动机采用反接制动时，应在主电路中串接一定的电阻，以限制反接制动电流。这个电阻称为反接制动电阻，用 R 表示。对于绕式电动机，可在转子回路中串入电阻，限制制动瞬间电流，提高制动瞬间的转矩，制动过程中的电流和转矩随转速的降低而减小，制动可更平滑。

反接制动电阻有三相对称和二相不对称两种接法。当电源电压为 380V 时，若要限制反接制动电流 $I=\frac{1}{2}I_{st}$ 时，三相电路每相应串入的反接制动电阻 R 的阻值估算如下：

$$R=1.5\times\frac{220\text{V}}{I_{st}}$$

若使反接制动电流 $I\leqslant I_{st}$ 时，每相串接电阻 R 的阻值可取为

$$R=0.13\times\frac{220\text{V}}{I_{st}}$$

如果反接制动只在两相中串接电阻，该电阻值应略大些，分别取上述电阻值的 1.5 倍。反接制动电阻的功率为

$$P=\left(\frac{1}{3}\sim\frac{1}{4}\right)I_{st}^2\cdot R$$

【特别提示】

反接制动制动转矩大，制动迅速，制动过程能量消耗较大，因此只能用于不频繁制动的场合。

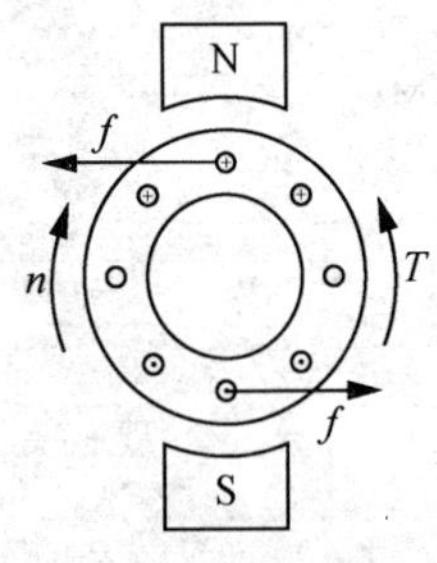

图 3.29　能耗制动控制电路

(2) 能耗制动控制电路。能耗制动的方法就是在电动机脱离三相交流电源后，在定子绕组中加入一个直流电源，以产生一个恒定磁场，而惯性运转的转子绕组切割磁场，就会在转子中产生感应电动势及转子电流，如图 3.29 所示。

根据左手定则，可以确定出转矩的方向与电动机的转速方向相反，而且电动机产生的转矩为制动转矩，产生的制动转矩可使电动机迅速制动停转。

当电机处于制动运行状态时，制动转矩逐渐减小，当

$n=0$ 时，$T=0$，制动过程平滑。如果增大制动时的直流电流，则最大制动转矩增加，制动过程缩短。如果增大制动时转子回路中的电阻，则最大制动转矩不变，但可以使制动瞬间的制动转矩最大，从而使制动过程平滑。

① 时间控制原则能耗控制电路。如图 3.30 所示为按时间控制原则实现的能耗制动控制电路。

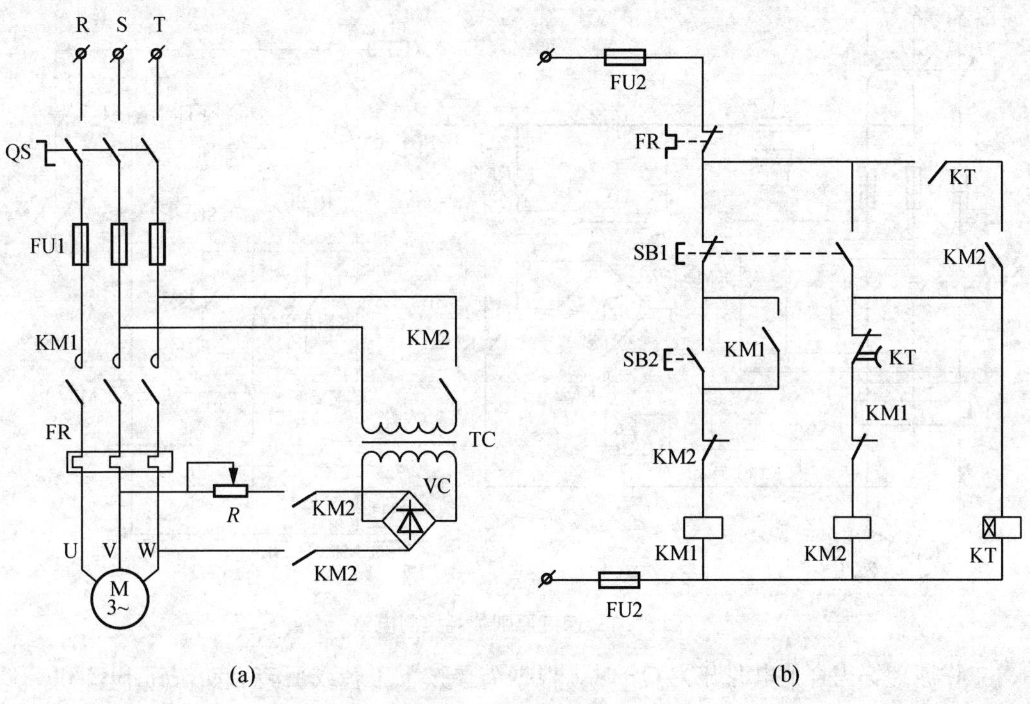

图 3.30　时间原则能耗制动控制电路

启动控制时，合上电源开关 QS，按下启动按钮 SB2 后，接触器 KM1 线圈获电吸合，KM1 主触点闭合，电动机启动运转。

在制动控制时，按下停止按钮 SB1 后，接触器 KM1 线圈断电释放，KM1 主触点断开，电动机断电惯性运转；同时接触器 KM2 和时间继电器 KT 的线圈获电吸合，KM2 主触点闭合，电动机定子绕组通入全波整流脉动直流电进行能耗制动；能耗制动结束后，KT 动断触点延时断开，接触器 KM2 线圈断电释放，KM2 主触点断开直流电源，制动过程结束。

能耗制动所需的直流电压和直流电流可分别用下式计算：

$$I_{DC}=(3.5\sim4)I_0$$

$$U_{DC}=I_{DC}R$$

式中：I_{DC}为直流电流；U_{DC}为直流电压；I_0 为电动机空载电流；R 为直流电压所加定子绕组两端的冷态(温度为 15 ℃时)电阻。

【特别提示】

与反接制动相比，能耗制动消耗的能量小，制动电流小，因此该电路适用于电动机能量较大，要求制动平稳和制动频繁的场合。不过，能耗制动需要提供直流电源的整流装置。

② 速度控制原则能耗控制电路。图 3.31 为速度原则控制电动机可逆运行能耗制动控制电路。图中 KM1、KM2 为电动机正、反转接触器，KM3 为能耗制动接触器，KS1、KS2 为速度继电器。

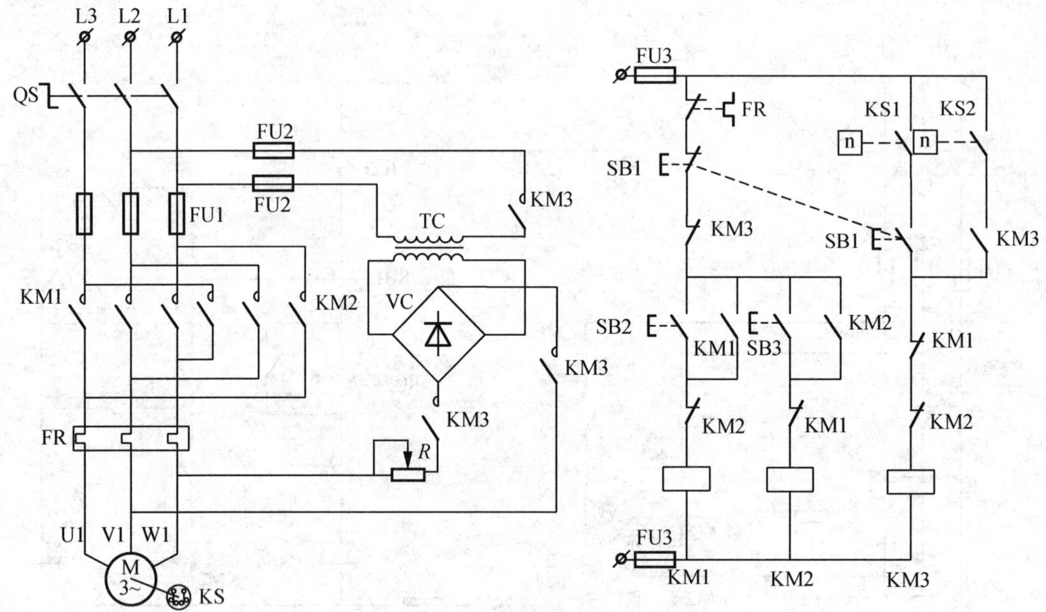

图 3.31 速度原则能耗控制电路

工作原理：当合上电源开关 QS 时，根据需要按下正转或反转启动按钮 SB2 和 SB3，相应接触器 KM1 或 KM2 线圈通电吸合并自锁，电动机启动旋转。此时速度继电器 KS1 或 KS2 闭合，为停车接通按钮 KM3 实现能耗制动作准备。

在停车时，按下停止按钮 SB1 后，电动机定子三相交流电电源切除。当按到底时，KM3 线圈通电并自锁，电动机定子接入直流电源进行能耗制动，电动机转速迅速降低，当转速下降到低于 100r/min 时，速度继电器释放，其触头在反力弹簧作用下复位断开，使 KM3 线圈断电释放，切除直流电源，能耗制动结束，以后电动机依惯性自然停车至零。

【特别提示】

对于负载转矩较为稳定的场合，电动机使用时间原则控制为宜，因为此时对时间继电器的整定较为固定；而对于那些能够通过传动机构来反映电动机转速的场合，采用速度原则较为合适，具体应用应视具体情况而定。

(3) 回馈制动(再生发电制动)。电动状态下运行的电动机，当有非电磁力作用于电机的转轴，且方向与电磁转矩的方向相同时，会出现 n 大于同步转速 n_0 的情况，此时的电能是从电机送回给电网的，电机工作于发电状态；当电磁转矩 T 的方向与 n 相反时，电机工作在回馈制动状态。

① 反向回馈制动(转速反向)。方法：下放位能性负载时，当其转速超过同步转速时，电动机工作于回馈制动状态。

② 正向回馈制动。方法：变极调速时，当电机的转速从高速变为低速时，降速时电机的转速将高于其同步转速。

在电机调速时，由于调速瞬间电机的转速保持不变，此时电机电磁转矩反向，工作于制动状态，而此时的转速高于其同步转速，电机处于回馈制动状态。外力来自于电机由高速向低速转换时的能量释放。

5）三相异步电动机的多点控制电路

较大型的设备，为了操作方便，常要求能在多个地点进行起停控制。实现多点控制的控制电路如图 3.32(a)所示，即在各操作地点各安装一套按钮。接线的具体方法是将分散在各操作按钮站的启动按钮引线并联，停止按钮引线串联即可。

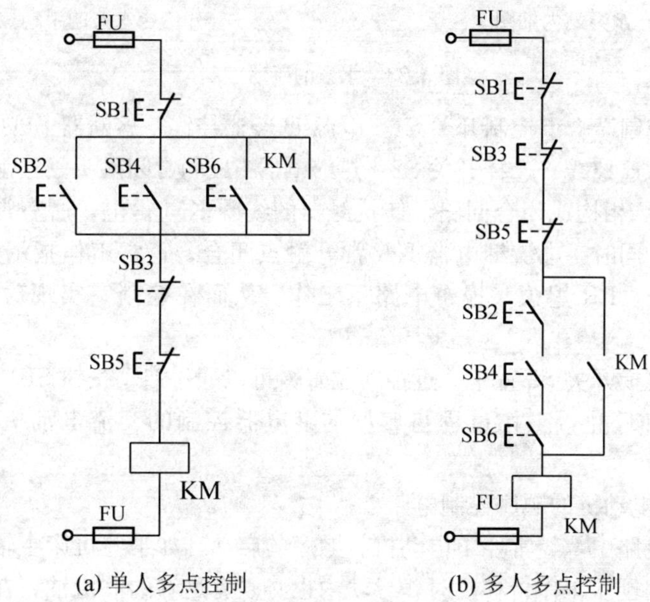

(a) 单人多点控制　　(b) 多人多点控制

图 3.32　多点控制

图 3.32(a)所示为 3 处起停的控制电路。

【特别提示】

对于大型设备，为了保证操作安全，常要求几个操作者同时按下启动按钮后才能启动工作，如图 3.32(b)所示。

【示例】　水泵控制

水泵的作用是将液体从低处提升至高处或使液体增加压力。大多数的水泵是使用电动机拖动的。对水泵的控制实际上是对电动机的启停控制，如图 3.33(a)所示。

图 3.33(b)所示为单线遥控水位的水泵电动机控制线路，该电路可以远控(有些水泵和控制点之间距离较远，如从水井中提水使用的水泵)和近控(就地)。

水泵及其控制主电路和对应的控制按钮在取水处，遥控开关 S2、电流继电器 KA、事故信号灯 LR、报警电铃 HA 和运行信号灯 LG 等设在控制室。

遥控时，转换开关 S2 置于“远控”位置，合上电源开关 QS 接通电源，水泵处于预

(a) 水泵站内部图

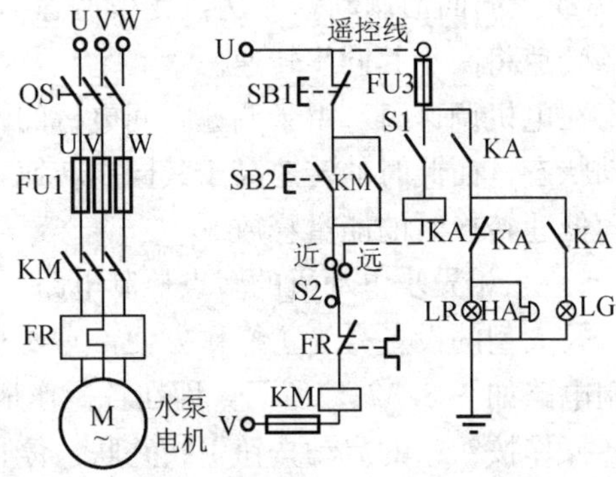

(b) 单台水泵的手动控制电路

图 3.33　水泵的手动控制

备启动状态。在控制端合上控制开关 S1，电源 U 经遥控线→熔断器 FU3→开关 S1→电流继电器 KA 线圈→遥控线→选择开关 S2→热继电器 FR 的常闭触头→接触器线圈 KM→熔断器 FU2→电源 V 相构成闭合回路，使接触器的线圈 KM 得电，所有常开触头闭合，水泵运行开始抽水。同时，电流继电器 KA 常开触点闭合，正常工作指示灯 LG 上电点亮；KA 常闭触点打开，LR 熄灭，报警电路不工作，从而在控制室实现对水泵工作情况的监控。

近控时，将转换开关 S2 置于“近控”位置，可以通过启动按钮 SB1 和停止按钮 SB2，控制水泵的启动和停止，工作过程与典型的继电器控制的交流电动机的起停控制完全相同。

6）三相异步电动机的顺序控制电路

在设备控制电路中，经常要求电动机有顺序的启动，如某些机床主轴必须在油泵工作后才能工作；龙门刨床工作台移动时，导轨内也必须有足够的润滑油；在铣床的主轴旋转后，工作台方可移动，上述情况都要求有联锁关系。

要求几台电动机的启动或停止按一定的先后顺序来完成的控制可以通过主电路实现(图 3.34)，也可以通过控制电路实现(图 3.35)。

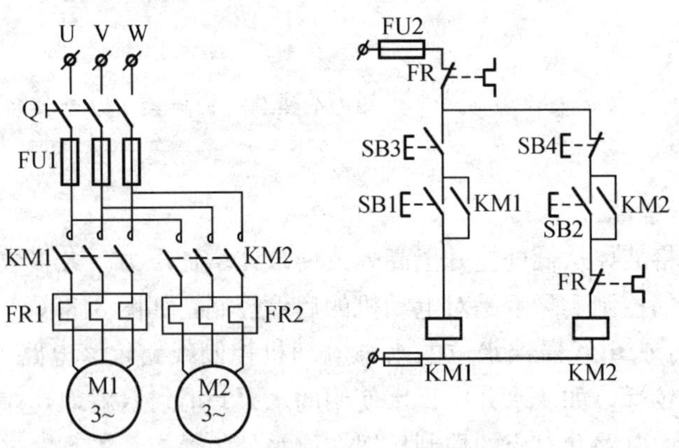

图 3.34　主电路中实现两台电动机顺序启动电路

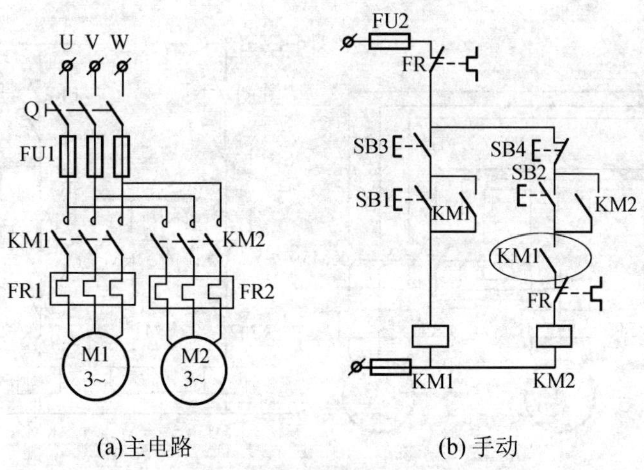

图 3.35　通过控制电路实现顺序启动

图 3.35 为手动顺序启动单独停止控制电路。顺序启动逆序停止控制电路如图 3.36 所示。

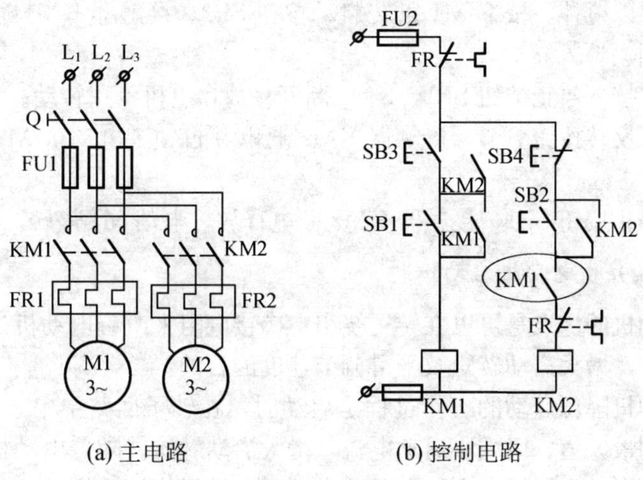

图 3.36　顺序启动逆序停止控制

【示例】

图 3.37 所示为混凝土搅拌机控制线路。搅拌机的运行由操作人员依据工作工艺过程完成其启动和运行。其主要工作过程如下。

在料抖装满料后，按下进料升降电机 M2 的上升启动按钮 SB5，KM3 通电并自锁，电机 M2 正转拖动料抖上升，当料斗上升到预定位置时，挡铁碰到行程开关 SQ1(如果 SQ1 失效，则为 SQ2)使它们断开，KM3 失电释放，电动机 M2 停转，将料自动倒入搅拌机内。按下下降按钮 SB6，接触器 KM4 通电并自锁，电机 M2 反转，拖动料抖下降，使行程开关 SQ1 恢复常态为下次上升作准备；当料抖下降到其料口与地面平齐时，挡铁碰到行程开关 SQ3，使接触器 KM4 失电释放，电机 M2 停转，料抖停止下降为下次上料做好准备。

按下水泵启动按钮 SB8 后，KM5 通电并自锁，供水抽水泵电动机 M3 运行，向搅拌机内供水。时间继电器 KT 线圈也同时通电，KT 时间到后，其常闭触头断开，KM5 线圈

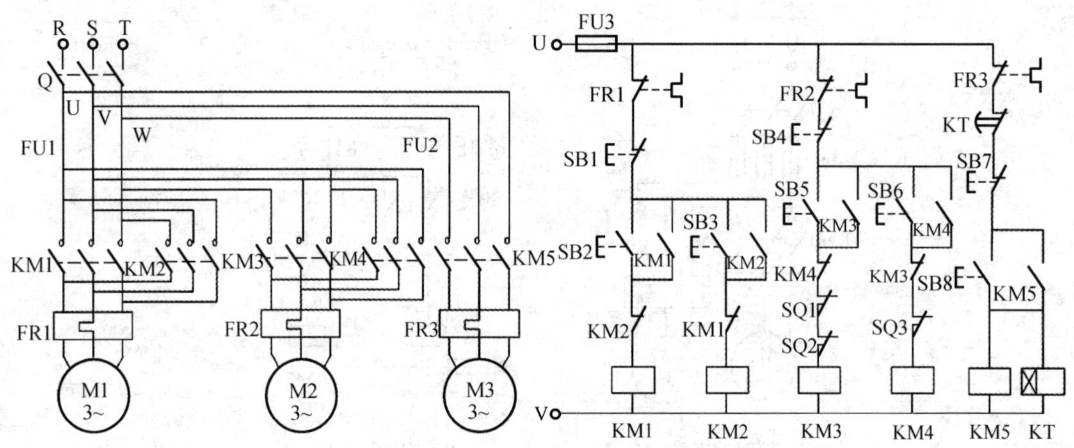

图 3.37　混凝土搅拌机控制电路

失电释放，电机 M3 停止转动，水泵停止供水。在这个过程中，也可以通过按钮 SB7、SB8 手动控制供水量。

加水完毕就可以搅拌。按下 M1 正转启动按钮 SB2，接触器 KM1 通电并自锁，电机 M1 正转运行开始搅拌。

搅拌完成后，按下停止按钮 SB1，KM1 断开释放，电机停止转动。

出料时，按下反转按钮 SB3，接触器 KM2 通电并自锁，电动机 M1 反转，混凝土泥浆自动出料。

最后，按下停止按钮 SB1，接触器 KM2 断电释放，电动 M1 停转，出料停止。

2. 三相绕线式异步电动机启动控制

绕线异步电动机的优点是可以在转子绕组中串接电阻来改善电动机的机械特性，从而达到减小启动电流、增大启动转矩及平滑调节速度的目的。

绕线异步电动机降压启动的工作过程是启动时，在转子回路中串入三相启动变阻器，并把启动电阻调到最大值，以减小启动电流，增大启动转矩。随着电动机转速的升高，启动电阻逐级减小。启动完毕后，启动电阻减小到零，转子绕组被短接，使电动机在额定状态下运行。

1）转子绕组串电阻启动控制线路

控制电路如图 3.38 所示。从图中可以看出，由于转子回路的电阻大于额定状态时转子电阻，因此降低了启动电流。

启动时，将接触器 KM1～KM3 全部断开，电机串入三级电阻启动，启动瞬间的转矩为电机的最大转矩。随着电动机转速的逐渐升高，逐级切除电阻，并保持切除过程中线路中的动态电流和电磁转矩为电机能承受的最大值，启动过程较快。

由于这种用按钮手动逐级切除启动电阻的方法操作不方便，因此常改用如图 3.39 所示方法。即用 KT1、KT2、KT3 分别控制 3 个接触器 KM1、KM2、KM3 按顺序依次吸合，自动切除转子绕组中的三级电阻。

按下按钮 SB1 后，接触器 KM 线圈通电并自锁，电动机转子回路中串入全部电阻启动。与此同时时间继电器 KT1 线圈经 KM 自锁触头通电，延时后，KT1 延时闭合的常开

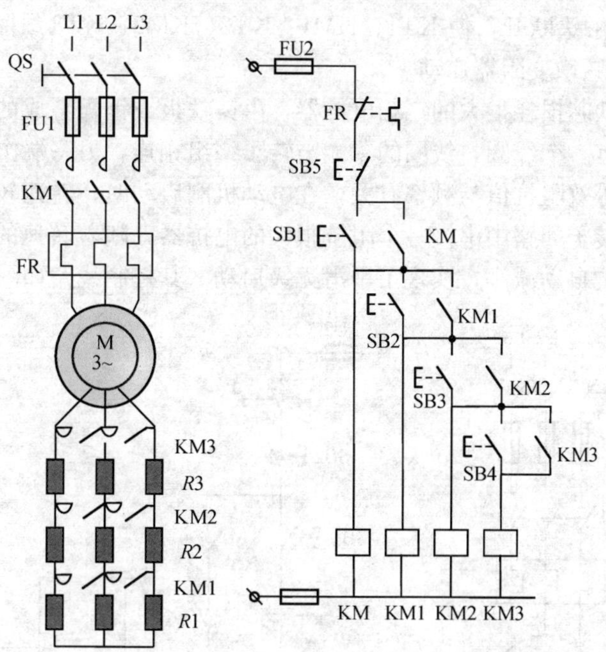

图 3.38　转子绕组串电阻启动

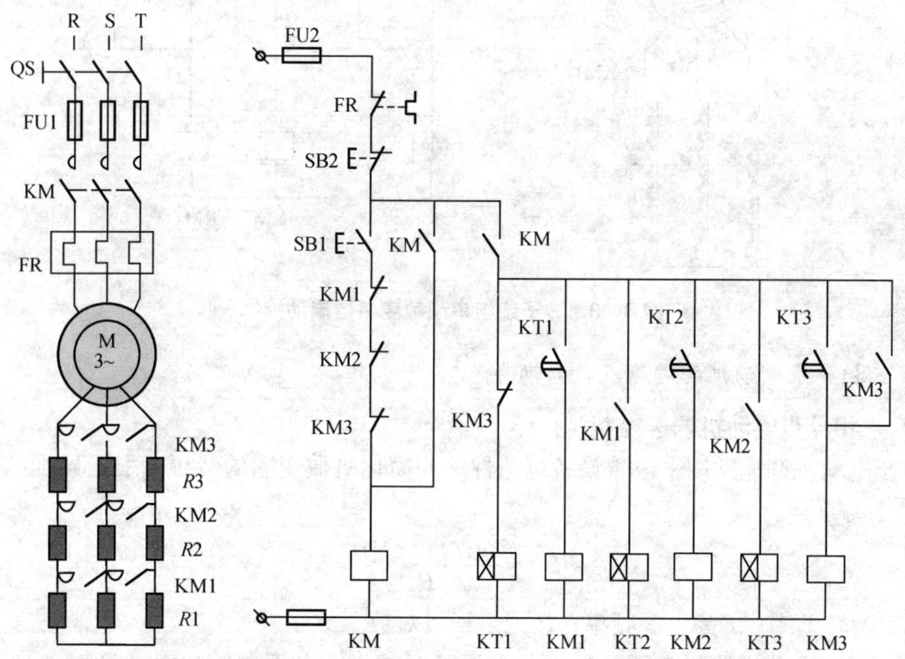

图 3.39　时间原则控制

触头闭合，使接触器 KM1 线圈通电，切除启动电阻 R_1；KM1 一对常开辅助触头闭合，接通时间继电器 KT2 线圈电路，经过一段延时后，KT2 延时闭合的常开触头闭合，使接触器 KM2 线圈通电。KM2 主触头闭合，切除启动电阻 R_2；KM2 的一对常开辅助触头闭合，接通时间继电器 KT3 线圈电路，KT3 线圈通电，经过一段延时后，KT3 延时闭合的常开触头闭合，使接触器 KM3 线圈通电并自锁。KM3 主触头闭合，切除全部启动电阻；

KM3一对常闭辅助触头断开，使KT1、KM1、KT2、KM2、KT3线圈电路断开。

2）转子绕组串频敏变阻器启动

频敏变阻器是铁芯损耗很大的三相电抗器，由铸铁板或钢板叠成的三柱式铁芯，而且在每个铁芯上均装有一个线圈，线圈的一端与转子绕组相连，另一端作星形连接。

频敏变阻器的等效阻抗值与频率有关，在电动机刚启动时，转速较低，转子电流的频率较高，相当于在转子回路中串接一个阻抗很大的电抗器，随着转速的升高，转子频率逐渐降低，其等效阻抗自动减小，实现了平滑无级启动。其控制线路如图3.40所示。

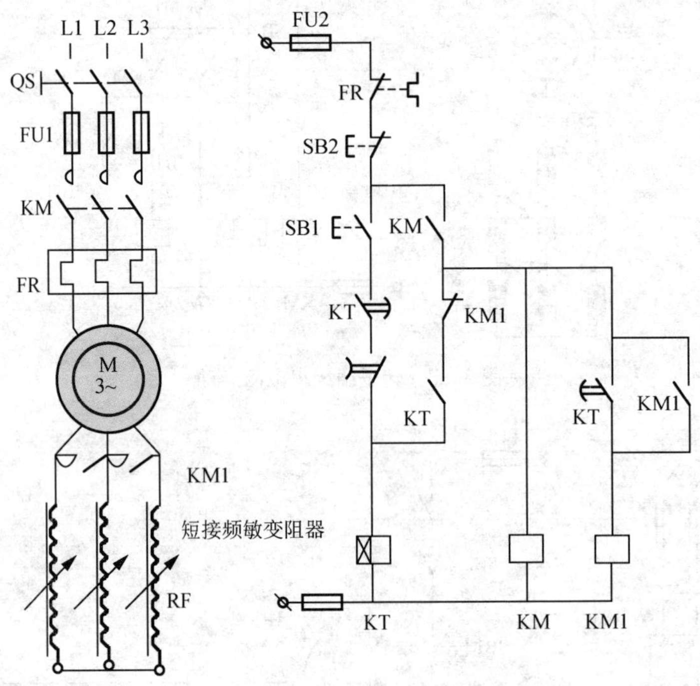

图3.40　转子绕组串频敏变阻器启动控制

3. 三相异步电动机的调速及软启动

1）三相异步电动机调速控制

异步电动机调速常用来改善设备调速性能和简化机械变速的装置。根据异步电动机转子转速公式可得

$$n=\frac{60f(1-S)}{P}$$

式中：S为转差率；f为电源频率；P为定子极对数。

三相异步电动机的调速可通过改变定子极对数P、定子电压频率f和转差率S来实现。具体归纳为变极调速、变频调速和变转差率(通过调压、转子串电阻、串级和电磁实现)调速3类调速方法。

(1) 变极调速控制。变极调速是有级调速，且速度变换是阶跃式的。鼠笼式异步电动机常用的变极调速方法有两种：一种是改变定子绕组的接法，即变更定子绕组每相的电流方向；另一种是在定子上设置具有不同极对数的两套互相独立的绕组，又使每套绕组具有变更电流方向的能力。

【示例】　双速电动机控制电路

双速电动机△/YY 接法的三相定子绕组接线变换如图 3.41 所示，电机极数为 4 极/2 极，属于恒功率调速。

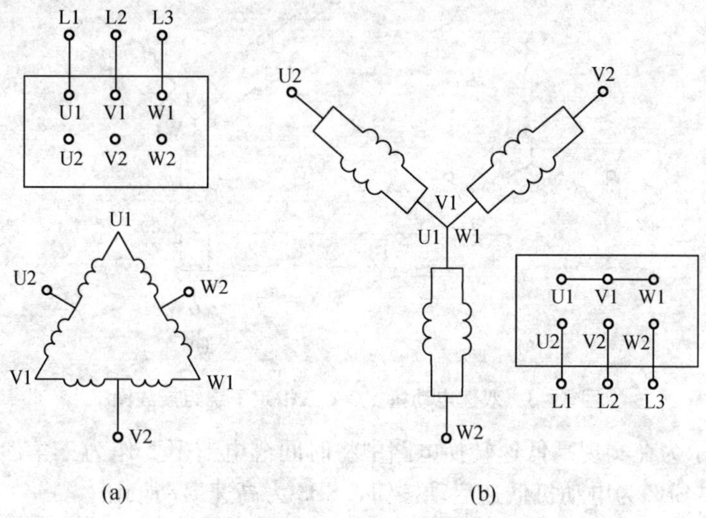

图 3.41　三角形连接与双星形连接

图 3.42 所示为由复合按钮实现小功率电机变极调速的控制电路，其可用来实现电动机绕组三角形(四极、低速)与双 Y 形(二极、高速)联结及相互转换，即实现高低速变换。

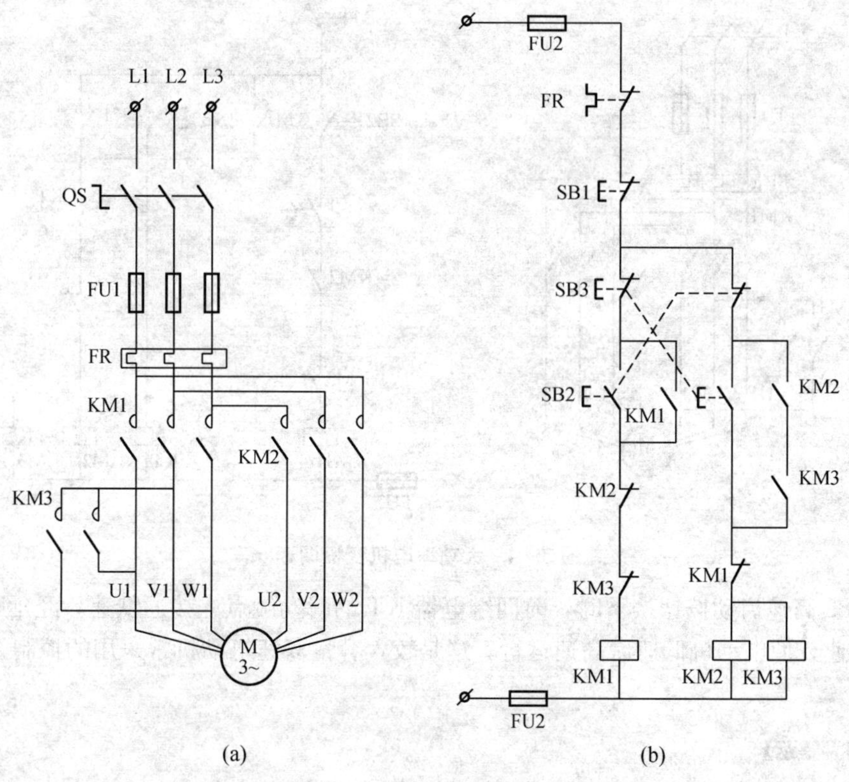

图 3.42　小功率电机变极调速

双速电动机 Y/YY 接法的接线变换如图 3.43 所示，电机极数 4 极/2 极，分别对应电动机的低速和高速，属于恒转矩调速。

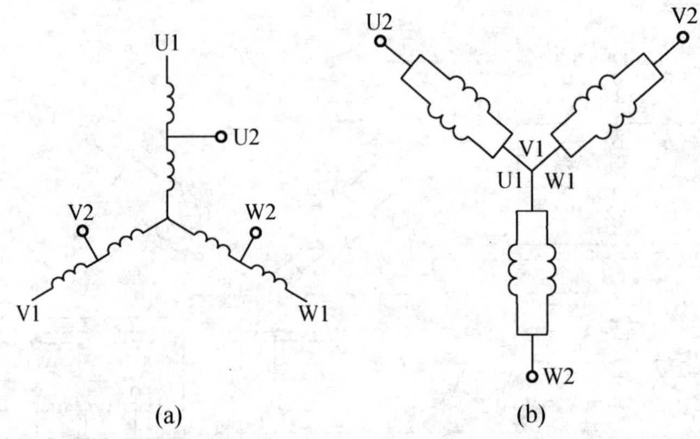

图 3.43 双速电动机 Y/YY 三相定子绕组接线图

图 3.44 所示为在实现高低速转换电路中将时间继电器 KT 作为三角形与双 Y 转换的控制示例，其中 SB2 为电动机低速启动按钮，SB3 为高速启动按钮。

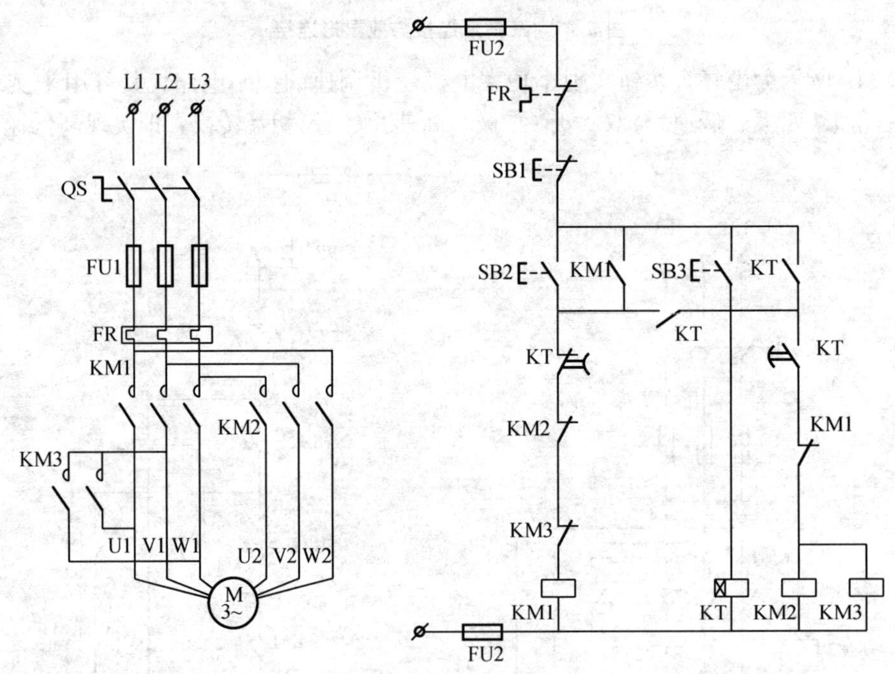

图 3.44 大功率电机变极调速

当 SB3 高速启动按钮按下时，时间继电器 KT 的瞬动触点先接通低速，经延时后自动转换成高速，使电动机低速后高速运行。这是较大容量双速电动机常采用的控制方式。

【特别提示】

绕组改极后，其相序和原来相反。变极时必须把电动机任意两个出线对调，调换相序，以保证变极

调速以后，电动机转动方向不变。

转子磁极对数应与定子极对数相同(笼式异步电动机的转子极对数自动与定子绕组的极对数相等；如果是绕线式，须相应改变转子绕组的接法，使转子极对数与定子绕组的极对数相等，较复杂)。

有级调速，需要特殊定子结构的电机，且最多3种转速，适合于对调速要求不高，不需要平滑调速的场合。由于有两套绕组，所以电机成本较高，但转速的稳定性较好。

(2) 变频调速。变频调速(图3.45)就是改变异步电动机的供电频率，并利用电动机的同步转速随频率变化的特性进行调速。

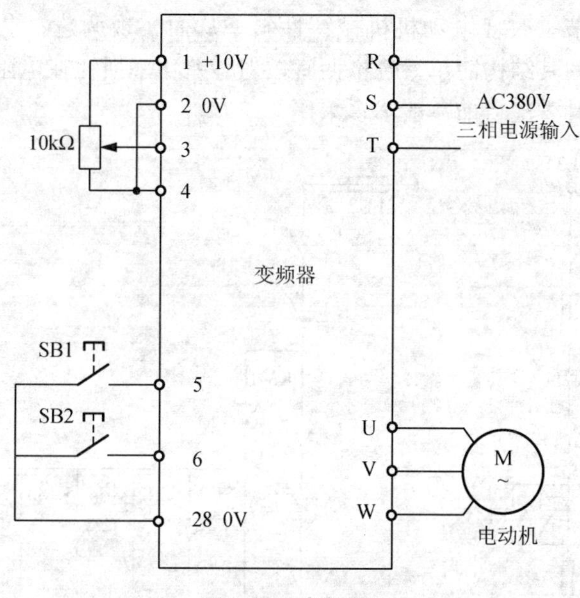

图3.45　变频调速

根据 $n=\dfrac{60f}{p}(1-S)$ 可知，当改变电源频率 f 时，可以连续改变电机的转速。

当 f 下降时，如果此时保持定子相电压 U_1 不变，则将使电机的主磁通($\Phi_m \approx \dfrac{U_1}{4.44fN_1}$)增加而饱和，使电机的多种性能变差，因此在调节电源频率 f 的同时还应调节定子相电压 U_1。

对于恒转矩负载：$\dfrac{U_1}{f_1}=\dfrac{U_1'}{f_1'}=$ 常数

对于恒功率负载：$\dfrac{U_1}{\sqrt{f_1}}=\dfrac{U_1'}{\sqrt{f_1'}}=$ 常数

即可保持主磁通不变，也可保持电动机的过载能力不变。

在交流异步电动机的诸多调速方法中，变频调速的性能最好，且调速范围大、稳定性好、运行效率高。采用通用变频器对鼠笼式异步电动机进行调速控制时，使用方便、可靠性高并且经济效益显著。

【特别提示】

变频调速频率连续可调，故为无级调速；其机械特性硬，调速范围大，转速稳定性好；既可恒功率调速，又可以恒转矩调速；但需要单独的可调节频率的电源，成本较高。

(3) 变转差率调速。变转差率调速包括调压调速、转子串电阻调速、串级调速和电磁调速等调速方法。

调压调速是异步电机调速系统中比较简便的一种，就是通过改变定子外加电压来改变电机在一定输出转矩下的转速。调压调速目前主要通过调整晶闸管的触发角来改变异步电动机端电压从而进行调速。这种调速方式仅适用于小容量电动机。

转子串电阻调速是在绕线式异步电动机转子外电路上接可变电阻，如图 3.46 所示。通过对可变电阻的调节来改变电动机机械特性斜率从而实现调速。电机转速可以有级调速，也可以无级调速，其结构简单、价格便宜，但转差功率损耗在电阻上，效率随转差率增加等比下降，故这种方法目前一般不多采用。

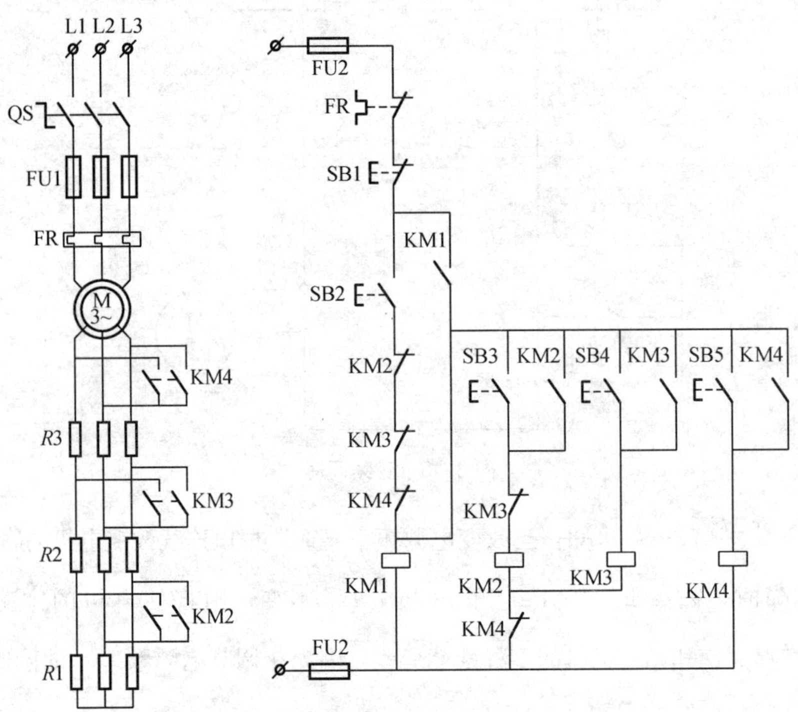

图 3.46 转子串电阻变差调速

电磁转差离台器调速是在鼠笼式异步电动机和负载之间串接电磁转差离合器(电磁耦合器)，通过调节电磁转差离合器的励磁来改变转差率从而进行调速，如图 3.47 所示。这种调速系统结构适用于调速性能要求不高的小容量传动控制场合。

串级调速就是在绕线式异步电动机的转子侧引入控制变量，如附加电动势来改变电动机的转速从而进行调速。其基本原理是在绕线转子异步电动机转子侧通过二极管或晶闸管整流桥，将转差频率交流电变为直流电，再经可控逆变器获得可调的直流电压作为调速所需的附加直流电动势，将转差功率变换为机械能加以利用或使其反馈回电源而进行调速。

2) 三相异步电动机软启动控制线路

传统的异步电动机启动方式具有控制线路简单的特点，但是启动转矩固定不可调，启动过程中存在较大的冲击电流，使所拖动负载受到较大的机械冲击；易受电网电压波动的

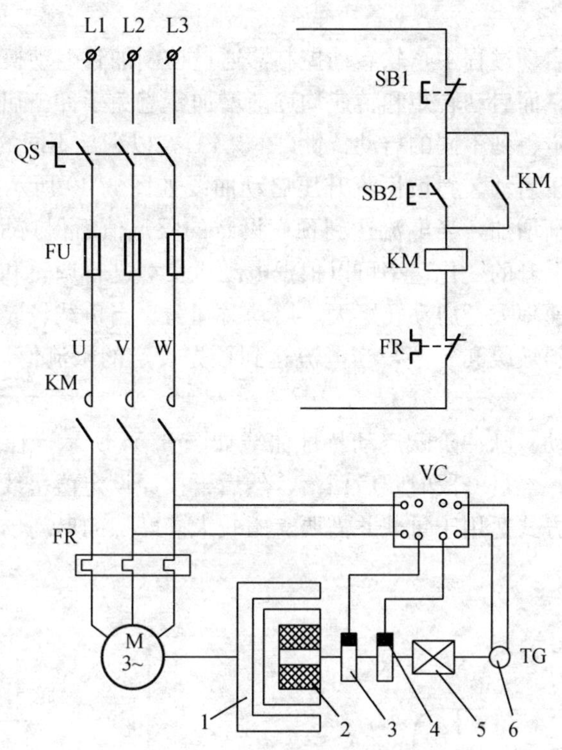

图 3.47　电磁变差调速

—电枢　2—磁极　3—滑环　4—电刷　5—负载　6—测速发电机

影响，一旦电网电压出现波动，会造成启动困难甚至使电动机堵转。停机时均为瞬时停电，同样会造成剧烈的电压波动和较大的机械冲击。而采用软启动方式启动电动机可以克服上述缺点。

软启动器(Soft Starter)是一种集电机软启动、软停车、轻载节能和多种保护功能于一体的新型电机控制装置，如图 3.48 所示。软启动的核心部件是软启动控制器，由功率半导体器件和其他电子元器件组成，其主要结构是一组串接于电源与被控电动机之间的三相反并联晶闸管及其电子控制电路，通过控制三相反并联晶闸管，使被控电动机的输入电压按不同的要求而变化，从而实现不同的启动功能。启动时电机的端电压从 0 开始按预设函数关系逐渐上升，直至达到满足启动转矩而使电动机顺利启动，再使电动机以全电压正常

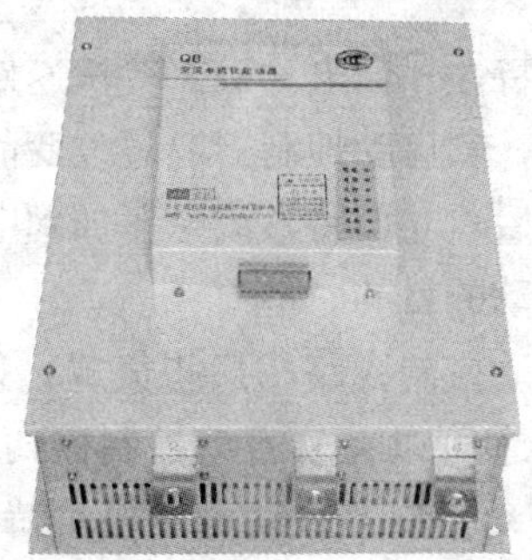

图 3.48　软启动器

运行。

异步电动机在软启动过程中，软启动控制器通过控制加到电动机上的平均电压来控制启动电流和启动转矩，而启动转矩和转速均逐渐增加，避免了冲击启动。一般来说，软启动控制器可以通过设定得到不同的启动特性(图 3.49)，以满足不同的负载特性要求。

(1) 斜坡恒流升压启动。斜坡恒流升压启动曲线如图 3.49 所示。在电动机启动的初始阶段，启动电流逐渐增加，当电流达到预先设定的限流值后保持恒定，直至启动完毕。在启动过程中，电流上升的变化速率可以根据电动机负载进行调整和设定。这种启动方式的斜坡陡，电流上升速率大，启动转矩大，启动时间短。当负载较轻或空载启动时，所需启动转矩较低，应使斜坡缓和一些，当电流达到预先设定的限流值后，再迅速增加转矩，完成启动过程。

(2) 脉冲阶跃启动。脉冲阶跃启动特性曲线如图 3.50 所示，在启动刚开始的极短时间内，启动电流放大，经过一段时间后回落，然后再按原设定值呈线性上升，并进入恒流启动状态，这种启动方式适用于重载并需要克服较大静摩擦的启动场合。

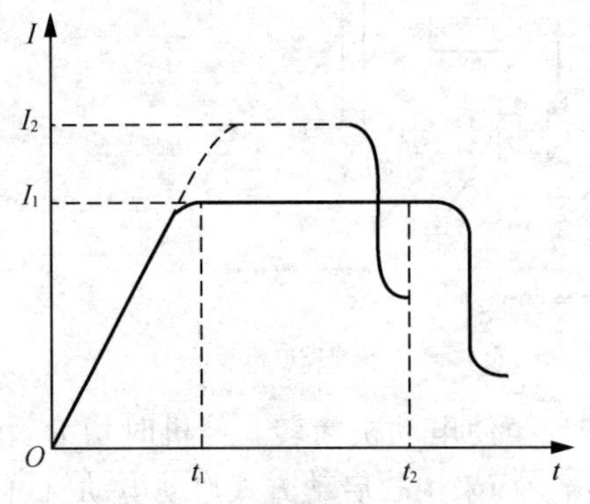

图 3.49　斜坡恒流升压启动

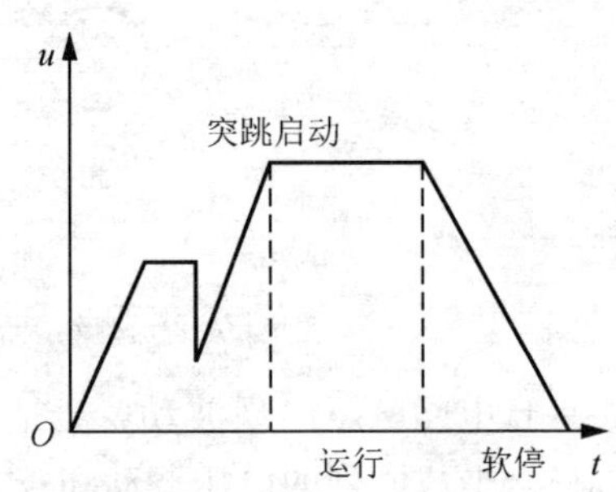

图 3.50　脉冲阶跃启动

(3) 减速软停控制。减速软停控制是当电动机需要停机时，不是立即切断电动机电源，而是使电动机的端电压逐渐降低而切断电源的。这一过程持续时间较长，故称为软停控制。根据实际需要，停车时间可在 0～120s 范围内调整。

(4) 节能特性。软启动控制器可以根据电动机功率因数的高低，自动判断电动机的负载率，当电动机处于空载或低负载状态时，可以改变输入电动机的功率，从而达到节能的目的。

(5) 制动特性。当电动机需要快速停机时，软启动控制器具有能耗制动功能，即当接到制动命令时，软启动控制器通过改变晶闸管的触发方式，使交流电转变为直流电，然后在切断主电路后，立即将直流电压加到电动机定子绕组上，利用转子感应电流与静止磁场的作用达到制动的目的。

(6) 软启动控制线路。某些负载，如水泵、风机等，往往要求软启动、软停车，为了满足这些要求可以在软启动控制器两端并联接触器 KM。启动时，首先断开 KM 主触头，再由软启动控制器启动电动机；待软启动结束后，KM 主触头闭合，将电动机直接接至三相电源，电动机投入全压运行。在需要停车时，先将 KM 分断，再由软启动器对电动机进行软停车。软启软停控制线路的主电路部分如图 3.51 所示。

该线路的特点是软启动控制器仅在启动和停车时工作，因此延长了其使用寿命；一旦软启动器发生故障，可由旁路接触器 KM 作为应急后备来控制电动机的启停。

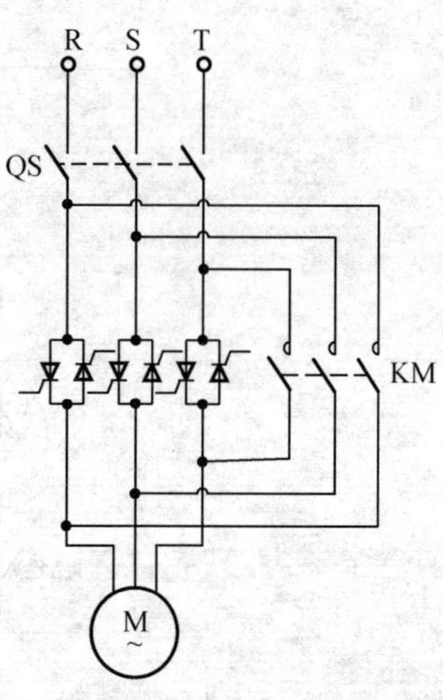

图 3.51　软启软停控制线路

【特别提示】

软启动器和变频器的区别

软启动器和变频器是两种完全不同用途的产品。变频器用于需要调速的地方，且其输出不但改变电压而且同时改变频率；而软启动器实际上是个调压器，用于电动机启动时，输出只改变电压(控制其内部晶闸管的导通角，使电机输入电压从 0 以预设函数关系逐渐上升，直至启动结束)并没有改变频率。变频器具备所有软启动器功能，但它的价格比软启动器贵得多，结构也复杂得多。需要特别指出的是变频器可以实现恒转距启动，就是说在低速下可以有和高速相同的转距，而软启动是无法实现的。

软启动器用于需降压启动和停止的场合，而且电机的转速不变。而变频器用于需要调速、恒压的地方，而且频率决定转速。

软启动器和变频器最大的区别就是变频器可以任意设定运行频率，而启动器只起到软起软停作用。

变频器同时改变输出频率与电压，使电机运行曲线平行下移。因此变频器可以使电机以较小的启动电流使电机启动转矩达到其最大转矩，即变频器可以启动重载负荷。

而软启动只改变输出电压，不改变频率，而是加大该曲线的陡度，使电机特性变软。当 n_0 不变时，电机的各个转矩(额定转矩、最大转矩、堵转转矩)均正比于其端电压的平方，因此用软启动可大大降低电机的启动转矩，所以软启动并不适用于重载启动的电机。

3.1.4　直流电动机控制

直流电动机的特点是具有良好的启动、制动与调速性能。

1. 直流电动机启动控制

直流电动机启动冲击电流大，可达额定电流的 10～20 倍。一般不允许全压直接启动。典型的电枢串二级电阻按时间原则单向旋转启动电路如图 3.52 所示。由于是他励直流电动机，这个控制线路分为两个独立的回路，并由两个独立的直流电源分别供电。线路中，电动机的电枢回路串入两级电阻，按时间原则控制电动机的启动。

【特别提示】

他励直流电动机的控制线路中，分为电枢和励磁两个回路。回路中的电源均为直流电源，因为励磁回路的电源电压低于电枢回路，所以控制电器的线圈也接于这个回路。这些控制电器应使用直流控制电器，这一点要特别注意。

图 3.52 中，KOC 为过电流继电器，KUC 为欠电流继电器，KM1 为启动接触器，KM2、KM3 为短接电阻接触器，R_1、R_2 为启动电阻，R_3 为放电电阻，KT1、KT2 为断电延时时间继电器。其具体工作过程如下。

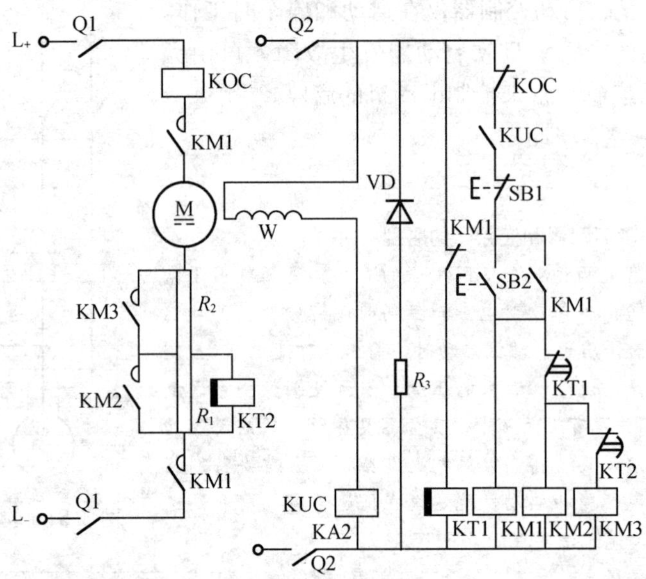

图 3.52　直流电动机电枢串二级电阻单向旋转启动电路

首先合上励磁回路的电源开关 Q2，电动机定子回路产生励磁。同时 KT1 通电→KT1 常闭触点断开→切断 KM2、KM3 电路，并确保启动时将电阻 R_1、R_2 全部串入电枢回路。

【特别提示】

他励直流电动机在任何情况下，励磁回路都必须具有额定磁通，如果励磁磁通减小，小于额定值，或者在没有建立励磁的情况下，接通电枢回路的电源，将会发生严重的“飞车”(电动机转速大大超过额定值)事故，造成人员伤害和设备损坏。因此，在励磁回路中串入欠电流继电器 KUC 线圈，通入电流后，用于检测励磁电流是否低于额定值，如果励磁回路电流达到额定值，其动合触点闭合，为电动机的启动做好准备，如果励磁回路的电流低于额定值，则 KUC 的动合触点断开，电动机不能启动，从而保证了电动机在励磁正常情况下启动运行。

在励磁回路工作正常后，合上电动机电枢电源开关 Q1。按下按钮 SB2→KM1 通电→KM1 主触点闭合，电动机串电阻启动。与此同时，KM1 常开触点闭合实现自锁，主触点闭合，接通电枢回路，电枢串入两级启动电阻启动；KM1 常闭触点断开，KT1 线圈断电开始延时，为使 KM2、KM3 线圈通电，短接电枢回路启动电阻 R_1、R_2 做准备。在电动机串 R_1、R_2 启动同时，并接在 R_1 电阻两端的时间继电器 KT2 线圈通电，其动断触点断开，使 KM3 线圈电路处于断电状态，确保 R_2 串入电枢回路。

KT1 延时一段时间后，其动断触点恢复常态闭合，KM2 通电，短接 R_1 时，电动机转速升高，电枢电流减小。就在 R_1 被 KM2 主触点短接的同时，KT2 线圈也被短接而断电，开始延时。当 KT2 延时一段时间后，其动断触点恢复常态接通，KM3 线圈通电，KM3 主触点闭合，短接第二段电枢启动电阻 R_2，电动机将在额定电枢电压下全压运转，启动过程结束。

【特别提示】

励磁回路中电阻 R_3 与二极管 VD 串联后与励磁绕组并联，由图 3.52 所示的回路电源正、负极性可知，在电动机运行的正常情况下，由于二极管 VD 承受反向电压而处于截止状态，该支路不起作用，只有当断开励磁回路电源时，由于励磁绕组在电源断开瞬间会产生感应电动势，极性与电源方向相反，使 VD 导通，构成闭合回路，而电阻 R_3 将绕组的能量吸收，以免产生过电压损坏控制电器。

2. 直流电动机正反转控制

要使直流电动机反转，可通过改变电磁转矩的方向实现，而电磁转矩的方向是由磁通方向和电枢电流方向决定的。所以，在电气控制中，直流电动机反转的方法有以下两种。

(1) 改变励磁电流方向：保持电枢两端电压极性不变，将电动机励磁回路的电源极性反接，使励磁电流反向，从而使磁通 Φ 方向改变。

(2) 改变电枢电压极性：保持励磁绕组电压极性不变，将电动机电枢回路的电源极性反接，电枢电流可改变方向。

由于他励直流电动机的励磁绕组匝数多、电感大，励磁电流从正向额定值变到负向额定值的时间长，使电动机反转过程缓慢，而且在励磁绕组反接断开瞬间，绕组中将产生很大的自感电动势，可能造成绝缘击穿。所以实际应用中大多采用改变电枢电压极性的方法来实现电动机反转。但在电动机容量很大，对反转过程快速性要求不高的场合，由于励磁电路的电流和功率相对要小些，为减小控制电器容量，也可采用改变励磁绕组极性的方法来实现电动机的反转。

图 3.53 为改变直流电动机电枢电压极性实现电动机正反转启动控制电路。

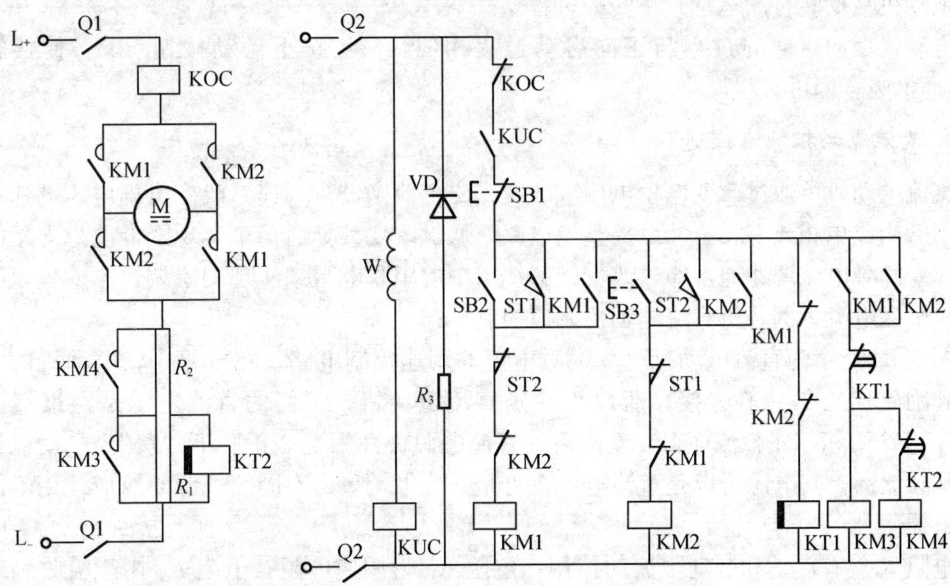

图 3.53　直流电动机正反转控制电路

图中，KM1 为正转接触器，KM2 为反转接触器，KM3 和 KM4 为短接电电阻接触器，KT1、KT2 为断电型时间继电器，R_1、R_2 为启动电阻，R_3 为放电电阻，ST1 为反向

转正向行程开关，ST2 为正向转反向行程开关。启动时工作电路与图 3.52 相同，但启动后，电动机将按行程原则自动实现电动机的正反转，拖动机械设备的运动部件实现自动往返运动控制。

首先合上励磁回路的电源开关 Q2，使励磁回路电流达到额定值，欠电流继电器 KUC 线圈通电，其动合触点闭合，为启动电动机做好准备。同时时间继电器 KT1 线圈通电，其动断触点立刻断开，使接触器 KM2、KM3 线圈断电，保证电枢回路串电阻启动。

合上电枢回路电源开关 Q1，按下正转启动按钮 SB2 后，接触器 KM1 线圈通电并自锁，主电路中电枢两端电压极性为左"正"右"负"，电动机正转，同时时间继电器 KT1 线圈断电，KT2 线圈通电，前者使其触点开始延时，此时电枢回路串两段电阻启动，后者使其动断触点立刻断开，保证 KM4 线圈处于断电状态。KT1 的延时时间到，其动断触点恢复闭合，使接触器 KM3 线圈通电，其主触点闭合，将电枢回路中的电阻 R_1 短接，切除一段电阻，同时也短接了时间继电器 KT2 的线圈，线圈断电其触点开始延时，延时时间到，其动断触点恢复接通，使接触器 KM4 线圈通电，电枢回路中的触点闭合，短接启动电阻 R_2，使电枢回路工作在额定电压下，完成启动过程。

当电动机正转拖动机械设备中的运动部件运行到指定位置时，压住行程开关 ST2，使其动作，动断触点断开，使 KM1 线圈断电，切除正转电枢电压；其动合触点闭合，使 KM2 线圈通电并自锁，电枢两端的电压极性变为左"负"右"正"，改变了电枢两端电压的极性，电动机开始反向转动，拖动机械设备向另一方向运行，离开 ST2 使其恢复常态，为下次反转作准备，由于 KM2 的自锁触点，此时 KM2 线圈将继续通电，保证电动机持续反向转动直到运行到使行程开关 ST1 动作，电动机又会自动正向运行，如此往复自动运行，直到按下停止按钮 SB1 为止。

电动机从反转自动运行到正转的过程略。

电动机反向启动的过程与正向启动过程相似，只需按下启动按钮 SB3，使接触器 KM2 通电吸合即可。

3. 直流电动机调速控制

直流电动机可通过改变电枢电压或改变励磁电流来进行调速。改变电枢电压调速通常由晶闸管构成单相或三相全波可控整流电路，通过改变其导通角来实现降低电枢电压的控制；改变励磁电流调速通常通过改变励磁绕组中的串联电阻来实现弱磁调速。这里以改变电动机励磁电流为例分析直流电动机调速控制。

图 3.54 所示为直流电动机改变励磁电流的调速控制电路。在电路中，电动机的电枢回路和励磁回路是并联连接，所以为并励直流电动机，它们的直流电源是通过整流管 VD1、VD2 两相零式整流而得，整流后的直流电源极性为上"正"下"负"。电动机控制回路是独立的，其电源可以是直流电，也可是交流电，只是不同的电源要对应使用不同的控制电器。

电阻 R 兼有启动和制动限流的作用，电阻 R_P 为调速电阻，电阻 R_2 用于吸收励磁绕组的自感电动势，起过电压保护作用。KM1 为能耗制动接触器，KM2 为线路接触器，KM3 为切除启动电阻接触器。

电路工作情况分析如下。

启动：按下按钮 SB2，接触器 KM2 和 KT 线圈同时通电并自锁，电动机 M 电枢串入

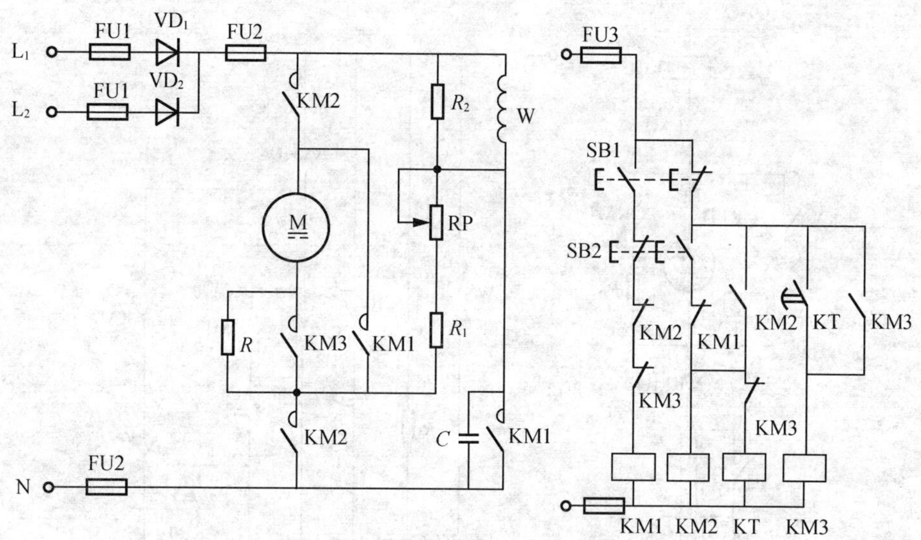

图 3.54　改变励磁电流调速控制电路

电阻 R 启动。经过一段延时后，KT 通电延时，其闭合触点闭合，使 KM3 线圈通电并自锁，KM3 常开主触点闭合，短接启动电阻 R，电动机在全压下启动运行。

调速：在正常运行状态下，调节电阻 R_P，改变直流电动机励磁电流大小，从而改变电动机励磁磁通，实现电动机转速的改变。

停车及制动：在正常运行状态下，按下按钮 SB1，接触器 KM2 和 KM3 线圈同时断电释放，其常开主触点断开，切断电动机电枢电路；同时 KM1 线圈通电吸合，其常开主触点闭合，通过电阻 R 接通能耗制动电路，而 KM1 另一对常开触点闭合，短接电容器 C，使电源电压全部加在励磁线圈两端，实现能耗制动过程中的强励磁作用，加强制动效果。松开按钮 SB1，制动结束。

4. 直流电动机制动控制

1）能耗制动

直流电动机单向旋转串电阻启动、能耗制动控制电路如图 3.55 所示。图中，KM1 为电源接触器，KM2、KM3 为启动接触器，KM4 为制动接触器，KV 为欠电压继电器，用于测量电枢两端的电压，当电枢电压大于或等于设定值时，KV 触点动作，动合触点闭合，动断触点断开；当电压低于设定值时，KV 触点恢复常态。

电路启动工作情况与图 3.52 相同。停车时，按下停止按钮 SB1，KM1 线圈断电释放，其主触头断开电动机电枢电源，电动机以惯性旋转。由于此时电动机转速较高，电枢两端仍建立足够大的感应电势，使并联在电枢两端的电压继电器 KV 经自锁触头仍保持通电吸合状态，KV 常开触头仍闭合，使 KM4 线圈通电吸合，其常开主触头将电阻 R_4 并联在电枢两端，电动机实现能耗制动，使转速下降，电枢感应电动势随之下降，当降至一定值时电压继电器 KV 释放，KM4 线圈断电，电动机能耗制动结束，电动机自然停车至零。

2）反接制动

图 3.56 所示为直流电动机可逆旋转反接制动控制电路。

图中，KM1、KM2 为正反转接触器，KM3、KM4 为短接启动电阻接触器，KM5 为

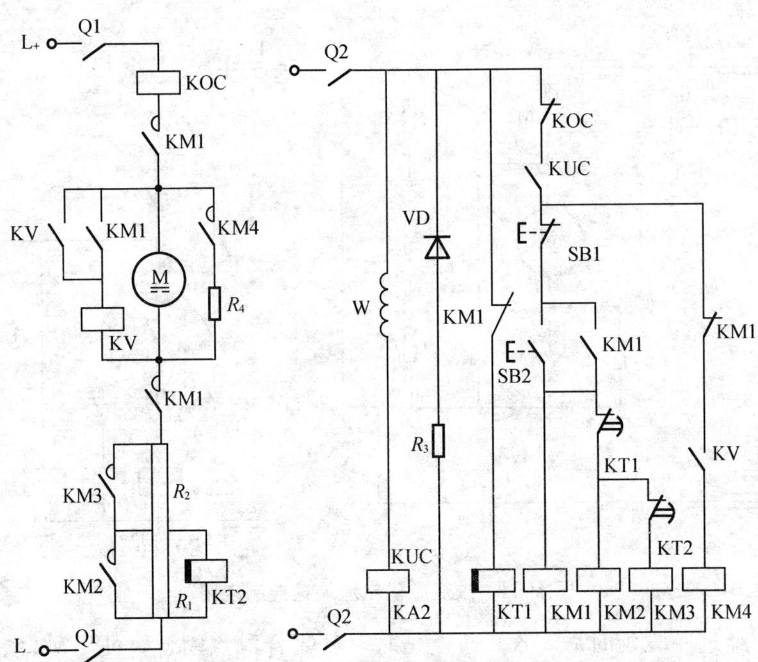

图 3.55　直流电动机能耗制动电路

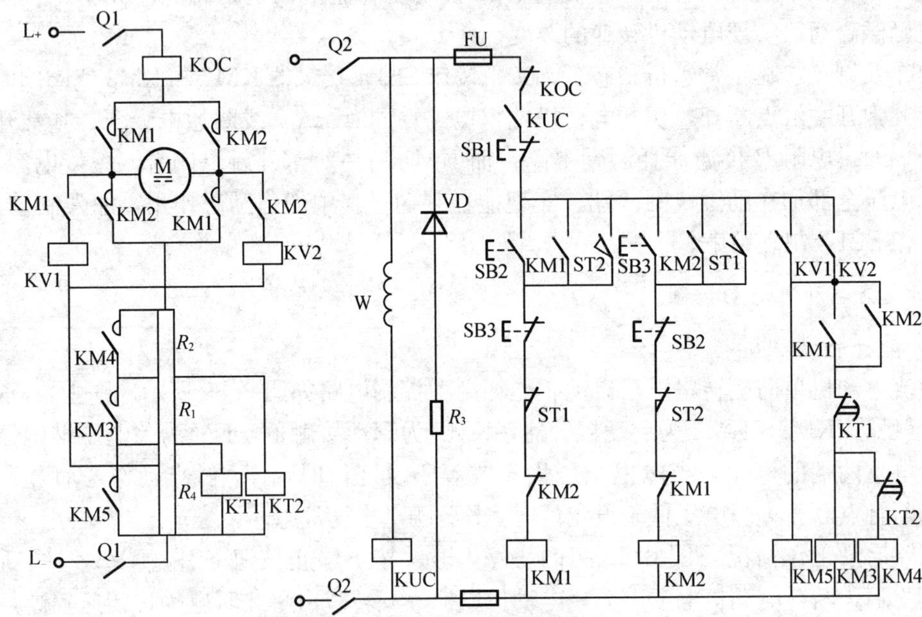

图 3.56　可逆运行反接制动控制电路

反接制动接触器，KOC 为过电流继电器，KUC 为欠电流继电器，KV1、KV2 为反接制动电压继电器，R_1、R_2 为启动电阻，R_3 为放电电阻，R_4为反接制动电阻，KT1、KT2 为时间继电器，ST1 为正向变反向行程开关，ST2 为反向变正向行程开关。

该电路为按时间原则两级启动，能实现正反转并通过 ST1、ST2 行程开关实现自动往复，在换向过程中能实现反接制动，以加快换向过程。下面以电动机正向变反向运行为例

来说明电路工作情况。

电路工作情况分析如下。

正向变反向运行：电动机正在作正向运转并拖动运动部件作正向移动，当运动部件上的撞块压下行程开关 ST1 时，KM1、KM3、KM4、KM5、KV1 线圈断电释放，KM2 线圈通电吸合，电动机电枢接通反向电源，同时 KV2 线圈通电吸合，反接时的电枢电路如图 3.57 所示。

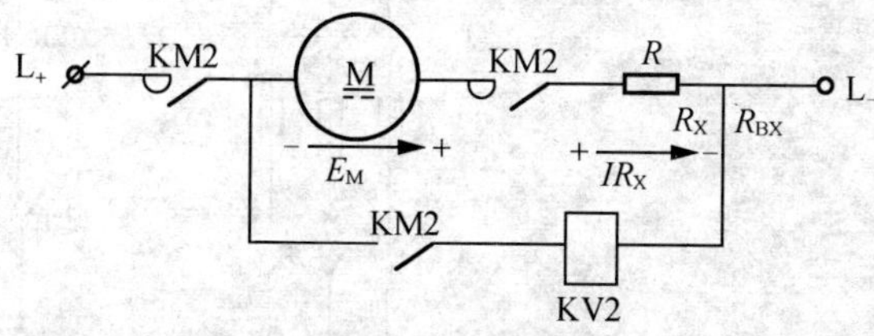

图 3.57　反接时的电枢电路

由于机械惯性，电动机转速及电动势 E_m 的大小和方向来不及变化，且电动势 E_m 方向与电枢串电阻电压降 IR_X方向相反，此时加在电压继电器 KV2 线圈上的电压很小，不足以使 KV2 吸合，KM3、KM4、KM5 线圈处于断电释放状态，电动机电枢串入全部电阻进行反接制动，电动机转速迅速下降，随着电动机转速的下降，电动机电势 E_m 迅速减小，电压继电器 KV2 线圈上的电压逐渐增加，当 $n\approx0$ 时，$E_m\approx0$，加至 KV2 线圈电压加大并使其吸合，其常开触点闭合，KM3 线圈通电吸合。KM5 主触点短接反接制动电阻 R_4，同时 KT1 线圈断电释放，电动机串入 R_1、R_2 电阻反向启动，经 KT1 断电延时触点闭合，KM3 线圈通电，KM3 主触点短接启动电阻 R_1，同时 KT2 线圈断电释放，经 KT2 断电延时触点闭合，KM4 线圈通电吸合，KM4 主触点短接启动电阻 R_2，进入反向正常运转，拖动运动部件反向移动。

当运动部件反向移动撞块压下行程开关 ST2 时，则由电压继电器 KV1 来控制电动机实现反向时的反接制动和正向启动过程。

思考与练习

1. 他励直流电动机实现反转的方法有哪两种？实际应用中大多采用哪种方法？

2. 试设计一台异步电动机的控制线路，要求达到以下要求。

① 能实现启、停两地控制；

② 能实现点动控制；

③ 能实现单方向的行程保护；

④ 具有短路和过载保护。

3. 电动机启动时间与启动电流之间的关系是什么？在启动电流过大可能跳闸时，应如何降低启动电流？

4. 某机床由两台三相笼式异步电动机 M1、M2 拖动，其控制要求如下。

① M1 功率较大，要求采用星形——三角形换接启动，且停车带有能耗制动；

② M1 与 M2 的启/停控制顺序是先开 M1，经 30s 后方允许 M2 启动，而停车顺序相

反，只有在 M2 停车后才允许 M1 停车；

③ M1、M2 的启停控制均可以两处操作.

试设计电气控制原理线路，并设置必要的电气保护。

5. 图 3.58 所示为电力变压器风冷控制电路，试分析其工作原理。

图 3.58　风冷式电力变压器及其控制电路

当提示温度上升超过上限值 55℃时，电接点温度计 ST1 触点闭合；当温度降低到 45℃时，电接点温度计 ST2 的触头闭合。SA 为手动与自动选择开关。

6. 图 3.59 是电动机单向运行速度原则能耗制作控制电路。图中 KM1 为电动机控制接触器，KM2 为能耗制动接触器、KS 为速度继电器。试分析其工作原理。

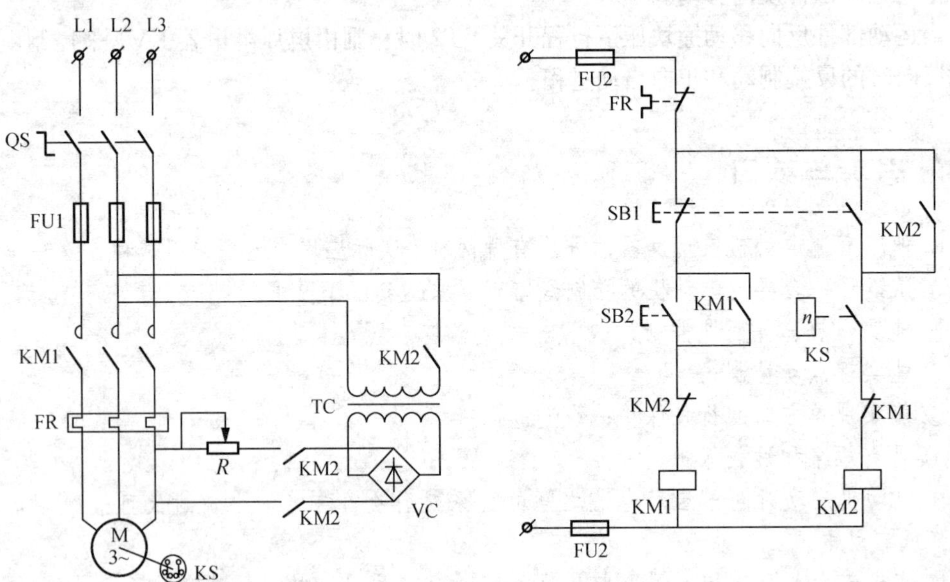

图 3.59　电动机单向运行速度原则能耗制作控制电路

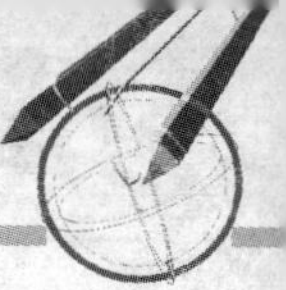

3.2 实验实训仿真

机电传动控制的特点是机电结合、电为机用，密切结合工程实际。由于实验室的条件有限，机电传动控制中许多实验常常因为电压高(380V)、安全性差或因实验设备不足，不能保证每人均能动手实验。同时受到学时的限制，实验开设过程中采用传统的实验教学方法有很大困难。许多情况下只能教师讲解并演示实验内容，实验效果较差。随着计算机技术的飞速发展，新的教学方法和新的辅助教学手段不断出现，传统的实验教学观念和实验教学方法已不能适应客观要求，因此利用实验仿真系统势在必行，而使用计算机仿真技术对各种系统进行仿真操作具有方便快速、价格低廉及有助于激发学生的创造力等优点。

仿真软件是从50年代中期开始发展起来的，它的发展与仿真应用、算法、计算机和建模等技术的发展相辅相成。

V-ELEQ电气仿真软件为机电传动控制知识的学习创设了良好的学习平台，V-ELEQ仿真的执行和控制使学生学习电机控制电路更容易更方便。它跳跃传统的方式不仅实现了工厂的三维仿真，使虚拟现实仿真更加逼真，而且把通过仿真验证的控制逻辑单元用作监视及控制模块，使之能够实现并行工程及软件硬件的并行设计。

利用该软件可以快速方便地对各种电气控制线路进行模拟仿真。不同线路的运行状态和继电器的颜色与触点的开关状态得到实时的动态演示，同时可以在线路上设置故障，具有直观性。

3.2.1 仿真控制流程

如图3.60所示是通过用户输入模型信息进行仿真，通过硬件界面实现控制的仿真控制流程。

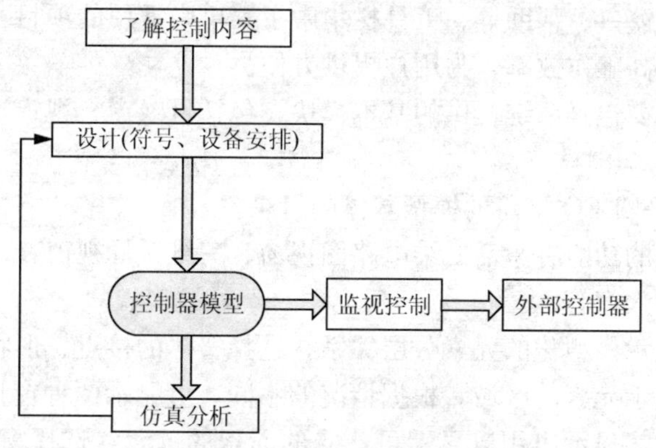

图3.60 仿真控制流程

3.2.2 V-ELEQ认识

利用V-ELEQ系统提供的基本模块可以建立概念性的模型或系统图形。它提供的基本模块有电气模块、PLC模块(梯形图)、气压模块(阀，气缸)、设备模块(物流设备)、硬件界面模块(数字 IO，RS232C)和其他模块(时间/位移线图)。

各元件要素可分为二维符号和三维模型。要素本身具有自身的参数，通过要素间的排线或连接使要素间建立一定的相关关系。

V-ELEQ 启动后的界面如图 3.61 所示。

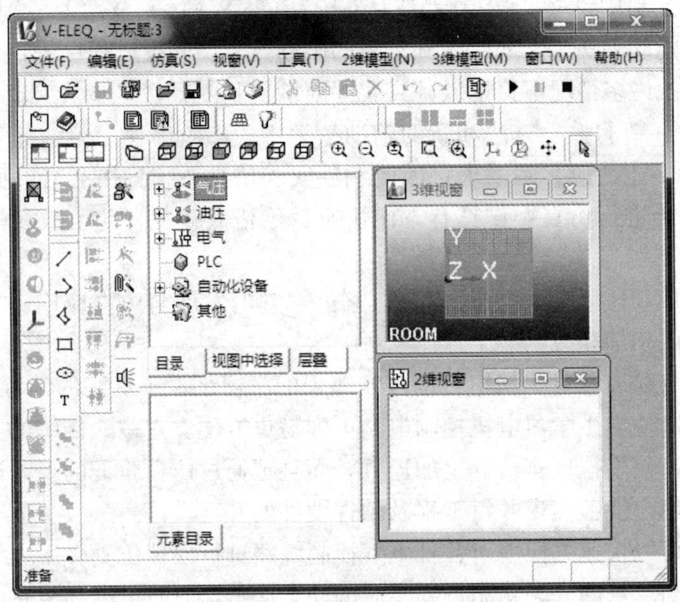

图 3.61　V-ELEQ 用户界面

从图中可以看出，它使用标准的 Windows 窗口界面，非常友好，由各种工具栏、菜单栏、辅助窗口、设计区等构成。

上端包括标题栏、菜单栏和工具栏三部分。最上端是标题栏，V-ELEQ 的图标显示于左上端，当打开文件时，打开的文件名显示在 V-ELEQ 图标后面。菜单栏中包括文件、编辑、仿真、视窗、窗口、帮助等。工具栏集中了菜单中常用的项目，解决了需要查找多层菜单的麻烦，可提高工作效率，为用户提供方便。

界面左端的目录窗包含系统提供的基本模块，包括目录窗、视窗选择窗、层叠窗口和元素目录窗口。

目录窗显示出 V-ELEQ 支持的模型基体的目录。

视图选择窗实现的功能有激活二维电路图视窗、三维布局视窗、PLC 管理视图窗及经常使用的对象实体输入窗等。

层叠窗口用来显示模型化的元素分层关系，选择实体的接点、形状、质量等。

元素目录窗是显示元素的区域，根据情况的不同，可显示两种窗口，当选择了要在目录窗中建立的目录时，显示出用以显示可建立的元素的“元素选择窗”；当选择了建立的特定模型时，显示出可输入元素属性的“元素属性窗”。

中央是电路设计窗，下端输出窗为用户提供各种信息，状态栏显示所选命令的说明及仿真过程的有关信息。

3.2.3　电气控制电路工作原理图仿真

以如图 3.62 所示三相电动机典型的星/三角降压启动电路为例来介绍如何使用 V-ELEQ 软件组成原理图并进行仿真。

1. 实验目的

(1) 熟悉交流接触器、热继电器、时间继电器、按钮等电气元件的结构、工作原理、图形符号和文字符号以及使用方法。

(2) 掌握异步电动机 Y-△启动控制电路的工作原理及接线方法。

(3) 能够识读较复杂的电气控制路。

2. 虚拟实验器材

(1) 交流接触器 3 个。

(2) 热继电器 一个。

(3) 三位按钮一个(手动操作自动复位触点 a 一个、手动操作自动复位触点 b 一个)。

(4) 三相电动机一台。

(5) 熔断器两个。

(6) 低压断路器 (MCCB)一个。

(7) 时间继电器一个。

3. 实验电路

三相异步电动机启停自锁控制电路如图 3.62 所示。为方便对比学习使用，图 3.62 中分别给出了使用国家标准和国际流行的 NEMA 标准(本仿真软件采用)绘制的电路图。

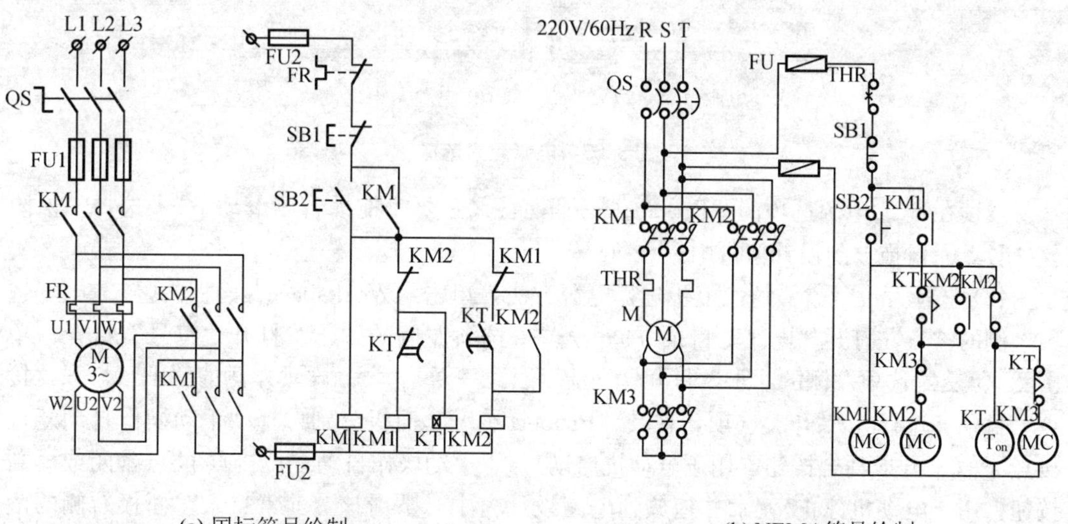

(a) 国标符号绘制　　(b) NEMA符号绘制

图 3.62　三相异步电动机启停自锁控制电路

电路工作分析如下。

当闭合电源开关 QS 时，按下启动按钮 SB2。KM、KM1、KT 线圈同时通电，KM 自锁，电动机三相定子绕组连接成星形接入三相交流电源进行减压启动。在延时一段时间

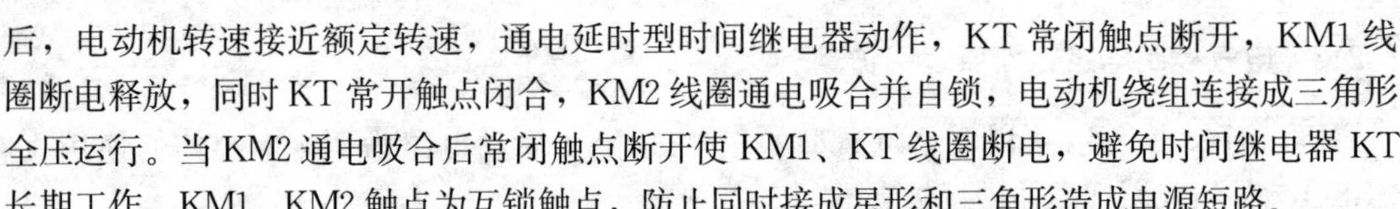

后，电动机转速接近额定转速，通电延时型时间继电器动作，KT 常闭触点断开，KM1 线圈断电释放，同时 KT 常开触点闭合，KM2 线圈通电吸合并自锁，电动机绕组连接成三角形全压运行。当 KM2 通电吸合后常闭触点断开使 KM1、KT 线圈断电，避免时间继电器 KT 长期工作。KM1、KM2 触点为互锁触点，防止同时接成星形和三角形造成电源短路。

4. 电路原理图绘制与仿真

1）选择电路构成元素

(1) 选择电源元素。单击“Workspace”面板中电气选项左侧的“+”打开“电气”目录→单击符号选项左侧的“+”打开“符号”目录→单击交流选项左侧的“+”打开“交流”目录→选择电源选项，如图 3.63(a)所示。

在下方的“Properties…”面板中选择“3 相 3 线”元素(3.63(b))，在按住鼠标左键的状态下拖放到电路设计窗中。

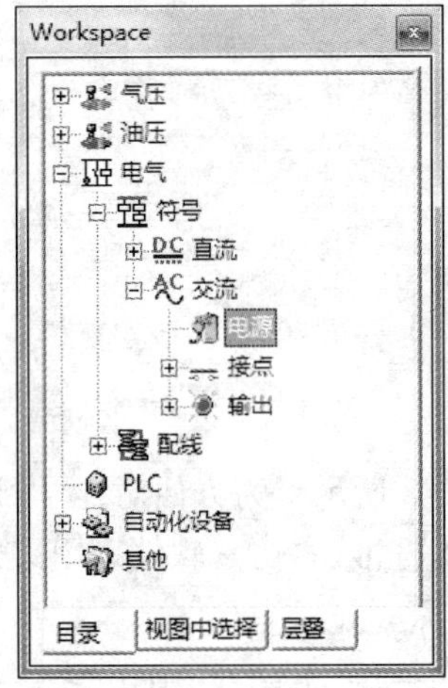

(a) 电源目录定位

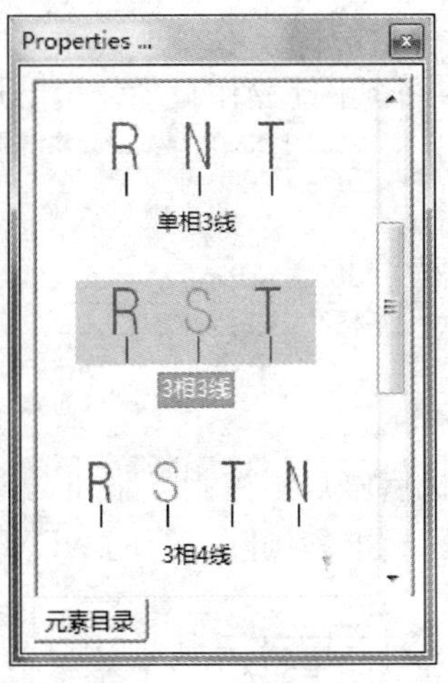

(b) 电源元素定位

图 3.63　电源元素选择

继续在电源电源选项的“Properties…”面板(必要时拖动右侧滚动条)中选择“保险丝(闭)”元素拖放到设计窗口中。

(2) 选择开关元素。仿照上步选择电源方法，单击“Workspace”面板中电气电气选项左侧的“+”打开“电气”目录→单击符号选项左侧的“+”打开“符号”目录→单击交流交流选项左侧的“+”打开“交流”目录→单击接点选项左侧的“+”打开“接点”目录→选择开关开关选项，在其“Properties…”面板分别选择“手动操作自动复位接点 a”(常开或动合按钮，用于电动机启动)与“手动操作自动复位接点 b”(常闭或动断按钮，用于电动机停止)元素并拖放到电路设计窗中。下滑该“元素目录”面板右侧的滚动条，选择“手动复位接点 b”(此处用作手动复位热继电器常闭触点)和“3 相 MCCB 开关”元素拖放到电路设计窗中，如图 3.64 所示。

如图 3.65 所示，选择电感线圈选项，在其“Properties…”面板中分别选择“继电器接点 a”、“继电器接点 b”与“MC 接点 a(3)”(必要时拖动右侧滚动条)触点拖放到电路设计窗中。

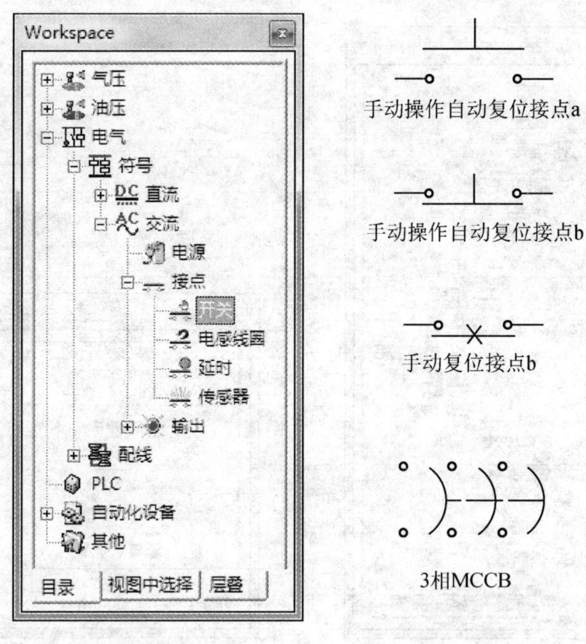

(a) 电源目录定位　　(b) 开关元素

图 3.64　开关元素选择

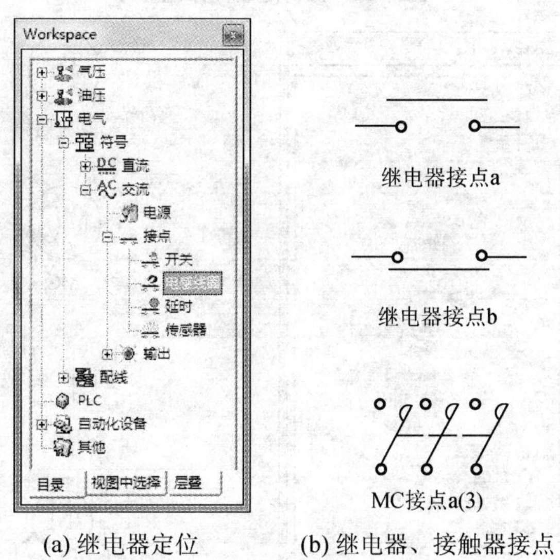

(a) 继电器定位　　(b) 继电器、接触器接点

图 3.65　继电器、接触器的触点选择

接着选择时间继电器的延时触点。

如图 3.66 所示，选择面板中的延时选项，在延时接点"Properties…"面板中选择"延时动作 a"与"延时动作 b"元素并拖放到电路设计窗里。

(3) 选择继电器。如图 3.67(a)所示，单击"Workspace"面板中电气选项左侧的"+"打开"电气"目录→单击符号选项的左侧的"+"打开"符号"目录，单击交流选项左侧的"+"打开"交流"目录，单击输出选项左侧的"+"打开"输出"目录，选择电感线圈选项。

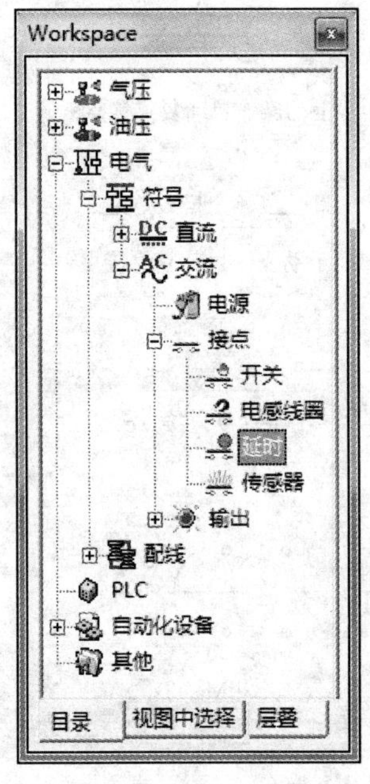

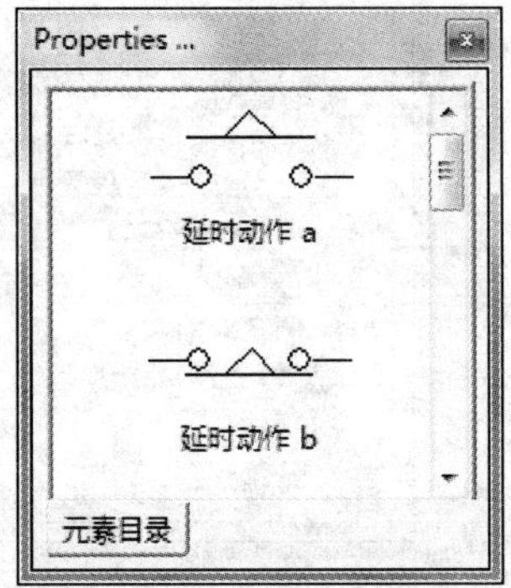

(a) 继电器定位

(b) 继电器、接触器接点

图 3.66　延时通断元素选择

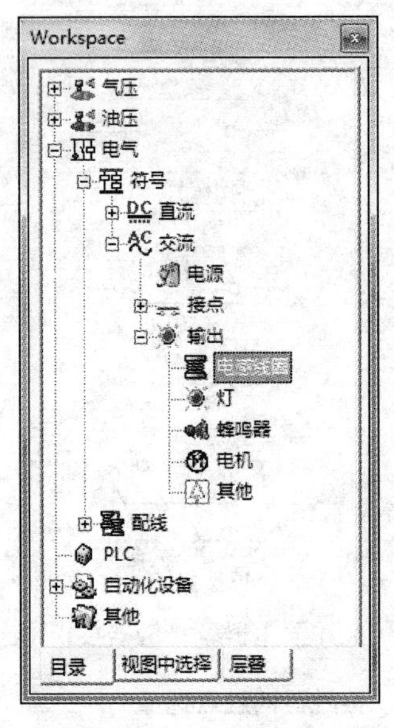

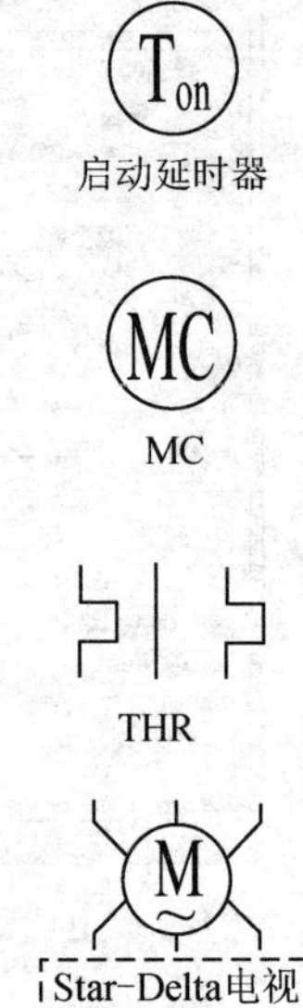

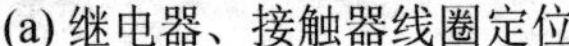
(a) 继电器、接触器线圈定位

(b) 线圈与电机

图 3.67　线圈与电动机选择

从得到的继电器线圈“Properties…”面板分别选择(必要时拖动右侧垂直方向滚动条)“启动延时器”、接触器线圈“MC”和“热继电器 THR”元素并拖放到电路中(图 3.67(b))。

接下来如图 3.67(a)所示选择面板中的Ⓜ电机选项，在其“Properties…”面板中选择所需的“Star-Delta 电机”元素拖放到电路中。

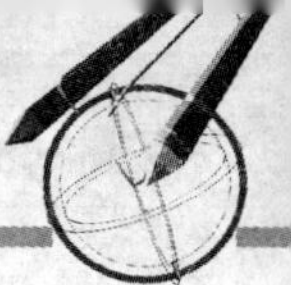

2）电路连接

在电路设计窗口中已经具有所需的电路元件，对开关与线圈进行复制以满足图 3.62 所示原理图中元件个数。根据电路图对各个电路元件元素进行重命名，按照原理图对电路元件的位置进行拖放调整后就可以进行电路的连接。

在图 3.61 所示的用户界面中单击工具栏中的“连接电路”符号，把鼠标放在某个要连接元件的末端，会发现鼠标光标的形状变为⊕。此时单击并选择好起始端点，然后把鼠标移动到准备连接器件的端点(本条线路终点)上，待鼠标光标的形状变为⊕后单击，从而完成一条线路的连接。按照相同的方法选择要连接的下一个元件的端点，进行连接。把电路设计窗口中的元件按照电路原理图用刚才的方法逐一连接，得到如图 3.62(b)所示的电路图。

【特别提示】

电路连接如果是针对元器件的话连接顺序不重要，如果是绘制电路连接节点的话，一定要从没有使用的元器件端点作连接线路起点，然后向已经完成的线路靠近，在鼠标形状变成⊕后，在所需位置单击，系统会自动生成电气连接节点。电气连接节点生成后，可根据需要再作位置调整。

3）器件参数设置

电路图连接好以后还需要对其属性参数进行设置(如元器件名称修改、参数额定值的修改、继电器线圈与触点的关联等)才能完成真正电气意义上的连接。以继电器(接触器)的触点与线圈连接为例。

在电路设计窗口中选中准备修改的继电器(接触器)后将会在其“Properties…”面板中显示出对应的可以修改的参数，如图 3.68 所示。其中图 3.68(a)所示的是继电器线圈的属性，图 3.68(b)所示的是继电器触点的属性。

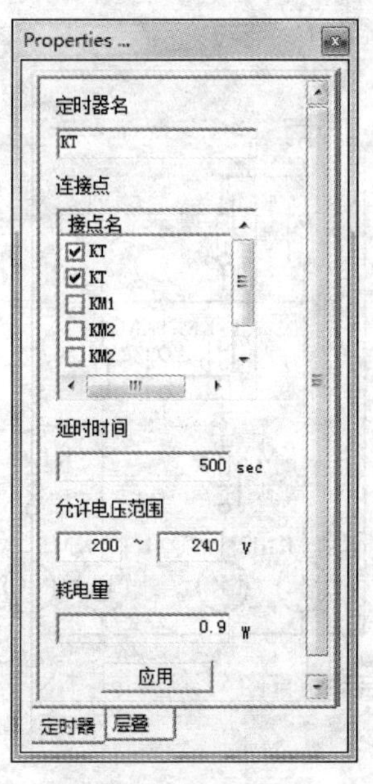

(a) 继电器线圈属性

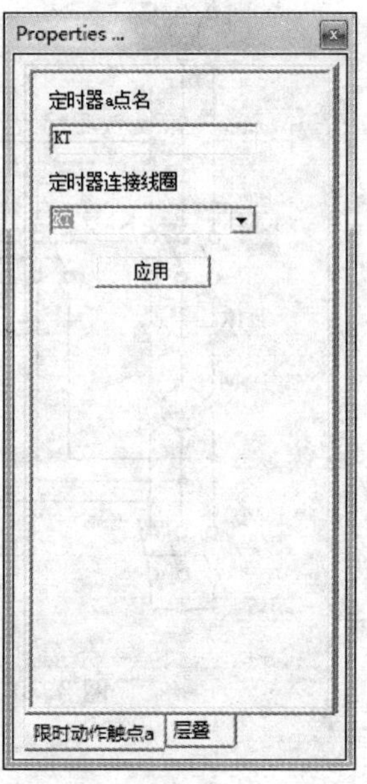

(b) 继电器触点属性

图 3.68　元器件参数修改

把元器件名称修改完成后，通过“连接点”(或“连接线圈”)功能把继电器的线圈与触点进行关联。从图中可以看出，一个线圈可以和多组触点通过名称关联(通过复选框)，但一个触点(以名称为单位)只能和一个线圈(通过下拉箭头)进行关联，这和真实物理器件的情况完全一致。

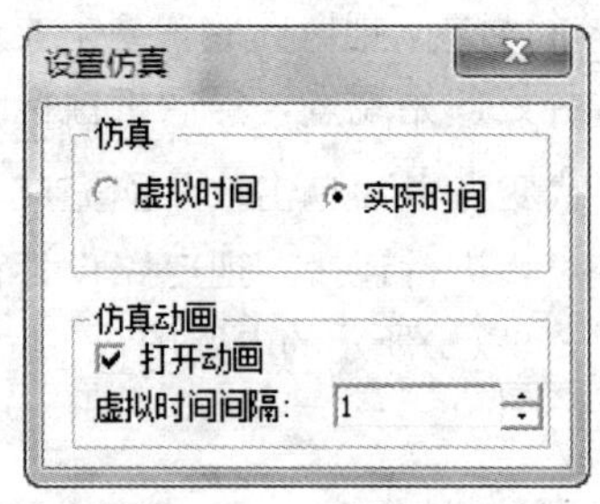

图 3.69　仿真环境设置

【特别提示】

参数修改完成后一定要单击下方的“应用”按钮才能生效，否则前功尽弃。

4）仿真

打开图 3.61 中菜单栏上的“仿真”菜单，选择“环境设置”命令，弹出如图 3.69 所示对话框。

选中“实际时间”单选按钮。

【特别提示】

仿真电路时，如果希望得到更好的视觉显示效果可不进行这步设置，使用系统默认的虚拟时间就可以，但仿真时间与时间继电器设定的延迟时间不符。

关闭设置选项卡后，单击工具栏中的仿真开始按钮▸。

把鼠标移到电源开关 QS 处，会发现鼠标的形状变成了手形。用鼠标单击 QS 开关，QS 闭合后电动机以星形开始启动，得到仿真结果如图 3.70 所示。

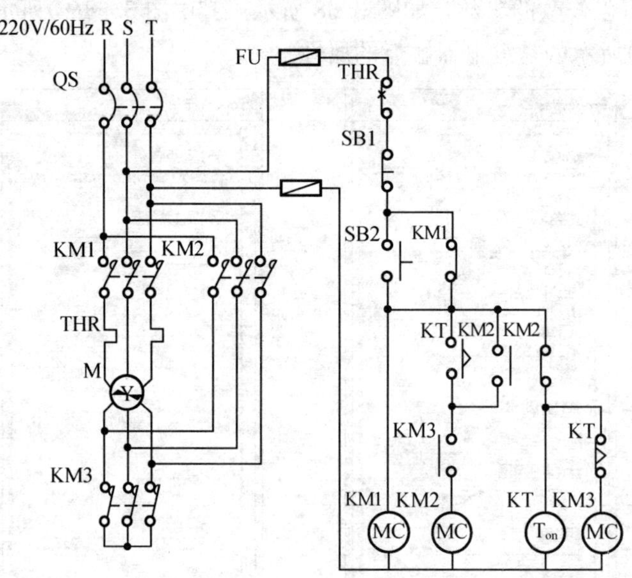

图 3.70　Y 形启动仿真图

【特别提示】

在电路仿真时，如果需要让两个开关(如“与(AND)”逻辑电路)同时闭合时，可在鼠标单击第一个

开关同时按住 Shift 键(如果不好操作，也可先按住 Shift 键再用鼠标单击开关)，然后再用用鼠标单击第二个开关。

经过时间继电器设定的延时时间后，电动机自动切换到△工作方式，如图 3.71 所示。

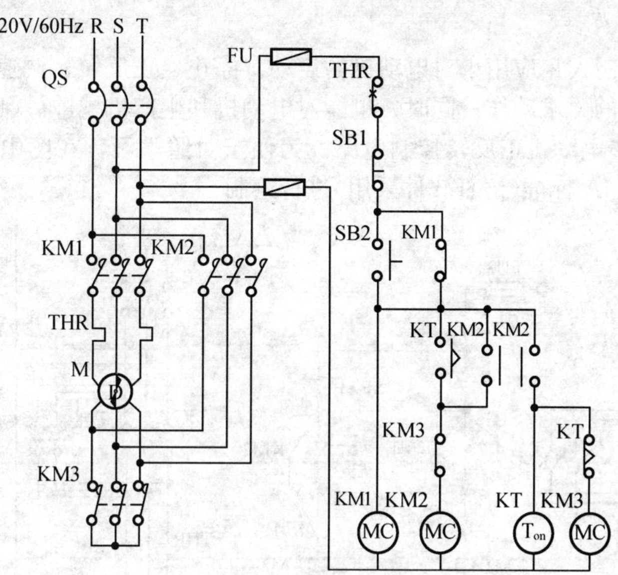

图 3.71　△形启动仿真图

当要停止仿真时，在工具栏中单击停止仿真按钮■。

【特别提示】

在仿真中(窗口下部状态栏有仿真时间显示，此时“开始仿真”按钮变灰，不可用)不能编辑电路图。若要编辑或修改电路图，应在单击暂停仿真按钮▮后，单击停止仿真按钮■，之后再进行修改或编辑工作。

3.2.4　接线实训仿真

下边以如图 3.72 所示三相电动机正反转控制电路为例来介绍如何使用 V-ELEQ 软件中的 3D 虚拟器件来完成元件布置、接线与虚拟仿真实训。

1. 实训目的

(1) 熟悉交流接触器、热继电器、按钮等电气元件的结构、工作原理、图形符号和文字符号及其在控制电路中的应用。

(2) 理解三相异步电机正转/反转电路的动作原理。

(3) 参考给定电路图，完成相关电器布置、连接并进行仿真。

2. 虚拟实验器材

(1) 交流接触器两个。

(2) 热继电器一个。

(3) 三位按钮一个(手动操作自动复位触点 a 一个、手动操作自动复位触点 b 一个)。

(4) 三相电动机一台。

(5) 熔断器两个。

(6) 低压断路器 (MCCB)一个。

3. 实验线路及原理

继电接触器控制大量应用于对电动机的启动、停止、正反转、调速、制动等控制，能使生产机械按规定的要求动作；同时，也能对电动机和生产机械进行保护。

图 3.72 是异步电动机正反转控制电路。为便于对照学习，在图中分别使用国家标准和国际流行的 NEMA 标准(仿真软件采用)进行绘制。

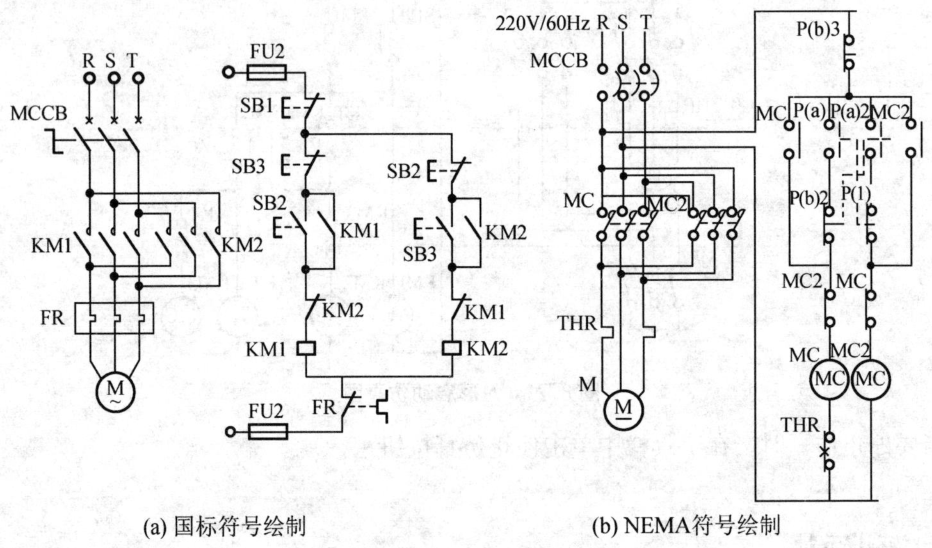

(a) 国标符号绘制　　　　(b) NEMA符号绘制

图 3.72　三相异步电动机正反转控制电路

启动动作顺序如下。

(1) 打开主电路的接线断路器 MCCB 操纵杆，接通电源，使电流流入。

(2) 按下启动按钮开关 SB2，接触器 KM1 动作，同时 KM1 触点 a 关闭，KM1 触点 b 打开，电机开始正方向旋转。

(3) 按下停止按钮 SB1，返回初始状态。

(4) 按下 SB3 按钮，电子接触器 KM2 动作，同时，KM2 触点 a 关闭，KM2 触点 b 打开，电机开始逆向旋转。

(5) 按下停止按钮 SB1，返回初始状态。

1) 选择电路构成元素

(1) 选择电源元素。单击“Workspace”面板中电气选项左侧的“+”打开“电气”目录→单击配线选项左侧的“+”打开“配线”目录→单击交流选项左侧的“+”打开“交流”目录→选择电源选项，如图 3.73(a)所示。

在下方的“Properties…”面板中选择三相交流电元素(图 3.73(b))元素后在按住鼠标左键的状态下拖放到电路设计窗中。

继续在电源选项的“Properties…”面板(必要时拖动右侧滚动条)选择保险丝元素放到设计窗口中。

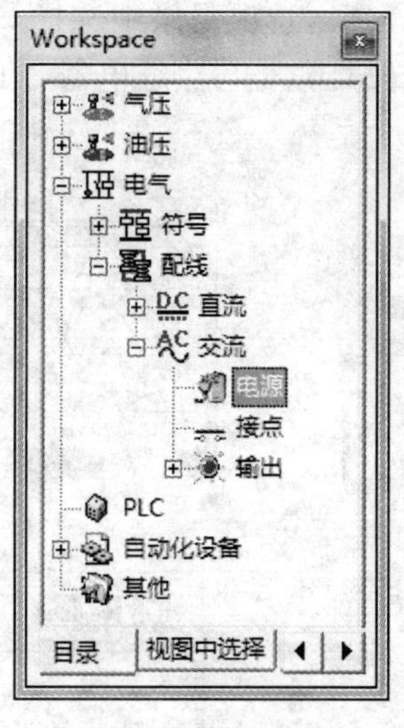

(a) 电源目录定位

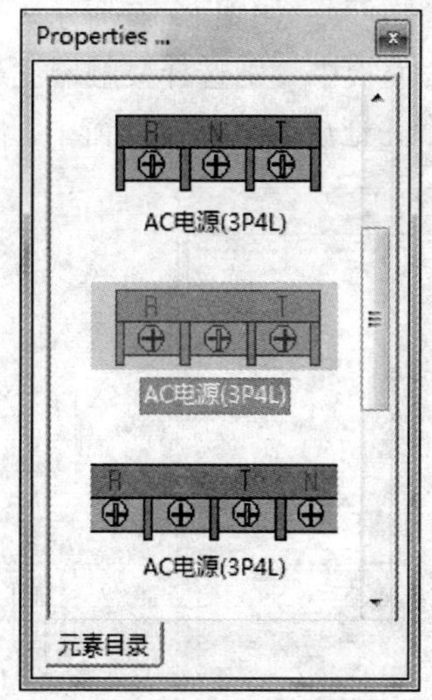

(b) 电源元素定位

图 3.73　电源元素选择

(2) 选择开关元素。仿照上步选择电源方法，单击“Workspace”面板中电气选项左侧的“+”打开“电气”目录→单击配线选项左侧的“+”打开“配线”目录→ 选择交流选项左侧的“+”打开“交流”目录→选择接点选项，在其“Properties…”面板分别选择“手动操作自动复位接点 b”(常闭或动断按钮，用于电动机停止)与“压按接点 c”(复合按钮)元素并拖放到电路设计窗中。下滑该“元素目录”右侧的滚动条，选择“MCCB 开关”元素拖放到电路设计窗中，如图 3.74 所示。

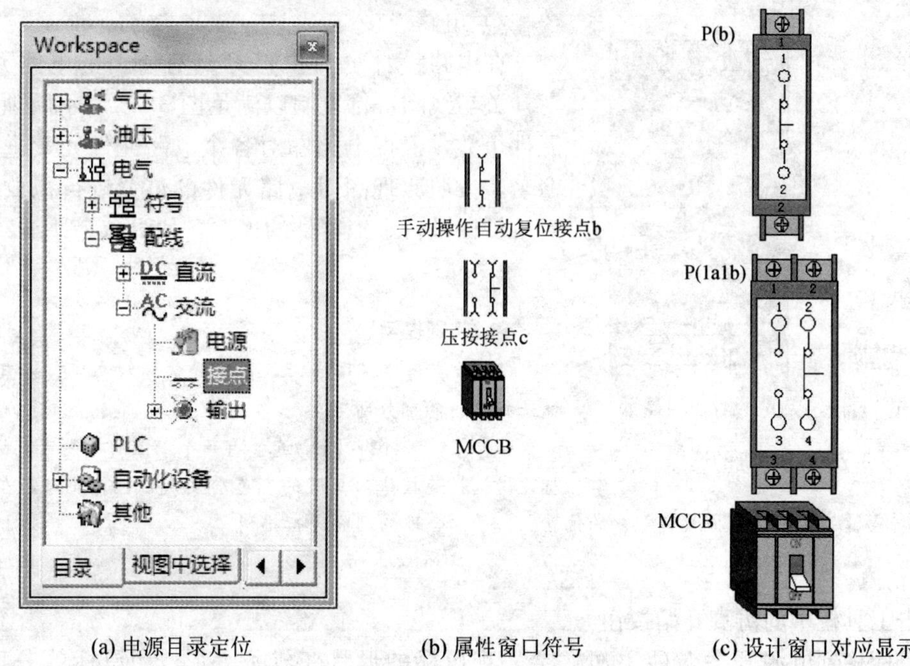

(a) 电源目录定位　　(b) 属性窗口符号　　(c) 设计窗口对应显示

图 3.74　开关、按钮元素选择

(3) 选择电磁继电器。如图 3.75 所示，在 输出 选项目录中选择 电感线圈 选项，在其“Properties…”面板中分别选择接触器“MC(1a1b)”与热继电器“THR”(必要时拖动右侧滚动条)元素并拖放到电路设计窗中。

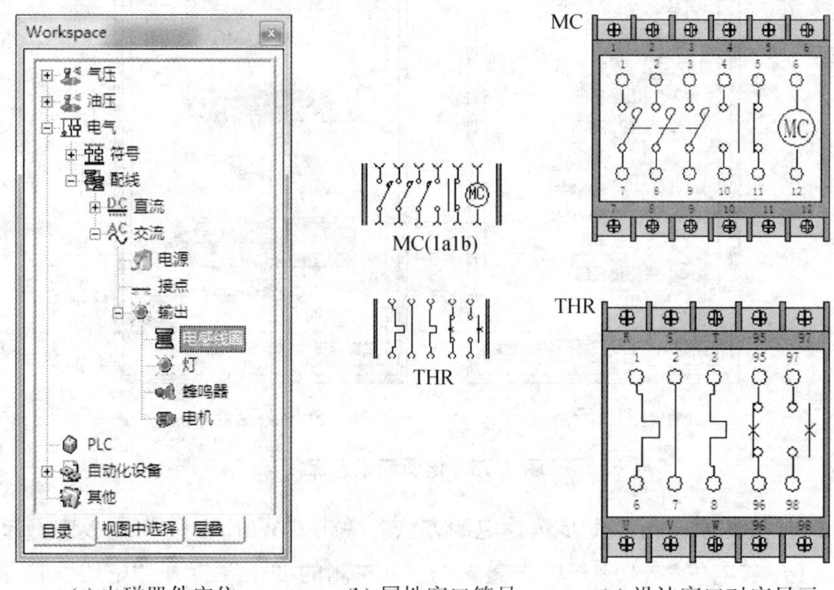

(a) 电磁器件定位　　(b) 属性窗口符号　　(c) 设计窗口对应显示

图 3.75　电磁继电器的选择

接下来如图 3.75(a)所示选择面板中的 电机 选项，在其“Properties…”面板中选择所需的“交流电机”(图 3.76)元素并拖放到电路中。

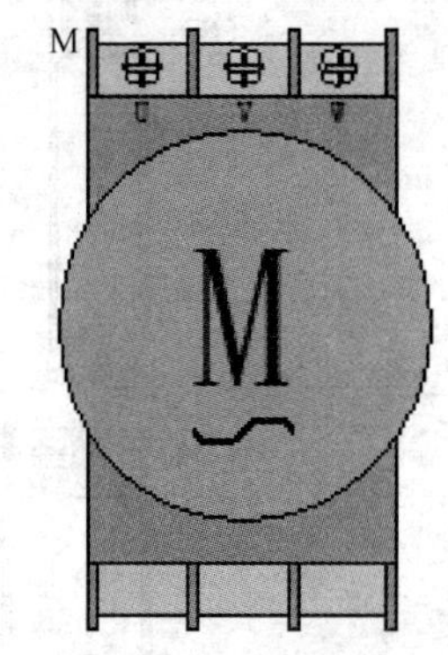

(a) 属性窗口符号　(b) 设计窗口显示

图 3.76　电动机的选择

2) 电路连接

在电路设计窗口中已经具有所需的电路元件，对开关与线圈进行复制以满足图 3.72 所示原理图中元件个数，根据电路图对各个电路元件元素进行重命名，按照原理图对电路元件的位置进行拖放调整后就可以进行虚拟器件的连接，如图 3.77 所示。

【特别提示】

(1) 以直角弯折接线时，在选择线的状态下，以鼠标左键选择要折的部分即可。

(2) 当相同针脚(PIN)连接有两个以上的接线时，利用鼠标左键选择连接线后，线的颜色会变成红色。此时，在长时间按住鼠标左键的状态下，拖放到需要的位置上，并以合理的间隔进行排列。

3) 仿真

单击工具栏中的仿真开始按钮▶。

把鼠标移到电源开关 MCCB 处，会发现鼠标的形状变成了手形。用鼠标单击开关，QS 开关闭合电动机以星形开始启动，得到仿真结果如图 3.78 所示。

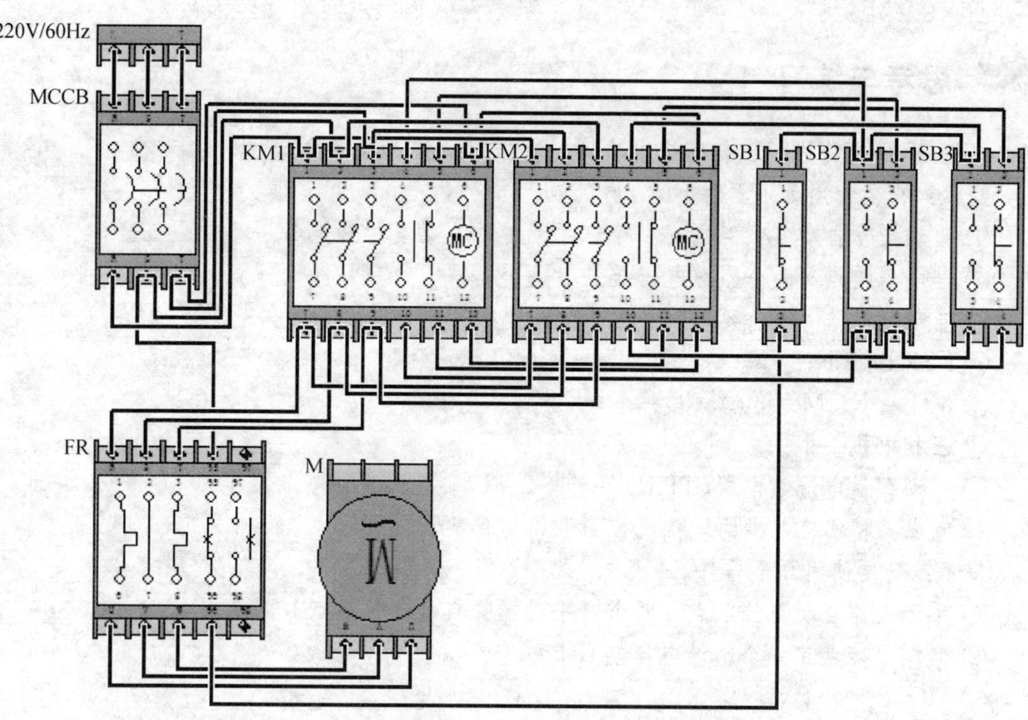

图 3.77　三相感应电机正反转双重互锁虚拟实训

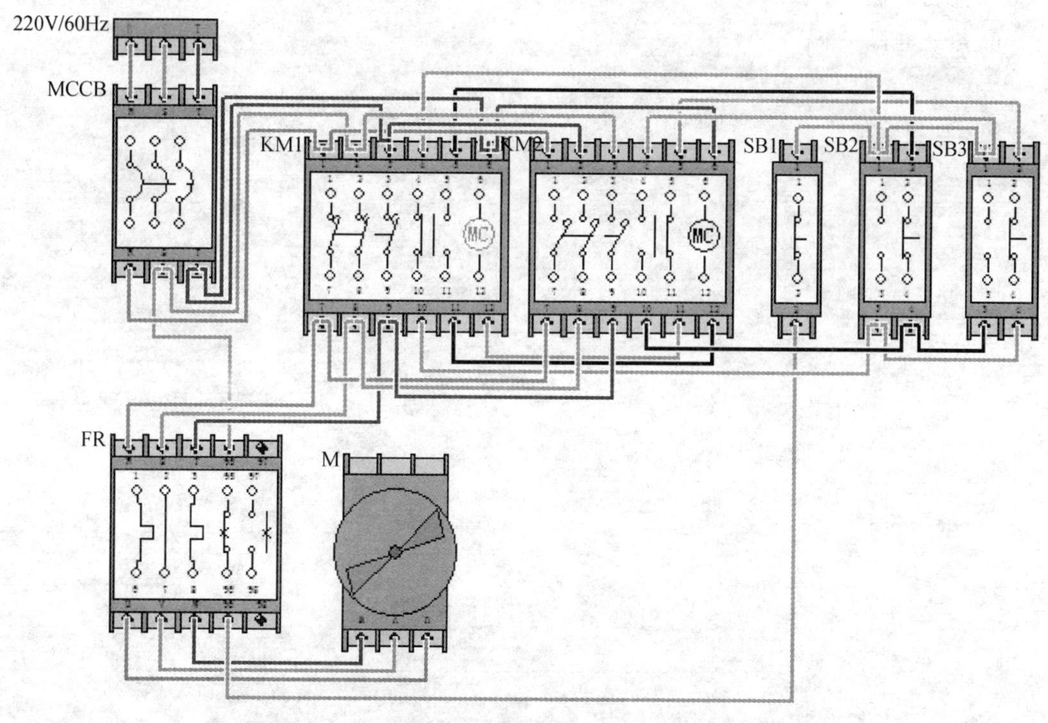

图 3.78　三相感应电机正反转实训仿真结果

当要停止仿真时，在工具栏中单击停止仿真按钮■。

思考与练习

1. 用 V-ELEQ 进行三相感应电机延时直接启动控制电路仿真。

提示：需要使用如下器件。

① 手动操作自动复位触点 a 一个、手动操作自动复位触点 b 一个；

② 继电器接点 a 两个、继电器接点 b 两个；

③ 启动延时器一个、延时动作触点 a 一个；

④ MCCB 一个；

⑤ MC 一个、MC 接点 a(3)一个；

⑥ 三相电机一个；

⑦ 热动型过电流继电器(THR) 一个。

2. 完成三相感应电机两地接线控制电路仿真实训。

提示：需要使用如下器件。

① 手动操作自动复位触点 a 两个、手动操作自动复位触点 b 两个；

② 继电器接点 a 一个、继电器接点 b 一个；

③ MCCB 一个；

④ MC 一个、MC 接点 a(3)一个；

⑤ 三相电机一个；

⑥ 热继电器一个。

模块4

现代控制技术

随着科学技术的不断发展，电动机控制方法从手动控制发展到自动控制。在控制原理上，从有触点的继电接触式控制系统发展成为以计算机为核心的“软”控制系统。1969年出现了世界上第一台以软件手段来实现各种控制功能的革命性控制装置——可编程序逻辑控制器，它把计算机的优点和继电接触式控制系统的操作方便、价格低廉等优点结合起来，成为一种适应于工业环境的通用控制整置。现在的可编程序控制器已可以完成大型而复杂的控制任务，已成为工业自动化的技术支柱之一。

4.1 可编程序控制器

可编程序控制器(PLC，Programmable Logic Controller)是计算机技术与继电器常规控制技术相结合的产物，是近年来发展最迅速、应用最广泛的工业自动控制装置之一。它以其可靠性高、逻辑功能强、体积小、可在线修改控制程序、具有远程通信联网功能、易于与计算机接口、能对模拟量进行控制、具备高速计数与位控等高性能模块等优异性能，日益取代由大量继电器、时间继电器、计数继电器等组成的传统继电接触器控制系统，并在机械、化工、电力、轻工等工业控制领域得到广泛应用。

目前各国生产的PLC品种繁多，按产地划分，可分为日系、欧美、韩台、大陆等。其中，日系具有代表性的为三菱、欧姆龙、松下、光洋等；欧美系列具有代表性的为西门子、A-B、通用电气、德州仪表等；韩台系列具有代表性的为LG、台达等；大陆系列具有代表性的为合利时、浙江中控等。各种PLC性能规模各异，指令系统不尽相同，本部分以三菱FX2系列(图4.1(a))和西门子S7－200系列(图4.1(b))为例加以介绍。

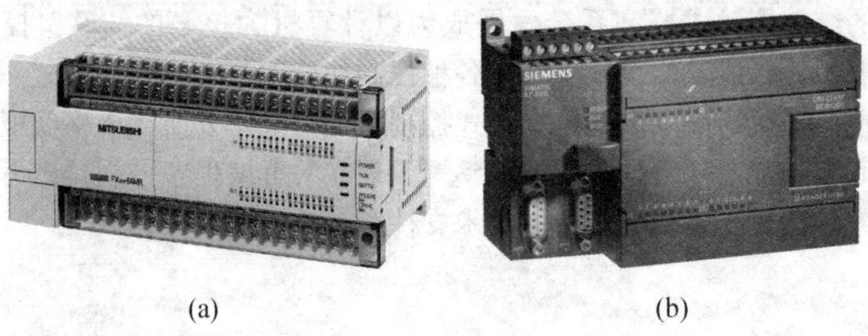

(a) (b)

图4.1 三菱和西门子PLC

4.1.1 PLC的基本结构

PLC的类型繁多，功能和指令系统也不尽相同，但结构与工作原理大同小异，通常由主机、输入/输出接口、电源、编程器、扩展器接口和外部设备接口等几个主要部分组成，如图4.2所示。

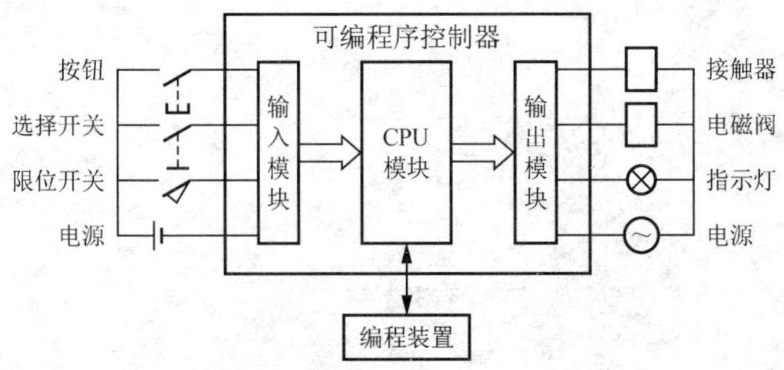

图4.2 PLC的基本结构图

1. 主机

主机部分包括中央处理器(CPU)和存储器两部分。

1）CPU

CPU 是 PLC 的核心，其主要作用有以下 4 条。

(1) 接收从编程装置输入的用户程序，并存入程序存储器中。

(2) 用扫描方式采集现场输入状态和数据，并存入相应数据寄存器中。

(3) 执行用户程序，完成程序规定的逻辑和算术运算，并产生相应的输出信号，实现程序规定的各种操作。

(4) 诊断 PLC 的各种运行错误。

2）存储器

PLC 的存储器有两种，一种是存放系统程序的存储器，另一种是存放用户程序的存储器。系统程序存储器用只读存储器(ROM、PROM、EPROM、EEPROM)实现；用户程序存储器一般用随机存储器(RAM)实现，以方便用户修改程序，而且为了使在 RAM 中的信息不丢失，RAM 都有后备电池。固定不变的用户程序和数据也可固化在只读存储器中。

【特别提示】

用户存储器的大小与可存储的用户程序量有关，它决定了用户所编制程序的长短，内存大，可存储的程序量就大，就可以完成更复杂的控制。

2. 输入/输出(I/O)接口

I/O 接口是 PLC 与输入/输出设备连接的部件。输入接口接收输入设备(如按钮开关、传感器、触点、行程开关等)的控制信号；输出接口是将主机经处理后的结果通过功放电路去驱动输出设备(如接触器、电磁阀、指示灯、蜂鸣器等)。I/O 接口一般采用光电耦合电路，以减少电磁干扰，提高可靠性。I/O 点数即输入/输出端子数，是 PLC 的一项主要技术指标，通常小型机有几十个点，中型机有几百个点，大型机超过千点。

【特别提示】

I/O 点数越多，外部可连接的 I/O 器件就越多，控制规模就越大。它是衡量 PLC 性能的重要指标之一。

1）输入接口

输入电路的作用是将现场的开关量信号变成 PLC 内部处理的标准信号。开关量输入电路可分为 3 类：直流输入接口、交直流输入接口和交流输入接口。

直流输入接口原理如图 4.3 所示。图中只画了一个输入接点，其他的输入点与之相同，COM 是公共端。

当现场的输入开关闭合后，光电耦合器导通，将输入信号送入 PLC 内部电路，CPU 在输入阶段读入数字“1”供用户程序处理，同时相应的 LED 输入指示灯点亮，指示输入端现场开关接通。反之，当输入开关断开时，光电耦合器截止，CPU 在输入阶段读入数字“0”供用户程序处理，同时相应的 LED 输入指示灯熄灭，指示输入端现场开关断开。

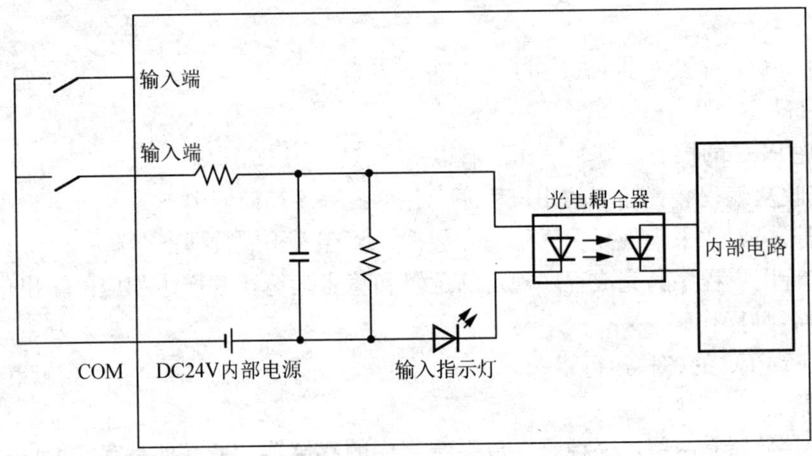

图 4.3 直流输入接口

【特别提示】

直流输入接口所用的电源，一般由 PLC 内部自身电源供给。

交直流输入接口的工作原理如图 4.4 所示。其电路结构与直流输入接口基本相同，只是电源还可以使用交流电。

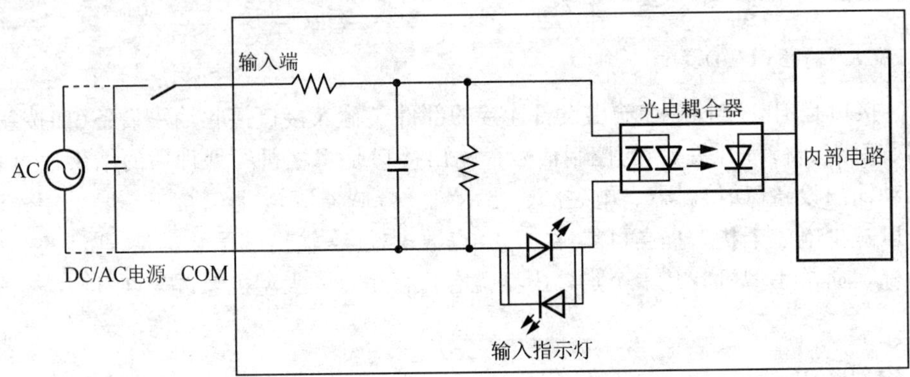

图 4.4 交直流输入接口

【特别提示】

交直流输入接口所用的电源，一般由外部电源供给。

交流输入接口原理的工作如图 4.5 所示。*RC* 电路起调频滤波作用，电源使用交流电，一般由外部电源供给。

2）输出接口

输出电路的作用是将 PLC 的输出信号传送到用户输出设备(负载)。按输出器件的种类不同，输出电路可分为 3 类：继电器输出型、双向晶闸管输出型和晶体管输出型。

继电器输出型的工作原理如图 4.6 所示。

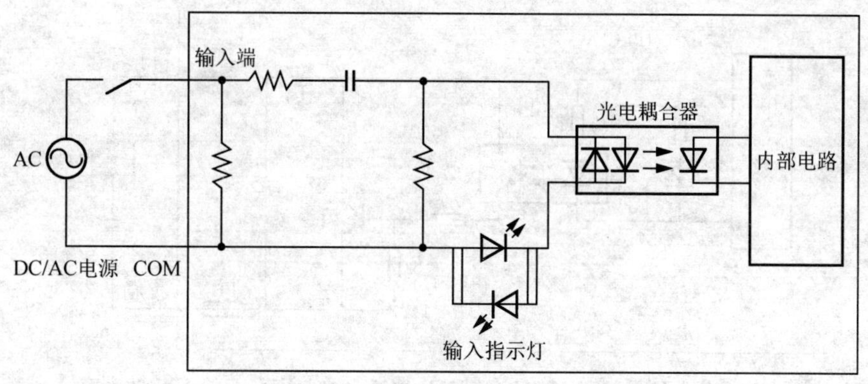

图 4.5　交流输入接口

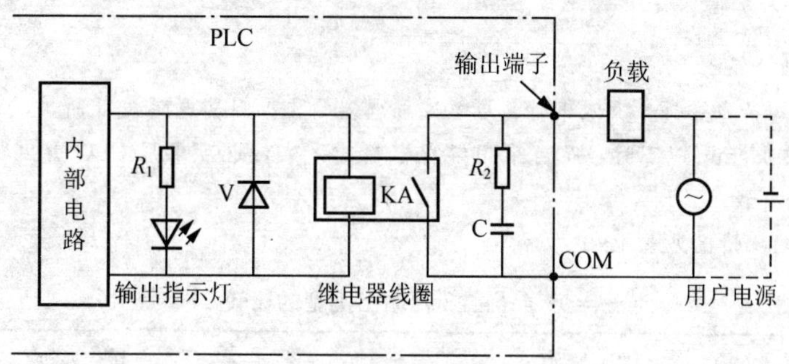

图 4.6　继电器输出型

这种输出的优点是不同公共点之间可带不同的交、直流负载，且电压也可不同，带负载电流可达 2A/点；但继电器输出方式不适用于高频率动作的负载，这是由继电器的寿命所决定的。其寿命随带负载电流的增加而减少，一般在几十万次至几百万次之间，有的公司产品可达 1000 万次以上，响应时间为 10ms。

双向晶闸管输出型的工作原理如图 4.7 所示。这种输出的特点是带负载能力为 0.2A/点，且只能带交流负载，可适应于高频动作，响应时间为 1ms。

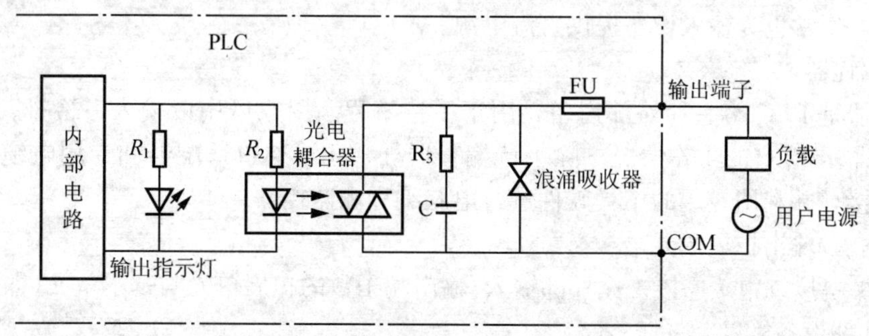

图 4.7　双向晶闸管输出型

晶体管输出型的工作原理如图 4.8 所示。这种输出最大优点是适应于高频动作，且响应时间短，一般为 0.2ms 左右，但它只能带 DC 5～30V 的负载，最大输出负载电流为 0.5A/点，但每 4 点不得大于 0.8A。

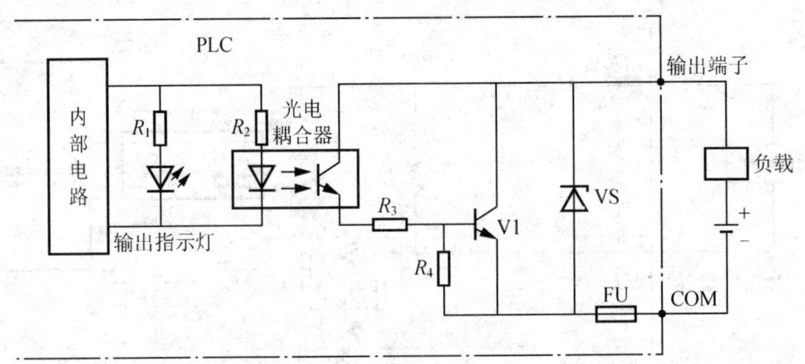

图 4.8　晶体管输出型

【特别提示】

当系统输出频率为每分钟 6 次以下时，应首选继电器输出，因其电路设计简单，抗干扰和带负载能力强。当频率为 10 次/min 以下时，既可采用继电器输出方式，也可采用 PLC 输出驱动达林顿三极管(5～10A)，再驱动负载。

3 种输出类型对比情况见表 4-1

表 4-1　3 种输出类型的比较

输出类型	优　点	缺　点
继电器	交流及直流负载都可以驱动； 负载额定电流大	动作频率不能太高，同时继电器是有寿命的，一般 100 万次左右
晶体管	动作频率可以达到几百 kHz； 无触点，不存在机械寿命的说法	只能接直流负载(一般 DC30V 以下)，电流比较小
晶闸管	动作频率比较高，寿命长	只能接交流负载，负载的额定电流也比较小

3）电源

图 4.2 中电源是指为 CPU、存储器、I/O 接口等内部电子电路工作所配置的直流开关稳压电源，通常也为输入设备提供直流电源。

4）编程器

编程器是 PLC 的一种外部设备，用于手持编程。用户可用以输入、检查、修改、调试程序或监示 PLC 的工作情况。除手持编程器外，还可通过适配器和专用电缆线将 PLC 与电脑连接，并利用专用的工具软件进行电脑编程和监控。

5）输入/输出扩展单元

I/O 扩展接口用于连接扩充外部输入/输出端子数的扩展单元与基本单元(即主机)。

6）外部设备接口

此接口可将编程器、打印机、条码扫描仪等外部设备与主机相连，以完成相应的操作。

4.1.2　PLC 的工作方式

PLC 有两种基本的工作状态，即运行(RUN)状态与停止(STOP)状态(部分 PLC 中还存在 TEAM 状态)。PLC 在运行状态时才能实现控制功能。为了使 PLC 的输出能及时地

响应随时可能变化的输入信号，它采用“顺序扫描，不断循环”的方式进行工作，直至停机或切换到STOP工作状态。

PLC在运行过程中，CPU根据用户按控制要求编制好并存于用户存储器中的程序，按指令步序号(或地址号)作周期性循环扫描，如无跳转指令，则从第一条指令开始逐条顺序执行用户程序，直至程序结束，然后重新返回第一条指令，开始下一轮新的扫描。在每次扫描过程中，完成对输入信号的采样和对输出状态的刷新等工作。

PLC的一个扫描周期必经输入采样、程序执行和输出刷新3个阶段。

PLC在输入采样阶段：首先以扫描方式按顺序将所有暂存在输入锁存器中的输入端子的通断状态或输入数据读入，并将其写入各对应的输入状态寄存器中，即刷新输入。随即关闭输入端口，进入程序执行阶段。

PLC在程序执行阶段：按用户程序指令存放的先后顺序扫描执行每条指令，并将执行的结果再写入输出状态寄存器中，输出状态寄存器中所有的内容随着程序的执行而改变。

PLC在输出刷新阶段：当所有指令执行完毕后，输出状态寄存器的通断状态在输出刷新阶段送至输出锁存器中，并通过一定的方式(继电器、晶体管或晶闸管)输出，以驱动相应输出设备工作。

4.1.3　PLC的编程器件

PLC的内部结构可等效为一个继电器系统。PLC内部存储单元的每个二进制位可等效为一个继电器，这种等效继电器的状态由软件控制，故叫做编程器件(或软继电器)。用户对这些器件进行编程就可实现所需要的逻辑控制功能。

1. 三菱PLC编程器件

1）输入继电器(X)

输入继电器专门用来接收外部开关或传感器等发来的信号，它与PLC的输入端子相连，且只能由外部信号驱动，不能用内部的程序指令控制。在PLC内部，输入继电器是光电隔离的电子继电器，采用八进制编号(X000、X001、X002、…、X007、X010、X011)。其工作过程如图4.9所示。

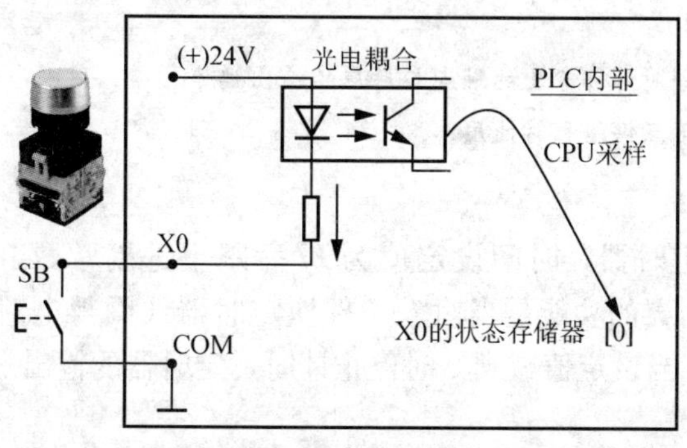

图4.9　输入继电器工作过程

当开关按钮SB［按下］后→X0端［接通］→光耦［发光导通］→CPU采样→X0记忆［1］；

当开关按钮SB［松开］后→X0端［断开］→光耦［无光截止］→CPU采样→X0记忆［0］。

【特别提示】

输入继电器没有线圈，只提供若干对常开(动合)和常闭(动断)触点，这些触点仅供编程使用，不能直接驱动外部负载。

2）输出继电器(Y)

输出继电器用Y表示，采用八进制编码(Y000～Y007，Y010 ～Y017)，专门用来将输出信号传送给外部负载，且只能由内部的程序指令来控制。其工作过程如图4.10所示。

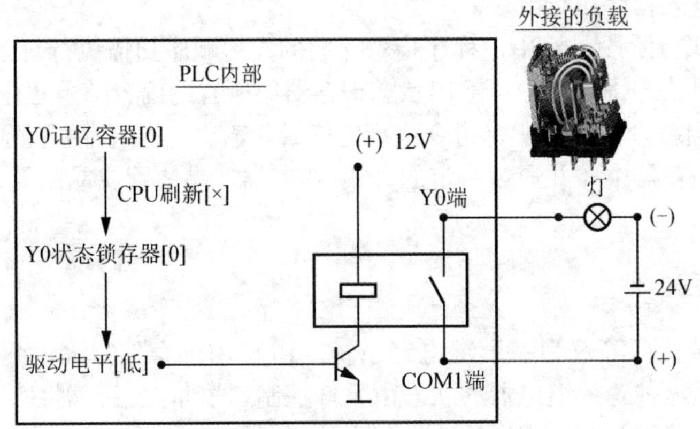

图4.10　输出继电器工作过程

Y0记忆［1］→CPU刷新→驱动电平［高］→微继电器［通电动作］→Y0端［接通］→灯L［亮］；

Y0记忆［0］→CPU刷新→驱动电平［低］→微继电器［断电复位］→Y0端［断开］→灯L［灭］。

【特别提示】

每一输出继电器仅有一对外部输出的触点与对应的输出端子相连，用以控制外部负载。输出继电器可提供若干对动合、动断触点供编程时使用。

3）时间继电器(T)

时间继电器又叫定时器，时间设定值为K后跟十进制常数，时间单位为0.1S(或0.01S、0.001S)。定时器的功能是当输入条件使定时器线圈得电时，启动定时器开始计时，设定值开始递减，当设定值减到0时停止计时，定时器的输出触点动作。

【特别提示】

若定时器的线圈继续处于得电状态，它的常开触点就会一直闭合，常闭触点也就会一直断开；反之，若它的线圈断电，则它的触点恢复常态，且使定时器复位。

对于普通定时器，如果在计时过程中线圈断电，则立即停止计时并复位；若定时器线圈再得电，则定时器从初始设定值开始重新计时。

定时器备有许多常开和动断触点，供定时操作使用。若在需要延时动作触点的同时，还需要瞬时动作触点，可将辅助继电器与定时器线圈并联，该辅助继电器触点即为瞬时动作触点。

4）计数继电器(C)

计数继电器也称为计数器，可对外部事件或内部的脉冲进行计数。计数器的计数设定值为K后跟十进制常数。

【特别提示】

计数器在开始工作前，要使计数器复位，即从复位输入端输入一个脉冲。以后当从计数输入端每来一个脉冲，计数值就减1，当设定值减为零时，计数器的输出触点动作。

PLC中的计数器常具有掉电保护功能，即每个计数器均有锂电池作后备电源。如果在运行中断电引起计数器中断计数时，当前的计数值仍保持，在电源再次接通后，计数器将在此保持值上继续计数，直到计满。在不需要电源中断时保存计数值的场合，可用初始化脉冲进行复位。

5）辅助继电器(M)

PLC中设有许多辅助继电器，由程序指令或触摸屏控制，其作用相当于中间继电器，但其触点不可直接驱动外部负载。

【特别提示】

辅助继电器分为通用辅助继电器和具有断电保护的保持辅助继电器，后者在断电之后再供电时，仍能保持断电前的状态。

辅助继电器除作中间继电器使用外，还可作移位寄存器使用。通常同一单元的8位(或16位)辅助继电器组成一个移位寄存器。某单元一旦选作移位寄存器，就不能再作他用。实际应用中，利用移位寄存器可以方便地进行顺序控制。

辅助继电器中常设有几个单元作为特殊的辅助继电器，并被赋予特殊的功能，比如用于监测运行、产生初始化脉冲、产生时钟脉冲、监测电池电压下降、禁止PLC输出等。

6）状态器(S)

状态器可用来存储工作过程中的各种状态，它对于设计步进控制程序是一种必不可少的元件，它与步进指令一起使用。在不使用步进指令时，状态元件可以作为普通继电器使用。

2. PLC的编程语言

PLC是专为工业生产过程的自动控制而开发的通用新型控制器，其采用面向控制过程、面向问题、简单直观的编程语言。下面仅就目前常用的几种表达方式作简要说明。

1）顺序功能图

顺序功能图是一种位于其他编程语言之上的图形语言，它主要用来编制顺序控制程序，主要由步、有向连线、转换条件和动作组成。

2）梯形图

梯形图编程语言(图4.11)是由电气原理图演变而来的，它沿用了继电接触逻辑控制图中的触点、线圈、串并联等术语和图形符号，具有形象、直观、实用的特点，使电气技术人员容易接受，是目前使用最多的一种PLC编程语言。

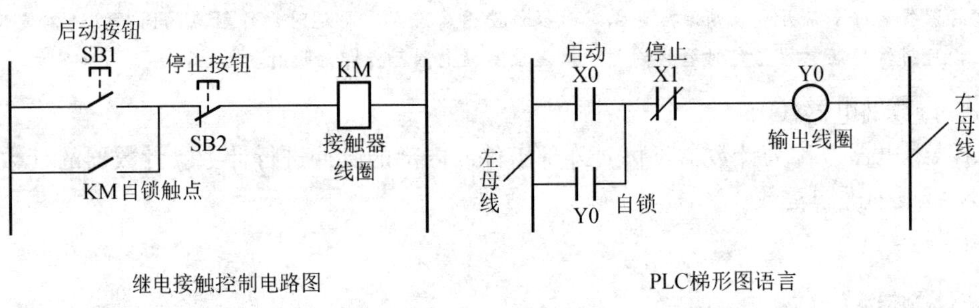

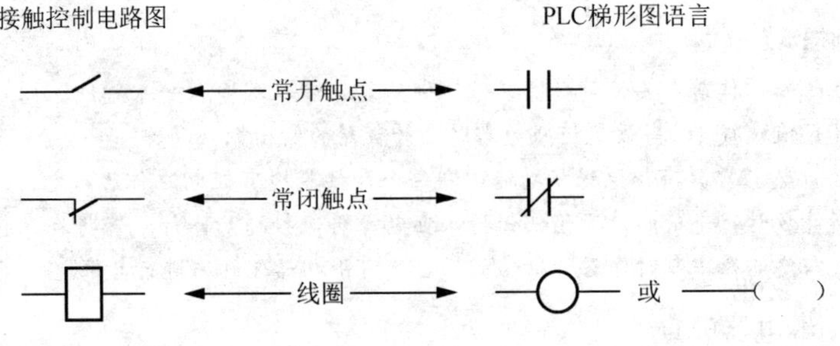

图 4.11 梯形图编程语言

【特别提示】

(1) 梯形图每一个梯级中并没有真正的电流流过。

(2) PLC是串行周期扫描工作方式，而继电接触控制电路是并行工作方式。

3）指令表

PLC的指令是一种与微机汇编语言中的指令极其相似的助记符表达式，由指令组成的程序叫做指令表(Instruction List，IL)程序。不同厂家PLC指令的助记符有所不同，但基本的逻辑与运算的指令功能可以相通。

3. 梯形图编程的一般规则

通常微、小型PLC主要采用梯形图与指令语句表来编程。一般是先按控制要求和实际接线图画出梯形图，再根据梯形图写出相应的指令语句表程序。因为PLC是按照指令存入存储器中的先后顺序来执行的，故要求程序中指令和指令的顺序要正确。

梯形图按自上而下、从左到右的顺序排列。每一个继电器线圈为一个逻辑行，且每一个逻辑行起始于左母线，然后是触点的各种形成连接，最后是线圈与右母线相连。

【特别提示】

梯形图中信息流程从左到右，因此继电器线圈应与右母线直接相连，且线圈的右边不能有触点，而左边必须有触点。

同一继电器线圈在一个程序中不能重复使用；而继电器的触点编程中可以重复使用，且使用次数不受限制。

梯形图所使用的元件编号地址必须在所使用的有效范围内。

梯形图中的继电器实质上是变量存储器中的位触发器，相应某位触发器为“1”态，

表示该继电器线圈通电，其动合触点闭合，动断触点打开。梯形图中继电器的线圈又是广义的，除了输出继电器、内部继电器线圈外，还包括定时器、计数器、移位寄存器、状态器等的线圈以及各种比较、运算的结果。

梯形图中的每个符号对应于一条指令，一条指令为一个步序。在定时器、计数器的输出指令后，必须紧跟定值常数K，设置定时常数和计数常数K也是一个步序。

【特别提示】

梯形图是PLC形象化的编程方式，其左右两侧母线并不接任何电源，因而图中各支路也没有真实的电流流过。但为了读图方便，常用“有电流”、“得电”等来形象地描述用户程序解算中满足输出线圈的动作条件，它仅仅是概念上虚拟的“电流”，而且认为它只能由左向右单方向流动；层次的改变也只能自上而下。

4.1.4　三菱FX2系列可编程序控制器

1. 型号命名方式

三菱PLC型号命名的基本格式如图4.12所示。

其中具体命名符号如下。

(1) I/O总点数：14～256。

(2) 单元类型：M表示基本单元；E表示扩展单元及扩展模块；EX表示扩展输入单元；EY表示扩展输出单元。

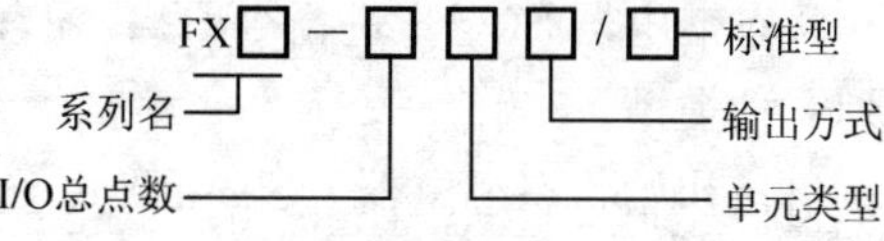

图4.12　三菱PLC型号命名方式

(3) 输出形式：R为继电器输出；T为晶体管输出；S为晶闸管输出。

(4) 型号变化：DS表示24VDC，世界型；ES表示世界型(晶体管型为漏输出)；ESS表示世界型(晶体管型为源输出)。

2. 内部继电器的功能及编号

1) 输入继电器(X)

输入继电器是PLC用来接收用户设备发来的输入信号。输入继电器与PLC的输入端相连，如图4.13所示。其地址编号采用八进制，X0～X177。

2) 输出继电器(Y)

输出继电器是PLC用来将输出信号传给负载的元件。输出继电器的外部输出触点接到PLC的输出端子上，如图4.14所示。其地址编号也采用八进制，Y0～Y177。

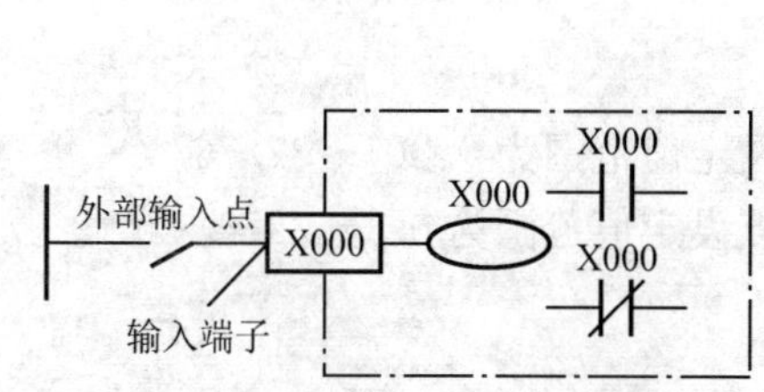

图4.13　输入继电器等效电路

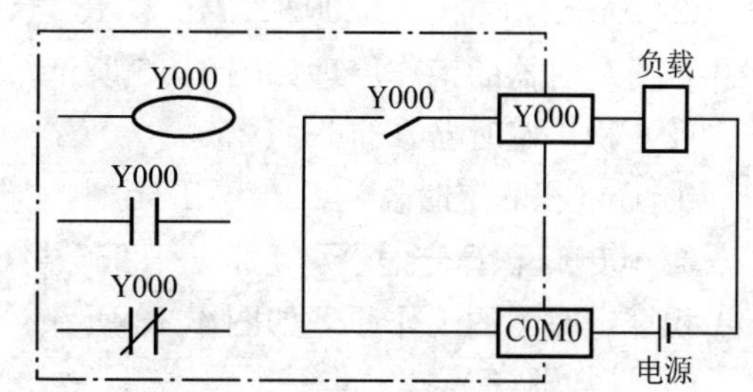

图4.14　输出继电器等效电路

3）辅助继电器(M)

辅助继电器按十进制编号，分为通用型 M0～M499(500 点)、断电保持型 M500～M1023(524 点)和特殊辅助继电器 M8000～M8255(256 点)三种。

【特别提示】

PLC 内的特殊辅助继电器各自具有特定的功能。

只能利用其触点的特殊辅助继电器，线圈由 PLC 自动驱动，用户只利用其触点的有如下几种。

(1) M8000：运行监控用，PLC 运行时 M8000 接通。

(2) M8002：仅在运行开始瞬间接通的初始脉冲特殊辅助继电器。

(3) M8012：产生 100ms 时钟脉冲的特殊辅助继电器。

可驱动线圈型特殊继电器，用于驱动线圈后，PLC 作特定动作。

(1) M8030：锂电池电压指示灯特殊继电器。

(2) M8033：PLC 停止时输出保持特殊辅助继电器。

(3) M8034：禁止全部输出特殊辅助继电器。

(4) M8039：定时扫描特殊辅助继电器。

4）状态继电器(S)

状态继电器 S(与步进指令 STL 配合使用)是编制步进控制顺序中使用的重要元件，有下列 5 种类型。

(1) 初始状态继电器：S0～S9 共 10 点。

(2) 回零状态继电器：S10～S19 共 10 点。

(3) 通用状态继电器：S20～S499 共 480 点。

(4) 保持状态继电器：S500～S899 共 400 点。

(5) 报警用状态继电器：S900～S999 共 100 点。

5）定时器(T)

定时器在 PLC 中的作用相当于一个时间继电器，它有一个设定值寄存器，一个当前值寄存器以及无限个触点。

PLC 内定时器根据时钟脉冲累积计时，且时钟脉冲有 1ms、10ms、100ms 3 挡，当所计时时间到达设定值时，输出触点动作。定时器可以用用户程序存储器内的常数 K 作为设定值，也可以用数据寄存器 D 的内容作为设定值。

(1) 普通定时器 T0～T245。

① 100ms 定时器：T0～T199 共 200 点，每个定时器设定值范围为 0.1～3276.7s；

② 10ms 定时器：T200～T245 共 46 点，每个定时器设定值范围为 0.01～327.67s。

普通定时器的工作原理如图 4.15 所示。

(2) 积算定时器 T246～T255。

① 1ms 积算定时器：T246～T249 共 4 点，每点设定值范围为 0.001～32.767s。

② 100ms 积算定时器：T250～T255 共 6 点，每点设定值范围为 0.1～3276.7s。

积算定时器的工作原理如图 4.16 所示。

6）计数器(C)

计数器可分为普通计数器和高速计数器。

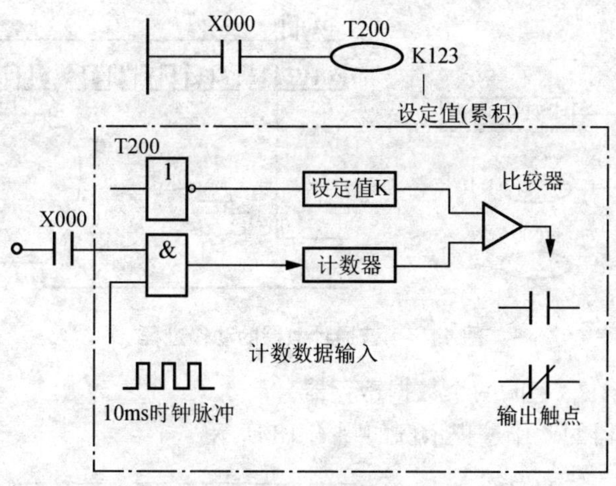

图 4.15　普通定时器的工作原理

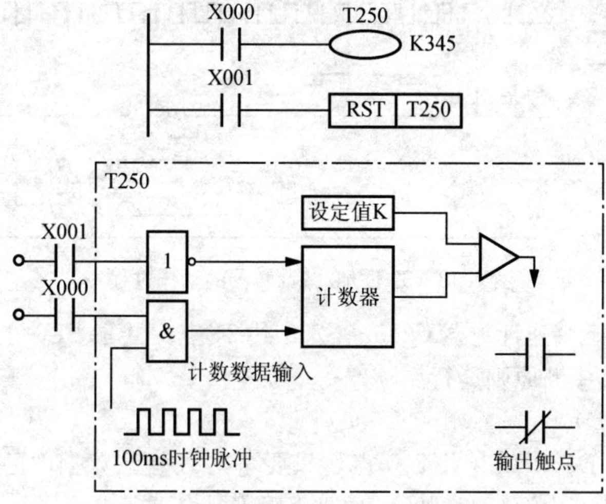

图 4.16　积算定时器的工作原理

(1) 16 位加计数器(设定值：1～32767)。

① 通用型：C0～C99 共 100 点；

② 断电保持型：C100～C199 共 100 点。

其设定值 K 在 1～32767 之间，且设定值 K0 与 K1 含义相同，即在第一次计数时，其输出触点动作。

普通计数器的动作过程示例如图 4.17 所示。

(2) 32 位双向计数器(设定值：－2147483648～ ＋2147483647)。

有如下两种 32 位加/减计数器。

① 通用计数器：C200～C219 共 20 点；

② 保持计数器：C220～C234 共 15 点。

计数方向由特殊辅助继电器 M8200～M8234 设定。对于 CΔΔΔ，当 M8 ΔΔΔ 接通(置 1)时，为减计数器，断开(置 0)时，为加计数器。

计数值设定：直接用常数 K 或间接用数据寄存器 D 的内容作为计数值。在间接设定

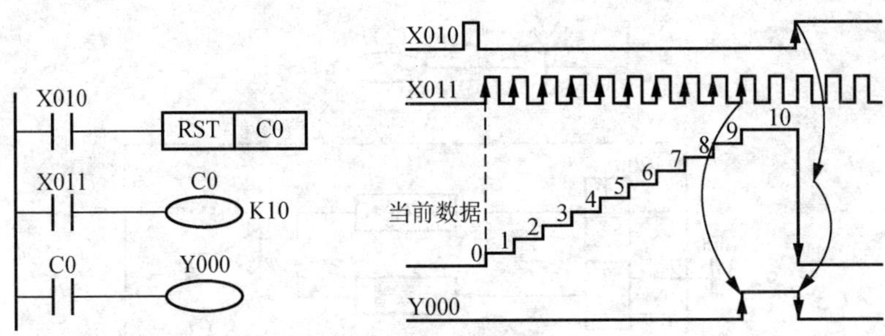

图 4.17　普通计数器的动作过程

时，要用元件号紧连在一起的两个数据寄存器。

32 位加/减计数器的动作过程示例如图 4.18 所示。

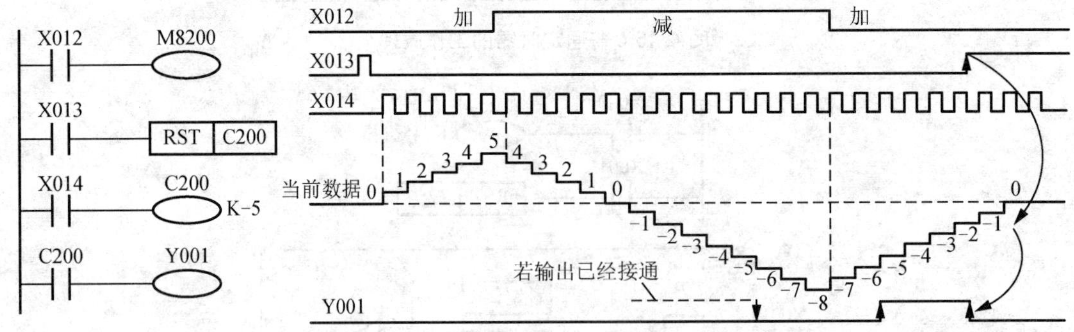

图 4.18　32 位加/减计数器的动作过程

(3) 高速计数器。高速计数器 C235～C255 共 21 点，共享 PLC 上 6 个高速计数器输入(X000～X005)，按中断原则运行。

7) 数据寄存器(D)

通用数据寄存器 D0～D199 共 200 点，只要不写入其他数据，已写入的数据不会变化。但是，当 PLC 状态由运行变到停止时，全部数据均清零。

断电保持数据寄存器 D200～D511 共 312 点，只要不改写，原有数据不会丢失。

特殊数据寄存器 D8000～D8255 共 256 点，这些数据寄存器供监视 PLC 中各种元件的运行方式用。

文件寄存器 D1000～D2999 共 2000 点。

8) 变址寄存器(V/Z)

变址寄存器的作用类似于一般微处理器中的变址寄存器，通常用于修改元件的编号。

3. FX2 系列 PLC 的基本指令

FX2 系列 PLC 共有 20 条基本指令，2 条步进指令，近百条功能指令。

【特别提示】

指令的多少是衡量 PLC 能力强弱的指标，其决定了 PLC 的处理能力、控制能力的强弱，限定了计算机发挥运算功能及完成复杂控制的能力。

1）基本指令

(1) 逻辑取(输入)与线圈驱动(输出)指令 LD、LDI、OUT。

LD：取指令，用于常开触点与左母线的连接。

LDI：取反指令，用于常闭触点与左母线连接。

【特别提示】

以上两条指令还可以与 ANB、ORB 和 MC 指令配合，用于分支电路的开始点(分支母线)。

OUT：线圈驱动指令，也叫输出指令，用于驱动输出继电器、辅助继电器、定时器、计数器、状态器和功能指令。

【特别提示】

在编程中，并联的 OUT 指令可以连续使用任意次；对定时器、计数器使用指令后，必须设置常数 K。

图 4.19 所示梯形图及其指令序列表示了上述 3 条基本指令的应用。

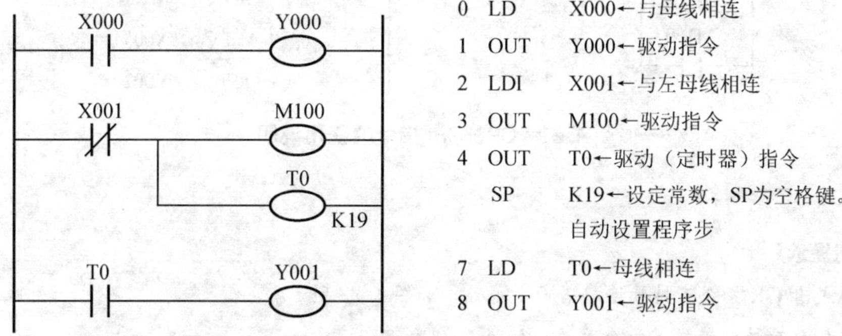

图 4.19　LD、LDI 与 OUT 指令的使用说明

(2) 触点串联指令 AND、ANI。

AND：与指令(触点串联)，用于单个常开触点的串联，完成逻辑“与”运算。

ANI：与非指令，用于单个常闭触点的串联，完成逻辑“与非”运算。

【特别提示】

这两条指令仅用于单个触点串联，可连续使用。一般来说，对于串联触点的个数无限制。其应用实例如图 4.20 所示。

(3) 触点并联指令 OR、ORI。

OR：或指令，用于单个常开触点的并联，完成逻辑“或”运算。

ORI：或非指令，用于单个常闭触点的并联，完成逻辑“或非”运算。

这两条指令可作为一个触点的并联连接指令，如紧接在 LD、LDI 指令之后使用，则表示对其前面指令所规定的触点再并联一个触点，可以连续使用。

指令的使用示例如图 4.21 所示。

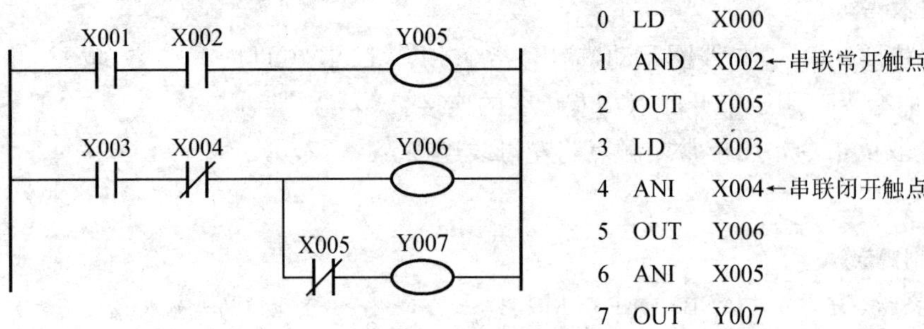

图 4.20 AND、ANI 指令的使用说明

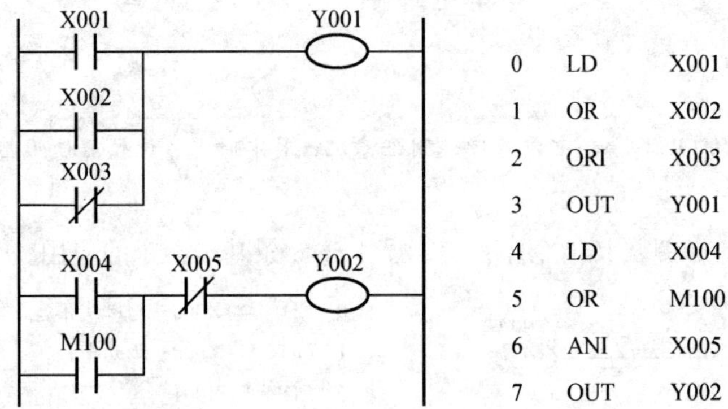

图 4.21 OR、ORI 指令的使用说明

【特别提示】

① AND 或者 OR 指令可持续连接若干个元件，如图 4.22 所示。

② OUT 指令可持续连接若干个元件，如图 4.23 所示。

③ 输出继电器作为触点可使用若干个。

④ OUT 不能对输入继电器 X 使用，也不能把 OUT 指令直接接到左侧母线上。

⑤ 在线圈右侧不能连接触点。

⑥ 线圈部分不能重复使用，如图 4.24 所示。

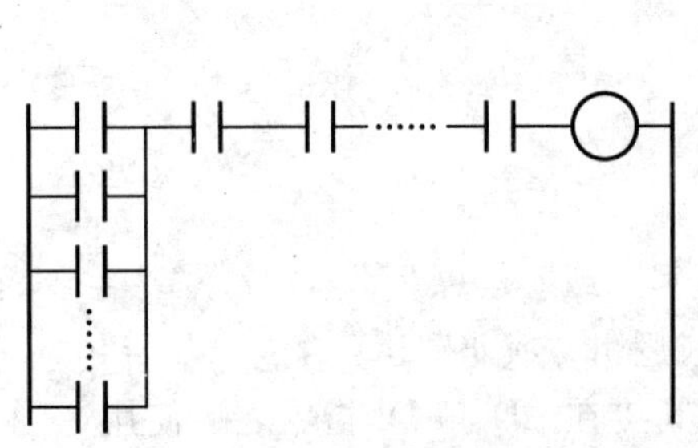

图 4.22 AND 或者 OR 指令可持续连接若干个元件

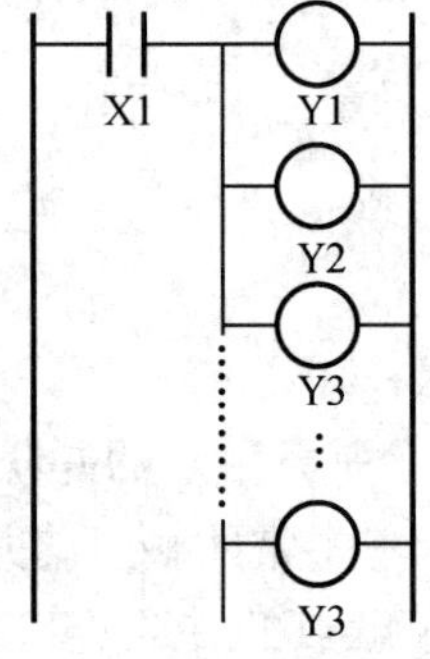

图 4.23 OUT 指令可持续连接若干个元件

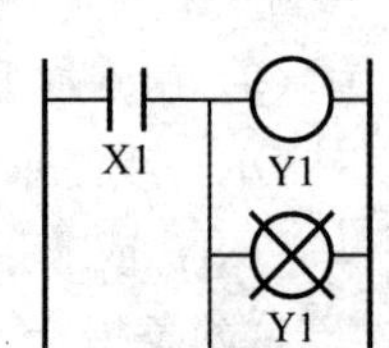

图 4.24 线圈禁止重复使用

【示例】

图 4.25 所示为一个 3 人用的抢答装置的梯形图和其对应程序。答题者分别使用 X1、X2、X3 编号按钮开关。主持人的复位按钮省去，但有自保持电路。

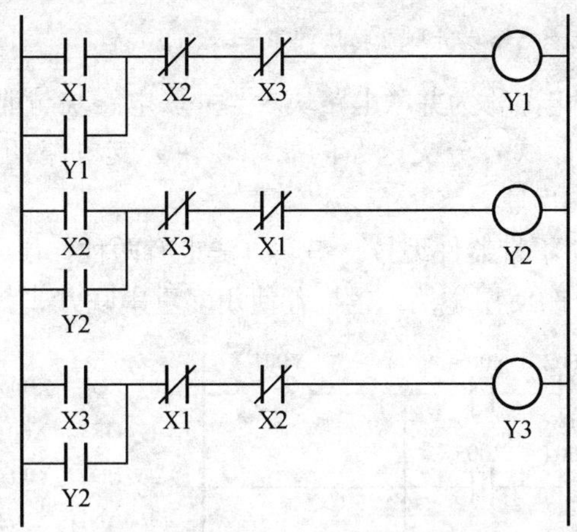

图 4.25　抢答装置

（4）电路块连接指令 ORB、ANB。

ORB：块或指令。用于两个或两个以上的触点串联连接的电路之间的并联，称之为串联电路块的并联连接。

【特别提示】

该指令用于两个以上触点串联的支路与前面支路并联连接。

两个以上触点串联的电路称为串联电路块。当串联电路块并联连接时，可在每条支路始端用 LD 或 LDI 指令，在支路终端用 ORB 指令。

ORB 是独立指令，它不带任何器件编号。电路块的并联可采用以下两种方式编程。

① 多重并联：每重并联的电路块分别用 ORB 指令，并联支路数不受限制。

② 集中并联：将各串联电路块相继编写，最后集中使用 ORB 指令，但最多只能出现 8 次。

图 4.26 是 ORB 指令的使用举例，推荐使用多重并联方式。

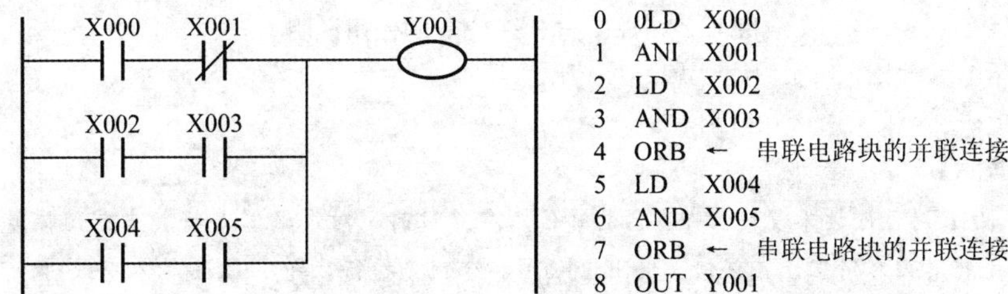

图 4.26　ORB 指令的使用说明

ANB：块与指令。用于两个或两个以上触点并联连接电路之间的串联，称之为并联电路块的串联连接。

【特别提示】

用于并联电路块与前面接点电路或并联电路块的串联。

两个以上触点并联的电路称为并联电路块。当并联电路块与前一个电路串联时，可用LD或LDI指令作并联电路块各分支电路的始端，在分支电路的并联电路块完成后，用ANB再完成同前一电路的串联。

ANB也是独立指令，不带器件编号。串联方法也有两种，说明与ORB类同。

图4.27是ANB指令的使用举例，也推荐使用多重串联方式。

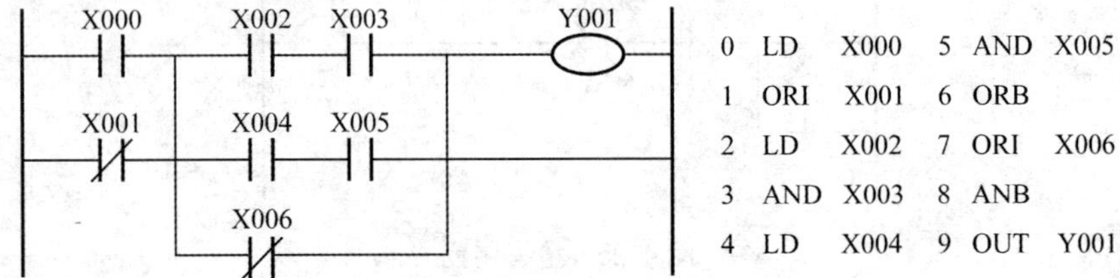

图4.27　ANB指令的使用说明

（5）置位与复位指令SET、RST。

SET：置位指令，使动作保持。

RST：复位指令，使操作保持复位。

置位与复位指令的使用举例如图4.28所示。

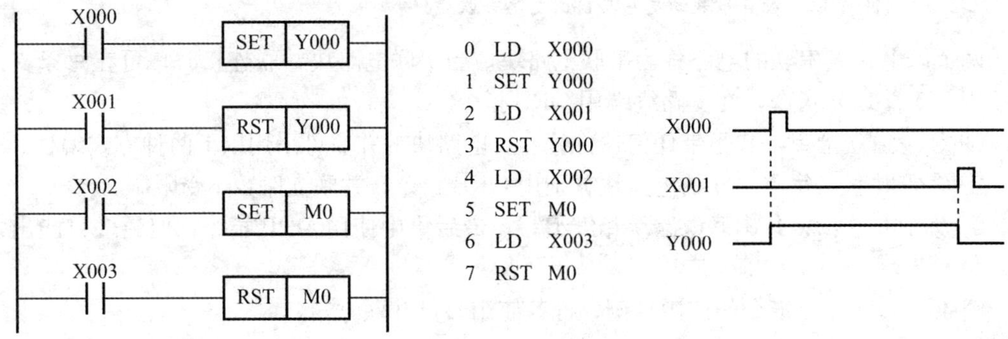

图4.28　SET与RST指令的使用说明

【特别提示】

复位指令RST用于计数器或移位寄存器的复位。在复位时，对计数器是将其当前值恢复至设定值；对移位寄存器是将其内容清零。在任何情况下，RST指令优先执行，即在RST输入有效时，不接收计数器和移位寄存器输入信号，这是因为复位回路的程序与计数器的计数回路程序是相互独立的，其程序的执行顺序可任意安排，且可分开编程。由电池支持的计数器和移位寄存器，具有掉电保护功能；在不必要保持其原有功能时，可使用初始化脉冲，使恢复工作时对其功能复位。

RST指令用于计数器的使用示例如图4.29所示。

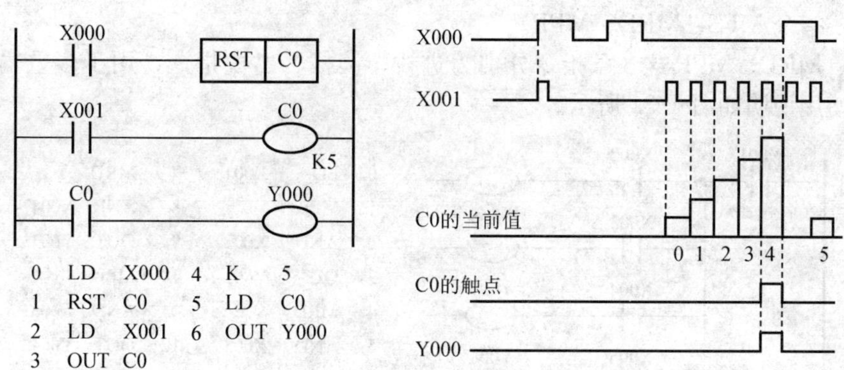

图 4.29　RST 指令用于计数器的使用说明

(6) 脉冲输出指令 PLS、PLF。

PLS 指令在输入信号上升沿产生脉冲输出；PLF 在输入信号下降沿产生脉冲输出。PLS 、PLF 指令都是二程序步指令，它的目标元件是 Y 和 M，但特殊辅助继电器不能作目标元件。

指令的使用实例如图 4.30 所示。

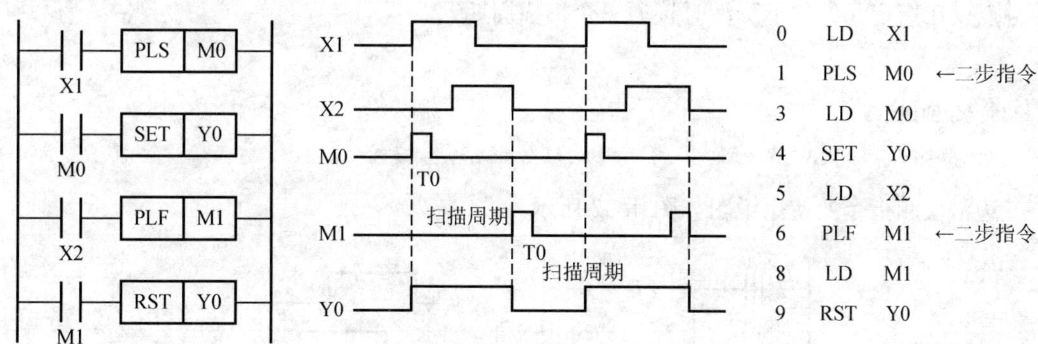

图 4.30　PLS、PLF 指令的使用说明

使用 PLS、PLF 指令说明如下。

① 在使用 PLS 指令时，元件 Y、M 仅在驱动输入接通后的一个扫描周期内动作(置 1)；

② 在使用 PLF 指令时，元件仅在驱动输入断开后的一个扫描周期内动作；

③ 特殊继电器不能用作 PLS 或 PLF 的操作元件；

④ 在使用这两条指令时，要特别注意目标元件。

【特别提示】

脉冲输出指令又称为微分输出指令。它利用辅助继电器将脉宽较宽的输入信号变成脉宽等于扫描周期的窄脉冲信号，而信号周期不变。在计数器或移位寄存器需外触发信号作复位和移位时常用这种窄脉冲信号，如计数器对复位信号的脉宽要求较高，当直接采用 X0 作为计数器 RST 触发信号时，若 X0 信号的宽度小于 PLC 扫描周期，PLC 就可能采不到 X0 信号；若 X0 信号的宽度太宽，计数器将一直处于复位状态，而不能接收输入的计数信号，以至发生漏计数的现象。采用 PLS 后，只要求 X0 脉宽大于 PLC 的扫描周期，计数器的复位操作就能正确进行。

（7）栈指令 MPS、MRD、MPP。

MPS、MRD、MPP 这 3 条指令分别为进栈、读栈、出栈指令，用于多重输出电路。栈指令的使用说明如图 4.31 所示。

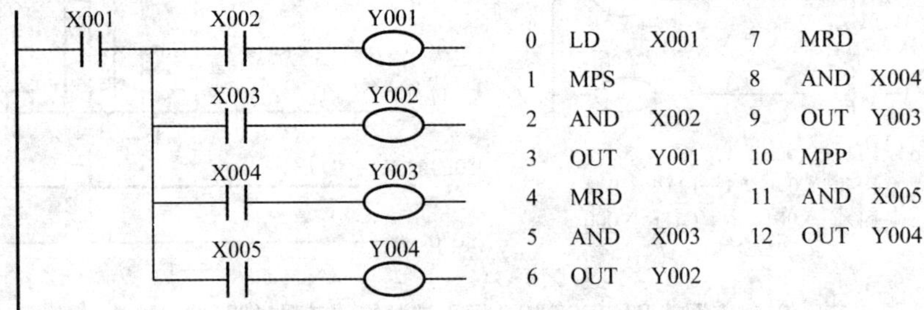

图 4.31　MPS、MRD 和 MPP 指令的使用说明

（8）LDP、LDF、ANDP、ANDF、ORP 和 ORF 边沿检测指令。

LDP、ANDP、ORP 是上升沿检测的触点指令。触点的中间有一个向上的箭头，对应的触点仅在指定元件的上升沿时接通一个扫描周期。

LDF、ANDF、ORF 是下降沿检测的触点指令。触点的中间有一个向下的箭头，对应的触点仅在指定元件的下降沿时接通一个扫描周期。

【特别提示】

以上指令可以用于 X、Y、M、T、C 和 S 的继电器。

边沿检测指令的使用说明如图 4.32 所示。

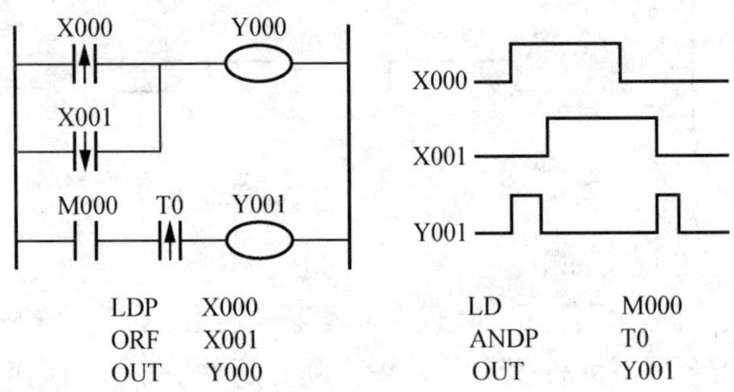

图 4.32　边沿检测指令的使用说明

（9）主控及主控复位指令 MC、MCR。

MC：主控指令，用于公共串联触点的连接。主控指令常用一个常开触点控制一组电路，并将 LD 转换到分支母线上。

MCR：主控复位指令，即作为 MC 的复位指令，表示主控电路块结束，并将 LD 转换到原主母线上。

MC、MCR 指令的使用说明之一如图 4.33 所示。

在主控指令 MC 之后，若出现一个新的分支母线，则挂在分支母线上的每条逻辑行电路的编程，都要由 LD 或 LDI 开头；在梯形图中可以多次使用主控指令，并可嵌套使用，但最多不能超过 8 次。使用主控指令时应注意：MC 和 MCR 指令必须成对出现。

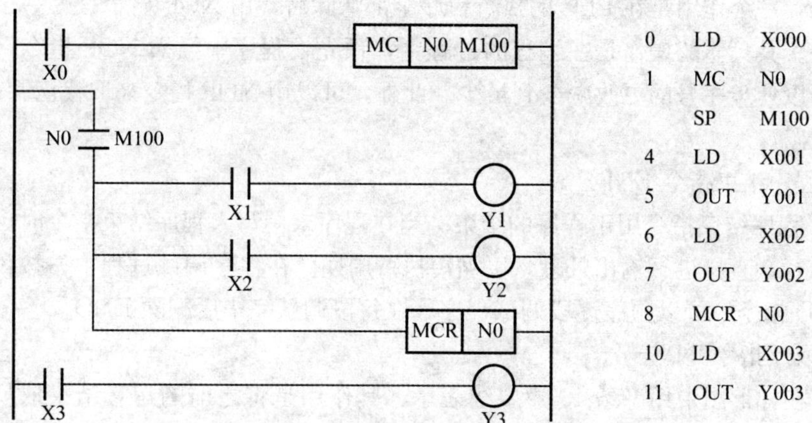

图 4.33　MC、MCR 指令的使用说明之一

【特别提示】

① 与主控指令 MC 相连的触点必须用 LD 或 LDI 指令，且在使用 MC 指令后，母线应移到主控触点的后面，MCR 使母线回到原来的位置。

② 在 MC 指令内再使用 MC 指令时，嵌套级 N 的编号(0～7)顺次增大，在返回时用 MCR 指令，从大的嵌套级开始解除。特殊辅助继电器不能用作 MC 的操作。

MC、MCR 指令说明之二如图 4.34 所示。

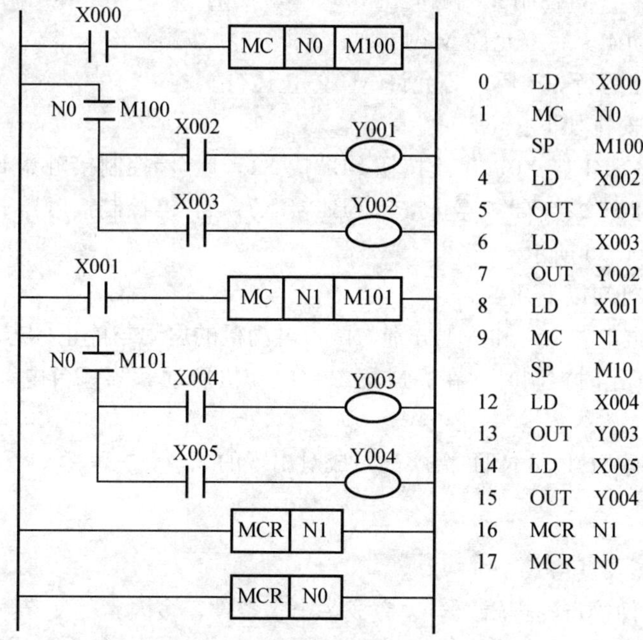

图 4.34　MC、MCR 指令的使用说明之二

(10) 空操作指令 NOP。

NOP(No Operation)指令是一条无动作、无目标元件的一程序步指令。NOP 指令的

作用有两个，一个作用是在PLC的执行程序全部清除后，用NOP显示；另一个作用是用于修改程序。其具体的操作是在编程的过程中，预先在程序中插入NOP指令，则在修改程序时，可以使步序号的更改减少到最少。此外，可以用NOP指令来取代已写入原指令，从而修改电路。

(11) 程序结束指令END。

END：程序结束指令用于程序的结束。当在程序末尾写入程序结束指令时，以后的程序就不再执行，直接进行输出处理，以缩短执行周期。在程序调试过程中，按段设置中断点插入END指令，可以顺序逐段调试程序，在每段调试完毕后删除END。

(12) 取反指令INV。

INV：在梯形图中用一条45°短斜线表示，其作用是将之前的运算结果取反，该指令无操作元件，使用方法如图4.35所示。

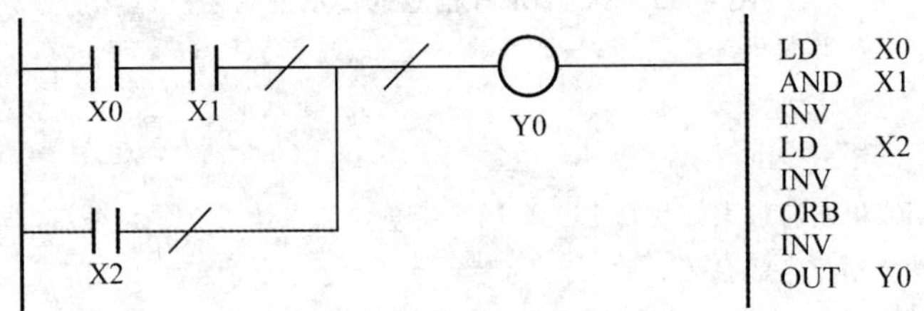

图4.35 取反指令的使用说明

2) 基本指令编程应用举例

编制一个用户程序，控制交流电动机M1、M2的启/停运行。其控制要求如下。

(1) 在M1启动40s后方允许M2启动。

(2) 在M2停止运行30s后，方允许M1停止运行。

设备I/O端口安排如下。

M1：启动按钮SB1接X0；停止按钮SB2接X1；启/停控制接触器KM1接Y0。

M2：启动按钮SB3接X2；停止按钮SB4接X3；启/停控制接触器KM2接Y1。

所编程序如图4.36所示。

由设计梯形图可知以下几点。

(1) 图中辅助继电器M0和M1分别为两台电动机的启动与停止标志号。

(2) 当T0用于定时控制时，在完成第二台电动机启动和第一台电动机停止后应及时复位。

(3) 程序中所有SET和RST指令都是成对出现的。

4. 步进指令

1) 顺序功能图及其格式

采用编程软器件接点的逻辑组合去完成一个多条件、多因素的复杂顺序控制用户程序的设计往往存在一定困难，不仅要有经验而且所设计的梯形图难画、难懂、调试困难。顺序功能图(SFC)是一种用于描述顺序控制系统控制过程的一种图形。它具有简单、直观等特点，程序调试极为方便，是设计PLC控制程序的一种有力工具，特别适合于复杂的顺序控制系统的用户程序设计。

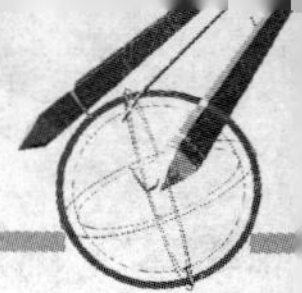

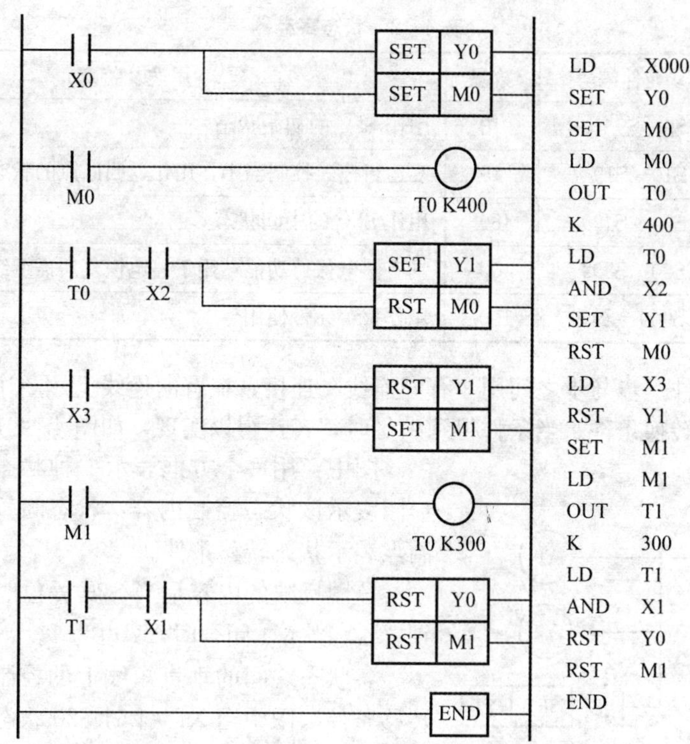

图 4.36　PLC 控制两台电动机运行的梯形图设计

(1) 顺序功能图。顺序功能图主要由步、有向连线、转换、转换条件和动作(命令)组成，如图 4.37 所示。

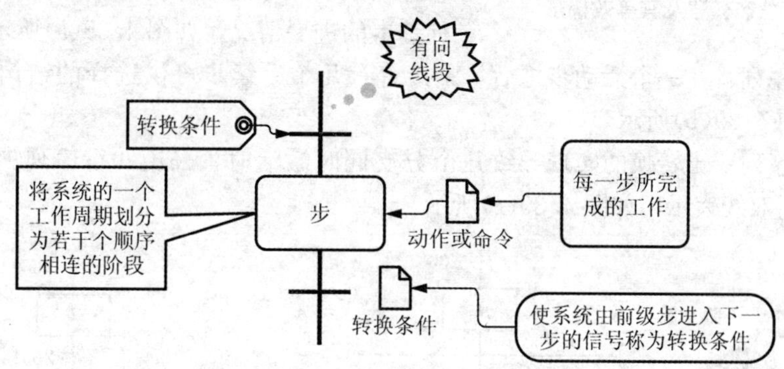

图 4.37　顺序功能图

(2) 步。SFC 编程的思路是将一个完整控制过程分解为若干阶段，且每一阶段构成一种状态，这些阶段称为“步”。“步”用编程元件(如辅助存储器 M 和状态继电器 S)表示。

步分为初始步(用双线方框表示)和工作步(该步处于活动状态，称该步处于“活动步”)，且在每一步中要完成一个或多个特定的动作(控制内容)。初始步表示一个控制系统的初始状态，所以一个控制系统必须有一个初始步，初始步可以没有具体要完成的动作。

状态继电器是构成功能图的重要元件。FX2 系列 PLC 的状态继电器元件有 900 点(S0～S899)。其中 S0～S9 为初始状态继电器，用于功能图的初始步，S10～S19 用于自动返回原点，见表 4-2。

表 4-2　状态寄存器

类　别	元件编号	数量	用途及特点
初始状态	S0～S9	10	用作 SFC 的初始状态
返回状态	S10～S19	10	多运行模式控制当中，用作返回原点的状态
一般状态	S20～S499	480	用作 SFC 的中间状态
掉电保持状态	S50～S899	400	具有停电保持功能，用于停电恢复后需继续执行的场合
信号报警状态	S900～S999	100	用作报警元件使用

(3) 转换条件。步与步之间用“有向连线”连接，在有向连线上用一个或多个小短线表示一个或多个转换条件。当条件得到满足时，转换得以实现，如图 4.38 所示。

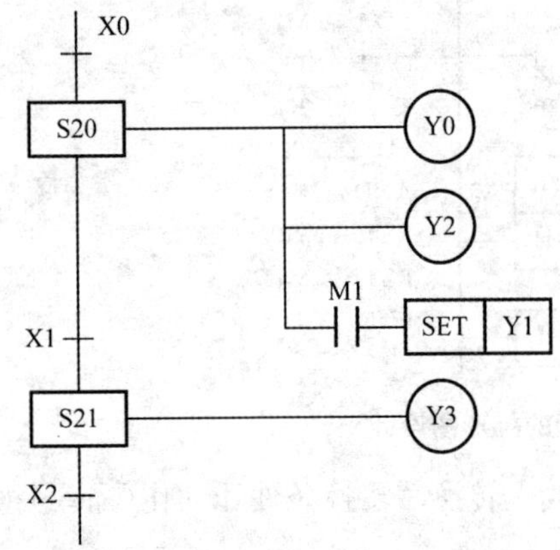

图 4.38　状态转移及其等效梯形

图中：用一个方框表示一种状态，方框右侧梯形图表示该状态控制内容，状态间垂直短线上的控制点表示状态转移条件。

该图反映的内容是当 S20 置位时，Y0 和 Y2 分别置 1，当 M1 闭合时 Y1 也为 1。

各状态之间的垂直短线上的控制线路表示状态转移条件。图中当 X1=1 时 S20 状态就转移到 S21，即 S20 置 0、S21 置 1，此时控制内容随之变化，Y0、Y2 均为 0，Y1 仍为 1，Y3 为 1。

(4) 功能图的结构。

① 单序列：反映按顺序排列的步相继激活这样一种基本的进展情况，如图 4.39(a)所示。

② 选择序列：在一个活动步之后，紧接着有几个后续步可供选择的结构形式称为选择序列，如图 4.39(b)所示。

③ 并行序列：当转换的实现导致几个分支同时激活时，采用并行序列。其有向连线的水平部分用双线表示，如图 4.39(c)所示。

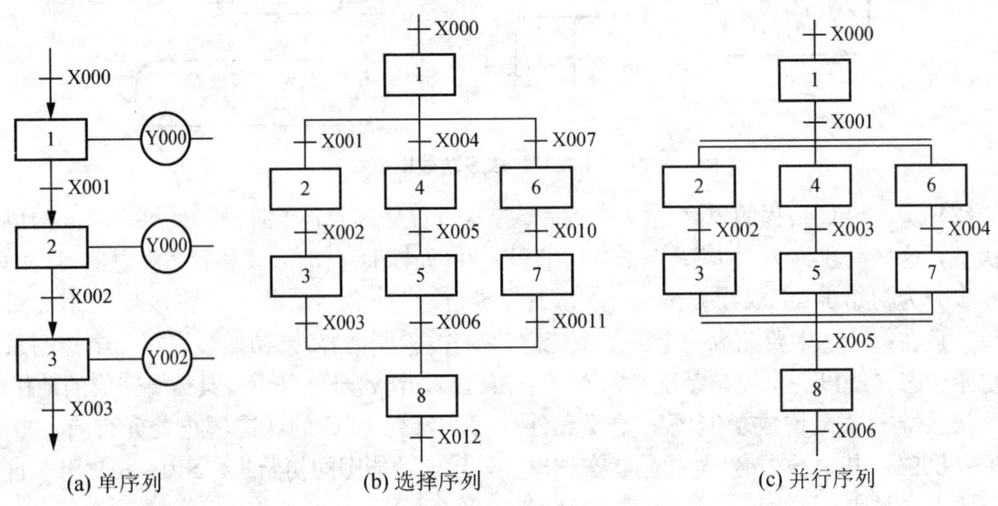

图 4.39　功能图的结构

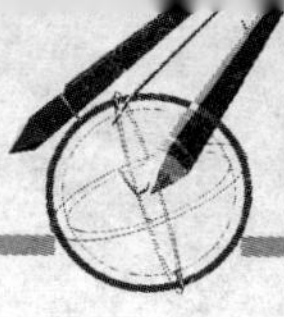

④ 跳步、重复和循环序列：在实际系统中经常使用跳步、重复和循环序列，这些序列实际上都是选择序列的特殊形式，如图 4.40 所示。

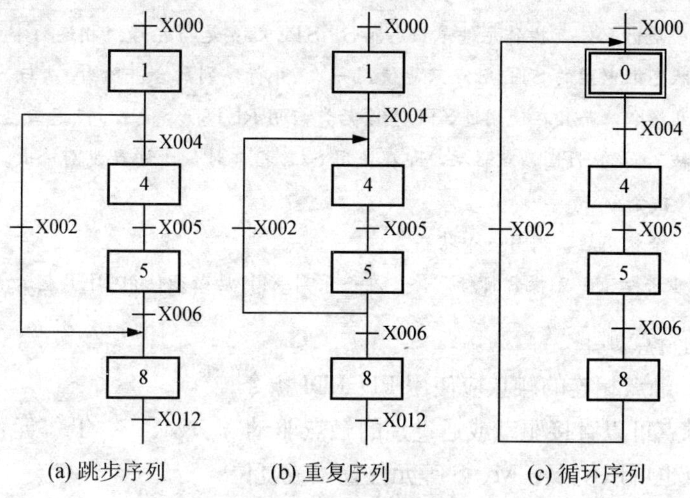

图 4.40　特殊结构

2）步进指令

FX2 系列 PLC 的顺序功能图编程方式有两条步进指令，并配置有较多的 SFC 基本编程软器件——“状态器”。

步进指令又称 STL 指令。使用 STL 指令的状态继电器的常开触点称为 STL 触点，没有常闭的 STL 触点。使 STL 复位的指令称为 RET 指令。

步进指令 STL 只有与状态继电器 S 配合时才具有步进功能。用状态继电器代表功能图的各步，且每一步都具有 3 种功能：负载的驱动处理、指定转换条件和指定转换目标。

步进指令的执行过程如图 4.41 所示。

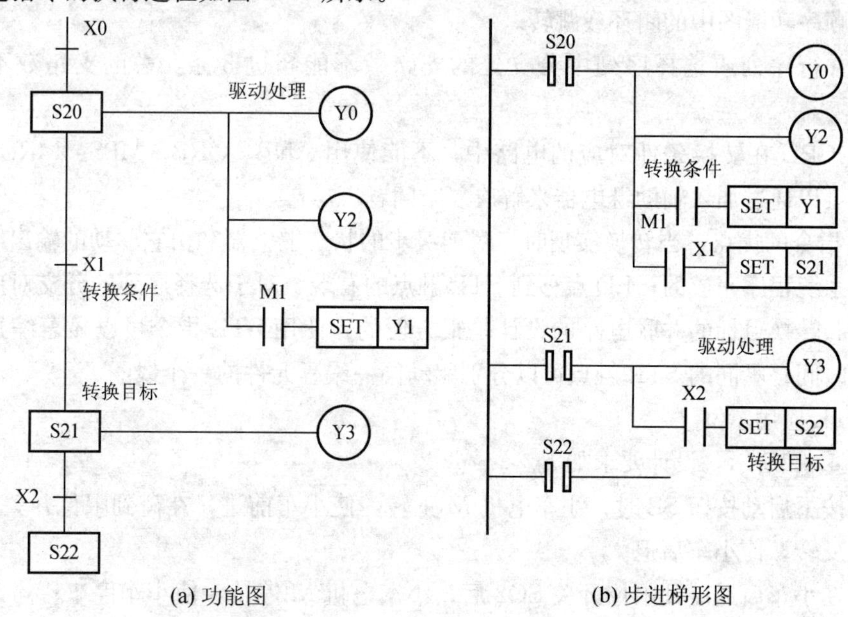

图 4.41　STL 指令的执行过程与功能图

【特别提示】

(1) STL表示步进开始，其操作元件是状态器S。STL触点是与左母线相连的常开触点，类似于主控触点，并且同一状态继电器的STL触点只能使用一次(并行序列的合并除外)。与STL触点相连的触点应使用LD或LDI指令，而且在使用过STL指令后，应用RET指令使LD点返回左母线。梯形图中同一元件的线圈可以被不同的STL触点驱动，即在使用STL指令时，允许双线圈输出。在STL触点之后不能使用MC/MCR指令。

(2) SET设置一个状态后，则另一个状态复位。

(3) RET表示步进结束，无操作目标元件。在一系列STL后必须使用RET表示步进结束。

STL指令的特点如下。

(1) 与STL触点相连的触点应使用LD/LDI指令。

(2) STL触点可以直接驱动或通过别的触点驱动Y、M、S、T等元件的线圈和应用指令，STL触点也可以使Y、M、S等元件置位或复位。

(3) CPU只执行活动步对应的程序，不执行处于断开状态的STL触点驱动的电路中的指令。

(4) 在使用STL指令时允许双线圈输出。

(5) STL指令只能用于状态寄存器，在没有并行序列时，一个状态寄存器的STL触点在梯形图中只能出现一次。

(6) 步的转换过程中，相邻两步的状态继电器会同时ON一个扫描周期，可能出现双线圈问题，因此应注意软件互锁和硬件互锁。

(7) 在STL触点驱动的电路块中不能使用MC和MCR指令。

(8) SET指令一般用于驱动状态继电器的元件号比当前步元件号大的STL步；OUT指令用于顺序功能图中的闭环或跳转。

(9) 并行序列或选择序列中分支处的支路数不能超过8条，总的支路数不能超过16条。

(10) CPU在转换条件对应的电路中，不能使用ANB、ORB、MPS、MRD和MPP指令，但可以通过加入辅助继电器来解决复杂问题。

STL指令的优点：当转换实现时，对前级步的状态继电器和由它驱动的输出继电器的复位是由系统程序完成的；LD点移到STL触点的右端，对于选择序列的分支对应的指明转换条件和转换目标的并联电路的设计是很方便的；使用STL指令可以显著缩短用户程序的执行时间；不同的STL触点可以分别驱动同一编程元件的一个线圈。

3) STL应用示例

如图4.42所示，设计要求如下。

(1) 按下启动按钮SB时，小车电机M正转，使小车前进，在碰到限位开关SQ1后，小车电机反转，使小车后退。

(2) 在小车后退碰到限位开关SQ2后，小车电机M停转，使小车停车；停5s，第二次前进，碰到限位开关SQ3，再次后退。

(3) 当后退再次碰到限位开关SQ2时，小车停止。

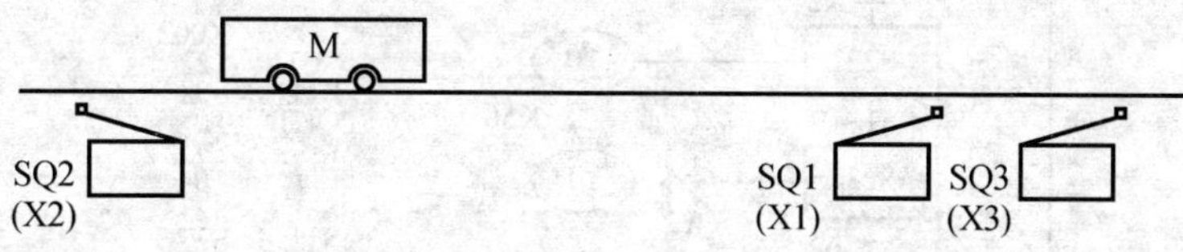

图4.42　STL示例

程序设计步骤如下。

(1) 先安排输入、输出口及机内器件。电机M在驱动时：正转(前进)由输出点Y1控制，反转(后退)由Y2控制。为了解决延时5s，选用定时器T0，并将启动按钮SB及限位开关SQ1，SQ2，SQ3分别接于X0、X1、X2、X3。

(2) 将整个过程按任务要求分解。每个工序均对应一个状态，分配状态元件如下。

① 初始状态S0；　② 前进S20；
③ 后退S21；　④ 延时5s S22；
⑤ 再前进S23；　⑥ 再后退S24。

【特别提示】

虽然S20与S23，S21与S24功能相同，但它们是状态转移图中的不同工序，也就是不同状态，故编号也不同。

(3) 弄清每个状态的功能、作用。

S0将PLC上电做好工作准备；
S20前进(输出Y1，驱动电动机M正转)；
S21后退(输出Y2，驱动电动机M反转)；
S22延时5s(定时器T0，设定为5s，延时到T0动作)；
S23同S20；
S24同S21；

(4) 找出每个状态的转移条件。

S20转移条件SB；
S21转移条件SQ1；
S22转移条件SQ2；
S23转移条件T0；
S24转移条件SQ3；

最终完成的功能图及程序(部分)如图4.43所示。

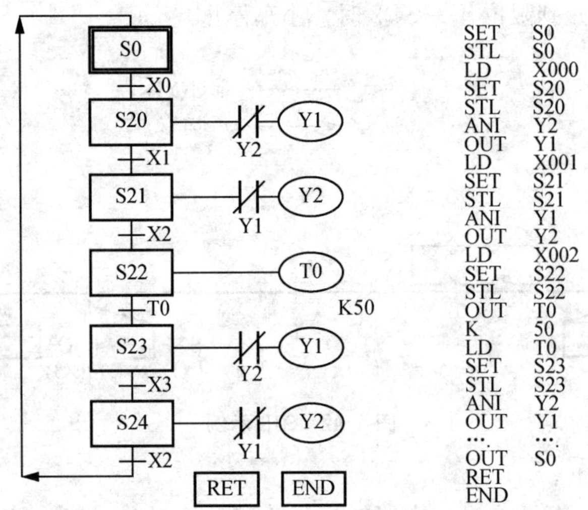

图 4.43　STL 示例功能图及程序

4.1.5　西门子 S7－200 系列可编程序控制器

S7－200 系列 PLC 是西门子公司推出的整体式小型可编程控制器，开始的产品称为 CPU21X，其后的改进型称为 CPU22X。21X 及 22X 各有 4，5 个型号。由于其结构紧凑，功能强，并具有很高的性能价格比，在中小规模控制系统中应用广泛。一台 S7－200 小型 PLC 的主要组成部分包括一个单独的 S7－200 CPU，还可带有各种各样可选择的扩展模块，如图 4.44 所示。

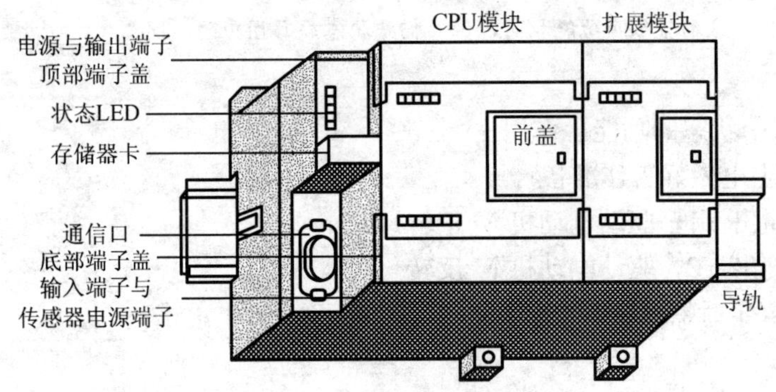

图 4.44　S7－200 小型 PLC 结构

1. S7－200 的基本单元

S7－200 系列 PLC 有 5 种不同型号，即 CPU221、CPU222、CPU224、CPU224XP、CPU226，它们外观结构基本相同，主要技术指标见表 4－3。

S7－200 系列 PLC 的输入信号采用 24V 直流电压，该电压可以由外部提供，也可以使用由 PLC 内部提供的 24V 直流电源。每种基本单元都有晶体管和继电器两种输出形式。CPU 224 交流/直流/继电器连接端子图如图 4.45 所示。

表 4-3　CPU22X 主要技术指标

特　　性	CPU221	CPU222	CPU224	CPU224XP	CPU226
外形尺寸/mm	90×80×62	90×80×62	120.5×80×62	140×80×62	190×80×62
输入电压	20.4～28.2VDC/85～264VAC(43～63Hz)				
数字量 I/O 数量	6DI/4DO	8DI/6DO	14DI/10DO	14DI/10DO	24DI/16DO
模拟量 I/O	无	无	无	2AI/1AO	无

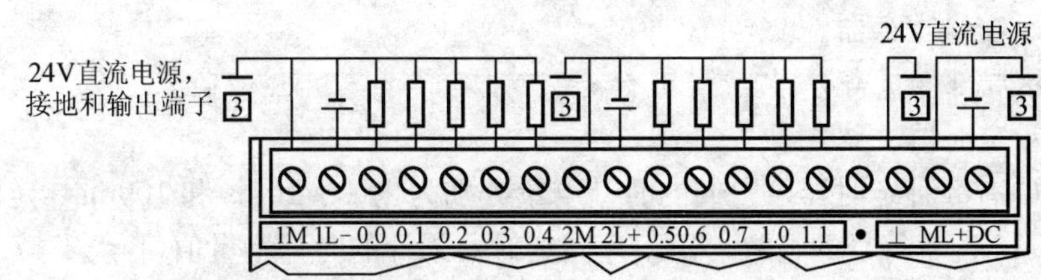

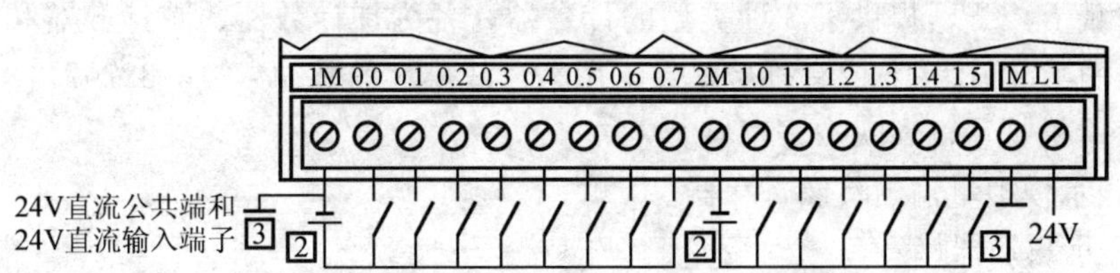

图 4.45　CPU 224 交流/直流/继电器连接端子图

【特别提示】

CPU 224 基本单元有 I0.0～I0.7、I1.0～I1.5 共 14 个输入点；Q0.0～Q0.7、Q1.0～Q1.1 共 10 个输出点；可扩展的模块数目为 7。

高速反应性方面有 6 个高速计数脉冲输入端：I0.0～I0.5，最快的相应速度为 30kHz，2 个高速脉冲输出端：Q0.0 ～Q0.1，输出脉冲频率可达 20kHz。

由于采用了双向光电耦合器，24V 直流极性可任意选择；

1M 为 I0.X 输入端子的公共端，2M 为 I1.X 输入端子的公共端；

数字量输出分为两组，每组有一个独立公共端，共有 1L、2L 两个公共端，可接入不同的负载电源。

2. S7—200 系列 PLC 内部元器件

PLC 内部元器件的功能是相互独立的，且在数据存储区为每一种元器件分配一个存储区域。每一种元器件用一组字母表示器件类型，用字母加数字表示数据的存储地址，具体表示方式如下。

I：表示输入继电器(输入映像寄存器)，电路示意如图 4.46 所示。

Q：表示输出继电器(输出映像寄存器)，电路示意如图 4.47 所示。

M：表示内部标志位寄存器。

SM：表示特殊标志位寄存器。

S：表示顺序控制寄存器。

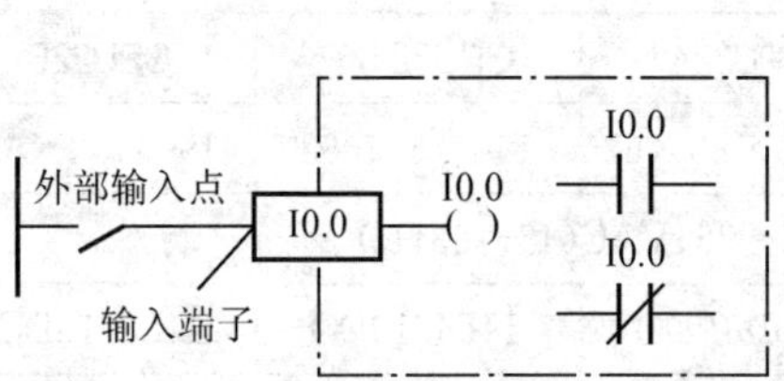

图 4.46　输入映像寄存器的电路示意

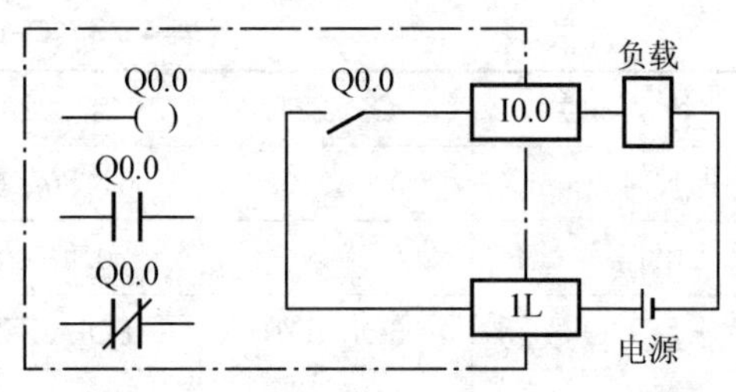

图 4.47　输出映像寄存器的电路示意

V：表示变量寄存器。

L：表示局部变量寄存器。

T：表示定时器。

S7－200 有 3 种定时器，它们的时基增量分别为 1ms、10ms 和 100ms，定时器的当前值寄存器是 16 位有符号的整数，用于存储定时器累计的时基增量值(1～32767)。

C：表示计数器。计数器主要用来累计输入脉冲个数。其结构与定时器相似，其设定值在程序中赋予，CPU 提供了 3 种类型的计数器，各为加计数器、减计数器和加/减计数器。计数器的当前值为 16 位有符号整数，用来存放累计的脉冲数(1～32767)。

AI：表示模拟量输入映像寄存器。

AQ：表示模拟量输出映像寄存器。

AC：表示累加器。

HC：表示高速计数器。

3. S7－200 系列 PLC 的基本指令

ST-200 系列 PLC 的基本指令包括基本逻辑指令，算术、逻辑运算指令，数据处理指令，程序控制指令等。

1）指令的基本格式及操作数表示方法

S7－200 的指令通常由助记符和操作数两部分组成，其格式如下。

助记符　操作数

操作数通常可以由操作数标识符和操作数标识参数这两部分组成，其格式如下。

标识符　标识参数

标识符指出了该操作数存放在存储器的哪个区域及操作数的位数，标识参数则进一步指明了操作数所在存储区的具体位置。

通常标识符又可由以下两部分组成。

区域标识符　操作数(长度字节/字/双字)

其中：区域标识符可以是 I 为输入过程映像存储区；Q 为输出过程映像存储区；S 为顺序控制继电器存储区；L 为局部变量存储区；T 为定时器存储区；AI 为模拟量输入；AQ 为模拟量输出；AC 为累加器；SM 为特殊存储区；HC 为高速计数器；M 为位存储区；C 为计数器存储区；V 为变量存储区。

操作数长度可以表示为 X(位)；B(字节)；W(字)；D(双字)。

采用上述的方法，就可以对任一存储区域中的数据以位、字节、字、双字来进行存取。

2）基本位操作指令

触点及线圈是梯形图最基本的元素，从元件角度出发，触点及线圈是元件的组成部分，线圈得电则该元件的常开触点闭合，常闭触点断开；反之，线圈失电则常开触点恢复断开，常闭触点恢复接通。从梯形图的结构来看，触点是线圈的工作条件，线圈的动作是触点运算的结果。

梯形图指令由触点或线圈符号、直接位地址两部分组成，含有直接位地址的指令又称位操作指令，基本位操作指令操作数寻址范围为 I、Q、M、SM、T、C、V、S、L 等。

基本位操作指令格式见表 4-4。

表 4-4　基本位操作指令格式

LAD	STL	功　能
─┤├─ ─┤/├─	LD BIT、LDN BIT A BIT、AN BIT O BIT、ON BIT	用于网络段起始的常开/常闭触点， 常开/常闭触点串联，逻辑与/与非指令 常开/常闭触点并联，逻辑或/或非指令
─( )─	=BIT	线圈输出，逻辑置位指令

表中：① LD(Load)：装载指令，用于常开触点与左母线连接，每一个以常开触点开始的逻辑行都要使用这一指令。

② LDN(Load Not)：装载指令，用于常闭触点与左母线连接，每一个以常闭触点开始的逻辑行都要使用这一指令。

③ A(And)："与非"操作指令，用于常开触点的串联。

④ AN(And Not)："与"操作指令，用于常闭触点的串联。

⑤ O(Or)："或"操作指令，用于常开触点的并联。

⑥ ON(Or Not)："或非"操作指令，用于常闭触点的并联。

⑦ =(Out)：置位指令，用于线圈输出。

位操作指令程序的应用示例如图 4.48 所示。

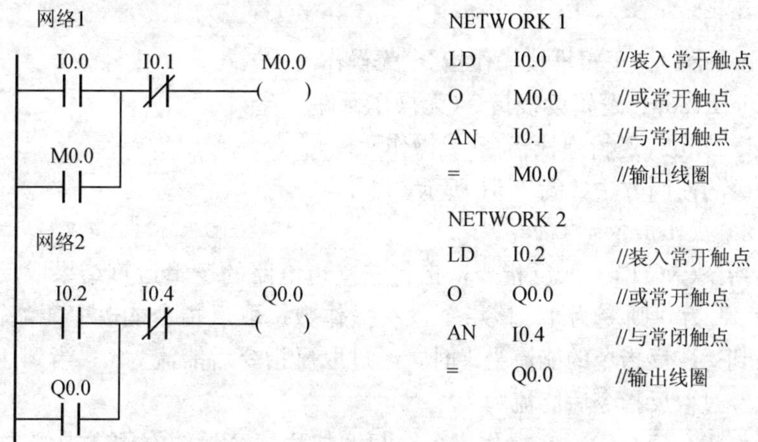

图 4.48　位操作指令的使用说明

在较复杂梯形图中，触点的串、并联关系不能全部用简单的与、或、非逻辑关系描述。

(1) 块“与”操作指令 ALD。块“与”操作指令，用于两个或两个以上触点并联连接的电路之间的串联，称之为并联电路块的串联连接。其使用方法如图 4.49 所示。

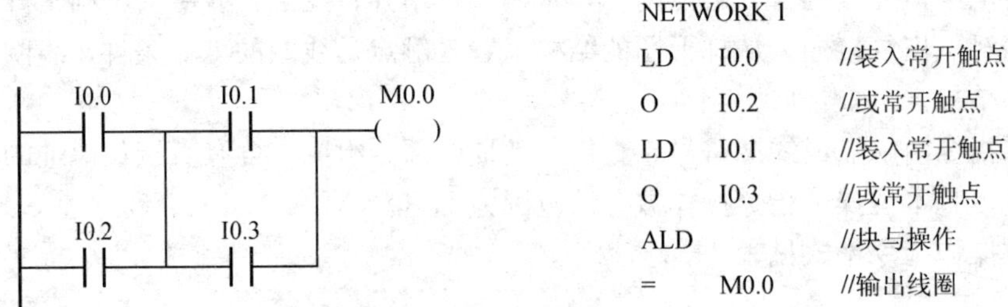

图 4.49 ALD 指令的使用说明

【特别提示】

当并联电路块与前面的电路串联时，使用 ALD 指令。并联电路块的开始用 LD 或 LDN 指令，在并联电路块结束后，使用 ALD 指令与前面的电路串联。

(2) 块“或”操作指令 OLD。用于两个或两个以上触点串联连接的电路之间的并联，称之为串联电路块的并联连接。使用方法如图 4.50 所示。

I0.0　I0.2　M0.1

I0.3　I0.4

```
NETWORK 1
LD    I0.0    //装入常开触点
A     I0.2    //或常开触点
LD    I0.3    //装入常开触点
AN    I0.4    //与常闭触点
OLD           //块或操作
=     M0.1    //输出线圈
```

图 4.50 OLD 指令的使用说明

(3) 栈操作指令 LPS 、LRD、LPP。

LPS(Logic Push)：逻辑堆栈操作指令(无操作元件)。

LRD(Logic Read)：逻辑读栈指令(无操作元件)。

LPP(Logic Pop)：逻辑弹栈指令(无操作元件)。

栈操作指令的使用方法如图 4.51 所示。

3) 取反和空操作指令

(1) 取反指令(NOT)。取反指令，指将它左边电路的逻辑运算结果取反，运算结果若为 1 则变为 0，为 0 则变为 1，该指令没有操作数。取反指令能改变能流输入的状态，也就是说，当到达取反指令的能流为 1 时，经过取反指令后能流为 0；当到达取反指令的能流为 0 时，经过取反指令后能流为 1。

(2) 空操作指令(NOP)。空操作指令，起增加程序容量的作用。操作数 N 为执行空操作指令的次数，N=0～255。取反和空操作指令使用格式如图 4.52 所示。

4) 置位/复位指令

置位/复位指令则是将线圈设计成置位线圈和复位线圈两大部分，以将存储器的置位、

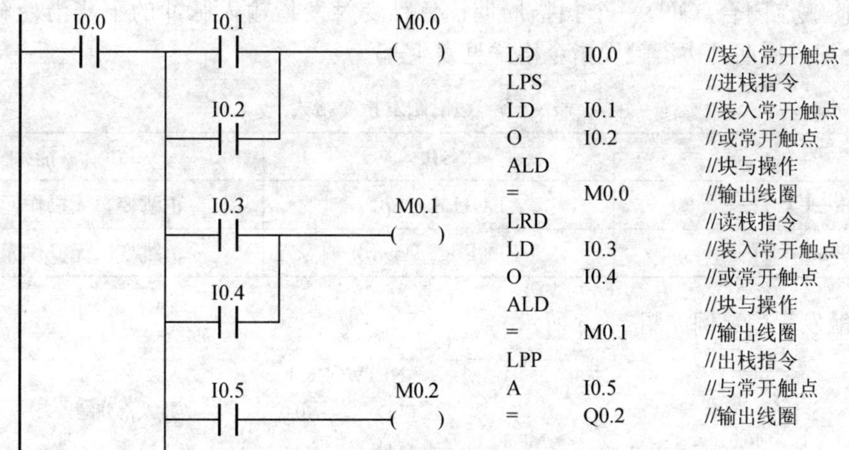

图 4.51　栈操作指令的使用说明

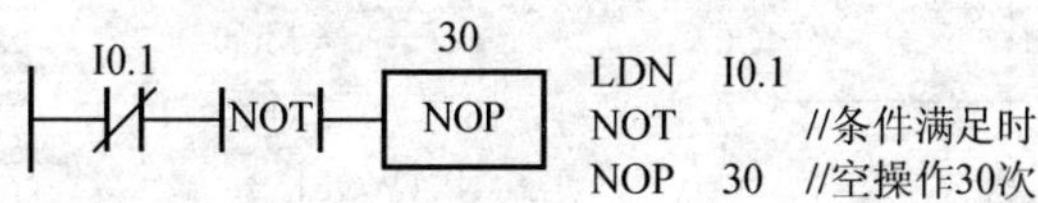

图 4.52　NOT 和 NOP 指令的使用说明

复位功能分离开来。置位/复位指令的应用如图 4.53 所示。

其工作过程如图 4.54 所示。

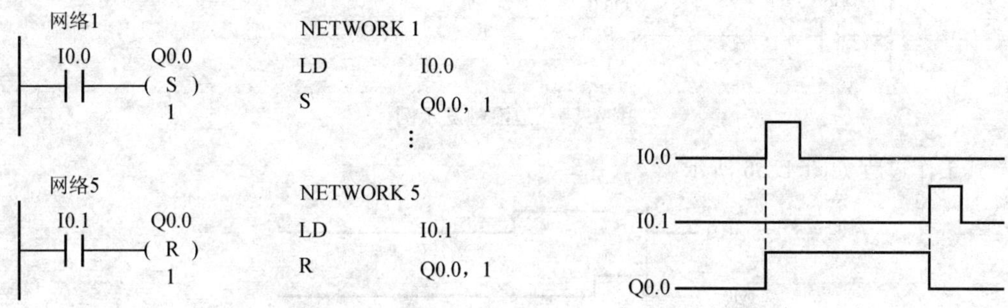

图 4.53　置位/复位指令的使用说明　　**图 4.54　置位/复位指令工作过程**

【特别提示】

在编程时，置位、复位线圈之间间隔的网络个数可以任意，而且置位、复位线圈通常成对使用，也可以单独使用或与指令配合使用。

线圈输出指令(=(Out))与置位指令的区别在于当线圈的工作条件满足时，线圈有输出，当条件失去时，线圈输出停止，而置位具有保持功能，即在某扫描周期中置位发生后，若不经复位指令处理，输出将保持不变。

5）边沿触发指令

边沿触发是指用边沿触发信号产生一个机器周期的扫描脉冲，通常用作脉冲整形。边沿触发指令分为正跳变触发(上升沿)和负跳变触发(下降沿)两大类。正跳变触发指输入脉冲上升沿使触点闭合(ON)一个扫描周期；负跳变触发指输入脉冲的下降沿使触点闭合(ON)一个扫描周期。边沿触发指令格式见表 4-5。

表 4-5 边沿触发指令格式

LAD	STL	功　能
─┤P├─	EU(Edge up)	正跳变，无操作元件
─┤N├─	ED(Edge Down)	负跳变，无操作元件

边沿触发程序示例如图 4.55 所示。

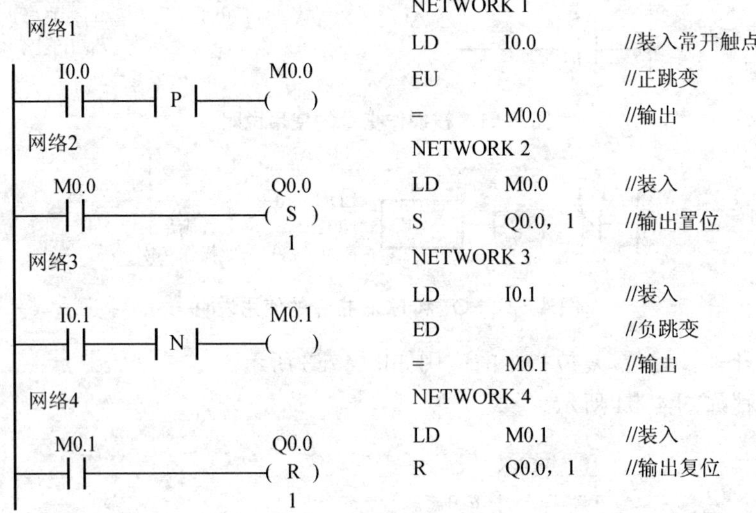

图 4.55 边沿触发示例

其工作过程如图 4.56 所示。

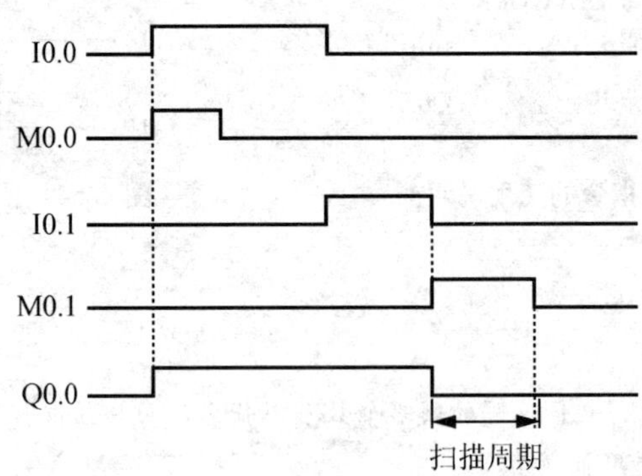

图 4.56 边沿触发指令工作过程

4. 定时器指令

S7—200 系列 PLC 有接通延时定时器(TON)、有记忆的接通延时定时器(TONR)及断开延时定时器(TOF)3 类定时器，时基有 1ms、10ms、100ms 3 种，见表 4-6。

表 4-6　定时器的类型

工作方式	用毫秒(ms)表示的分辨率	用秒(s)表示的最大当前值	定时器号
TONR	1	32.767	T0，T64
	10	327.67	T1～T4，T65～T68
	100	3276.7	T5～T31，T69～T95
TON/TOF	1	32.767	T32，T96
	10	327.67	T33～T36，T97～T100
	100	3276.7	T37～T63，T101～T255

【特别提示】

CPU 22X 系列 PLC 的 256 个定时器分属 TON(TOF)和 TONR 工作方式，以及 3 种时基标准，且 TOF 与 TON 共享同一组定时器，不能重复使用。

每个定时器均有一个 16bit 的当前值寄存器及一个 1bit 的状态位：T－bit(反映其触点状态)。

1）通电延时型(TON)

接通延时定时器在使能输入 IN 端接通时计时，当定时器的当前值大于等于 PT 端的预设值时，该定时器位被置位。当使能输入 IN 端断开时，接通延时定时器的当前值置 0。如图 4.57 所示，当使能端(IN)输入有效时，定时器开始计时，当前值从 0 开始递增，大于或等于设定值(PT)时，定时器输出状态位置为 1，(输出触点有效)，当前值的最大值为 32767。当使能端无效(断开)时，定时器复位(当前值清 0，输出状态位置为 0)。

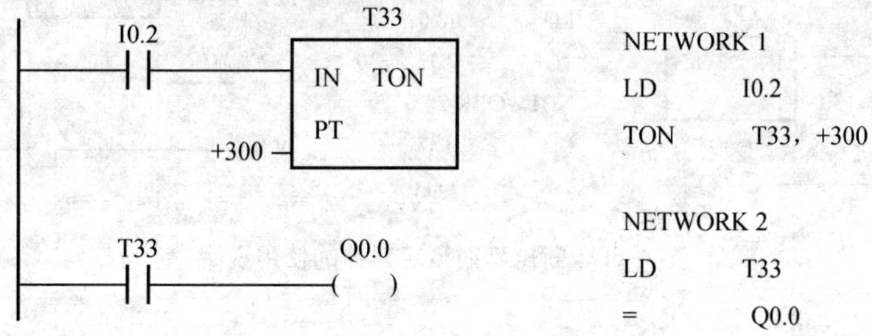

图 4.57　通电延时型定时器使用说明

其工作过程如图 4.58 所示。

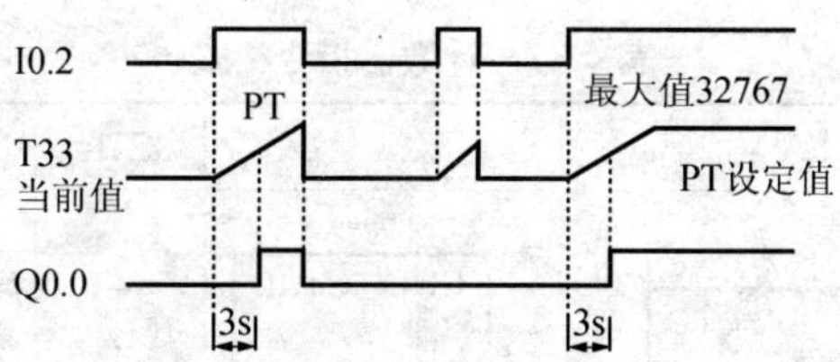

图 4.58　通电延时型定时器的工作过程

2）保持型(TONR)

如图 4.59 所示，当使能端(IN)输入有效时(接通)，定时器开始计时，当前值递增，当前值大于或等于设定值(PT)时，输出状态位置为 1，当使能端输入无效(断开)时，当前值保持(记忆)，当使能端(IN)再次接通有效时，在原记忆值的基础上递增计时。有记忆通电延时型(TONR)定时器采用线圈的复位指令(R)进行复位操作，当复位线圈有效时，定时器当前值清 0，输出状态位置为 0。

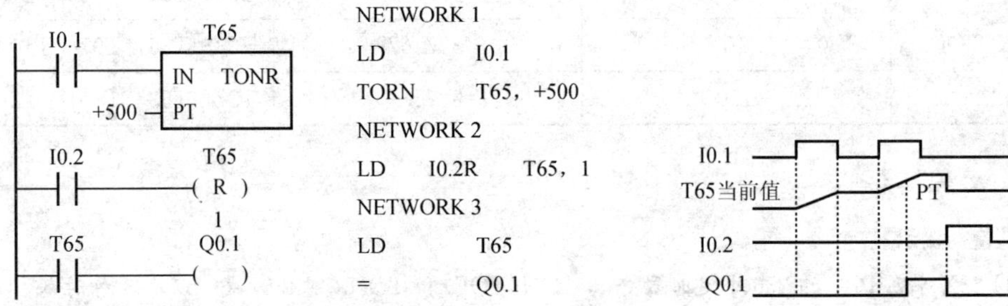

图 4.59　保持型定时器的使用说明

3）断电延时型(TOF)

断开延时定时器用于在使能输入 IN 端断开后，延时一段时间断开输出。当使能输入 IN 端接通时，定时器立即接通，并把当前值设为 0。当输入断开时从输入信号接通到断开的负跳变启动计时。当达到预设时间值 PT 时，定时器断开，并且停止当前值计时。当输入断开的时间小于预设值时，定时器保持接通。如图 4.60 所示，当使能端(IN)输入有效时，定时器输出状态位立即置1，当前值复位(为0)。当使能端(IN)断开时，开始计时，当前值从 0 递增，当前值达到预置值时，定时器状态位复位置 0，并停止计时，当前值保持。

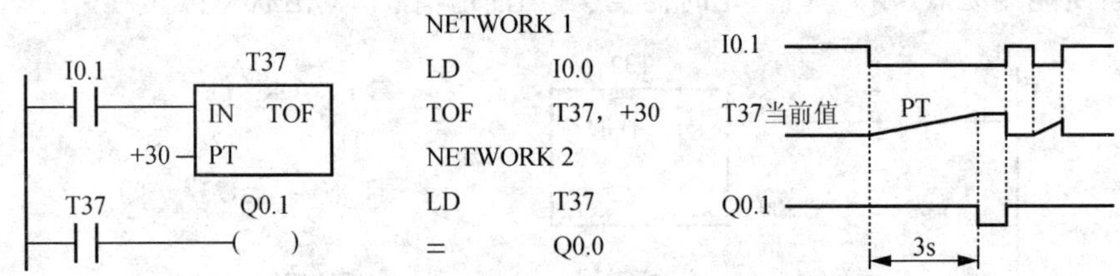

图 4.60　断电延时型定时器的使用说明

5. 计数器的使用

S7－200 系列 PLC 有加(增)计数器(CTU)、加/减计数器(CTUD)、减计数器(CTD) 3 种计数指令。它们的指令格式见表 4－7。

表 4－7　计数器指令格式

LAD	STL	功　能
???? CU CTU R ????－PV　　???? CU CTD LD ????－PV　　???? CU CTUD CD R ????－PV	CTU CTD CTUD	(Counter Up)增计数器 (Counter Down)减计数器 (Counter Up/Down)增/减计数器

表中：梯形图指令符号中 CU 为增 1 计数脉冲输入端；CD 为减 1 计数脉冲输入端；R 为复位脉冲输入端；LD 为减计数器的复位脉冲输入端；编程范围为 C0～C255；PV 设定值最大为 32767。

1）加计数指令(CTU)

加计数器在 CU 端输入脉冲上升沿时，计数器的当前值增 1 计数。当前值大于或等于设定值(PV)时，计数器状态位置 1，当前值累加的最大值为 32767。当复位输入(R)有效时，计数器状态位复位(置 0)，当前计数值清 0。

2）加/减计数器(CTUD)

如图 4.61 所示，加/减计数器有两个脉冲输入端，其中 CU 端用于加计数，CD 端用于减计数，在执行加/减计数时，CU/CD 端的计数脉冲上升沿加 1/减 1 计数。当前值大于或等于计数器设定值(PV)时，计数器状态位置位。当复位输入(R)有效执行复位指令时，计数器状态位复位，当前值清 0。

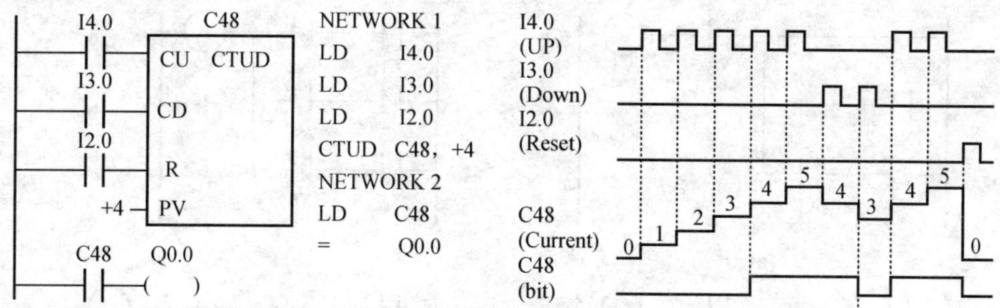

图 4.61　加/减计数器的使用

3）减计数指令(CTD)

如图 4.62 所示，当复位输入(LD)有效时，计数器把预置值(PV)装入当前值存储器，并使计数器状态位复位(置 0)。CD 端每一个输入脉冲上升沿，使减计数器的当前值从预置值开始递减计数，在当前值等于 0 时，计数器状态位置位(置“1”)，停止计数。

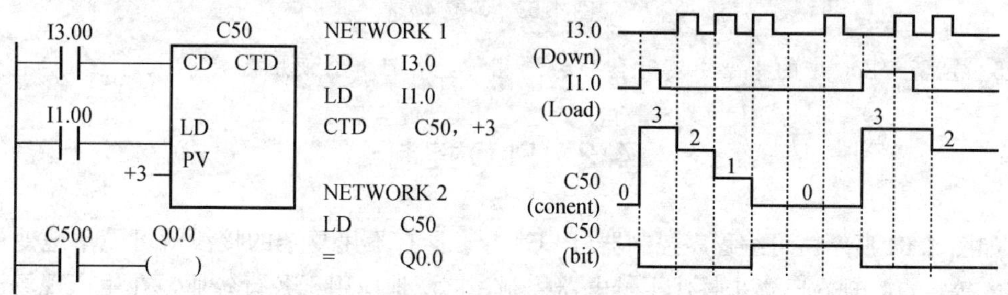

图 4.62　减计数器程序及时序

减计数器在计数脉冲 I3.0 的上升沿减 1 计数，在当前值从预置值开始减至 0 时，定时器输出状态位置 1，Q0.0 通电(置 1)，在复位脉冲 I1.0 的上升沿，定时器状态位置 0(复位)，当前值等于预置值，为下次计数工作做好准备。

思考与练习

1. PLC 的工作过程分为哪几个阶段？各阶段的作用是什么？PLC 的编程语言有哪几种？

2. 试设计一个自保持电路的梯形图，要求将此电路中编号为 X1(或 I0.1)的输入用按钮开关按一下后，编号为 Y1(或 Q0.1)的输出继电器能持续接通(ON)，而将编号为 X2(或 I0.2)的按钮按下后，Y1(或 Q0.1)的继电器则断开(OFF)。此外，还要编写出其程序，并将此程序输入到 PLC 中，检查运行情况。

3. 试设计一个 3 人用抢答装置的梯形图，并编写其程序。编好程序以后将其输入到 PLC 中，对其动作加以检验。

4. 试编写图 4.63 所示梯形图的程序。

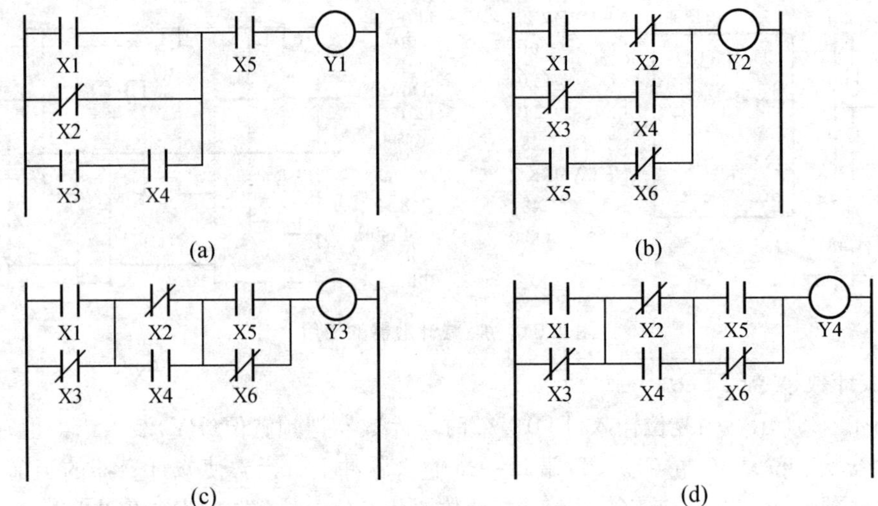

图 4.63 习题 4

5. 在 S7—200 中的指令中定时器分为哪几种？各自怎么使用？

4.2 PLC 控制

如图 4.64 所示，可编程序控制器(PLC)由于具有不用复杂的接线就可简单地变更控制内容等特点，现在已逐步替代了继电器控制，广泛地应用于各行各业，在生产现场已成为不可或缺的装置，用来实现工业生产过程的自动控制。

PLC 是为克服继电器控制中存在的各种缺点而开发的设备，因此它与继电器控制相比较，具有下列特点。

(1) 没有复杂的接线。

(2) 容易设计，能简单地改变程序。

(3) 维护管理容易。

(4) 可靠性高。

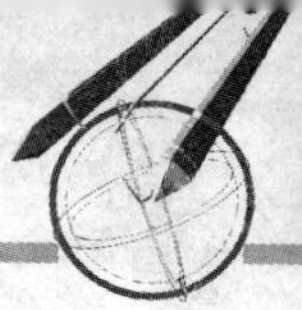

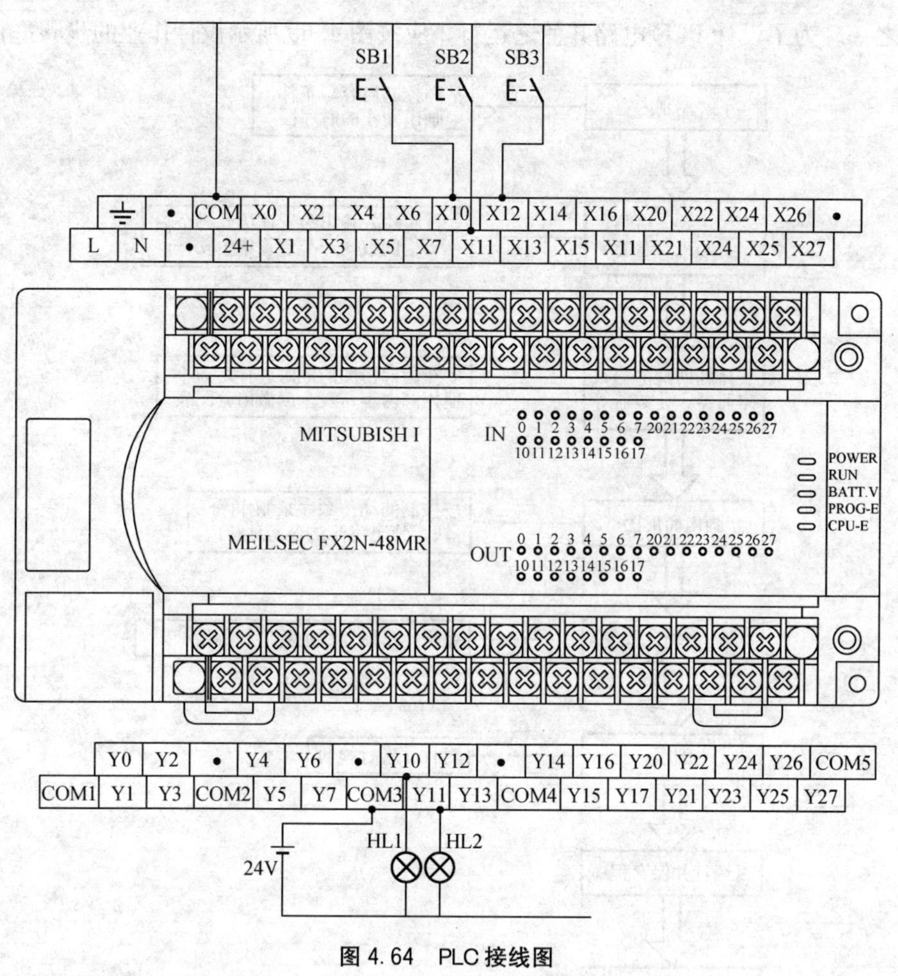

图 4.64　PLC 接线图

(5) 小型紧凑。

由于 PLC 采用基于梯形图进行编程控制的方式，因此从现场采用的继电器控制方式过渡到 PLC 控制方式非常容易，见表 4-8。

表 4-8　触点与线圈的图形符号

继电器控制				梯形图
常开触点			⇨	─┤├─
常闭触点				─┤/├─
线圈部分(包括继电器、定时器、计数器)	─□─			─○─

也就是说，当需要变换成梯形图时，可将常开触点用“─┤├─”符号、常闭触点用“─┤/├─”符号、线圈部分用“─○─”符号来表示。

4.2.1　PLC 应用系统的设计流程

在现代化的工业设备中有大量的数字量及模拟量控制装置(如电动机启停，电磁阀开闭，产品计数，温度、压力、流量的设定与控制等)，而 PLC 是解决自动控制问题最有效

的工具之一。为了设计 PLC 电路并使之运行，应按图 4.65 所示设计作业的步骤进行。

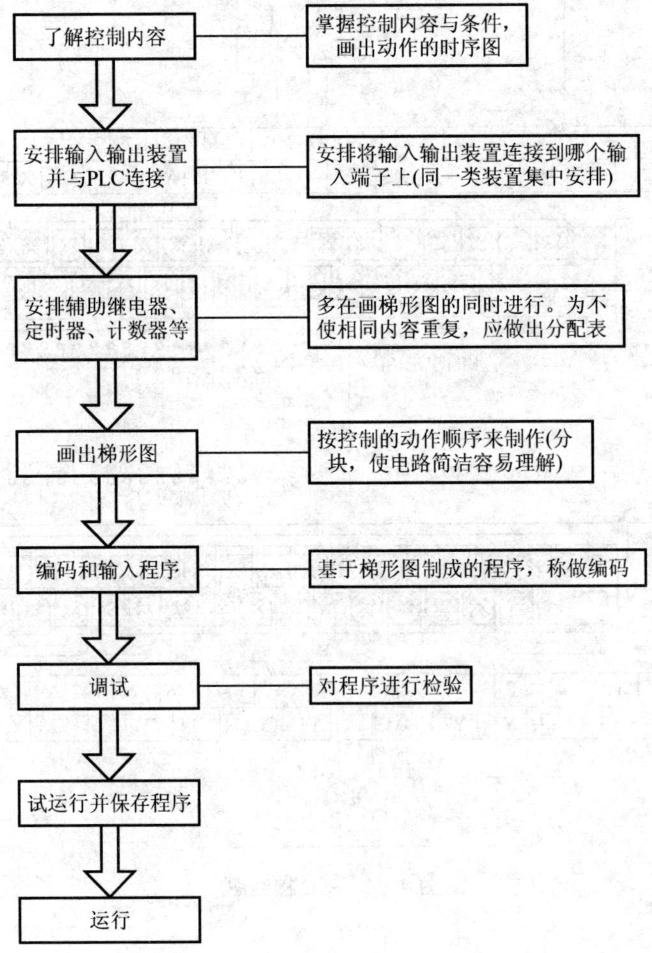

图 4.65　设计作业流程

4.2.2　PLC 控制基础

1. PLC 机型选择

选择机型要以满足系统功能需要为宗旨，可从以下几个方面来考虑。

1）输入/输出点

首先弄清楚控制系统的 IO 总点数，并按实际所需总点数的 15％～20％留出备用量，以备将来改造扩展。

2）I/O 响应时间

对开关量控制的系统，I/O 响应时间一般都能满足实际工程要求；对模拟量控制的系统，特别是闭环系统必须要考虑这个问题。

3）存储容量

一般可按下式估算，再按实际需要留适当的余量(20％～30％)来选择：

存储容量＝开关量 I/O 点总数×10＋模拟量通道数×100

4）输出负载

频繁通断的感性负载应选择晶体管或晶闸管输出型；动作不频繁的交直流负载可以选择继电器输出型。因为继电器输出型的PLC有许多优点，如导通压降小、有隔离作用、价格相对较便宜、承受瞬时过电压和过电流的能力较强、负载电压灵活(可交流、可直流)且电压等级范围大等。

2. 程序设计

PLC作为专门为工业控制而开发的自控装置，考虑到电气技术人员的传统习惯，采用梯形图与指令助记符语言。

1）基本概念

(1) 软继电器：PLC梯形图中的某些编程元件沿用了继电器这一名称，如输入继电器、输出继电器、内部辅助继电器等，但是它们不是真实的物理继电器，而是一些存储单元(软继电器)，且每一个软继电器都与PLC存储器中映像寄存器中的一个存储单元相对应。

(2) 母线：梯形图两侧的垂直公共线称为母线。

(3) 能流："能流"是一种假想的"能量流"，只能从左向右流动。如果有"能流"从左至右流向线圈，则线圈被激励。

2）梯形图的结构规则

在编辑梯形图时，要注意以下几点。

(1) 梯形图的各支路，以左母线为起点，从左向右分行绘出。每一行的前部是触点群组成的"条件"，最右边是线圈或功能框表达的"结果"。在一行绘制结束后，依次自上而下再绘下一行。

(2) 触点画在水平线上，不能画在垂直分支线上。

(3) 在有几个串联回路并联时，应将触点最多的那个串联回路放在梯形图的最上面，如图4.66所示；在有几个并联回路串联时，在不改变系统控制性能的前提下，应将触点最多的并联回路放在梯形图的最左侧，如图4.67所示。

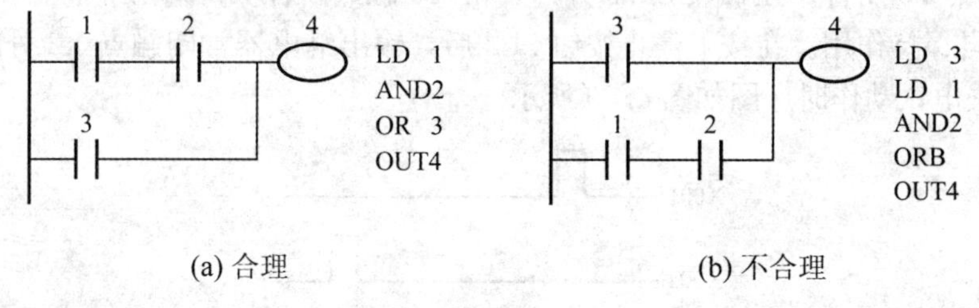

(a) 合理　　(b) 不合理

图4.66　梯形图之一

3）双线圈输出问题

在梯形图中，线圈前面的触点代表输出的条件，线圈代表输出。在同一程序中，某个线圈的输出条件可以非常复杂，但应是唯一且集中表达。由PLC的操作系统引出的梯形图编绘法则规定，某个线圈在梯形图中只能出现一次，如果多次出现，则称为双线圈输出。

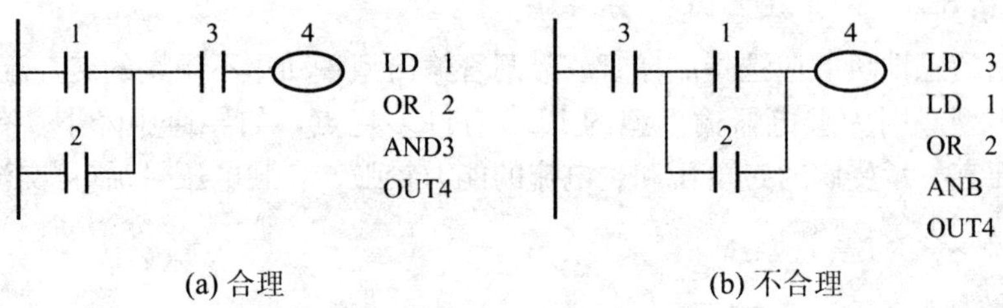

(a) 合理　　(b) 不合理

图 4.67　梯形图之二

当程序中存在双线圈输出时，最后一次输出有效(前面的输出无效)。本事件的特例是同一程序的两个绝不会同时执行的程序段中可以有相同的输出线圈。

4.2.3　典型电路分析

1. 电动机启停自锁控制电路

电动机启动、保持和停止电路简称启停自锁控制电路，该电路最主要的特点是具有“记忆”功能，如图 4.68 所示。

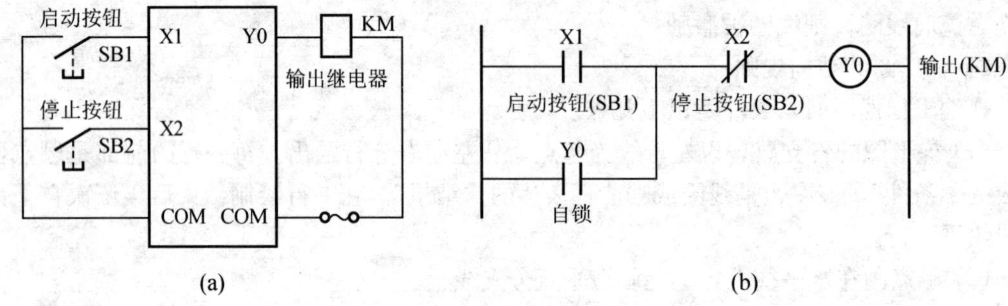

(a)　(b)

图 4.68　电动机启停自锁控制电路

在按下启动按钮 SB1 后，输入继电器 X1 得电，其常开触点闭合，接通输出继电器 Y0，常开触点 Y0 闭合。在触点 X1 断开后，由 Y0 触点闭合保持输出继电器 Y0 得电，这就是自锁或自保持作用。在按下停止按钮 SB2 后，输出继电器常闭触点 X2 分断，使输出继电器 Y0 失电，动作时序图如图 4.69 所示。

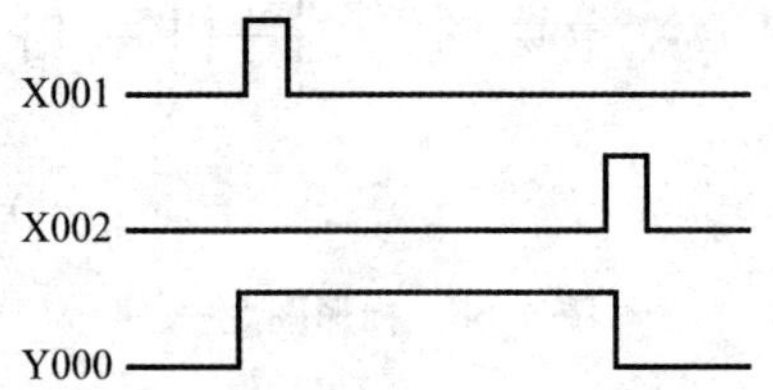

图 4.69　电动机启停自锁控制动作时序图

如图 4.70 所示，当 X1 接通时，Y0 置位；当 X2 接通时，Y0 复位；当 X1 和 X2 同时接通时，Y0 复位，关断优先。

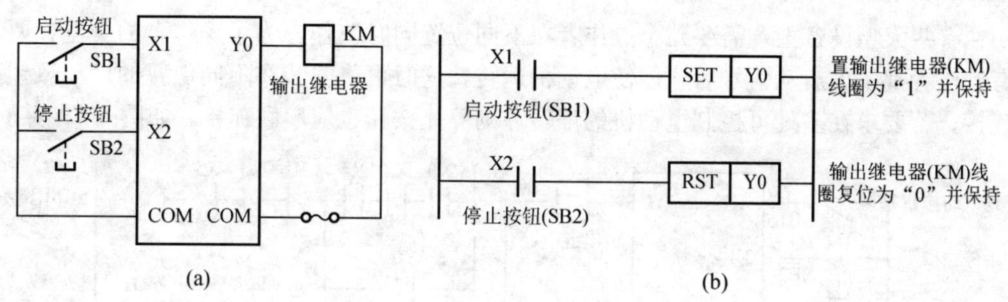

图 4.70 电动机置位复位控制电路

【特别提示】

某些机械既需要连续运转，即所谓长动；又要求在快速移动时能进行点动控制(当按下按钮时，电动机运转工作；当手松开按钮时，电动机停止工作)，如机床刀架、横梁、立柱的快速移动，机床的调整对刀等。长动可用自锁电路实现，而当取消自锁触点或是自锁触点不起作用时就是点动。长动与点动同时实现的电路如图 4.71 所示。

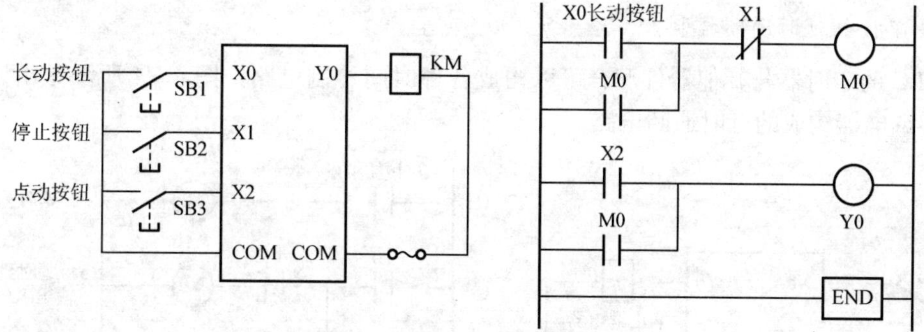

图 4.71 电动机长动与点动电路

2. 电动机多地点控制电路

在有些设备上，为了操作方便，常要求能在多个地点对电动机进行控制，这时可将安装在不同位置的启动按钮并联连接，停止按钮串联连接，如图 4.72 所示。

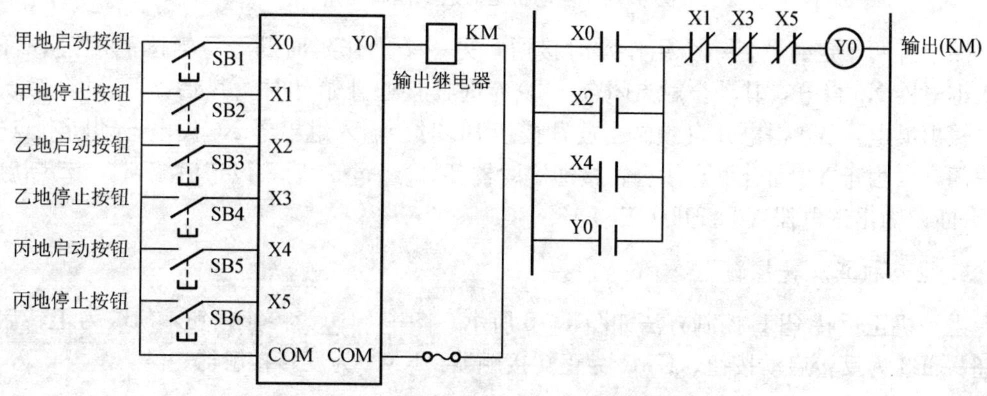

图 4.72 电动机单人多地控制电路

在有些大型设备上，需要几个操作者在不同位置同时工作。为了操作者的安全，要求所有操作者都发出启动信号后才能使电动机运转，这时可将安装在不同位置的启动按钮串联连接；若要求在多处可控制电动机的停转，则停止按钮也应串联连接，如图 4.73 所示。

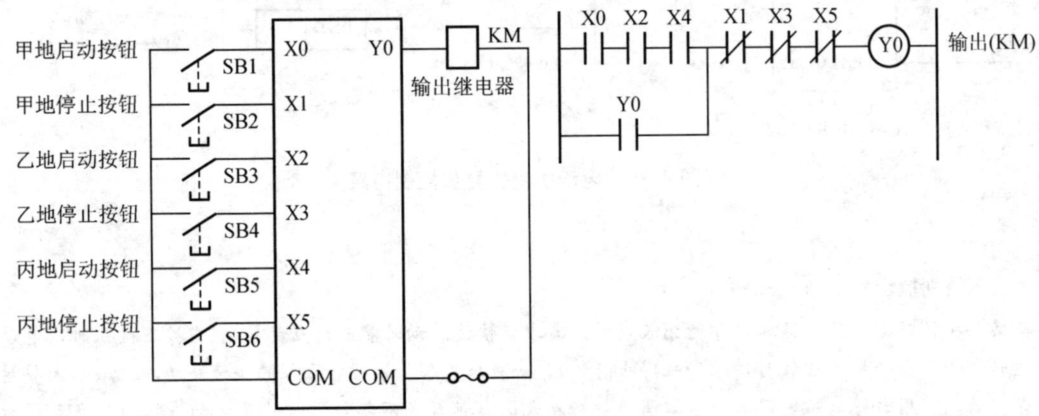

图 4.73　电动机多人多地控制电路

3. 单按钮延时通断控制

PLC 的定时器与其他器件配合可以构成各种时间控制电路，图 4.74 所示是由定时器和输出继电器构成的延时通断电路。

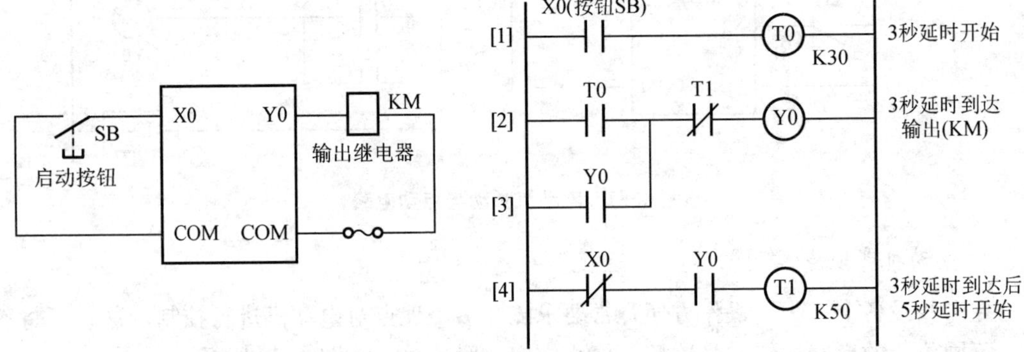

图 4.74　电动机延时通断控制电路

图中有两个定时器，一个用作延时接通，另一个用作延时断开。当按下按钮 SB 时，输入继电器 X0 得电，其动合触点闭合，T0 定时器接通开始计时。3s 后，T0 动合触点闭合，输出继电器 Y0 得电并自锁。当放开按钮 SB 时，输入继电器 X0 失电，动断触点 X0 回复闭合，由于 Y0 动合触点闭合，接通定时器 T1，经过 5s 后，设定值减到 0，动断触点 T1 分断，输出继电器 Y0 断开(OFF)。

4. 电动机正反转控制

电动机正反转 PLC 控制方法如图 4.75 所示。图中 SB1 为停止按钮，SB2 为正转启动按钮，SB3 为反转启动按钮，KM1 为正转接触器，KM2 为反转接触器。

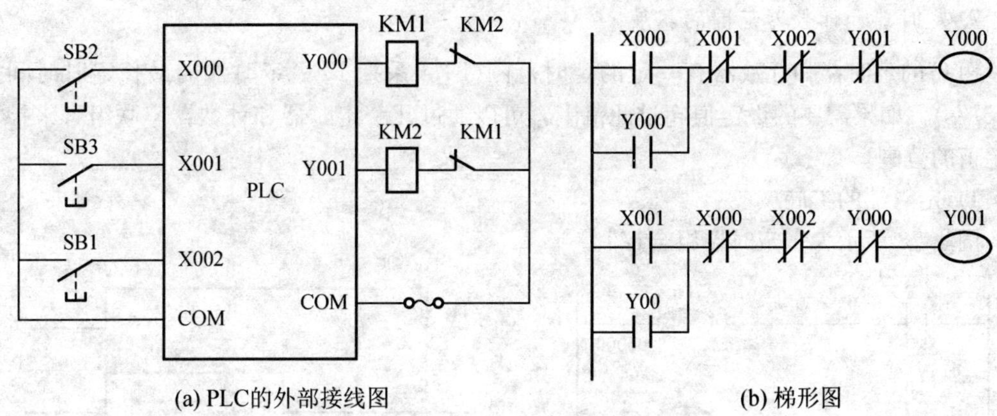

(a) PLC的外部接线图　　(b) 梯形图

图 4.75　电动机正反转 PLC 控制电路

5. 电动机顺序启动控制电路

电动机顺序启动控制方法如图 4.76 所示。

Y0 的常开触点串在 Y1 的控制回路中，Y1 的接通是以 Y0 的接通为必要条件。这样，只有当 Y0 接通时才允许 Y1 接通，Y0 关断后 Y1 也被关断停止，而且在 Y0 接通条件下，Y1 可以自行接通和停止，其中 X0、X2 为启动按钮，X1、X3 为停止按钮。

6. 集中与分散控制电路

在多台单机组成的自动线上，有在总操作台上的集中控制和在单机操作台上分散控制的联锁。集中与分散控制的梯形图如图 4.77 所示。

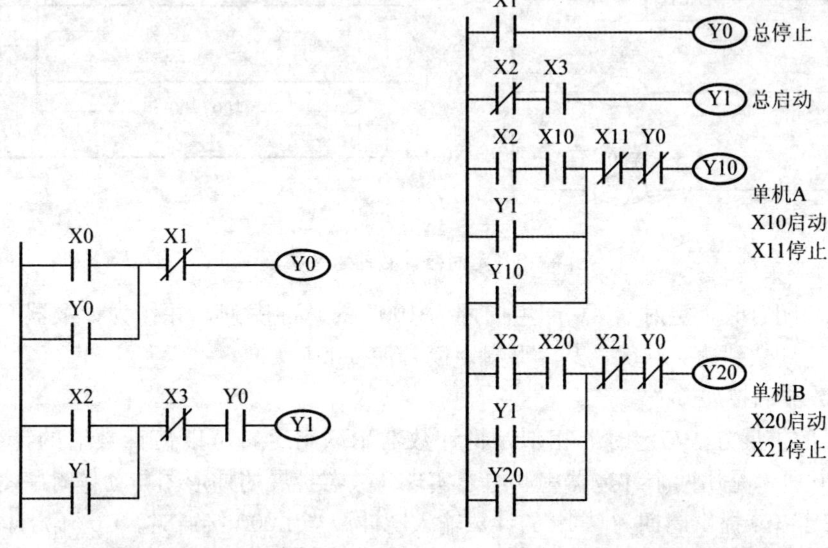

图 4.76　电动机顺序启动控制电路　　**图 4.77　集中与分散控制电路**

图中 X2 为选择开关，以其触点为集中控制与分散控制的联锁触点。当 X2 为 ON 时，为单机分散启动控制；当 X2 为 OFF 时，为集中总启动控制。在两种情况下，单机和总操作台都可以发出停止命令。

7. 定时器和计数器范围的扩展

PLC 的定时器和计数器有一定的定时范围（FX_{2N}系列 PLC 定时器的最长定时时间为 3276.7s），如果需要的设定值超过此范围，可以通过几个定时器和计数器串联组合来扩大设定值的范围。

1）定时器的扩展

图 4.78 所示为多定时器组合控制。

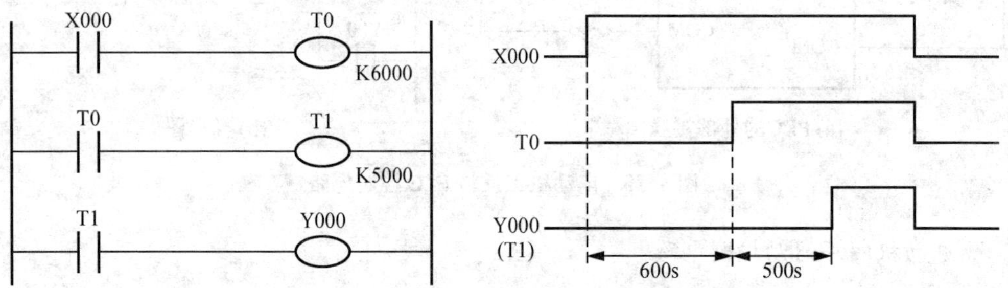

图 4.78　多定时器组合延时控制

当 X000 闭合时，T0 线圈得电并开始延时，当到达 600s 时，T0 常开触点闭合，又使 T1 线圈得电并开始计时，再延时 500s 后，T1 的常开触点闭合，才能使 Y000 线圈得电。

另一种扩展定时器范围的方法是由定时器和计数器组合来实现，如图 4.79 所示。

图 4.79　定时器计数器组合扩展

当 X000 闭合时，定时器 T0 产生周期为 100S 的脉冲序列，并作为计数器 C0 的计数输入，当 C0 计数到达 400 次，其常开触点闭合使 Y001 接通。

2）计数器的扩展

计数器的扩展方法与定时器相似，将计数器串联组合，可以使计数器的计数范围扩大。图 4.80 所示是用两个计数器串联组合实现计数器扩展的梯形图与动作时序图。

M8012 给 C0 提供周期为 0.1s 的计数输入脉冲。当 X000 接通时，C0 开始计数，在计满 500 次(50s)时，C0 的常开触点闭合，使 C1 计数 1 次，同时又使 C0 自己复位，重新开始计数，即为 C0 产生周期为 50s 的脉冲序列，并送给 C1 计数。当 C1 计满 100 次时，C0 动作，Y000 得电接通。

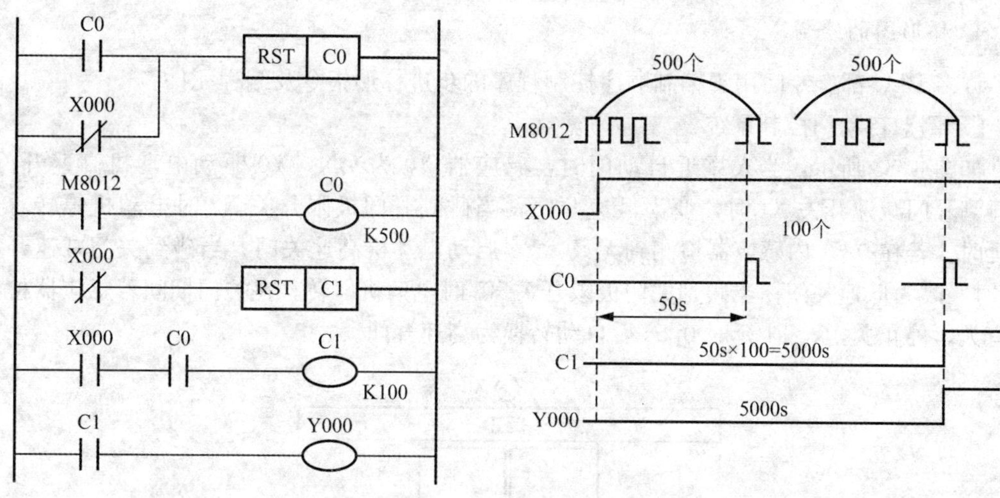

图 4.80　两个计数器组合扩展

4.2.4　顺序控制设计法

顺序控制就是按照生产工艺预先规定的顺序，在各个输入信号的作用下，根据内部状态和时间的顺序，在生产过程中各个执行机构自动地有顺序地进行操作。顺序控制设计法思路如图 4.81 所示。

顺序控制设计法编程模型如图 4.82 所示。

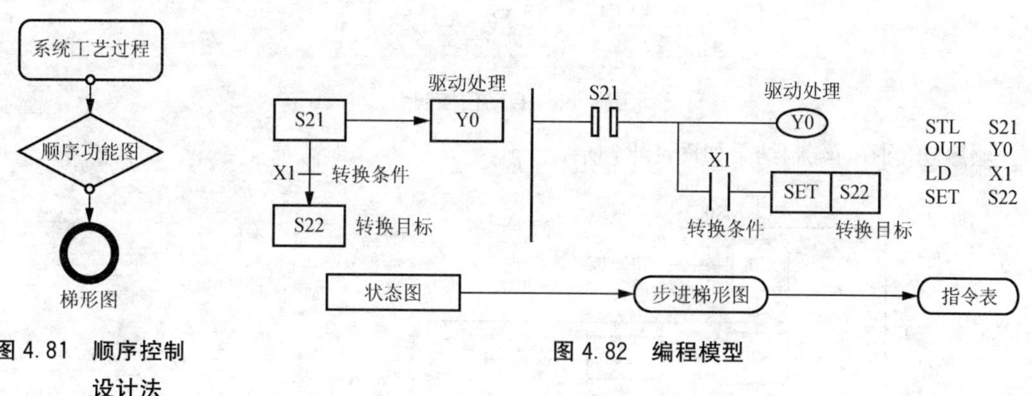

图 4.81　顺序控制设计法

图 4.82　编程模型

1. 步的划分

步是根据 PLC 输出量的状态划分的，只要系统的输出量状态发生变化，系统就从原来的步进入新的步。在每一步内 PLC 各输出量状态均保持不变，但是相邻两步输出量总的状态是不同的。

2. 转换条件的确定

转换条件是使系统从当前步进入下一步的条件。常见的转换条件有按钮、行程开关、定时器和计数器触点的动作(通/断)等。

3. 顺序功能图的绘制

顺序功能图主要有单序列结构、选择序列结构和并行序列结构 3 种情形。

4. 梯形图的绘制

许多 PLC 都有专门用于编制顺序控制程序的步进梯形指令及编程元件。

【示例】自动门控制系统

如图 4.83 所示，当人靠近自动门时，感应器 X0 为 ON，Y0 驱动电动机高速开门；当碰到开门减速开关 X1 时，变为低速开门；当碰到开门极限开关 X2 时电动机停转，开始延时。若在 0.5s 内感应器检测到无人，Y2 启动电动机高速关门；当碰到关门减速开关 X4 时，改为低速关门；当碰到关门极限开关 X5 时电动机停转。在关门期间若感应器检测到有人，停止关门，T1 延时 0.5s 后自动转换为高速开门。

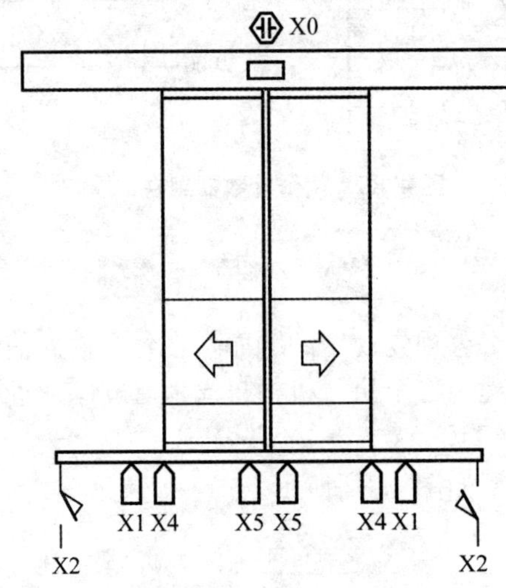

图 4.83 自动门控制

顺序功能图的绘制结果如图 4.84 所示。

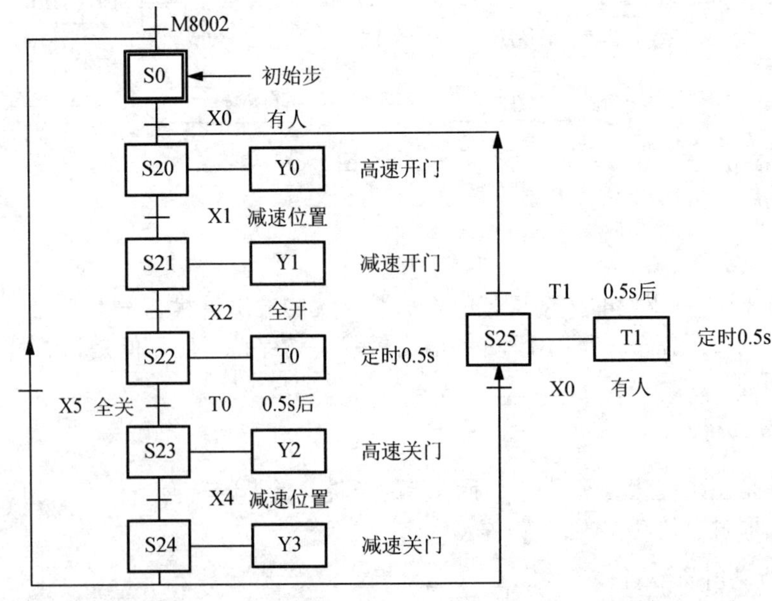

图 4.84 顺序功能图

从图 4.84 所示顺序功能图，得到的步进梯形图如图 4.85 所示。

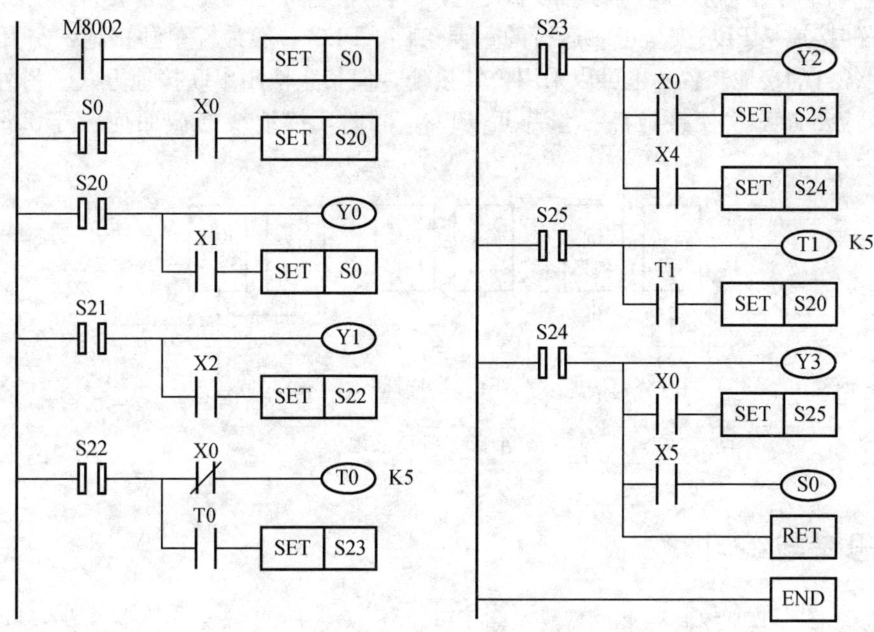

图 4.85　步进顺控指令设计

4.2.5　PLC 应用中的注意事项

1. 对 PLC 的某些输入信号的处理

如果 PLC 输入设备采用两线式传感器(如接近开关等)，它们的漏电流就会较大，可能会出现错误的输入信号。为了避免这种现象，可在输入端并联旁路电阻 R，如图 4.86 所示。

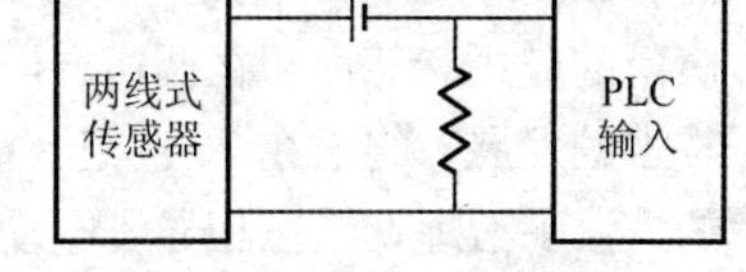

图 4.86　两线式传感器输入的处理

如果 PLC 输入信号由晶体管提供，则要求晶体管的截止电阻应大于 10kΩ，导通电阻应小于 800Ω。

2. 安全保护

当 PLC 输出控制的负载短路时，为了避免 PLC 内部的输出元件损坏，应该在 PLC 输出的负载回路中加装熔断器，进行短路保护。

如图 4.87 所示，PLC 的输入端和输出端常常接有感性元件。如果是直流感性元件，应在其两端并联续流二极管；如果是交流元件，应在其两端并联阻容电路，从而抑制电路在断开时产生的电弧对 PLC 内部输入、输出元件的影响。

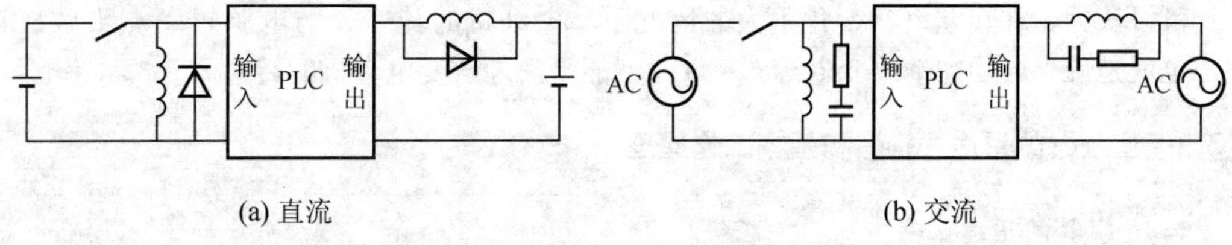

(a) 直流　　(b) 交流

图 4.87　感性元件输入/输出的处理

3. PLC系统的接地要求

良好的接地是PLC安全可靠运行的重要条件。PLC一般最好单独接地，与其他设备分别使用各自的接地装置。也可以采用公共接地，但禁止使用串联接地方式。另外，PLC的接地线应尽量短，使接地点尽量靠近PLC。同时，接地线的截面应大于$2mm^2$，如图4.88所示。

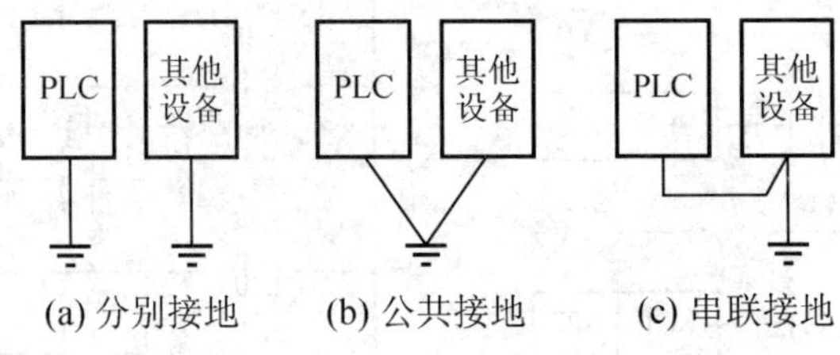

图4.88　PLC接地

思考与练习

1. 在怎样的工业控制要求中需要采用PLC，当采用PLC时其设计步骤有哪些?
2. 选用S7—200PLC设计实现三相交流异步电动机的启动、停止和控制反转。要求编制输入/输出分配表并绘制梯形图。
3. 选用三菱FX2系列PLC实现三相异步电动机Y/Δ启动控制。

4.3　变频器与触摸屏

自从19世纪80年代三相异步电动机现世以来，由于其结构简单坚固，易于维护，得到了广泛的应用。然而，在调速方面，三相异步电动机则处于“低能儿”的状态。随着电力电子技术的发展，终于在20世纪80年代变频调速技术进入了实用阶段，实现了用改变电源频率的方法平滑地调节三相异步电动机的转速，从而大大提高了生产设备的加工精度、工艺水平和工作效率，提高了产品的质量和数量，同时大大减小了生产机械的体积和重量。

三相交流异步电动机的转速公式为

$$n=(1-S)\frac{60f}{p}$$

由公式可知，改变三相交流异步电动机的转速可通过3种方法来实现：①变极(p)调速；②变转差率(S)调速；③变频(f)调速。

变频调速以变频向交流电动机供电具有调速范围宽、调速平滑性好、机械特性硬的特点。可以认为，在转差率S变化不大的情况下，电动机的转速n与电源频率f大致成正比，也就是说，若均匀地改变电源频率f，就能平滑地改变电动机的转速n。

4.3.1　变频器的用途、构造和基本工作原理

1. 变频器的用途

变频器和交流电动机的连接方法如图4.89所示。

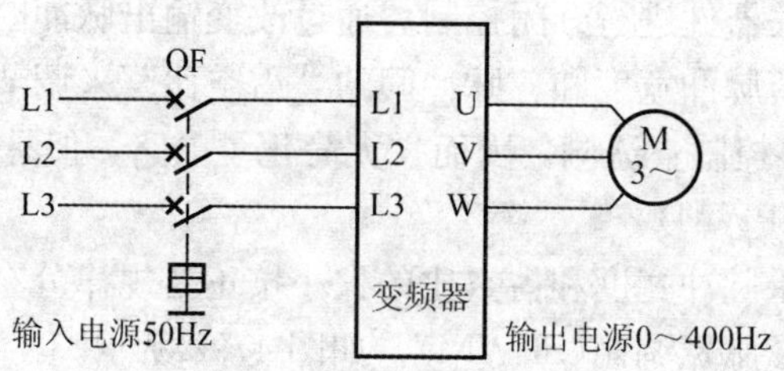

图 4.89　变频器变频输出

使用变频器的电动机可以实现平滑调速，降低能耗而且大大降低启动电流，启动和停机过程平稳，减少了对设备的冲击力，延长了电动机及生产设备的使用寿命。

2. 通用变频器的构造

其变频器的基本构造如图 4.90 所示。

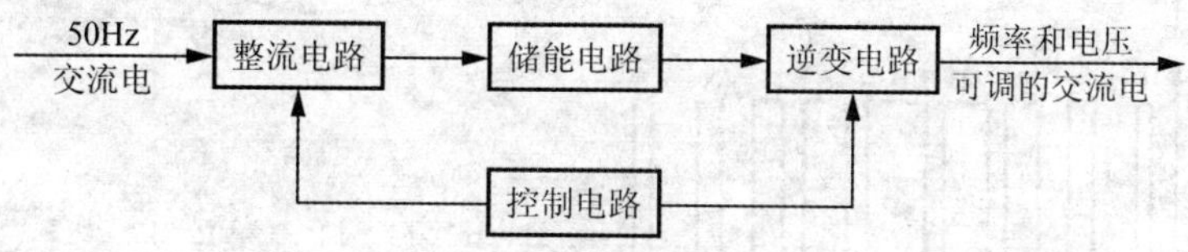

图 4.90　变频器的基本构造

其主电路结构如图 4.91 所示。

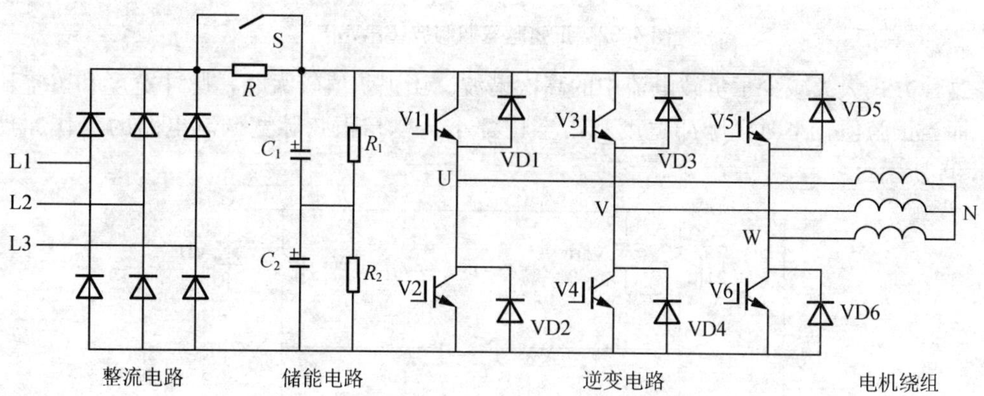

图 4.91　变频器主电路结构

【特别提示】

逆变电路的作用是将整流器输出的直流电转换为频率和电压都可调的交流电。三相逆变电路由 6 个开关器件(V1～V6)构成。VD1～VD6 为回馈二极管。

该电路的特点是中间直流环节的储能元件采用大电容，负载的无功功率将由它来缓冲。由于大电容的作用，主电路直流电压比较平稳，电动机端的电压为方波或阶梯波。

1) 脉宽调制(PWM)

脉冲宽度调制方式(Pulse Width Modulation，PWM)简称脉宽调制，是在逆变电路部分对输出电压或电流的幅值和频率进行控制的控制方式。在这种控制方式中，以较高频率

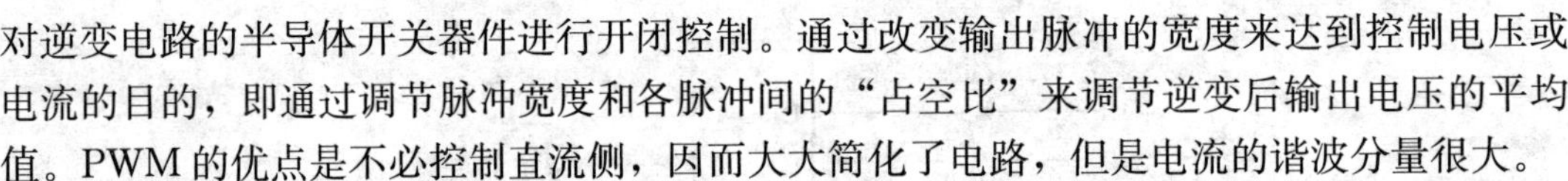

对逆变电路的半导体开关器件进行开闭控制。通过改变输出脉冲的宽度来达到控制电压或电流的目的，即通过调节脉冲宽度和各脉冲间的“占空比”来调节逆变后输出电压的平均值。PWM 的优点是不必控制直流侧，因而大大简化了电路，但是电流的谐波分量很大。

2）正弦脉宽调制(SPWM)

在脉宽调制中，如果脉冲宽度和占空比的大小按正弦规律分布，则输出电流的波形接近于正弦波，这就是正弦脉宽调制(SPWM)，如图 4.92 所示。

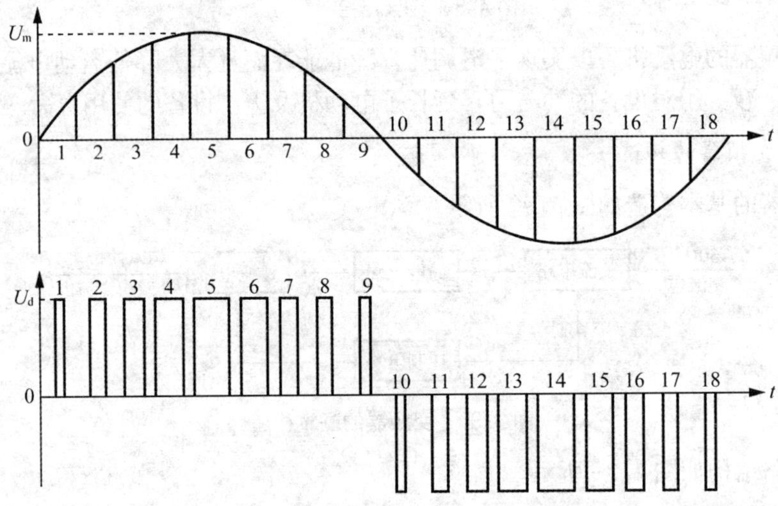

图 4.92 正弦脉宽调制波(SPWM)

这种方式大大减少了负载电流中的高次谐波。当正弦值较大时，脉冲宽度和占空比都大；而当正弦值较小时，脉冲宽度和占空比都小。单相正弦脉宽调制电路的工作原理如图 4.93 所示。

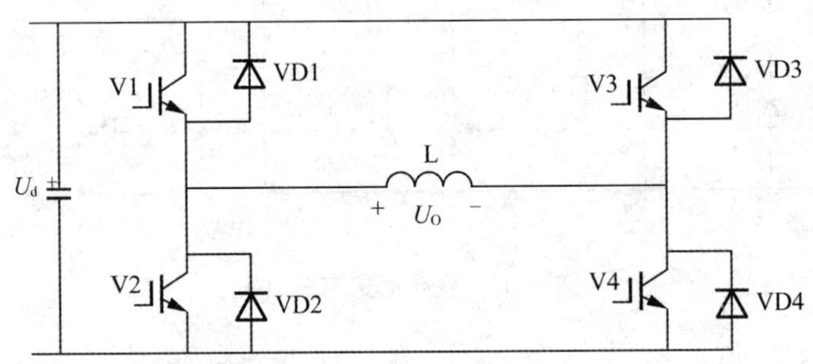

图 4.93 单相正弦脉宽调制电路

在调制波的正半周，V1 保持导通，V2 保持截止。当 V4 受控导通时，负载电压 $U_o=U_d$，当 V4 受控截止时，负载感性电流经过 V1 和 VD3 续流。

在调制波的负半周，V2 保持导通，V1 保持截止。当 V3 受控导通时，负载电压 $U_o=-U_d$，当 V3 受控截止时，负载感性电流经过 V2 和 VD4 续流。

三相正弦脉宽调制过程中逆变电路 V1～V6 管导通及输出线电压波形图如图 4.94 所示。

在一个周期内，V1～V6 晶体管的导通电角度均为 180°，且同一相的上下两个晶体管交替导通。例如，在 0°～180°电角度内，V1 导通，V2 截止；在 180°～360°电角度内，V2 导通，V1 截止。各相开始导通的相位差为 120°，例如 V3 从 120°、V5 从 240°开始导通，据

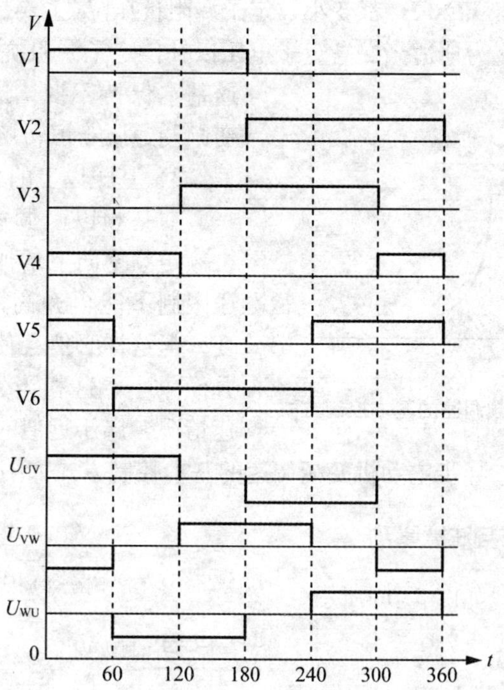

图 4.94　逆变电路 V1～V6 管导通及输出线电压波形图

此可画出 V3 与 V4、V5 与 V6 的导通波形。可以看出，在任意时刻，均有 3 只晶体管导通。

3. 基本控制方式

改变异步电动机的供电频率可以改变其同步转速 n_o，实现电动机的调速运行。但是，由电机理论可知，三相异步电动机每相定子绕组的电动势有效值为

$$E_1 = 4.44k_{r1}f_1N_1\Phi_M$$

式中：E_1 为每相定子绕组在气隙磁场中感应的电动势有效值；f_1 为定子频率；N_1 为定子每相绕组的有效匝数；k_{r1}为与绕组有关的结构常数；Φ 为每极气隙磁通量。

由此可知，如果定子每相绕组的电动势有效值 E 不变，而单纯改变定子的频率时会出现两种情况。

(1) 如果 f_1 大于电动机的额定频率 f_N，则气隙磁通小于额定气隙磁通，电动机铁芯得不到充分利用。

(2) 如果 f_1 小于电动机的额定频率，气隙磁通就会大于额定气隙磁通，电动机的铁芯出现过饱和，电动机处于过励磁状态，励磁电流过大，使电动机功率因数和效率下降，严重时会因绕组过热而烧坏电动机。

可见，在不损坏电动机的情况下既能充分利用铁芯，又要实现变频调速，应使 $E_1/f_1=$常数。

1) 基频以下的恒磁通变频调速

要保持磁通量不变，当频率 f_1 从额定值 f_N 向下调时，必须降低 E_1 才能使 $E_1/f_1=$常数。但绕组中的感应电动势 E_1 不易直接控制，当电动势的值较高时，定子的漏阻抗压降相对比较小，可以认为电动机的输入电压 $U_1= E_1$，这样就可通过控制 U_1 来达到控制 E_1

的目的；当频率较低时，U_1 和 E_1 都变小，定子漏阻抗压降(主要是定子电阻压降)不能再忽略，这种情况下，可人为地适当提高定子电压以补偿定子漏阻抗下降的影响，使气隙磁通基本保持不变。这种基频以下的恒磁通变频调速属于恒转矩调速方式。

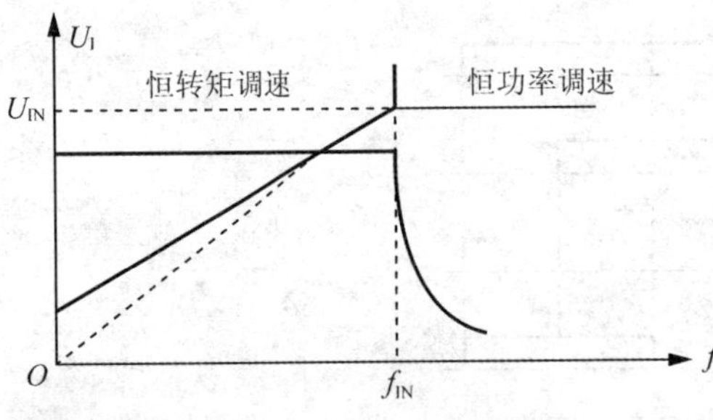

图 4.95　导步电动机变频调速的基本控制方式

2）基频以上的弱磁通变频调速

在基频以上调速时，频率可以从电动机额定频率向上增加，但电压 U_1 受额定电压限制不能再升高，只能保持 $U_1=U_N$ 不变。但这样必然会使气隙磁通随着 f_1 的上升而减小，这相当于直流电动机的弱磁调速情况，属于近似的恒功率调速方式。

由上面的讨论可知，异步电动机变频调速的基本控制方式如图 4.95 所示。

4.3.2　变频器电路配线与注意事项

变频器的主电路配线如图 4.96 所示。

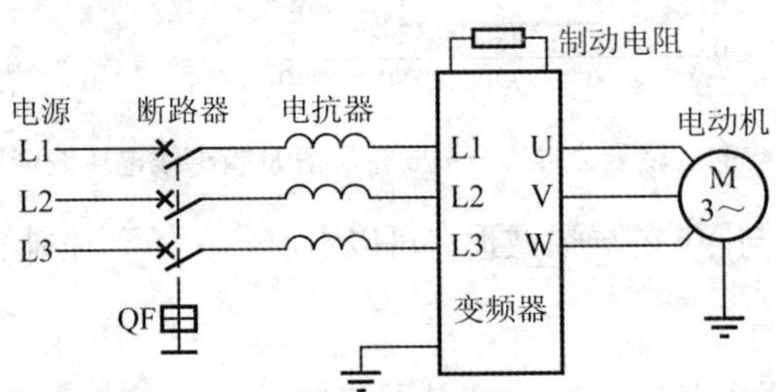

图 4.96　变频器主电路配线

配线注意事项如下。

(1) 绝对禁止将电源线接到变频器的输出端 U、V、W 上。变频器的控制线应与主电路动力线分开布线，且在平行布线时应相隔 10cm 以上，在交叉布线时应使其垂直。变频器模拟信号线的屏蔽层应妥善接地。

(2) 在变频器不使用时，可将断路器断开，起电源隔离作用；当线路出现短路故障时，断路器起保护作用，以免事故扩大。但在正常工作情况下，不要使用断路器启动和停止电动机。在变频器的输入侧接交流电抗器可以削弱三相电源不平衡对变频器的影响，延长变频器的使用寿命，同时也可降低变频器产生的谐波对电网的干扰。由于变频器输出的是高频脉冲波，所以禁止在变频器与电动机之间加装电力电容器件。

(3) 当电动机处于直流制动状态时，电动机绕组呈发电状态，会产生较高的直流电压反送直流电压侧，可以连接直流制动电阻进行耗能以降低高压。

(4) 通用变频器仅适用于一般的工业用三相交流异步电动机，且安装环境应通风良好。变频器和电动机必须可靠接地。

4.3.3　通用变频器的参数设置及功能选择

以三菱 FR-E540 变频调速器为例。FR-E540-0.75K-CHT 通用变频器的容量和输入/

输出参数见表 4－9。

表 4－9　FR-E540-0.75K-CHT 容量和输入/输出参数

额定容量	额定输出电流	适配电机功率	输入电压、频率	输出电压、频率
2kVA	2.6A	0.75kW	380～480V，50/60Hz	380～480V，0～400Hz

变频调速模式有 4 种：PU 操作模式，参数 Pr.79＝1；外部操作模式，参数 Pr.79＝2；组合操作模式 1，参数 Pr.79＝3；组合操作模式 2，参数 Pr.79＝4。FR-E540 变频器的外形如图 4.97 所示，各端子接线图如图 4.98 所示。

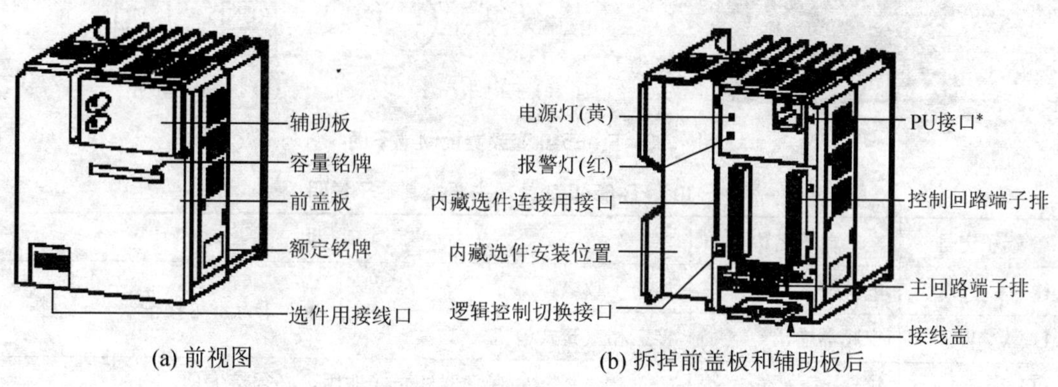

图 4.97　FR-E540 变频器外形图

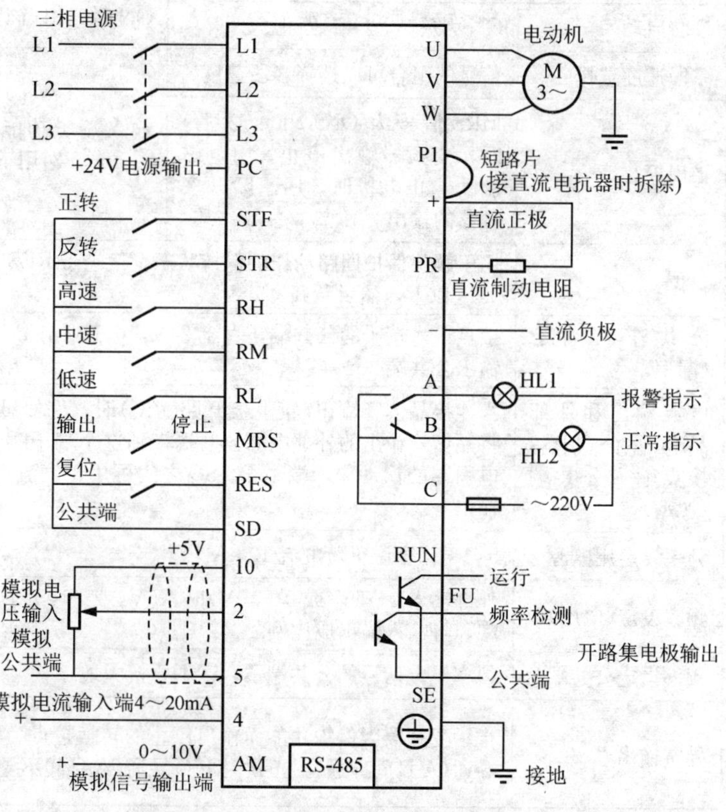

图 4.98　FR-E540 变频器端子接线图

其主电路端子如图 4.99(a)所示，控制电路端子如图 4.99(b)所示，功能说明见表 4-10 所示。

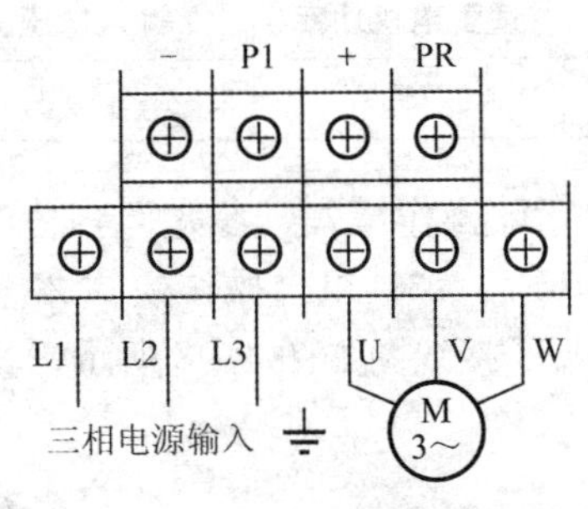

(a) 主电路端子

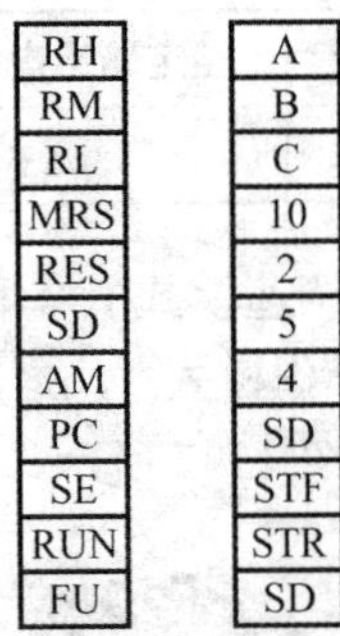

(b) 控制电路端子

图 4.99　FR-E540 变频器控制端子图

表 4-10　FR-E540 变频器主要控制端子说明

端子记号	端子名称	说　明	
L_1，L_2，L_3	电源输入	连接工频电源	注：千万不可接错
U，V，W	变频器输出	接三相鼠笼式电机	
⏚	接地	变频器外壳接地用，必须接大地	
STF	正转启动	ON 为正转，OFF 停止	当 STR 和 STF 信号同时处于 ON 时，相当于给出停止指令
STR	反转启动	ON 为反转，OFF 停止	
RH，RM，RL	多段速度选择	信号的组合可以选择多段速度	输入端子功能选择，(Pr. 180 ~ Pr. 183)用于改变端子功能
MRS	输出停止	MRS 信号为 ON(20ms 以上)时，变频器输出停止。用电磁制动停止电机时，用于断开变频器的输出	
RES	复位	用于解除保护回路动作的保持状态。使端子 RES 信号处于 ON 在 0.1s 以上，然后断开	
SD	公共输入端子(漏型)	接点输入端子的公共端，直流 24V，0.1A(与 PC 端子间)电源的输出公共端	
PC	电源输出和外部晶体管公共端；接点输入公共端(源型)	当连接晶体管输出(集电极开路输出)时，例如可编程序控制器，将晶体管输出的外部电源公共端接到这个端子时，可以防止因漏电引起的误动作，端子 PC-SD 之间可用于直流 24V，0.1A 电源输出	
10	频率设定用电源	5VDC，容许负荷电流 10mA	
2	频率设定(电压)	外部输入 0～5V(或 0～10V)时，5V(或 10V)对应于最大输出频率，且输入输出成比例	
5	频率设定公共端	频率设定信号的公共端子，请不要接大地	
A B C	异常输出	指示变频器因保护功能而输出停止的转换接点。异常时 B-C 间不导通(A-C 间导通)，正常时 B-C 导通(A-C 间不导通)	

1. 变频器输出频率的含义

变频器输出频率的含义如图 4.100 所示。图中：f_{max} 为变频器最大频率；f_N 为基准频率；U_N 为基准电压。

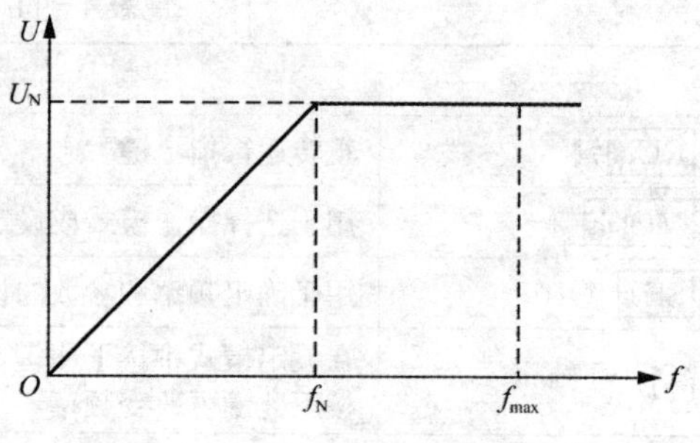

图 4.100 变频器输出频率的含义

1）上限频率 f_H 和下限频率 f_L

变频器的输出频率被限定在上下限频率之间，以防止误操作时发生失误。

2）启动频率

启动信号为 ON 的开始频率，通常出厂设定值为 0.5Hz。

3）点动频率

点动操作时的频率，通常出厂设定值为几赫兹。

4）跳跃频率

跳跃频率是指运行时避开某个频率。如果电动机在某个频率下运行时生产设备会发生机械谐振，则要避开这个频率。

5）多段速频率

在调速过程中，有时需要多个不同速度的阶段，通常可设置为 3 ～15 段不同的输出频率。

6）制动频率

当变频器停止输出时，频率下降到进行直流制动的频率。在生产工艺需要准确定位停机时，需要设置制动频率、制动时间和制动电压。例如，三菱变频器 FR-E540-0.75K-CHT 的出厂设定值分别为 3Hz、0.5s 和电源电压的 6%。

7）输入最大模拟量时的频率

指输入模拟电压 5V(10V)或模拟电流 20mA 时的频率值，通常出厂设定值为 50Hz。

8）载波频率

载波频率偏低，电动机运行时会产生噪声；载波频率偏高，工作损耗增大。变频器出厂时已设置了较好的载波频率，一般不需要重新设定。

2. 操作面板

变频器操作面板如图 4.101 所示，按面板上增、减键(有些设备操作面板使用旋钮，如图 4.101(c)所示，旋动面板电位器旋钮可以用来设置或修改连续变化的输出频率值，下同)设置或修改输出频率值。

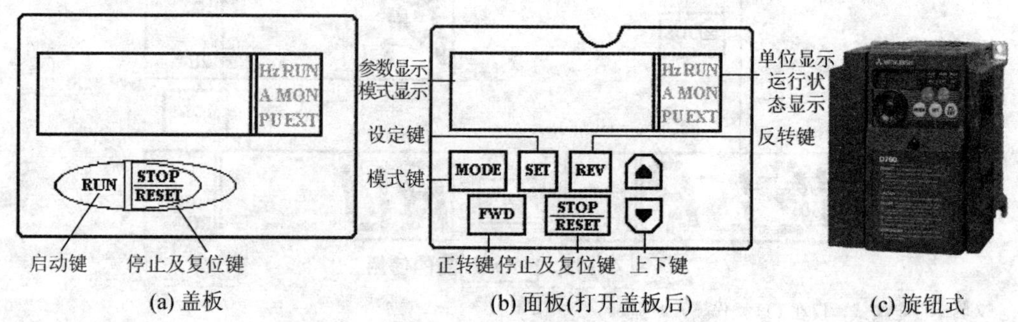

图 4.101 变频器操作面板

变频器操作面板各按键功能见表 4-11 所示。

表 4-11 操作面板键功能

按 键	说 明
RUN 键	正转运行指令键
MODE 键	用于选择操作模式或设定模式
SET 键	用于确定频率和参数的设定
▲/▼ 键	在设定模式中按下此键，则可连续设定参数，用于连续增加或降低运行频率，按下此键可改变频率
FWD 键	用于给出正转指令
REV 键	用于给出反转指令
STOP/RESET 键	用于停止运行；用于保护功能动作输出停止时复位变频器

操作面板上用于显示变频器工作状态的 LED 指示灯含义见表 4-12。

表 4-12 操作面板单位及运行状态表示

表 示	说 明
Hz	表示频率时，灯亮，单位为赫兹
A	表示电流时，灯亮，单位为安培
RUN	变频器运行时灯亮。正转时灯亮，反转时灯闪亮
MON	监示显示模式时灯亮
PU	PU 操作模式时灯亮
EXT	外部操作模式时灯亮

* 组合模式 1、2 时 PU、EXT 同时灯亮

在操作面板中，按 MODE 键可以改变变频器设定模式，如图 4.102 所示。

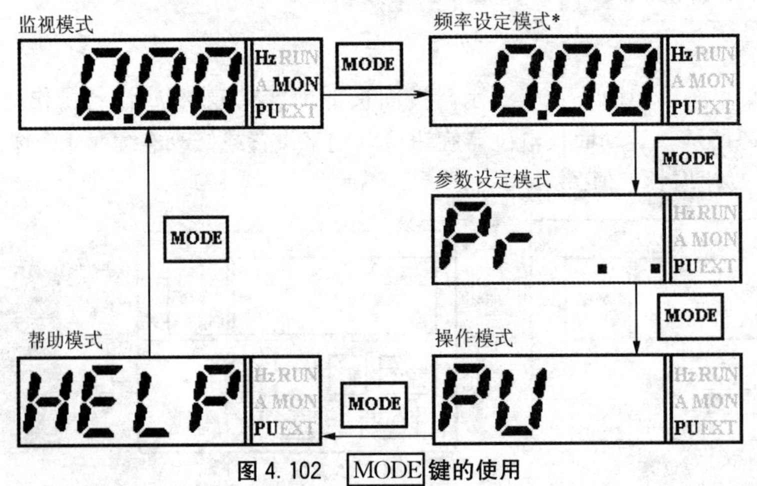

图 4.102 MODE 键的使用

* 频率设定模式，仅在 PU 操作模式时显示。

变频器处于外部控制模式的显示如图 4.103 所示，此时用外部高速、中速、低速或多段速接点端子的通断来改变输出频率。

图 4.103　外部控制模式显示

3. 内部操作模式(PU 模式)

变频器的内部操作模式，即 PU 操作模式，是指电动机启动、停止控制信号和工作频率设定均用变频器的操作面板进行调节，电动机基本接线如图 4.89 所示。其运行指令用 RUN 键或操作面板的 FWE / REV 键，频率设定用▲/▼键(或旋钮)，具体使用步骤如下。

1）进入内部操作模式

用操作面板调节变频器参数 Pr. 79＝1，使变频器处于内部操作模式，调节步骤如图 4.104 所示(如果运行状态表示中 PU 点亮 EXT 熄灭，说明参数 Pr. 79 已为 1，此时不必再调节参数 Pr. 79)。

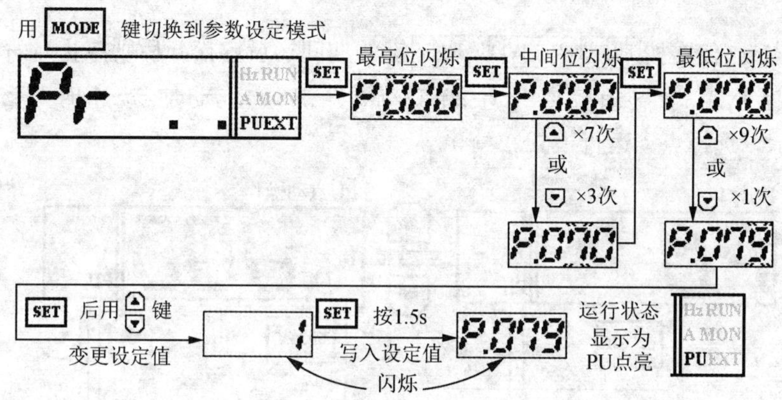

图 4.104　变频器参数调节

【特别提示】

变频器出厂设定值如下。

参数【1 ＝120 】，上限频率为 120Hz 。

参数【2 ＝ 0】，下限频率为 0Hz 。

参数【3＝ 50】，基准频率为 50Hz。

参数【7 ＝ 5】，启动加速时间为 5s 。

参数【8 ＝ 5】，停止减速时间为 5s 。

参数【79 ＝ 0】，外部操作模式，【EXT】显示点亮。

2）操作方法

按 MODE 键 4 次可使操作面板切换到频率设定模式，操作步骤如图 4.105(以 f ＝

50Hz 为例)所示。按MODE键一次可使操作面板切换到监视模式。

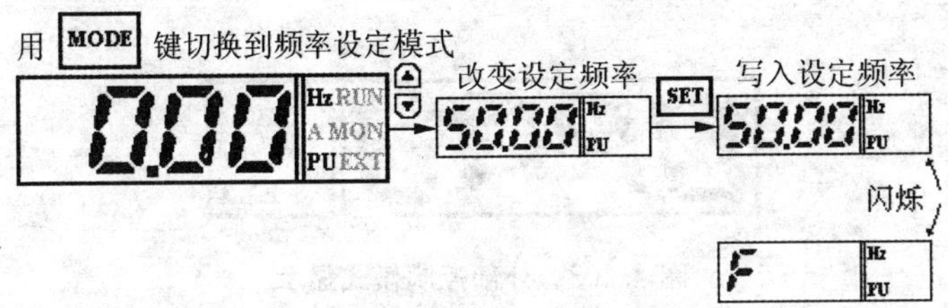

图 4.105　变频器频率参数设定

(1) 按FWD键，电动机正转启动。运行状态显示为 Hz、MON、PU 点亮，RUN 点亮。按STOP/RESET键，电动机停止。

(2) 按REV键，电动机反转启动。运行状态显示为 Hz、MON、PU 点亮，RUN 闪烁。

(3) 按STOP/RESET键后，电动机停转。运行状态显示为 Hz、MON、PU 点亮，RUN 熄灭。

3) PU 点动(仅在按RUN或FWD/REV键的期间运行，松开后则停止)运行

设定参数 Pr.15“点动频率”为 30 Hz 和 Pr.16“点动加/减速时间”为 1s。如图 4.106 所示，选择点动运行模式。

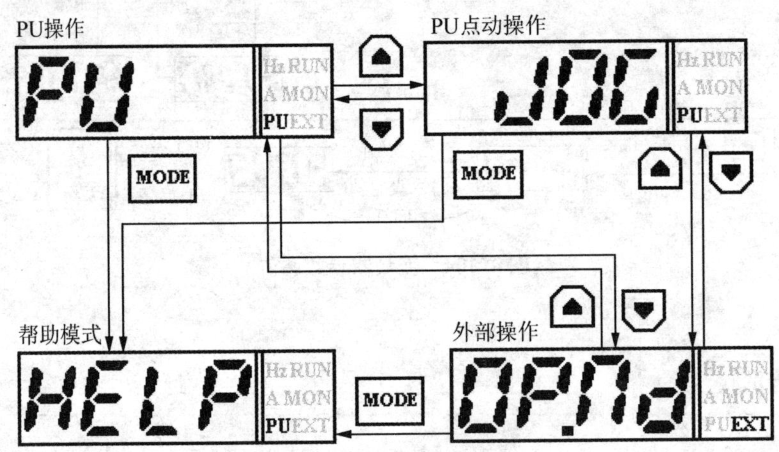

图 4.106　点动运行模式设定

仅在按RUN或FWD/REV键的期间运行，松开后则停止。

【特别提示】

如果电机不转，请确认 Pr.13“启动频率”。在点动频率设定比启动频率值低时，电机不转。

4. 外部操作模式

所谓变频器外部操作模式是指根据外部的频率设定旋钮和外部启动信号进行的操作。在这种模式下，在变频器参数 Pr. 79＝2 被设定之后，变频器操作面板只起到频率显示的作用。采用 PLC 控制的实验电路如图 4.107 所示，端口分配见表 4－13，程序如图 4.108 所示。

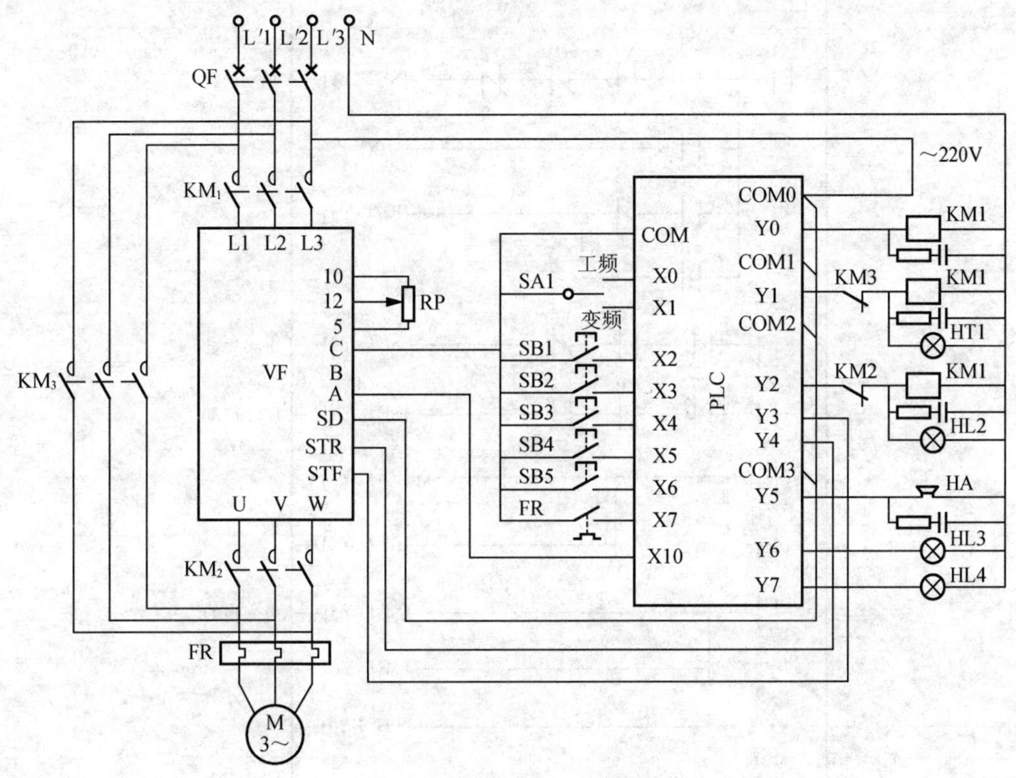

图 4.107 外部操作模式电路

表 4－13 PLC 的 I/O 分配表

输入设备	输入地址号	输出设备	输出地址号
工频(SA1)	X0	接触器 KM1	Y0
变频(SA1)	X1	接触器 KM2	Y1
电源通电(SB1)	X2	接触器 KM3	Y2
正转启动按钮(SB2)	X3	正转启动端	Y3
反转启动按钮(SB3)	X4	反转启动端	Y4
电源断电按钮(SB4)	X5	蜂鸣器报警	Y5
变频制动按钮(SB5)	X6	指示灯报警	Y6
电动机过载	X7	电动机过载指示灯	Y7
变频故障	X10		

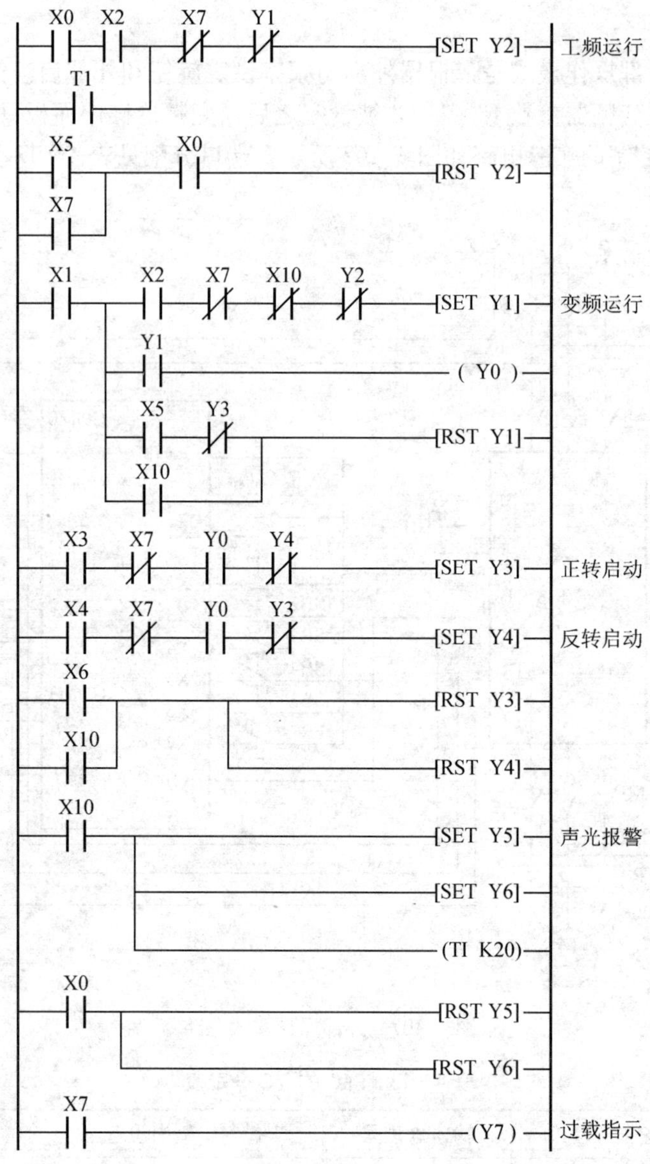

图 4.108　外部操作模式程序示例

这里，频率设定用外部的接于端子 2～5 之间的电位器 RP 旋钮(频率设定器)来调，整个过程由 PLC 程序控制。

首先，调节变频器参数 Pr. 79＝2，使变频器处于外部操作模式，步骤如图 4.109 所示。如果运行状态表示中 EXT 点亮 PU 熄灭，说明参数 Pr. 79 已为 2，可不调节。

按 MODE 键 3 次可使操作面板切换到监视模式，具体操作步骤如下。(注：以后 Pr 参数设定方法同 Pr . 79。)

(1) 当按下正转启动按钮 SB2 时，电动机正转启动，运行状态显示为 Hz、MON、EXT、RUN 点亮，当按下变频制动按钮 SB5 时，电动机停止。

(2) 当按下反转启动按钮 SB3 时，电动机反转启动，运行状态显示为 Hz、MON、

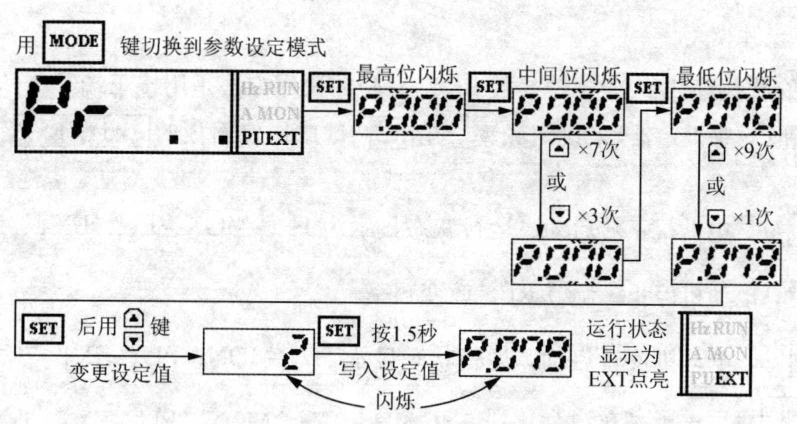

图 4.109 外部操作模式设定示意

EXT 点亮，RUN 闪烁。调节 RP 可改变频率。当按下变频制动按钮 SB5 时，电动机停转，运行状态显示为 Hz、MON、EXT 点亮，RUN 熄灭。

【特别提示】

将多挡转速控制适用于外部操作模式和参数 Pr. 79＝4 的组合操作模式 2 时有效。

① 在变频器上加接如图 4.110 所示的 S1～S3 的开关线路，可进行 4～7 段速度的设定。

② 将输入端子功能选择参数(Pr. 180～Pr. 182)分别预置成 0，1，2(即 Pr. 180＝0；Pr. 181＝1；Pr. 182＝2)，则控制端子 RL，RM，RH 即成为 4～7 段转速控制端子，其控制频率与控制端子的关系如图 4.111 所示。

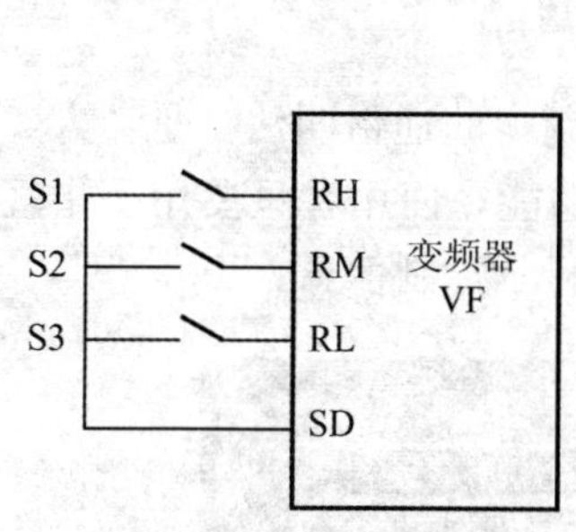

图 4.110 多段转速控制

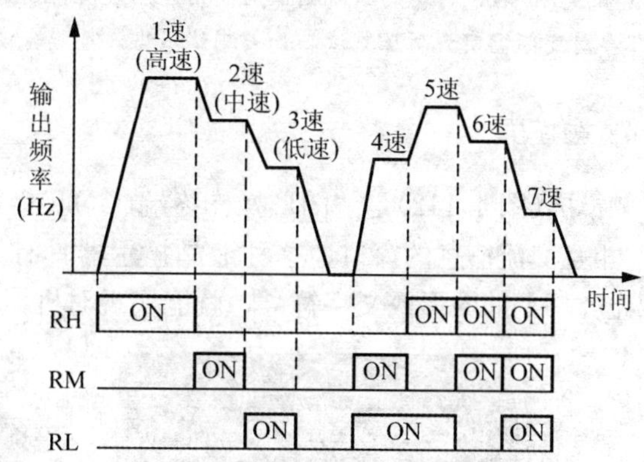

图 4.111 多段(4～7)速控制频率与控制端子关系示意

5. 组合操作模式 1

所谓变频器组合模式 1(变频器参数 Pr. 79＝3)是指启动信号由外部输入，运行频率由操作面板设定，且不接收外部的频率设定信号和 PU 的正转、反转信号。

电动机正转运行状态显示为 Hz、MON、PU、EXT、RUN 点亮；反转运行状态显示 Hz、MON、PU、EXT 点亮，RUN 闪烁；停转时运行状态显示 Hz、MON、PU、EXT 点亮，RUN 熄灭。

6. 组合操作模式 2

所谓组合操作模式 2(变频器参数 Pr. 79＝4)的操作方法是用接于端子 2～5 之间电位器 RP 的旋钮(频率设定器)来设定频率，用[RUN]键或操作面板的[FWD]/[REV]键来设定启动信号。

按[FWD]键，电动机正转启动，运行状态显示为 Hz、MON、PU、EXT、RUN 点亮，按[STOP/RESET]键，电动机停止。调节 RP，改变频率。

按[REV]键，电动机反转启动，运行状态显示 Hz、MON、PU、EXT 点亮，RUN 闪烁，按[STOP/RESET]键后，电动机停转，运行状态显示 Hz、MON、PU、EXT 点亮，RUN 熄灭。调节 RP，改变频率。

【特别提示】

电动机带负载的变频调速运行时，在启动和制动过程中对一些参数有要求。在设定频率低时，提高转矩提升量(即 Pr. 0 参数)，保证电动机能启动；在设定频率高时，用延长频率升速时间(即改变 Pr. 7)来达到防止启动电流过大的跳闸现象，用延长频率降速时间(即改变 Pr. 8)来达到防止制动过电流、过电压。

变频器断开电源后不久，储能电容上仍然剩余有高压电。在进行检查前，应先断开电源，过 10min 后用万用表测量，确认变频器主回路正负端子两端电压在直流几伏以下后再进行检查。

用兆欧表测量变频器外部电路的绝缘电阻前，要拆下变频器所有端子上的电线，以防止测量高电压加到变频器上。控制回路的通断测试应使用万用表(高阻挡)，不要使用兆欧表。

不要对变频器实施耐压测试，如果测试不当，可能会使电子元器件损坏。

4.3.4 触摸屏

触摸屏(图 4.112)是“图形操作终端(GOT)”在工业控制中的通俗叫法，是“人”与“机”相互交流信息的窗口，这种液晶显示器具有人体感应功能，使用者只要用手指轻轻地触碰屏幕上的图形或文字符号，就能实现对机器的操作和显示控制信息。

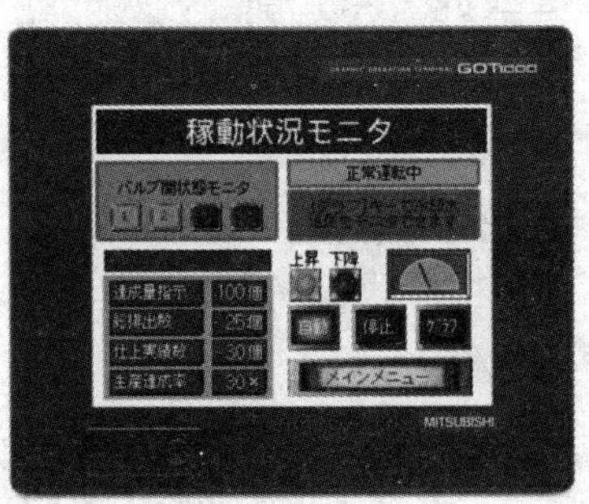

图 4.112 触摸屏

触摸屏、PLC 和变频器组成的电气控制系统，具有操作直观、信息量大、控制功能强、调速方便等优点，目前广泛应用于各类工业控制设备中。

触摸屏包括触摸检测部件和触摸屏控制器两部分。触摸检测部件的功能是用于检测用户触摸位置；触摸屏控制器主要作用是从触摸点检测位置上接收信息，并将它转换成触点坐标，再送给 CPU，同时它能接收 CPU 发来的命令并加以执行。

触摸屏的主要类型有电阻式、表面声波式、红外线式、电容式 4 种。

1. 电阻式

当触摸屏工作时，上下导体层相当于电阻网络，当某一层电极加上电压时，会在该网络上形成电压梯度。如有外力使得上下两层在某一点接触，则在电极未加电压的另一层可以测得接触点处的电压，从而知道接触点处的坐标。

2. 表面声波式

表面声波是超声波的一种，是在介质(例如玻璃或金属等刚性材料)表面浅层传播的机械能量波。通过楔形三角基座(根据表面波的波长严格设计)，可以做到定向、小角度的表面声波能量发射。

表面声波触摸屏的触摸屏部分可以是一块平面、球面或是柱面的玻璃平板，且安装在 CRT、LED、LCD 或是等离子显示器屏幕的前面。玻璃屏的左上角和右下角各固定了竖直和水平方向的超声波发射换能器，右上角则固定了两个相应的超声波接收换能器。玻璃屏的 4 个周边则刻有 45°角由疏到密间隔非常精密的反射条纹，如图 4.113 所示。

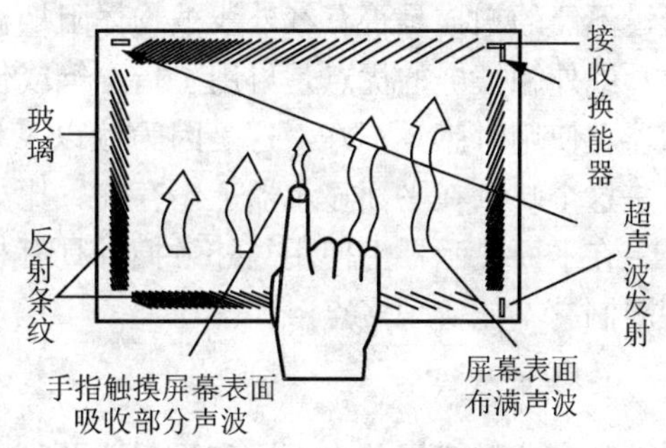

图 4.113　表面声波触摸屏

工作原理以右下角的 X 轴发射换能器为例：控制电路产生发射信号(电信号)，该电信号经玻璃屏上的 X 轴发射换能器转换成超声波，超声波在前进途中遇到 45°倾斜的反射线后产生反射，产生和入射波成 90°、和 Y 轴平行的分量，然后该分量传至玻璃屏 X 方向的另一边也遇到 45°倾斜的反射线，经反射后沿和发射方向相反的方向传至 X 轴接收换能器。X 轴接收换能器将回收到的声波转换成电信号。控制电路对该电信号进行处理得到表征玻璃屏声波能量分布的波形。有触摸时，手指会吸收部分声波能量，回收到的信号会产生衰减，程序分析衰减情况可以判断出 X 方向上的触摸点坐标。同理可以判断出 Y 轴方向上的坐标，X、Y 两个方向的坐标一经确定，触摸点自然就被唯一地确定下来。

表面声波触摸屏具有以下特点。

(1) 坚固，因为表面声波触摸屏的工作面是一层看不见、打不坏的声波能量，且触摸屏的基层玻璃没有任何夹层和结构应力(表面声波触摸屏可以发展到直接做在 CRT 表面从而没有任何“屏幕”)，适合公共场所。

(2) 反应速度快，是所有触摸屏中反应速度最快的，且在使用时感觉很顺畅。

(3) 性能稳定，因为表面声波技术原理稳定，而表面声波触摸屏的控制器靠测量衰减时刻在时间轴上的位置来计算触摸位置，所以表面声波触摸屏非常稳定，精度也非常高，目前表面声波技术触摸屏的精度通常是 4096×4096×256 级力度。

(4) 抗干扰能力强，可以识别手指触摸。因为手指触摸在 4096×4096×256 级力度的

精度下，每秒 48 次的触摸数据不可能是纹丝不变的，而尘土或水滴就一点都不变，控制器发现一个“触摸”出现后纹丝不变超过 3s 钟即自动识别为干扰物。

(5) 具有第 3 轴 Z 轴，也就是压力轴响应。这是因为用户触摸屏幕的力量越大，接收信号波形上的衰减缺口也就越宽越深。目前在所有触摸屏中只有声波触摸屏具有能感知触摸压力这个性能，有了这个功能，每个触摸点就不仅仅是有触摸和无触摸的两个简单状态，而是成为能感知力的一个模拟量值的开关了。这个功能非常有用，比如在多媒体信息查询软件中，一个按钮就能控制动画或者影像的播放速度。

表面声波触摸屏的缺点是触摸屏表面的灰尘和水滴也阻挡表面声波的传递，虽然控制卡能分辨出来，但当尘土积累到一定程度时，信号也会衰减得非常厉害，此时表面声波触摸屏变得迟钝甚至不工作，因此除在表面声波触摸屏加装防尘保护外，还应定期清洁触摸屏。

3. 红外线式

红外线触摸屏安装简单，只需在显示器上加上光点距架框。光点距架框的 4 边排列了红外线发射管及接收管，在屏幕表面形成一个红外线网。用户以手指触摸屏幕某一点，便会挡住经过该位置的横竖两条红外线，电脑便可即时算出触摸点的位置。在屏幕周边，成对安装红外线发射器和红外线接收器，形成紧贴屏幕前密布 X、Y 方向上的红外线矩阵，通过不停的扫描是否有红外线被物体阻挡检测并定位用户的触摸。

红外触摸屏的优点是可用手指、笔或任何可阻挡光线的物体来触摸；缺点是在球面显示器上使用时感觉不好，这是因为赖以工作的红外光栅矩阵显然要求保证在同一平面上，但是这个缺点在平面显示器上不存在，比如液晶显示器。

在平面显示器上使用红外触摸屏具有相当的优势。其结构简单，价格低廉。然而其原理限制它不能实现多点触控。

4. 电容式

电容式触摸屏分表面式和投射式两种类型。

表面式电容触摸屏通过人体的感应电流来进行工作。它采用一层铟锡氧化物(ITO)，外围至少有 4 个电极。当一个接地的物体靠近时，例如手指，流经这 4 个电极的电流与手指到 4 角的距离成正比，控制器通过对这 4 个电流比例的精确计算，即可得出触摸点的位置。

投射式利用触摸屏电极发射出的静电场线来进行工作，所以称为投射电容式触摸屏。当手指靠近从一个电极到另一个电极的电场线时，相邻电极耦合产生的电容产生变化，控制器收集变化信息，从而计算出位置。这种触摸屏的最大优势是实现了多点触控，使得用户的操作更加便捷。

5. 各类触摸屏横向比较

电阻式：触摸屏处于一种对外界完全隔离的工作环境，不怕灰尘、水汽和油污，可以用任何物体来触摸。精度非常高，可用来作图，书写，价格合理。

电容式：最大优势是能实现多点触控，操作最随意。不足的是精度较低，受周围环境电场影响可能产生漂移，价格较高。

红外线式：红外触摸屏不受电流、电压和静电干扰，但对光照较为敏感。价格较低，

维护方便。

声波式：屏幕多为钢化玻璃，清晰度高，透光率好。高度耐久，抗刮伤性良好。多用于各种公共场合如ATM，自动售票机等。

4种类型触模屏特性比较见表4－14。

表4－14　4种触摸屏性能对比

类型	电阻式	表面声波式	红外线式	电容式
清晰度	较好	很好	一般	较差
透光率	75%	92%	100%	85%
响应速度	10ms	10ms	50～300ms	15～24ms
防刮擦	一般	非常好	好	一般
漂移	无	无	无	有
防尘性	不怕	不怕	不能挡住透光部分	不怕
寿命	＞35000k次	＞50000k次	红外管寿命	＞20000k
价格	中	高	低	中

【应用举例1】

以三菱公司产品为例，三菱触摸屏来到中国有20多年的历史，现在市场上主要使用的有以下系列：F900系列、A900系列、GT10、GT11和GT15系列，种类达数十种。对应GOT1000和GOT－A900的设计软件是GT Designer；而GOT－F900采用FX－PCS－DU/WIN。

触摸屏、PLC、计算机三者的连接方法如图4.114所示。

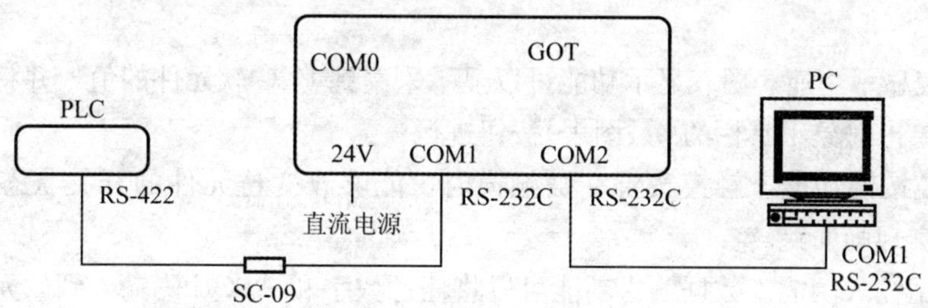

图4.114　触摸屏、PLC、计算机三者的通信连接

1. GT Designer画面制作软件介绍

GT Designer软件安装完毕后，双击快捷方式图标即可启动软件。从弹出的“工程选择”对话框中选择“新建”或“打开”一个工程。接着会出现“机种设置”对话框，根据具体情况选择并指定工程名(默认Project1)后单击“确定”按钮后进入“连接机器的设置”对话框，在检查无误后单击“确定”按钮即可进入软件的主界面。

1）图形工具

在编辑区利用图形工具(图4.115）可以进行直线、矩形、圆等图形的绘制和文本设置。

图 4.115　图形工具栏

图形绘制方法：在图形工具栏或绘图菜单的下拉菜单以及工具选项板中选择相应的绘图命令，然后在编辑区进行拖放即可。

需要调整图形/对象属性，如颜色、线形、填充时，可以双击该图形，再在弹出的对话框中进行选择。

文本设置是在 GOT 画面上设定汉字、英文、数字等文字部件。单击图形/对象工具栏中的按钮或从菜单栏中“绘图”菜单进入并选择“绘图图形”按钮后的级联菜单命令，则可出现文本设置对话框。

2）对象功能设置

利用对象工具栏(图 4.116)或对象菜单的下拉菜单可以完成以下功能。

(1) 数据显示功能。数据显示功能能实时显示 PLC 字元件中的数据。数据可以以数值、ASCII 字符及时钟等显示，分别单击对象工具栏中的（数值显示）、（时钟显示）按钮会出现该功能的属性设置对话框，设置完毕后按确定键，然后将光标指向编辑区，单击即生成该对象，并可以随意拖动对象到任意需要的位置。

(2) 信息显示功能。信息显示功能可以显示 PLC 相对应的注释和出错信息，包括注释、报警记录和报警列表。

(3) 动画显示功能。动画显示功能可以显示与软元件相对应的部件、指示灯和指针仪表盘。单击对象工具栏中的（部件显示）、（指示灯）按钮，即弹出设置对话框。显示的颜色可以通过其属性来设置，同时可以根据软元件的 ON/OFF 状态来显示不同颜色，以示区别。

(4) 图表显示功能。图表显示功能可以显示采集到 PLC 软元件的值，并将其以图表的形式显示。单击对象工具栏的（图表）按钮进行。

(5) 触摸按键功能。触摸按键在被触摸时，能够改变位元件的开关状态、字元件的值，也可以实现画面跳转。

(6) 数据输入功能。数据输入功能可以将任意数字和 ASCII 码输入到软元件中。对应的按钮是（数字输入）和（ASCII 码输入），操作方法和属性设置与上述相同。

(7) 其他功能。其他功能包括硬复制功能、系统信息功能、条形码功能、时间动作功能，此外还具有屏幕调用功能、安全设置功能等。

图 4.116　对象工具栏

2. GOT 操作环境设置

初次使用 GOT 时要根据设备情况设置 GOT 的环境参数。在接通 GOT 电源的同时按住屏幕左上角，几秒钟后显示操作环境设置菜单中的语言设置画面，操作步骤如图 4.117

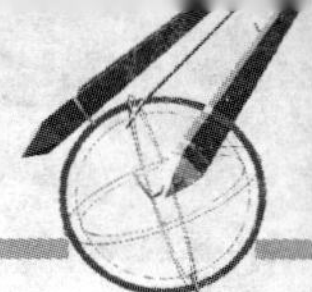

所示。

按提示依次设置“PLC 类型”、“串行通信口”、“标题画面”、“菜单呼出键”，然后“设置时钟”、“设定背光”、设置“蜂鸣器”、“液晶对比”、“清除用户数据”和进行“辅助设定”工作。

3. 工作模式的选择操作

在设置主菜单调用键后，按指定的位置，便会显示如图 4.118 所示的“选择菜单”画面。触摸菜单中各栏文字符号，便可以进入 GOT 的 6 种工作模式。

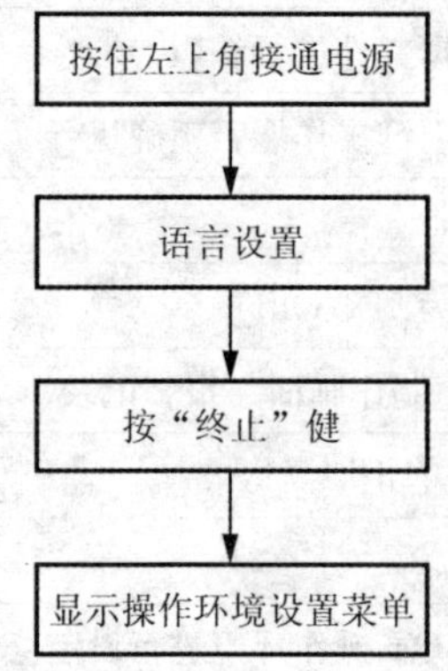

图 4.117　进入 GOT 操作环境设置画面

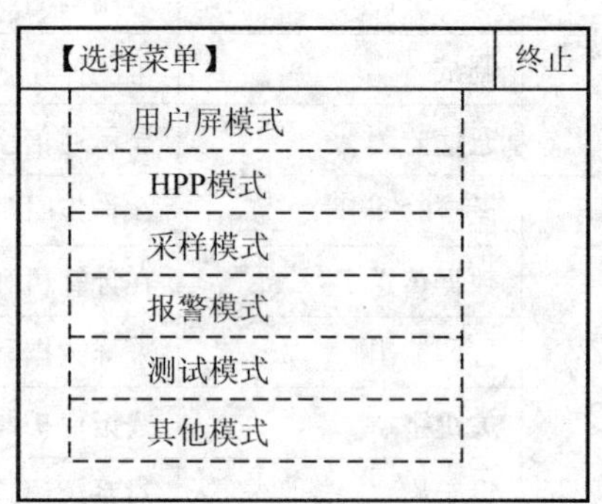

图 4.118　工作模式选择

各模式含义参见表 4-15。

表 4-15　6 种模式功能概要

模　式	功　能	功 能 概 要
用户屏模式	显示用户制作画面	显示用户 GOT 软件编辑的图形
HPP 模式	程序清单	可以以指令表的形式编辑、读写 PLC 程序
	参数	编辑 PLC 的参数
	软元件监视	对 PLC 的任何一个软元件进行 ON/OFF、设定值/当前值的监视，也可以强行 ON/OFF
	清单监视	在运行状态下对 PLC 程序清单监视
	动作状态监视	显示 FX 系列 PLC 状态（S）中的 ON 状态序号
HPP 模式	缓冲存储器监视	监视 FX_{2N} 系列特殊模块缓冲存储器（BFM），也可以改写它们的设定值
	PC 诊断	读取和显示 PLC 错误信息
采样模式	设定条件	设定采样条件、开始条件、终止条件、采样软元件
	显示结果(清单)	以清单形式显示采样结果
	显示结果(图表)	以图形形式显示采样结果
	清除数据	清除采样结果

续表

模　式	功　能	功能概要
报警模式	显示状态	在清单中显示现在处于 ON 状态报警元素相对应的信息
	报警记录	按顺序存储、显示报警时间和报警信息
	报警总计	报警事件数记录，最多可总计 32767 个
	清除记录	将报警记录、报警总计全部清除
测试模式	用户屏	以画面编号的顺序显示用户画面
	数据文件	对用画面制作软件编写的数据文件进行编辑
	调试	检测操作，看显示用户画面上键操作能否正确执行
	通信监测	显示通信接口状态
其他模式	设定时间开关	在指定时间段将指定元件设为 ON/OFF
	数据传送	在计算机和 GOT 间传送用户制作画面、报警记录、采样等数据
	打印输出	采样数据和报警记录输出到打印机
	关键字	登记保护画面程序的密码
	设定模式	对系统语言、连接 PLC 等 GOT 操作环境进行设定

【应用举例 2】

某设备使用触摸屏来实现对电动机的启动/停止控制和故障显示。用户画面有 4 个，其中画面 1 为操作画面，如图 4.119 所示。画面标题为“电动机启动/停止控制”，并动态显示当前日期和时间。

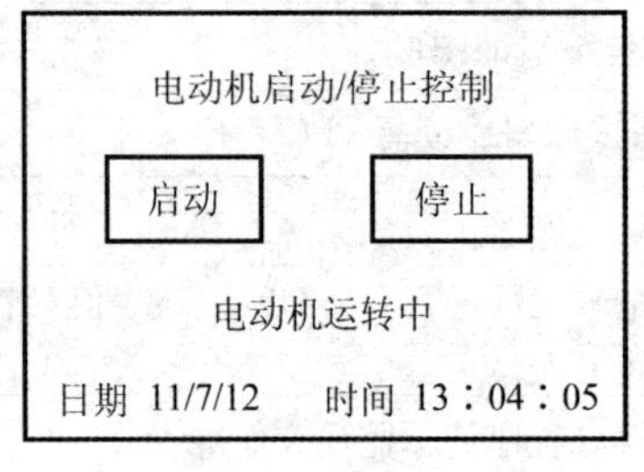

(a) 电动机运转画面

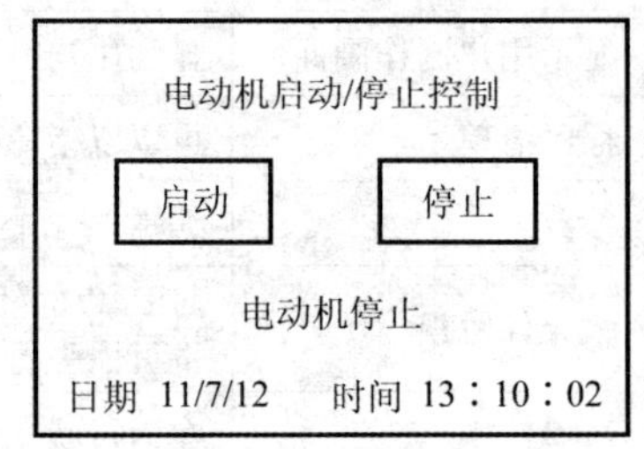

(b) 电动机停止画面

图 4.119　画面 1

图 4.120 所示为故障画面(画面 2)。当热继电器过载保护动作后，电动机停止，屏幕上故障报警指示灯红、黄色交替闪烁。当排除故障后，单击“返回”按钮，即可从画面 2 返回到画面 1。

图 4.121 所示为故障画面(画面 3)。当生产现场出现紧急情况时单击“紧急停止”按钮，电动机停止，故障报警指示灯红、黄色交替闪烁。当排除紧急情况后，单击“返回”按钮，即可从画面 3 返回到画面 1。

图 4.122 所示为故障画面(画面 4)。当设备车门打开时，电动机停止，故障报警指示灯红、黄色交替闪烁。当设备车门关闭后，按“返回”按钮，即可从画面 4 返回到画面 1。

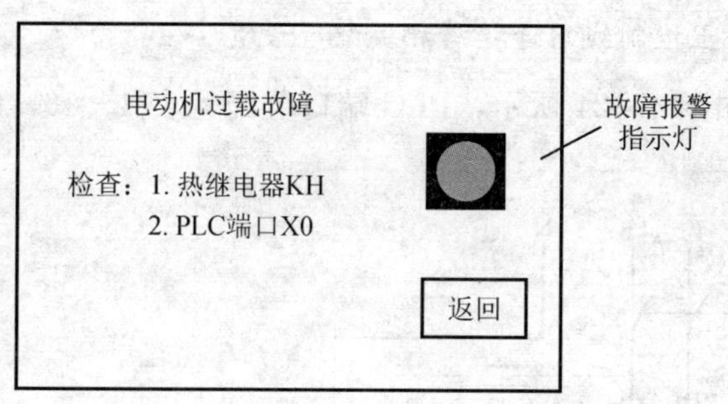

图 4.120　画面 2

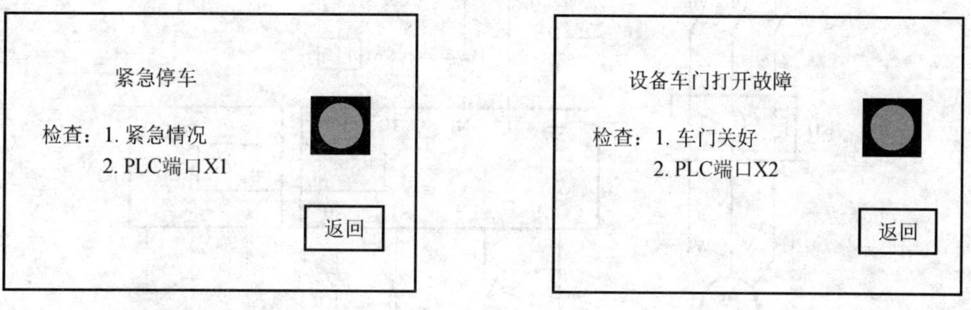

图 4.121　画面 3

图 4.122　画面 4

1. F940GOT 的基本操作

GOT 启动顺序流程如图 4.123 所示。

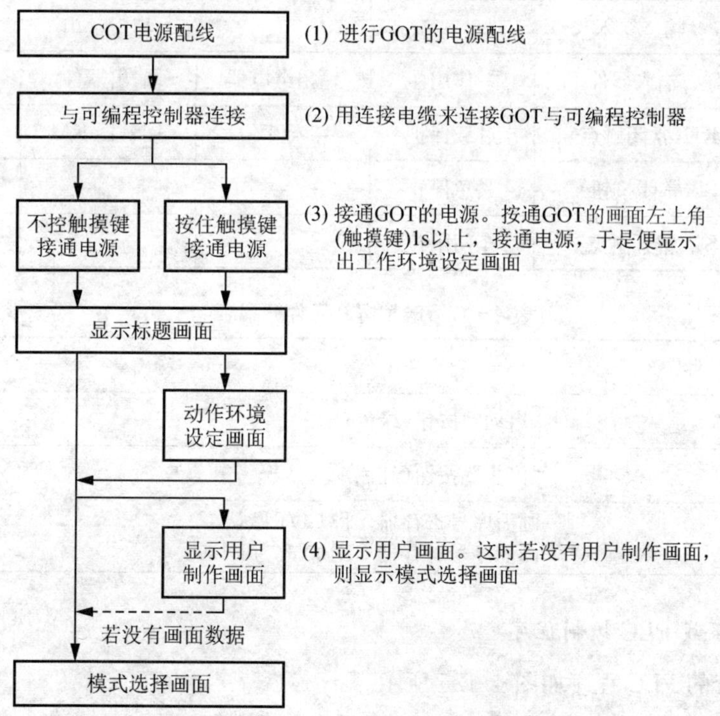

图 4.123　GOT 启动顺序流程

2. 电动机启动/停止控制线路连接与相关配置设置

本示例控制电路如图 4.124 所示，PLC 端口分配见表 4－16，触摸屏软元件分配见表 4－17。

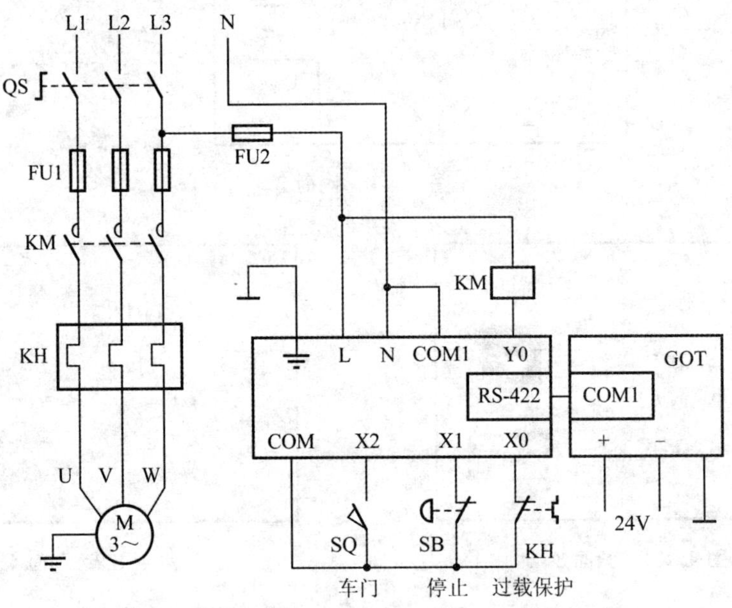

图 4.124　电动机启动/停止控制电路

表 4－16　PLC 端口分配表

输　入			输　出		
输入继电器	输入器件	作用	输出继电器	输出器件	作用
X0	KH(常闭触点)	过载保护	Y0	接触器 KM	电动机 M
X1	SB(常闭按钮)	紧急停止			
X2	SQ(常开触点)	车门限位			

表 4－17　触摸屏软元件分配表

元　件	名　称
M0	“启动”按钮(绿色)
M1	“停止”按钮(红色)
D100	画面序号寄存器，将 GOT 默认 画面序号寄存器 GD100 改为 D100

3. 设计与下载 PLC 控制程序

本示例配套的 PLC 程序如图 4.125 所示。

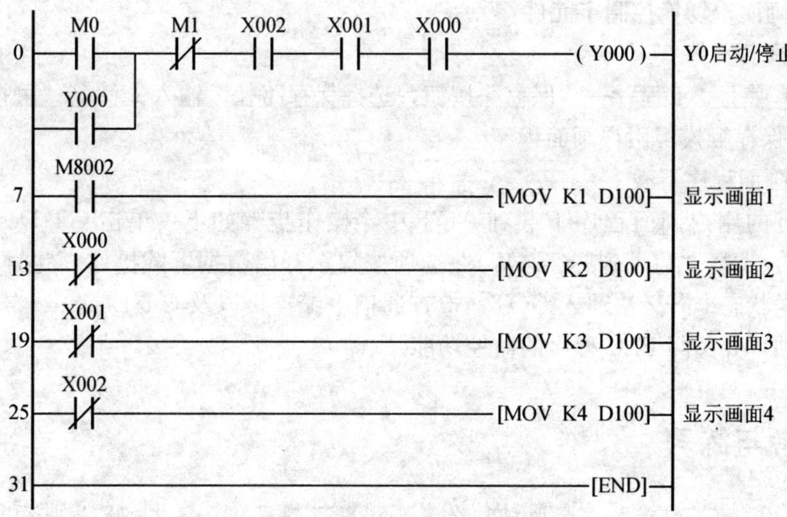

图 4.125　电动机启动/停止控制程序

4. 设计与下载 GOT 用户画面

1）新建工程

选择 PLC 与 GOT 的型号并设置画面 1 属性。

2）编辑如图 4.126 所示画面 1

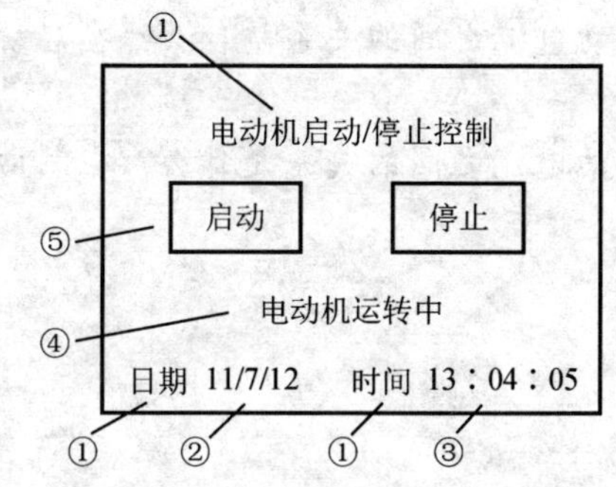

图 4.126　画面 1 说明

—日期显示　③—时间显示　④—注释显示(位)　⑤—按钮

3）编辑如图 4.127 所示画面 2

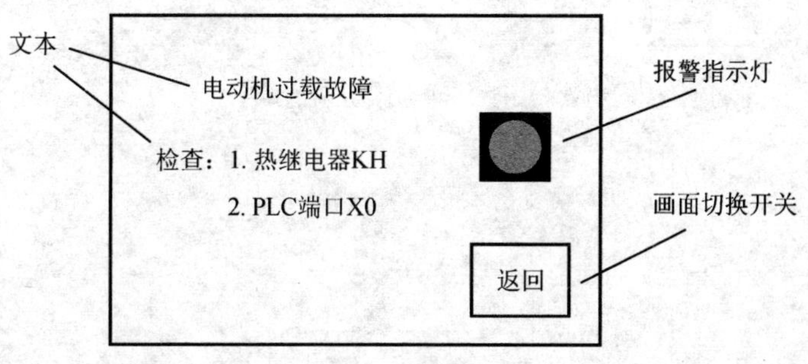

图 4.127　画面 2 说明

4）修改画面，切换控制字元件

5）保存画面文件

单击菜单栏上“工程”→“保存”按钮，选择保存路径，输入文件名“触摸屏电动机启停控制”，保存触摸屏用户画面程序。

6）用户画面程序下载

将制作好的用户画面程序下载到 GOT 中，操作步骤如下：单击 GT-Designer 软件“通信”菜单，选择“写入到 GOT(W)”选项按提示开始数据下载操作，此时 GOT 自动进入数据传送状态。若无法写入 GOT，检查通信电缆连接以及 GT-Designer 软件与 GOT 的通信设置项，并关闭 PLC 程序的监控功能。

思考与练习

1. 采用 PU 操作模式时，是通过什么来实现电机的启动、停止和频率调节的？
2. 实验中变频器和电动机的通电、断电操作次序有何特点？为什么要这样操作？
3. 采用外部操作模式时，是通过什么来实现电机的启动、停止和频率调节的？
4. 采用组合操作模式 1 时，是通过什么来实现电机的启动、停止和频率调节的？
5. 采用组合操作模式 2 时，是通过什么来实现电机的启动、停止和频率调节的？
6. 电动机转矩提升与启动频率之间的关系是什么？在启转时，出现启转困难时将如何处理？
7. 电动机启动时间与启动电流之间的关系是什么？在启动电流过大可能跳闸时，如何降低启动电流？
8. 电动机制动时间与制动电流之间的关系是什么？在制动电流过大可能跳闸时，如何降低制动电流？

模块5

机电传动控制设计范例

在现代工业生产中，无人车间、无人流水线随处可见，机械化、自动化已成为重要标志。为综合利用前面所学机电传动知识，掌握机电一体化生产流程的设计方法，本案介绍一个物料分拣运输→加工→搬运→装配→仓储的工作流程，其控制流程框图如图5.1所示。

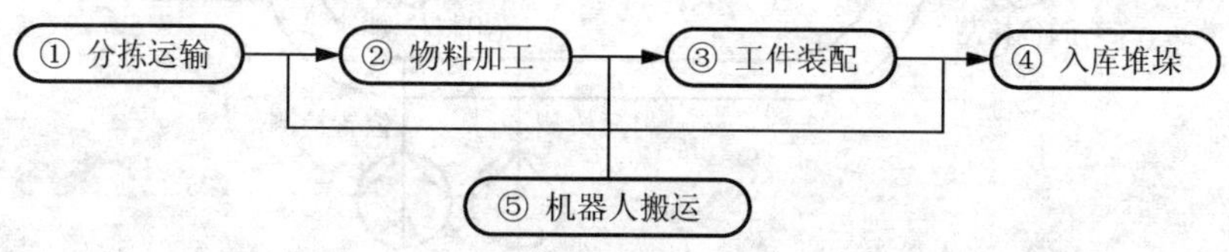

图5.1 物料加工仓储控制流程框图

从图5-1中可以看出，整个工作的流程如下：生产原料经分拣传输单元后，合格物料由机器人搬运单元搬运至加工平台单元；生产出半成品，再由机器人搬运至工件装配单元装配；最后由机器人搬运至立体仓库单元进行入库操作，一个工作流程完毕。

5.1 物料分拣与运输

分拣与运送系统的执行过程由PLC控制自动完成，实现原料筛选，分拣不同的物料，以达到节约人力资源、提高生产效率的目的。

5.1.1 任务引入

如图5.2所示，当系统启动后，传送带以中速顺时针运行，通过位置①处的出料传感器检测判定是否有物料。若无物料，则巡行一周后停止；若有物料，则皮带机改以高速继续运行并进行材质、颜色检测。当物料到达适当位置后，低速度运行，按物料分拣要求将不合格物料推入废品仓库，合格物料推上加工台，并根据不同颜色确定下一步的加工流程，然后再进行下一轮分拣工作。

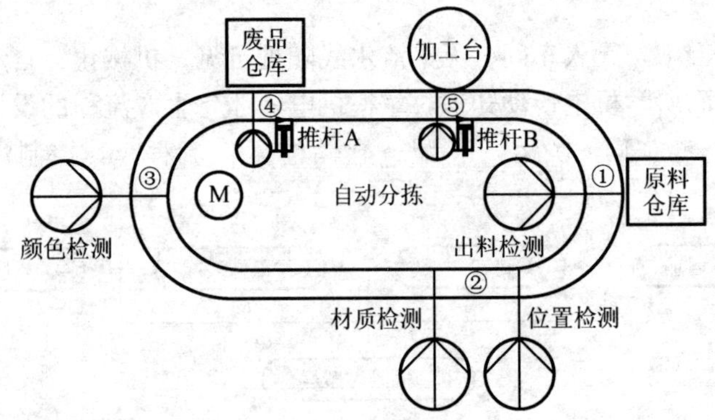

图5.2 分拣与运送单元布局

5.1.2 任务分析

首先，将料仓中物料放入皮带，传送分拣系统控制要求如下。

(1) 若物料为金属件，则直接将金属物料送到废品仓库。

(2) 若物料为塑料件，则送到加工台，并根据其是白色还是黑色来确定下一步的工作流程。

(3) 当皮带机上没有物料时，皮带机停止运行。

通过上料装置将存储的载体物料安放到传输带上，通过变频器带动环形传输带多段速运行，并且可以对物料进行分类与筛选，再将目标物料送到指定位置。

5.1.3 相关知识

1. 传感器的使用

位置①处的出料传感器采用扩散反射型光电传感器，用来检测料仓中是否有物料，如图5.3(a)所示。

光电传感器通过调节外部旋钮来判断料仓中是否存有物料。当模式切换开关切换到L侧时，调节感光旋钮，只有当反射光强度大于其外部设定值时，输出段电路中晶体管才会

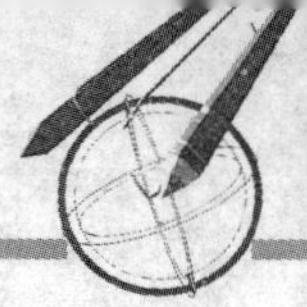

(a) ①处——检测是否有物料

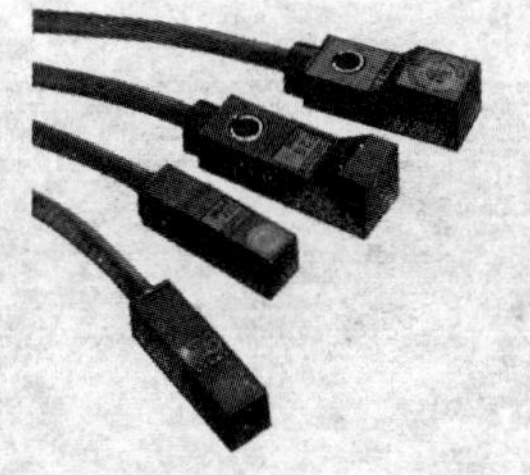

(b) ②处——金属检测

(c) ③处——颜色判定

图 5.3 位置①处的出料传感器

有输出，发出信号；反之，当模式切换开关切换到 D 侧时，调节感光旋钮，只有当反射光强度小于其外部设定值时，才会有输出，发出信号。

位置②处的材质检测传感器采用电感式接近开关，如图 5.3(b)所示。金属体在接近这个能产生电磁场的振荡感应头时，其内部产生涡流，这个涡流反作用于接近开关，使接近开关能力衰弱，内部电路的参数发生变化由此识别出有无金属物体接近，进而控制开关的通或断。

【特别提示】

电感式接近开关所检测的物体必须是金属物体，据此性能将其用于金属与非金属物体的判别。其接线方式采用两线制，蓝色线接 0V，棕色线接 PLC 输入端。

位置③处为一数字式光纤传感器，用来检测工件的颜色，挑选出符合系统要求的工件，如图 5.3(c)所示。

它采用了白色 LED＋一体型 RGB 感光端子，由光纤探头、放大器单元、连接器组成。其通过 RGB 对比判别，不受物料背景、表面凹凸的影响能够准确判断出所经过光纤探头前的物料的颜色。若 RGB 测量值大于(选择高电平输出)或小于(选择低电平输出)设定值，那么经过放大器单元基本 RS 触发器被复位置 0，晶体管导通，输出端为低电平。

在位置④处和位置⑤处的的气缸上还安装了磁性开关，用来检测气缸是否伸出到位。

【特别提示】

气缸中活塞上装有磁环，当活塞杆伸出靠近磁性开关时，磁性开关若检测到磁环发出检测信号，则指示气缸已伸出到位。

2. 光电编码器的使用

在驱动电机转轴上安装有光电编码器，如图 5.4 所示。它随着电动机旋转可以连续发出脉冲信号。

【特别提示】

电动机旋转一周，编码器所能输出脉冲的多少反映了它的测量精度，输出脉冲数越多，其精确度越高，反之则低。

图 5.4　编码器

在 FX_{2N}-48MR 的输入端由 8 个输入端(X0～X7)专门用来接收编码器的输出信号。在本系统中，X0 用来接入编码器的输出信号，并将其链接至 PLC 程序中。在三菱编程通用计数器中 C235～C255 专用于高速计数，当其接通时便可以将从 X0 口输入的脉冲数记录下来，从而能够使皮带机准确定位。

本单元需要设置从出料检测位开始计数，到减速点和送料位的传送电机编码器的脉冲数两个参数。编码器参数设定原则如下。

(1) 减速点：当传输带减速时，如果上面的物料块偏离减速点，那么就需要增大或减小减速点脉冲数。

(2) 送料位：当送料气缸推出时，若物料没有运行到送料位，那么就要增加送料位的脉冲数；若物料超过送料位，那么就要减小送料位的脉冲数。

3. 变频器的使用

变频器的任务是把电压和频率恒定的电网电压变成电压和频率可调的交流电。安装时在电源和变频器之间通常接入低压断路器和接触器，以便在发生故障时能迅速切断电源；变频器和电动机之间一般不允许接入接触器；变频器输出侧不允许接电容器，也不允许接入电容式单相电动机。

变频器选型遵循控制对象所处工作环境要求，本案传输带由变频器控制一个小型交流电机带动链轮，利用变频器的多段速度和正反向运动控制传输带以不同速度做正向或反向运行。根据现有物料情况，设置变频器相关参数以控制传送带不同的运行速度。

电动机工作条件为三相交流电，额定电压为 380V，功率为 1kW，因此变频器选型为 FR-E740-1.5K。在 PU 模式下，按表 5－1 设置变频器参数，设置完毕后调整回 EXT 模式。

表 5－1　变频器参数设置表

参数号	设定值	功　能	参数号	设定值	功　能
Pr.4	50Hz	RH 速度频率值	Pr.7	1.0s	加速时间
Pr.5	30Hz	RM 速度频率值	Pr.8	1.0s	减速时间
Pr.6	10Hz	RL 速度频率值	Pr.79	2	运行模式选择

【应用举例】

启动传输带，在出料传感器没有感应到工件时，传输带以中速顺时针运行，当出料传感器检测到工件后，传输带改为高速运行，计数器 C235 开始计数。待计数到 700 后，变为低速运行；待 C235 计数到 780 后，传输带停止 2s 后并以高速逆时针运行，C235 清零；当 C235 为 500 时，传输带停止。

1）地址分配

按上述要求，确定 PLC 各端口分配情况具体见表 5-2。

表 5-2　PLC 端口分配表

输入点	功　能	输出点	功　能	中间变量	功　能
X0	编码器输入	Y10	正转控制	M0	启动
X1	启动	Y11	反转控制	M1	停止
X2	停止	Y12	低速控制	M2	低速选择
X3	出料传感器	Y13	中速控制	M3	C235 计数
—	—	Y14	高速控制	M4	停止 2s
—	—	—	—	C235	计数器

2）关键指令用法介绍

（1）高速计数器。FX_{2N}高速计数器的地址编号为 C235～C255，均为 32 位断电保持型双向计数器，可分为单相单计数输入、单相双计数输入和双向双计数输入 3 类。

高速计数器使用 X0～X7，但只有 X0～X5 能用于计数脉冲输入端，并且不能重复地在高速计数器 C235～C255 之间使用，因此高速计数器最多只能使用 6 个。

在使用某个高速计数器后，相应的输入端自动被占用。例如，当使用 C235 后，X0 被占用；当使用 C245 后，X2、X3、X7 被占用。

高速计数器在程序中必须先定义后使用，即高速计数器的线圈保持 ON 状态。

高速计数器 C235～C245 的功能是增计数还是减计数由特殊辅助继电器 M8235～M8245 的状态决定，其中 M8235～M8245 状态为 ON 是减计数，状态为 OFF 或者程序中不出现 M8235～M8245 时是增计数。

① C235 动作示例如图 5.5 所示。

【特别提示】

C235 属于单相单计数输入，在 X12 为 ON 时，对输入 X000 的断开到接通进行计数。若 X011 接通，则执行 RST 指令时复位。

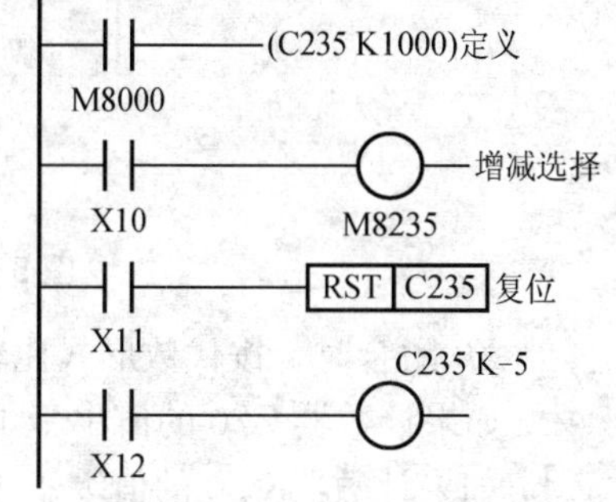

图 5.5　C235 动作示例

② 利用计数输入 X000，通过中断，C235 增计数或减计数。

对应图 5.5 的 C235 的动作图如图 5.6 所示。

③ 计数结果的输出。当高速计数器的当前值达到设定值时，如要立即进行输出处理，则可以使用以下指令。

a. 高速计数器用比较置位/复位指令，在达到比较值后只用中断进行输出。

b. 高速计数器用区间比较指令。

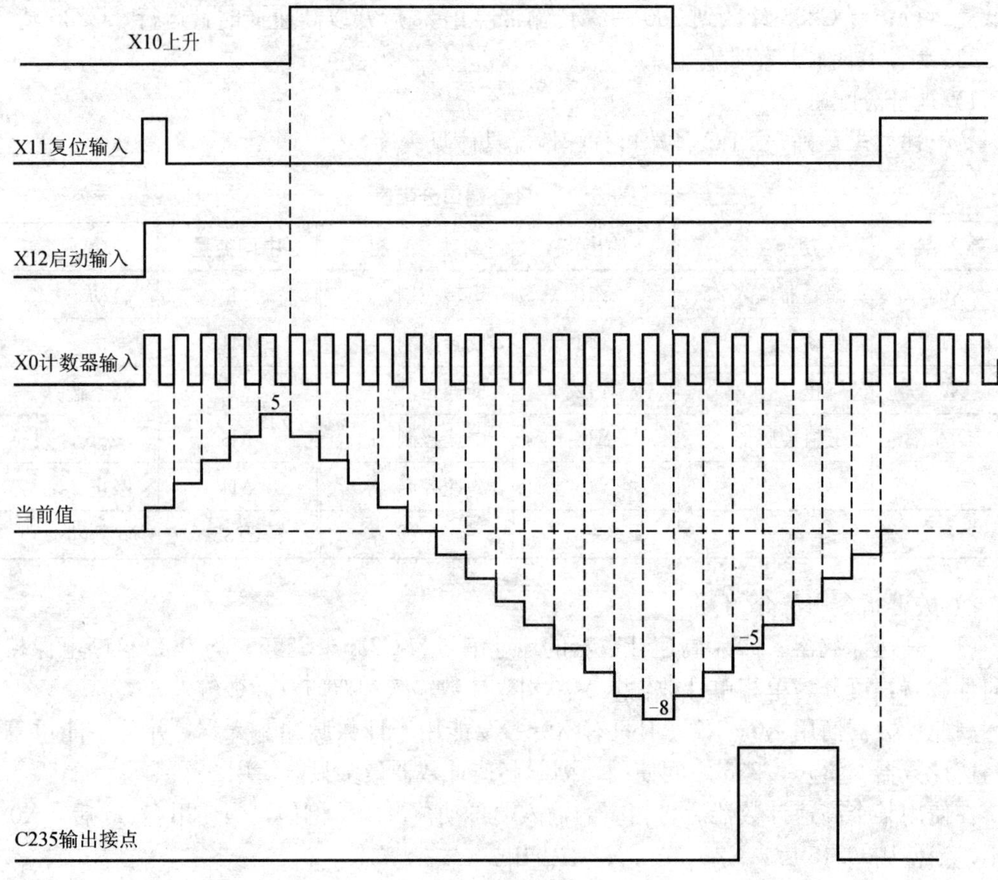

图 5.6　C235 的动作图

（2）CMP 比较指令。CMP 是 16 位连续型比较指令，其使用示例如图 5.7 所示。

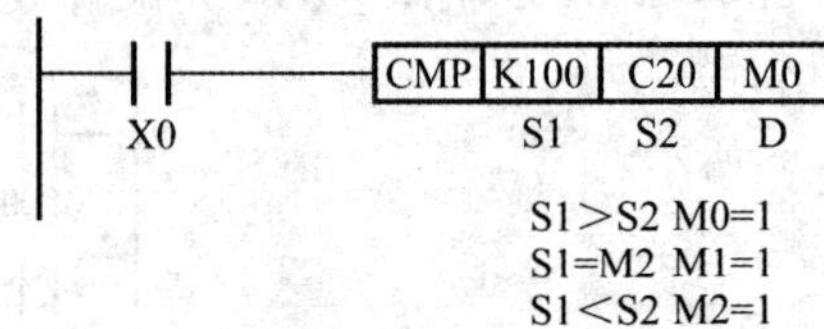

图 5.7　CMP 比较指令的使用示例

当 X0 闭合时，按代数形式比较源 S1 和源 S2 的内容，具体比较方式如下。

a. 如果计数器 C20 的值小于 100，则 M0 闭合。

b. 如果计数器 C20 的值等于 100，则 M1 闭合。

c. 如果计数器 C20 的值大于 100，则 M2 闭合。

【特别提示】

比较指令可以控制例中 M0、M1、M2 这 3 个位元件的状态。

当 X0 断开时，M0、M1、M2 仍保持在 X0 闭合时的运算结果，如果想清除 CMP 比较指令的运算结果，则需要用复位指令。

所有源数据都被看成二进制值处理。

3）控制程序

控制程序示例如图 5.8 所示。

```
    X001
0   ─┤ ├──────────────────────────────[SET M0]
    X002
2   ─┤ ├──────────────────────────────[SET M1]
    M1
4   ─┤↑├──┬───────────────────────────[ZRST M0 M4]
          └───────────────────────────[ZRST Y010 Y014]
    M0
16  ─┤↑├──┬───────────────────────────[SET Y013]
          ├───────────────────────────[SET Y010]
          └───────────────────────────[RST T1]
    X003
22  ─┤↑├──┬───────────────────────────[RST Y013]
          ├───────────────────────────[SET Y012]
          ├───────────────────────────[RST C235]
          └───────────────────────────[SET M3]
    M3                                   K30000
29  ─┤ ├──────────────────────────────( C235 )
35  [> C235 K700]─────────────────────[SET M2]
    M2
41  ─┤↑├──┬───────────────────────────[SET Y014]
          └───────────────────────────[RST Y012]
45  [> C235 K780]──┬──────────────────[RST Y010]
                   ├──────────────────[RST Y014]
                   └──────────────────[SET M4]
    M4                                   K20
53  ─┤ ├──────────────────────────────( T1 )
    T1
57  ─┤↑├──┬───────────────────────────[RST Y014]
          ├───────────────────────────[SET Y011]
          ├───────────────────────────[SET Y012]
          └───────────────────────────[RST C235]
    T1
64  ─┤ ├──────────────[> C235 K500]───[SET M11]
71  ──────────────────────────────────[END]
```

图 5.8　控制程序示例

4）调试

对于中间变量M0到M4的触发，可以通过触摸屏软元件强制输出，或者通过电脑“软元件测试”功能强制输出(用PLC编程线将电脑与PLC连接好→打开实例程序工程→进入监视模式→右击软元件)。

图5.9　单作用气缸

写入程序后按触发M0键，或通过电脑在线强制M0，或者外部输入X1启动传输带，传输带即中速正转运行，手动放入任意工件，传输带带动工件按照控制要求运行。

4. 气动元件的使用

本系统涉及3个电磁阀控制单作用气缸，如图5.9所示，以完成推杆伸缩的操作。

5.1.4　任务实施

1. 系统运行要求

向传输带上投放黑色塑料、白色塑料和金属3种物料，并将金属物料分拣到废品仓库，塑料物料运送到加工台做进一步加工。传输带启动时在低(10Hz)、中(30Hz)两段速度区中各保持1s，然后进入高(50Hz)段速度区中运行。应用位置开关与光电编码器脉冲对物料进行定位。金属物料由②处材质检测传感器判断，白色物料由③处传感器颜色检测传感器和②处位置光电开关同时检测判断，黑色物料由位置②光电开关感应判断。待金属物料接近废品仓库时(相对“零位(位置①光电开关)”计脉冲200个)传输带降为低速运行，当位置④光电开关感应到物料时推杆A动作，将金属物料推入废品仓库；待塑料物料接近加工台时(相对“零位(位置①光电开关)”计脉冲300个)传输带降为低速运行，当位置⑤光电开关感应到塑料物料时推杆B动作，将塑料物料推入加工台。

利用PLC输入端口X10、X11或辅助继电器M1、M2分别控制传输带启动和停止。

2. 系统硬件组成

通过对该系统输入、输出信号的统计，选择PLC型号为FX2N-48MR。根据系统的控制要求分配PLC输入/输出信号地址具体见表5-3。

表5-3　PLC端口分配表

输入点	辅助点	功　能	输出点	输出设备端
X0		传送电机编码器	Y0	推杆A电磁阀
X1		位置②处金属检测	Y1	推杆B电磁阀
X2		位置③处颜色检测	Y10	变频器RH
X3		位置①(物料检测)	Y11	变频器RM
X4		位置②检测	Y12	变频器RL
X5		位置④(推杆A入库处)	Y13	变频器STF

续表

输入点	辅助点	功　能	输出点	输出设备端
X6		位置⑤(推杆 B 加工台处)		
X10	M1	传输带启动		
X11	M2	传输带停止		
X14		推杆 A 前限		
X15		推杆 B 前限		
X16		推杆 A 后限		
X17		推杆 B 后限		

3. 控制系统程序设计

最终完成的控制程序如图 5.10 所示。

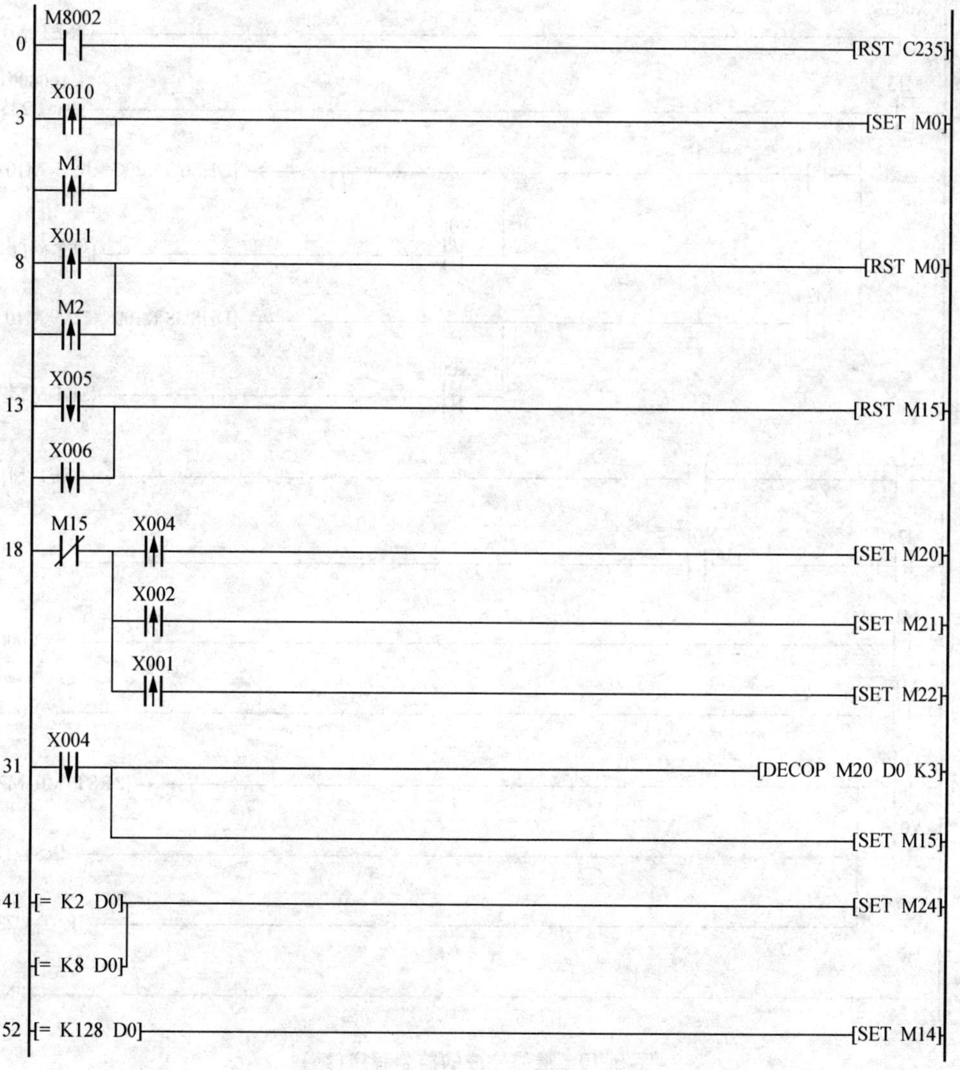

```
0   M8002 ──────────────────────────── [RST C235]
3   X010(↑) ─┬──────────────────────── [SET M0]
    M1(↑)  ──┘
8   X011(↑) ─┬──────────────────────── [RST M0]
    M2(↑)  ──┘
13  X005(↓) ─┬──────────────────────── [RST M15]
    X006(↓) ─┘
18  M15(/) ─┬─ X004(↑) ─────────────── [SET M20]
            ├─ X002(↑) ─────────────── [SET M21]
            └─ X001(↑) ─────────────── [SET M22]
31  X004(↓) ─┬──────────────────────── [DECOP M20 D0 K3]
             └──────────────────────── [SET M15]
41  [= K2 D0] ─┬────────────────────── [SET M24]
    [= K8 D0] ─┘
52  [= K128 D0] ────────────────────── [SET M14]
```

图 5.10　最终完成的控制程序

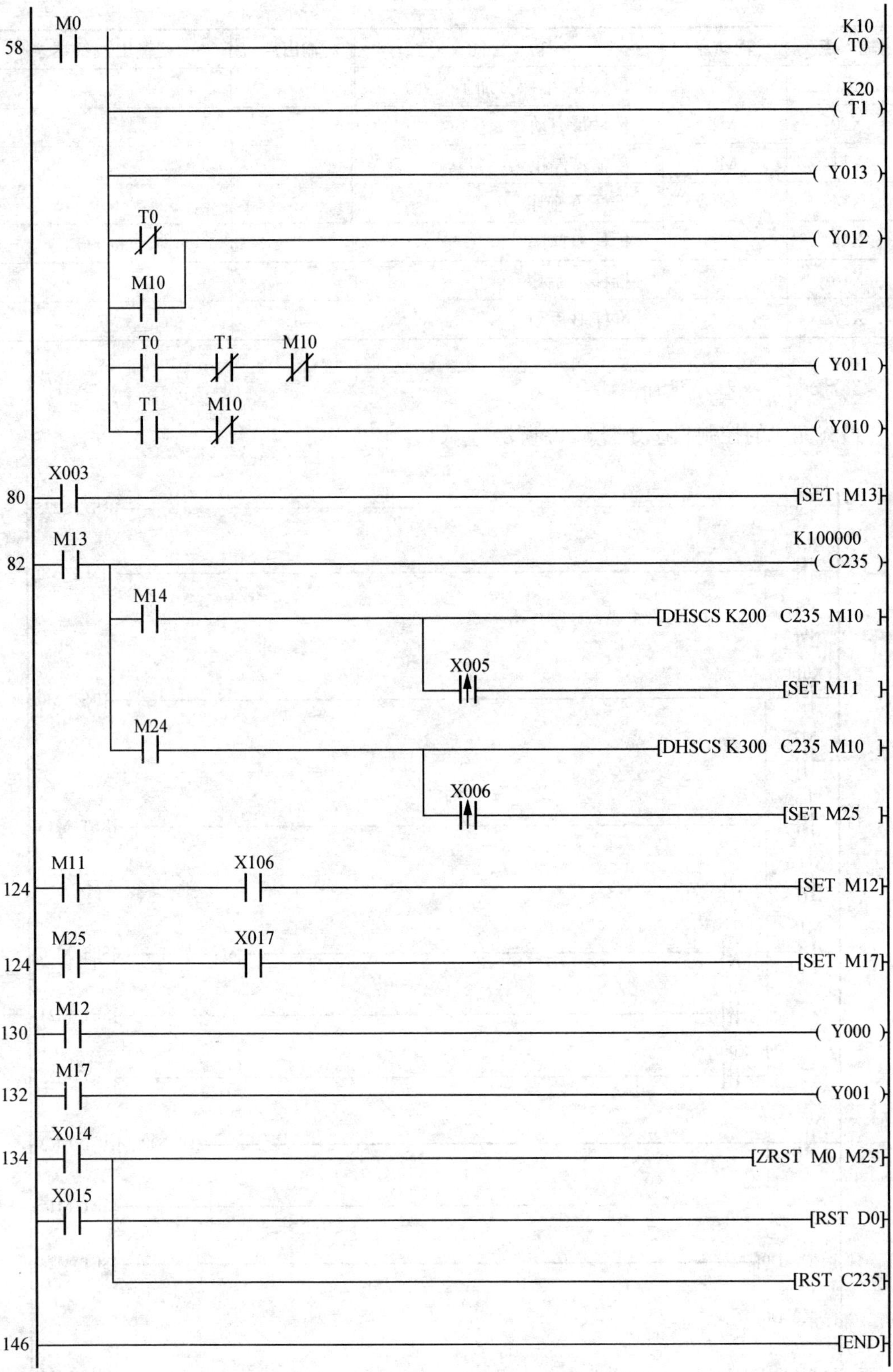

```
58   M0                                   K10  ( T0 )
                                          K20  ( T1 )
                                               ( Y013 )
     T0(常闭) / M10                            ( Y012 )
     T0  T1(常闭)  M10(常闭)                   ( Y011 )
     T1  M10(常闭)                             ( Y010 )
80   X003                                      [SET M13]
82   M13                                  K100000 ( C235 )
     M14                                       [DHSCS K200  C235  M10 ]
         X005(↑)                               [SET M11 ]
     M24                                       [DHSCS K300  C235  M10 ]
         X006(↑)                               [SET M25 ]
124  M11   X106                                [SET M12]
124  M25   X017                                [SET M17]
130  M12                                       ( Y000 )
132  M17                                       ( Y001 )
134  X014 / X015                               [ZRST M0 M25]
                                               [RST D0]
                                               [RST C235]
146                                            [END]
```

图 5.10　最终完成的控制程序(续)

思考与练习

1. 在本系统中，物料筛选是如何实现的？
2. 在物料传送时，设置减速点的目的是什么？

5.2　运输搬运系统

机械手是一种能模拟人的部分手臂动作，并按预定的程序轨迹及其他要求，实现抓取、搬运工件或操作工具的自动化装置。

机械手最早应用在汽车制造工业，常用于焊接、喷漆、上下料和搬运。机械手延伸和扩大了人的手足和大脑功能，它可替代人从事危险、有害、有毒、低温和高热等恶劣环境中的工作。

5.2.1　任务引入

如图5.11所示，物料搬运机械手主要由机座、腰部、垂直手臂、气爪等部分组成。其中，腰部采用步进电机驱动旋转，手臂及气爪采用气缸等气动元件。

图5.11　机械手搬运单元(省略了导轨)

5.2.2　任务分析

在生产运输搬运系统的执行单元中包含两个步进电机，分别控制手臂旋转和机械手机座移动。本案通过两个不同的控制方式介绍步进电机的控制方法。手臂旋转电机用PLC输出端的Y0进行高速输出控制，而直行电机用PLC的扩展功能模块FX2N-1PG进行控制，这两种不同的控制方式代表三菱PLC在定位控制领域中的经典应用。

5.2.3　相关知识

1. 电容传感器的使用

本单元用到的接近开关就是电容型的。根据前边所学知识可知这种开关的优点是检测的对象不只限于导体，还可以是绝缘的液体或粉状物等，如图5.12所示。

2. 步进电机

步进电机是利用电磁原理将脉冲信号转换成相应角位移或线位移的开环控制元件，如图 5.13 所示。

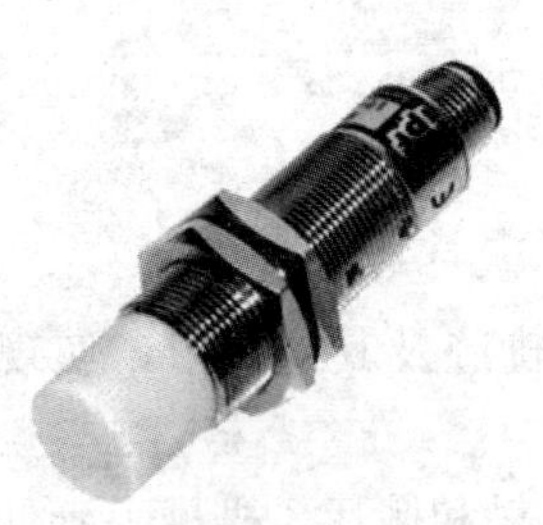

图 5.12　电容型接近开关

图 5.13　步进电机

当系统将一个电脉冲信号加到步进电机定子绕组时，它就驱动步进电动机按设定的方向转动一个固定的角度(即步距角)或前进一步。当电脉冲按某一相序加到电动机时，转子沿某一方向转动的步数等于电脉冲个数。因此，改变输入脉冲的数目就能控制步进电动机转子机械位移的大小；通过控制脉冲频率可以来控制电动机转动的速度和加速度，从而达到调速的目的；改变输入脉冲的通电相序，能控制步进电动机转子机械位移的方向，从而实现位置控制。

步进电动机种类繁多，按运行方式不同可分为旋转型和直线型，通常使用的多为旋转型。旋转型步进电机分 3 种：永磁式(PM)、反应式(VR)和混合式(HB)。

永磁式步进电机一般为两相，转矩和体积较小，步进角一般为 7.5°或 15°。

反应式步进电机一般为三相，可实现大转矩输出，步进角一般为 1.5°，但噪声和振动都很大。

混合式步电机混合了永磁式和反应式的优点。它又分为两相和五相：两相步进角一般为 1.8°而五相步进角一般为 0.72°。这种步进电机的应用最为广泛。

1）步进电机的工作原理

图 5.14 所示为三相反应式步进电机的结构示意与接线方式。定子上有均匀分布的 6 个磁极，磁极上绕有控制(励磁)绕组，接成星型联结。转子(没有绕组)有均匀分布的 4 个齿，且齿宽等于定子极靴宽。

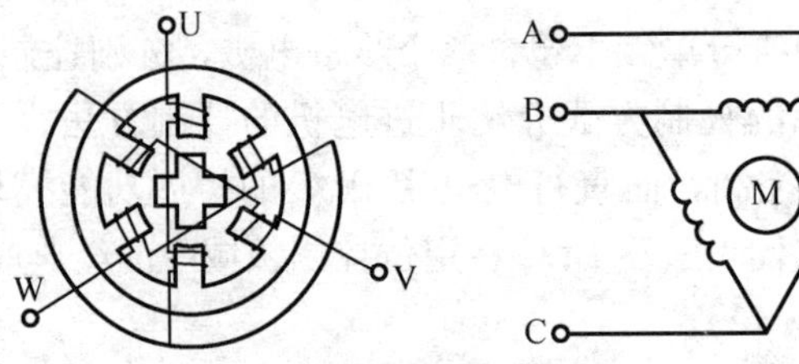

图 5.14　三相反应式步进电机结构示意与接线方式

图 5.15 为三相反应式步进电机在“单三拍”控制方式时的工作原理图。

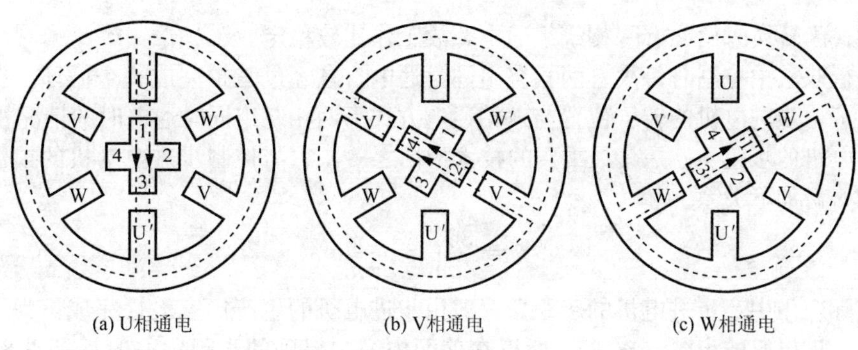

图 5.15 三相反应式步进电机在“单三柏”控制方式时的工作原理图

【特别提示】

单三拍控制中的“单”是指每次只有一相控制绕组通电，通电顺序为 U→V→W→U 或按 U→W→V→U 顺序；“拍”是指一种通电状态换到另一种通电状态，而“三拍”是指经过 3 次切换控制绕组的电脉冲为一个循环。

当 U 相控制绕组通入电脉冲时，U、U′成为电磁铁的 N、S 极。由于磁路通常要沿着磁阻的最小路径来闭合，故将使转子齿 1、3 和定子磁极 U、U′对齐，即形成 U、U′轴线方向的磁通 Φ_U，如图 5.15(a)所示。

U 相脉冲结束，接着 V 相通入脉冲，由于上述原因，转子齿 2、4 与定子磁极 V、V′对齐，如图 5.15(b)所示，转子顺时针方向转过 30°。V 相脉冲结束，随后 W 相控制绕组通入电脉冲，使转子齿 3、1 和定子磁极 W、W′对齐，转子又在空间沿顺时针方向转过 30°，如图 5.15(c)所示。

如上分析，如果按照 U→V→W→U 顺序通入电脉冲，则转子将按顺时针方向一步一步转动，且每步转过 30°，该角度被称为步距角。电动机的转速取决于电脉冲的频率，频率越高，转速越高。若按 U→W→V→U 顺序通入电脉冲，则步进电机反向转动。三相控制绕组的通电顺序及频率大小，通常由控制器来实现。

单拍通电方式是在一相绕组断电瞬间另一绕组刚开始通电，容易造成“失步”，所以这种控制方式的运行稳定性较差，较少采用。实际应用的步进电机多采用六拍控制或双三拍控制方式。

【特别提示】

所谓“失步”，是指步进电机丢步和越步。当丢步时，转子前进的步数小于脉冲数；当越步时，转子前进的步数多于脉冲数。在丢步严重时，将使转子停留在一个位置上或围绕一个位置振动，从而无法实现对其控制。

在六拍控制方式中，三相控制绕组通电顺序按 U→UV→V→VW→W→WU→U 顺序进行，即先 U 相控制绕组通电，而后 U、V 两相控制绕组同时通电；然后断开 U 相控制绕组，由 V 相控制绕组单独通电；再使 V、W 两相控制绕组同时通电，依次进行下去。每转换一次，步进电机按顺时针方向旋转 15°，即步距角为 15°。和单拍方式一样，若改变通电顺序，即反过来，则步进电动机将按逆时针方向旋转。

在这种控制方式中，定子三相绕组经 6 次转换完成一个循环，故被称为六拍控制。此

种控制方式因转换时始终有一相绕组通电，故工作比较稳定。

当进行双三拍控制时每次有两相绕组同时通电，且经过三拍完成一个循环。在双三拍通电方式下，步进电机的转子位置与六拍通电方式下两相绕组同时通电时的情况相同。

步进电机的步距角 θ 是其最重要的技术指标之一，它与控制步进电动机的拍数 m、转子的齿数 z 有如下关系。

$$\theta=\frac{360^\circ}{zm}=\frac{2\pi}{zm}$$

在实际应用中，步进电机的步距角一般由步进电机的生产厂家设计完成，为了保证加工精度，步进电机的齿数 m 较多，所以在前面内容中提到的步距角一般都是 1.8°、1.5°，甚至更小。作为用户，只要根据控制需要的步距角来选择不同的步进电机即可。当已知步进电机的步距角 θ 后，就可根据控制脉冲的频率 f，并用下式来计算出步进电机的转速 n。

$$n=\frac{60}{2\pi}\theta f$$

步进电机在正常情况下运行时，其转速、停止的位置只取决于脉冲信号的频率和脉冲数，而不受负载变化的影响。其次，由于只有周期性误差而无累积误差等特点，故使得步进电机在速度、位置等控制领域被广泛应用。

2）步进电机的控制

为了驱动步进电机，必须由一个决定电动机速度和旋转角度的脉冲发生器、一个使电动机绕组电流按规定次序通断的脉冲分配器、一个保证电动机正常运行的功率放大器以及一个直流功率电源等组成一个驱动系统。

步进电机驱动器(图 5.16)把控制系统发出的脉冲信号转化为步进电机的角位移，且控制系统每发一个脉冲信号，通过驱动器使得步进电机旋转一步距角。步进电机的转速与脉冲信号的频率成正比。

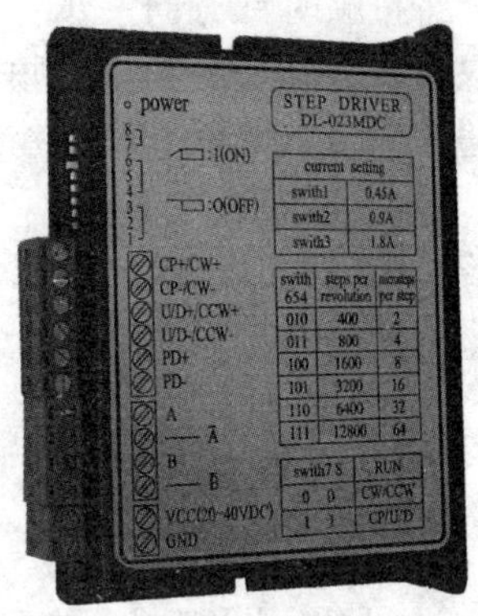

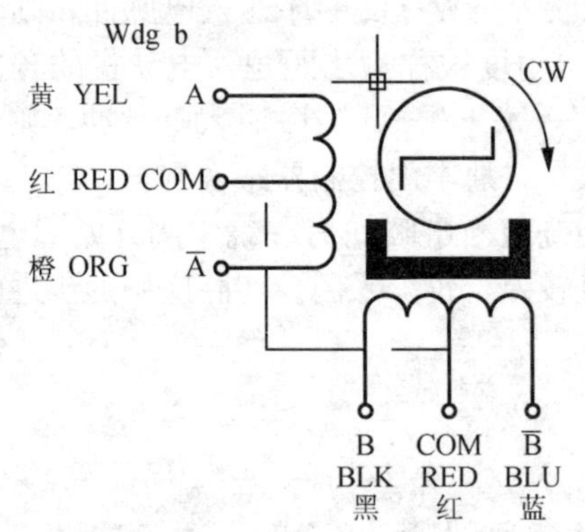

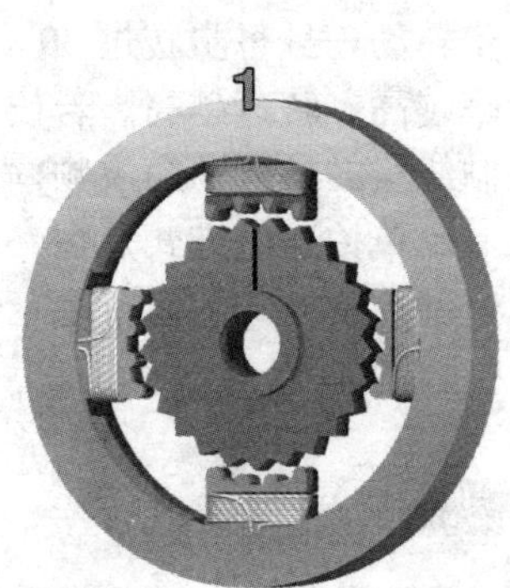

图 5.16　步进电机驱动器

【特别提示】

如何配用步进电机及驱动器

根据步进电机的电流，配用大于或等于此电流的驱动器。如果需要低振动或高精度，可配用细分型驱动器。对于大转矩电动机，尽可能用高电压型驱动器，以获得良好的高速性能。

两相电动机成本低，但低速时的振动较大，高速时的力矩下降快。五相电动机振动较小，高速性能好，比两相电动机的速度高 30%～50%(可在部分场合取代伺服电动机)。

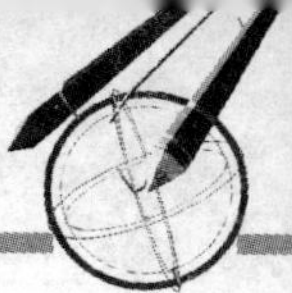

3. 使用 PLC 控制机械手驱动步进电机

【示例】

机械手臂旋转步进电机决定着机器人的工作方向，并要求机器人手臂电机根据控制要求实现手动和自动运行。

手动运行要求：触发一次正转信号，机器人手臂沿顺时针方向旋转 45°，每触发一次反转信号，则逆时针转动 45°，感应到相关限位后立即停止该方向运行。

自动运行要求：按“启动信号”键后，机器人手臂转回原点，然后顺时针运行 90°，停止 3s 后，逆时针旋转 45°并停止，机器人手臂在自动运行过程中采用逐渐加减速的启停控制形式。

1）地址分配

按上述要求，确定 PLC 各端口分配情况，具体见表 5-4。

表 5-4　PLC 端口分配表

输入点	功能	输出点	功能	中间变量	功能
X0	原点传感器	Y0	脉冲输出	M0	启动
X1	启动	Y1	方向控制	M1	停止
X2	停止			M2	正转
X3	自动/手动			M3	反转
				M4	自动/手动

2）关键指令用法介绍

(1) PLSY 指令。PLSY 是以指定的频率产生定量脉冲的指令，如图 5.17 所示。

脉冲输出：①16 位指令(7 步)PLSY(连续执行型)；②32 位指令(13 步)D PLSY(连续执行型)。

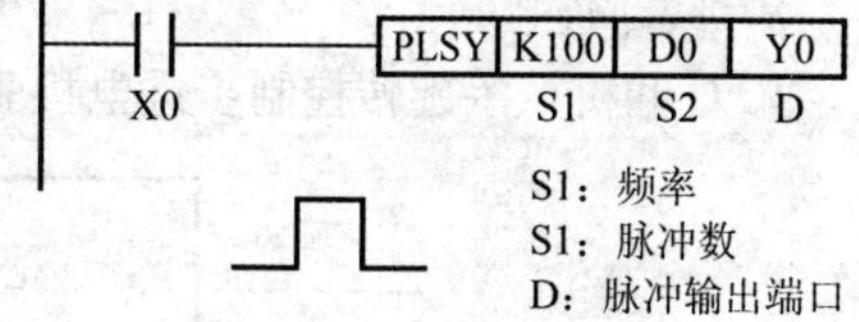

图 5.17　PLSY 指令

【特别提示】

在 DPLSY 指令中，将(D1，D0)设置为脉冲数；

脉冲输出端口仅限 Y0 或 Y1，且输出方式一定为晶体管输出。

在输出过程中，改变 S1 的值其脉冲频率立刻改变(调速很方便)，但改变 S2 的值需要驱动断开再一次闭合才按新的脉冲数输出。

相关标志位与寄存器如下。

① M8029：脉冲发完后，M8029 闭合。当 X0 断开后，M8029 自动断开。

② M8147：Y0 输出脉冲时闭合，发完后脉冲自动断开。

③ M8148：Y1 输出脉冲时闭合，发完后脉冲自动断开。

④ D8140：记录 Y0 输出的脉冲总数，32 位寄存器。

⑤ D8142：记录 Y1 输出的脉冲总数，32 位寄存器。

⑥ D8136：记录 Y0 和 Y1 输出的脉冲总数，32 位寄存器。

【特别提示】

当PLSY指令断开后再次驱动PLSY指令时，必须在M8147或M8148断开一个扫描周期以上，否则发生运算错误。

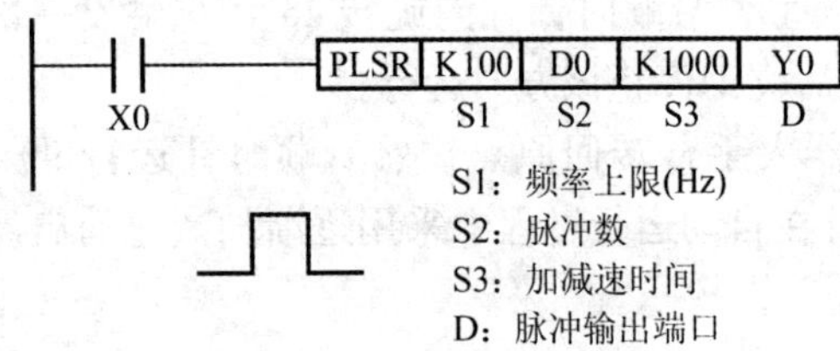

图5.18　PLSR指令

(2) PLSR指令。PLSR是带加速减速功能的定尺寸传送用的脉冲输出指令，如图5.18所示。

本指令的执行过程是针对S1指定的最高频率，进行定加速，在达到S2所指定的输出脉冲后，进行定减速。

带加减速脉冲输出：①16位指令(7步)PLSR(连续执行型)；②32位指令(17步)DPLSR(连续执行型)。

【特别提示】

频率上限可设定范围：10～2000(Hz)，且以10的倍数指定。

上限频率中的指定值的1/10可作为减速时的一次变速量(频率)，要设定在步进电机等不失调的范围内。

总输出脉冲数可设定范围：16位运算为110～32767；32位运算为110～2147483647；当设定不满110值时，脉冲不能正常输出。当使用DPLSR指令时，(D1，D0)作为32位设定值处理。

加减速度时间(ms)可设定范围在5000(ms)以下，加速时间和减速时间以相同值动作。要注意的是，加速时间设定在可编程控制器的扫描时间最大值(D8012值以上)的10倍以上。当指定不到10倍时，加减速时序不一定。

3）线路连接

PLC和机械手旋转控制步进电机驱动器的连接如图5.19所示。

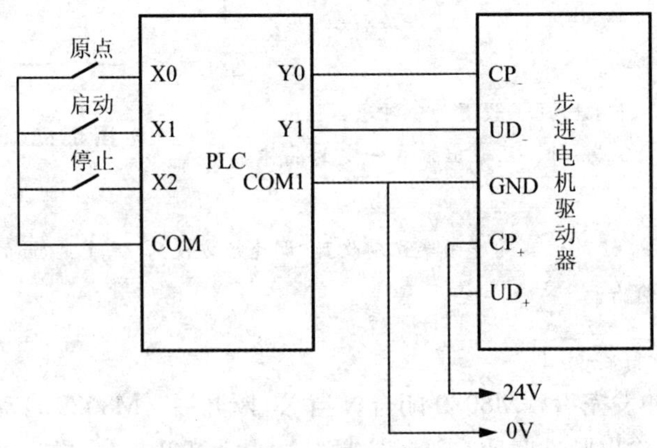

图5.19　PLC和机械手旋转控制步进电机驱动器的连接

4）旋转步进电机驱动器参数设置

细分设置：细分数为10，电机步距角为0.18°，机械手步距角为0.00775°，机械手每转1°需129个脉冲。

5）控制程序

本示例控制程序如图 5.20～图 5.23 所示。

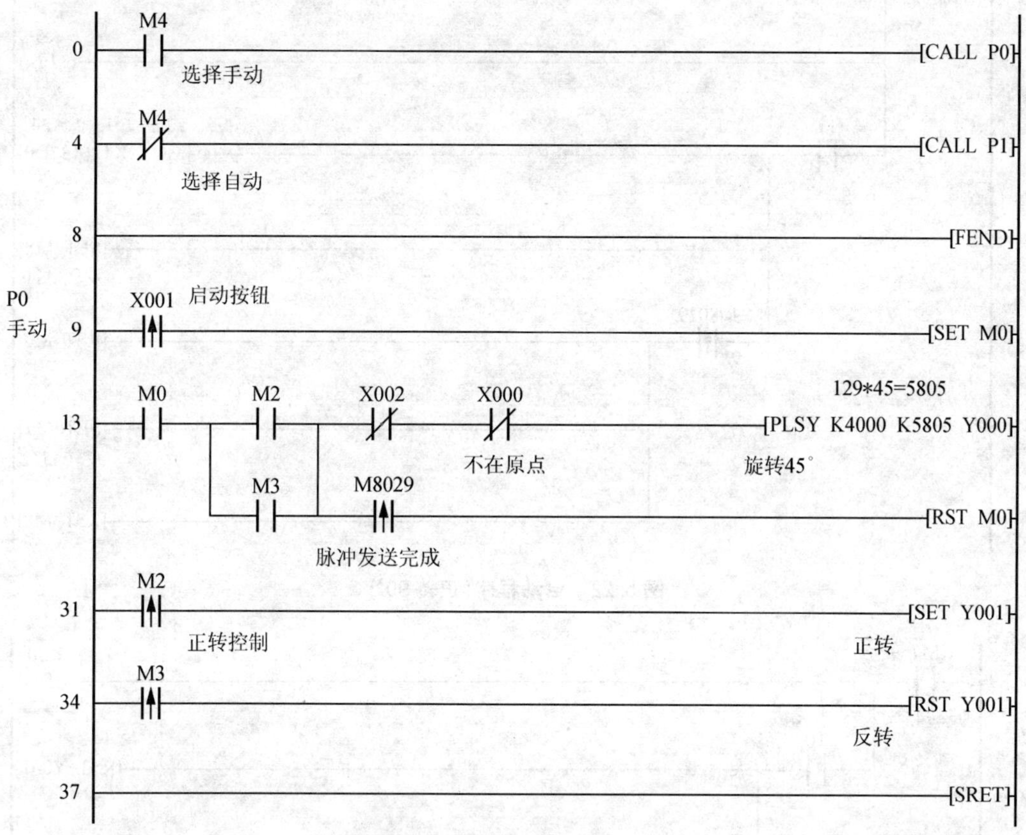

图 5.20　主程序与手动程序

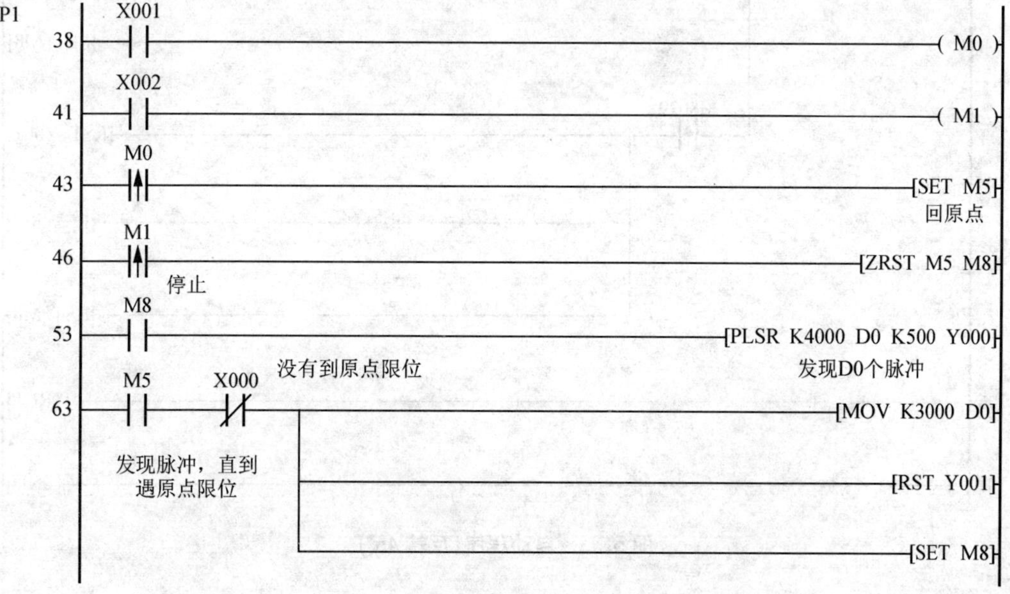

图 5.21　自动程序(返回原点部分)

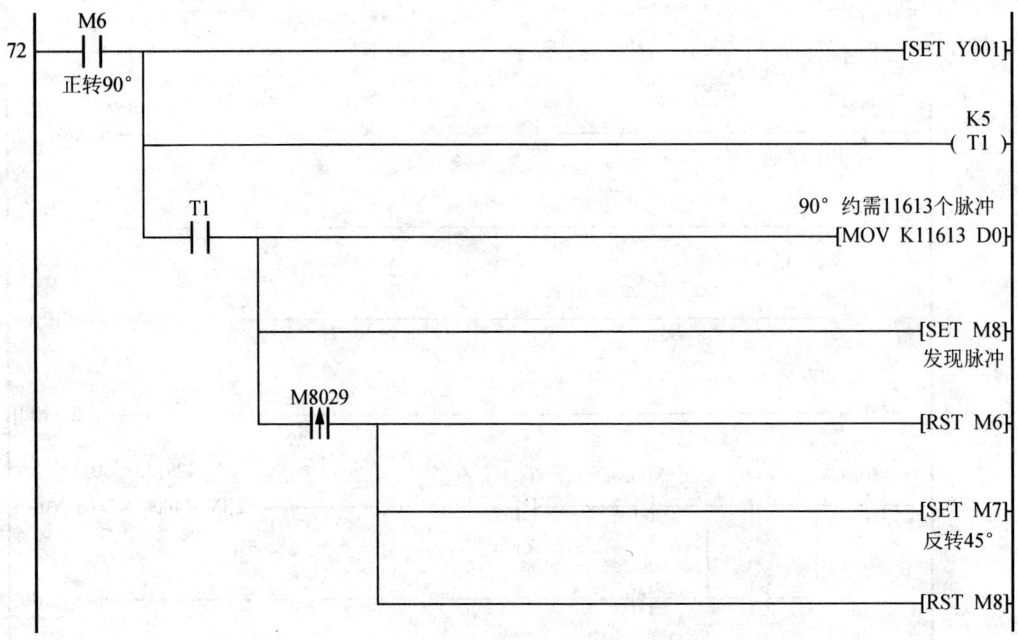

图 5.22 自动程序(正转 90°)

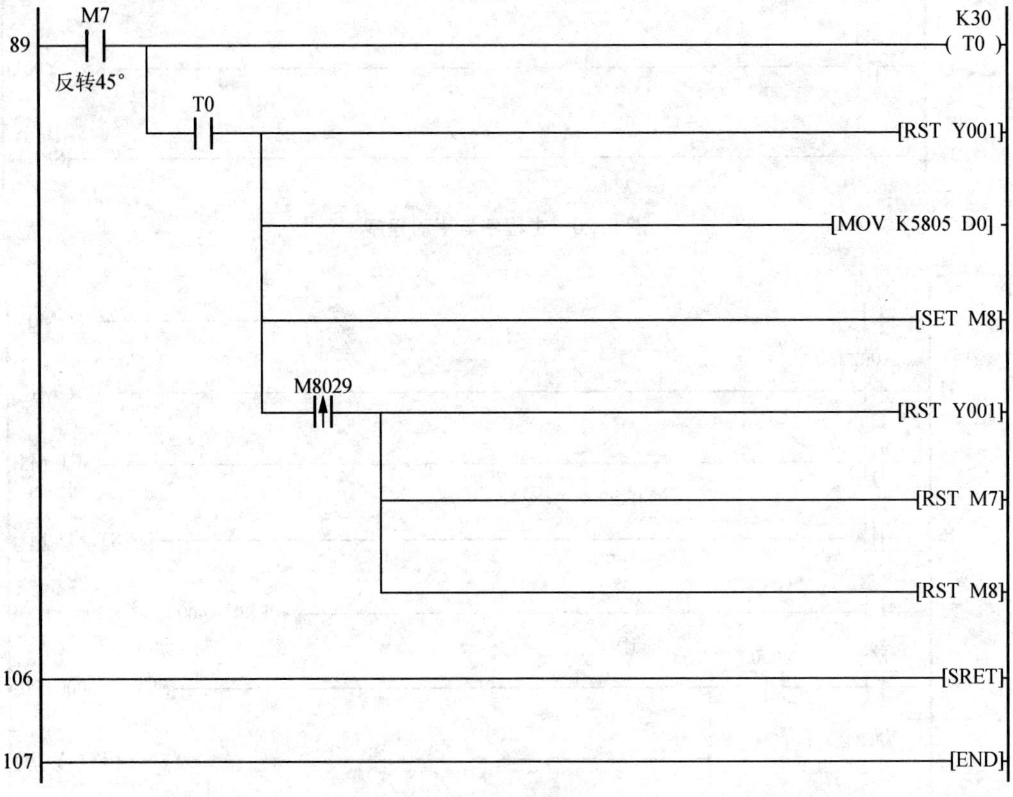

图 5.23 自动程序(反转 45°)

6）实例调试

中间变量 M0 到 M4 的触发可以通过触摸屏软元件强制输出，或者通过电脑“软元件测试”功能强制输出(用 PLC 编程线将电脑与 PLC 连接好→打开实例程序工程→进入监视模式→右击软元件)。

4. 使用特殊功能模块 FX2N-1PG 完成定位控制机械手底座移动步进电机

机械手底座安装在轨道上，要求控制机械手移动的步进电机根据控制要求手动或自动运行。

FX-lPG 脉冲发生单元(简称为“PGU”)可以完成一个独立轴的简单定位。这是通过向伺服或步进马达驱动放大器提供指定数量的脉冲(最大 100K PPS)来实现的。FX-1PG 是作为 PLC 的扩展部分配置的，其外形如图 5.24 所示，端子分配其见表 5-5。

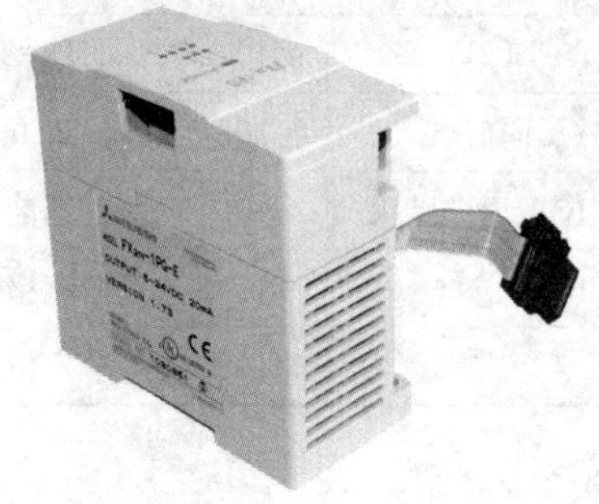

图 5.24 1PG 功能模块外形

表 5-5 1PG 端子分配

输入点	功 能	输入点	功 能
SG	信号接地	FP0	上拉电阻，接 VH 或 VL
STOP	减速停止输入	FP	前向脉冲输出
DOG	机器原位返回	COM0	脉冲输出公共端
SS	24VDC 电源	RP	反向脉冲输出
PG0＋	0 点信号电源	RP0	上拉电阻，接 VH 或 VL
PG0－	0 点信号	COM1	CLR 输出公共端
VH	脉冲输出电源端(24V)	CLR	清除漂移计数器输出
VL	脉冲输出电源端(5～15V)		

每一个 PGU 都作为一个特殊时钟起作用，使用 FROM/TO 命令，并占用 8 点输出或输入与 PLC 进行数据传输。所有的用于定位控制的程序都在 PLC 中进行。

【示例】

手动运行要求：触发一次右移信号，行走电机正转，机械手沿导轨右移，触发结束即停止运行；触发一次左移信号，则机械手沿导轨左移，触发结束即停止运行。

自动运行要求：当按“启动信号”键后，机械手回原点，然后高速向右运行 200mm，变为低速继续向右运行 100mm，待停止 2s 后，高速向左运行并回到原点，自动运行过程中采用逐渐加减速的启停控制形式。

1）地址分配

按上述要求，确定 PLC 各端口分配情况具体见表 5 - 6。

表 5 - 6　PLC 端口分配表

输入点	功　能	输出点	功　能	中间变量	功　能
X0	原点传感器	Y0	脉冲输出	M0	启动
X1	启动	Y1	方向控制	M1	停止
X2	停止			M2	向右(正转)
状态标志				M3	向左(反转)
M100	RADY/BUSY	M104	DOG 为 ON	M108	
M101	前向/反向旋转	M105	PG0- 为 ON	M4	自动/手动
M102	原始位置返回结束	M106	当前位置溢出	M5	回原点
M103	STOP 为 ON	M107	有错误	D0	脉冲数
		M108	定位结束		

2）关键指令用法介绍

FROM/TO 指令完成 BFM 读出(写入)。FROM 是将增设的特殊单元缓冲存储器(BFM)的内容读到可编程控制器中的指令；TO 是从可编程控制器对特殊单元的缓冲存储器(BFM)写入数据的指令。

(1) FROM 及相关指令(FNC78)的使用方法。FROM 和 FROMP 分别是 16 位连续执行和脉冲执行型指令；DFROM、DFROMP 是 32 位连续执行和脉冲执行型指令，其使用方法如图 5.25 所示。

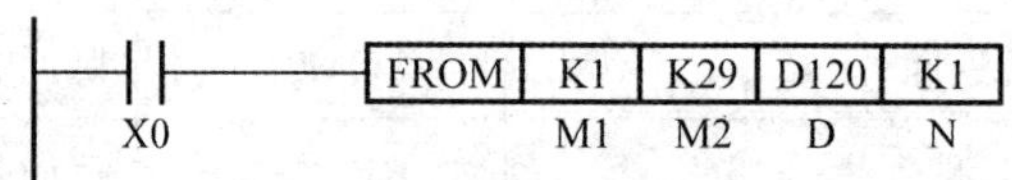

图 5.25　FROM 指令的使用方法

① M1：特殊单元/块编号(只能用数值，K0～K7，从最靠近 PLC 基本单元的一个模块开始)。

② M2：缓存的首地址，取值范围为 K0～K31。

③ D：传输目的地的起始地址编号，可以用 T、C、D 和除 X 外的位元件组合(如 K4Y0)。

④ N：传输的点数，只能用数值。

图 5.25 所示的命令的含义是当 X0 为 ON 时，从特殊单元(模块)NO.1 的缓冲存储器(BFM)＃29 中读出 16 位数据传送至可编程控制器的 D120 中。

【特别提示】

在特殊辅助继电器 M8164 闭合时，D8164 内的数据作为传送点数。

在特殊辅助继电器 M8028 断开状态下，当执行 FROM 指令时，自动进入中断禁止状态，输入中断和定时器中断不能执行。在这期间发生的中断只能等 FROM 指令执行完成后才开始执行，FROM 指令可以在中断程序中使用。在特殊辅助继电器 M8028 闭合状态下，当执行 FROM 指令时，如发生中断则执行中断程序，FROM 指令不能在中断程序中使用。

(2) TO 及相关指令(FNC79)的使用方法。TO、TOP 分别是 16 位连续执行和脉冲执行型指令；DTO、DTOP 分别是 32 位连续执行和脉冲执行型指令，使用方法如图 5.26 所示。

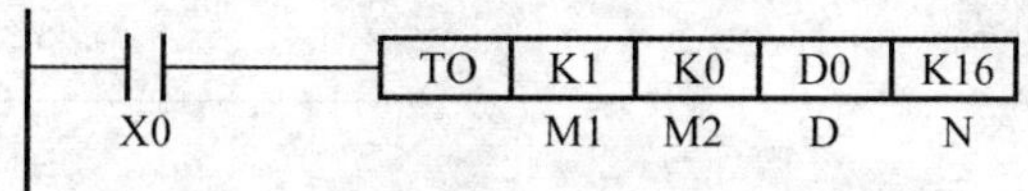

图 5.26　TO 指令的使用方法

图 5.26 所示的指令的含义是当 X0＝ON 时，对特殊单元(模块)NO.1 的缓冲存储器(BFM)中＃0～＃15 写入可编程控制器的 D0～D15。

【特别提示】

在特殊辅助继电器 M8164 闭合时，D8164 内的数据作为传送点数。

若特殊辅助继电器 M8028 处于断开状态，在 TO 指令执行时，自动进入中断禁止状态，输入中断和定时器中断不能执行。在这期间发生的中断只能等 FROM 指令执行完后才开始执行；TO 指令可以在中断程序中使用。若特殊辅助继电器 M8028 处于闭合状态，在 TO 指令执行时，如发生中断则执行中断程序，TO 指令不能在中断程序中使用。

3）线路连接

本示例线路的连接如图 5.27 所示。

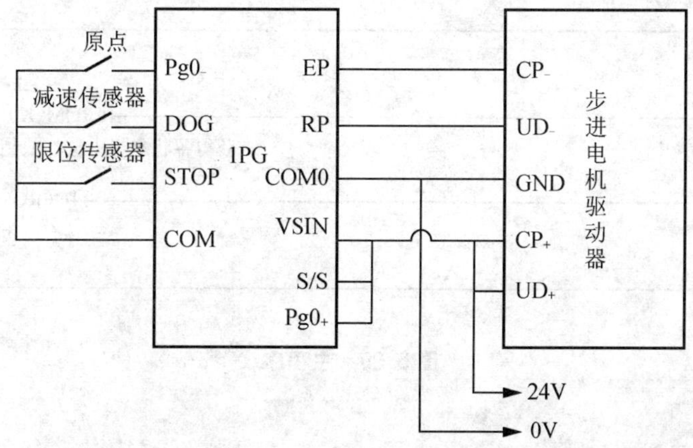

图 5.27　1PG 功能模块控制机械手底座移动步进电机驱动器的连接

4）机械手移动步进电机驱动器参数设置

细分设置：细分数为 5，电机步距角为 0.36°，机械手步距为 0.007mm，机械手直行 1mm 需 142.857 个脉冲。

5）控制程序

本示例最后完成的控制程序如图 5.28、图 5.29、图 5.30 和图 5.31 所示。

```
     M8002                                    设置脉冲输出格式
80 ──┤ ├──┬──────────────────────────── [TO K0 K3 H100 K1]
          │                                   设置最大速率
          ├──────────────────────────── [TO K0 K4 K9900 K1]
          │                                   设置基速
          ├──────────────────────────── [TO K0 K6 K100 K1]
          │                                   设置JOG速率
          ├──────────────────────────── [TO K0 K7 K6000 K1]
          │                                   设置原点返回速率(高速)
          ├──────────────────────────── [TO K0 K9 K6000 K1]
          │                                   设置原点返回速率(爬行速率)
          ├──────────────────────────── [TO K0 K11 K1000 K1]
          │                                   设置用于原点返回的0点信号数目
          ├──────────────────────────── [TO K0 K12 K1 K1]
          │                                   设置原点位置
          ├──────────────────────────── [TO K0 K13 K0 K1]
          │                                   设置加速/减速时间
          └──────────────────────────── [TO K0 K15 K300 K1]
```

图 5.28 BFM 设置

```
      M4
82 ──┤ ├──────────────────────────────────── [CALL P0]
                                              调用手动程序
      M4
86 ──┤/├──────────────────────────────────── [CAL LP1]
                                              调用自动程序
      M8000
90 ──┤ ├──┬────────────────────────── [FROM K0 K28 K4M100 K1]
          │                 获得各状态标志位，放到从M100至M115中
          └────────────────────────── [DFROM K0 K26 D0 K1]
                                              获得当前位置
117 ─────────────────────────────────────────── [FEND]
```

图 5.29 主程序

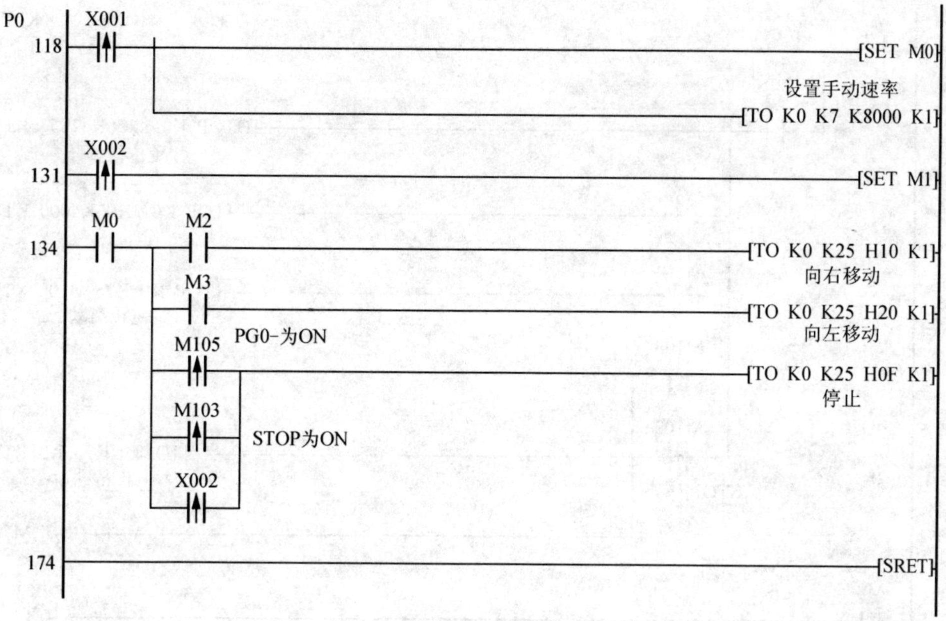

P0
118 X001 [SET M0]
设置手动速率
[TO K0 K7 K8000 K1]
131 X002 [SET M1]
134 M0 M2 [TO K0 K25 H10 K1]
向右移动
M3 [TO K0 K25 H20 K1]
向左移动
M105 PG0-为ON [TO K0 K25 H0F K1]
停止
M103 STOP为ON
X002
174 [SRET]

图 5.30　手动程序

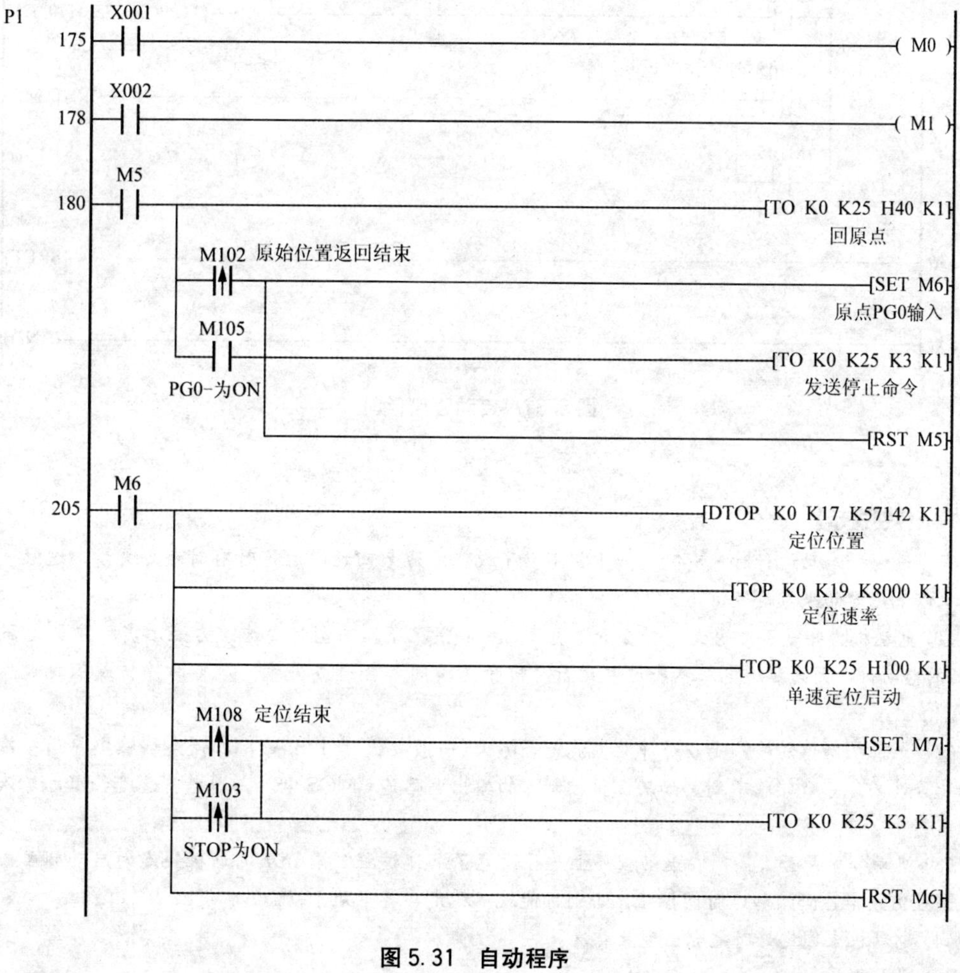

P1
175 X001 (M0)
178 X002 (M1)
180 M5 [TO K0 K25 H40 K1]
回原点
M102 原始位置返回结束 [SET M6]
原点PG0输入
M105 [TO K0 K25 K3 K1]
PG0-为ON 发送停止命令
[RST M5]
205 M6 [DTOP K0 K17 K57142 K1]
定位位置
[TOP K0 K19 K8000 K1]
定位速率
[TOP K0 K25 H100 K1]
单速定位启动
M108 定位结束 [SET M7]
M103 [TO K0 K25 K3 K1]
STOP为ON
[RST M6]

图 5.31　自动程序

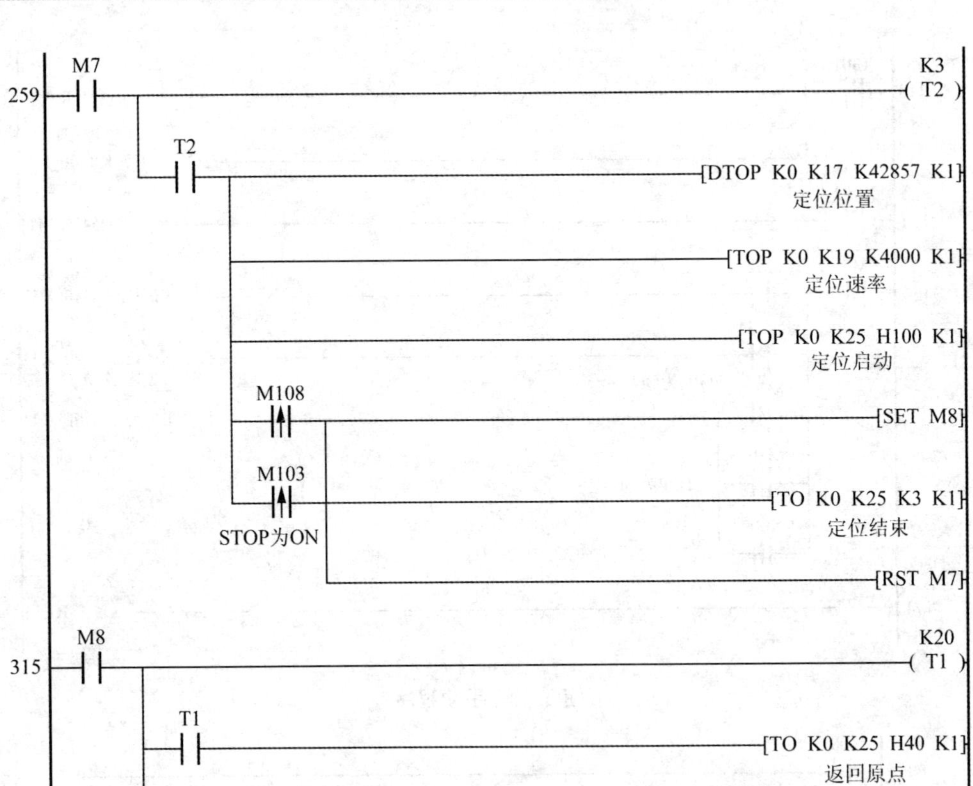

图 5.31 自动程序(续)

【特别提示】

当步进电机启动运行时，有时动一下就不动了或在原地来回动，运行时有时还会失步，这时一般要考虑从以下几方面来做检查。

(1) 电动机力矩是否足够大，能否带动负载。一般情况下，选型时要选用力矩比实际需要大50%～100%的电动机，因为步进电机不能过载运行，哪怕是瞬间都会造成失步，严重时停转或不规则原地反复动。

(2) 上位控制器的输入走步脉冲的电流是否够大(一般要大于10mA)，以使光耦稳定导通；输入的频率是否过高，导致接收不到。如果上位控制器的输出电路是CMOS电路，则也要选用CMOS输入型的驱动器。

(3) 启动频率是否太高，在启动程序上是否设置了加速过程。最好从电动机规定的启动频率内开始加速到设定频率，哪怕加速时间很短，否则可能就不稳定，甚至处于惰态。

(4) 电动机未固定好时也会出现此状况。

5. 气动元件的使用

在本单元中，气动原件的使用比较简单，只有一个摆动气缸和一个抓手气缸，它们的气动原理图如图 5.32 所示。

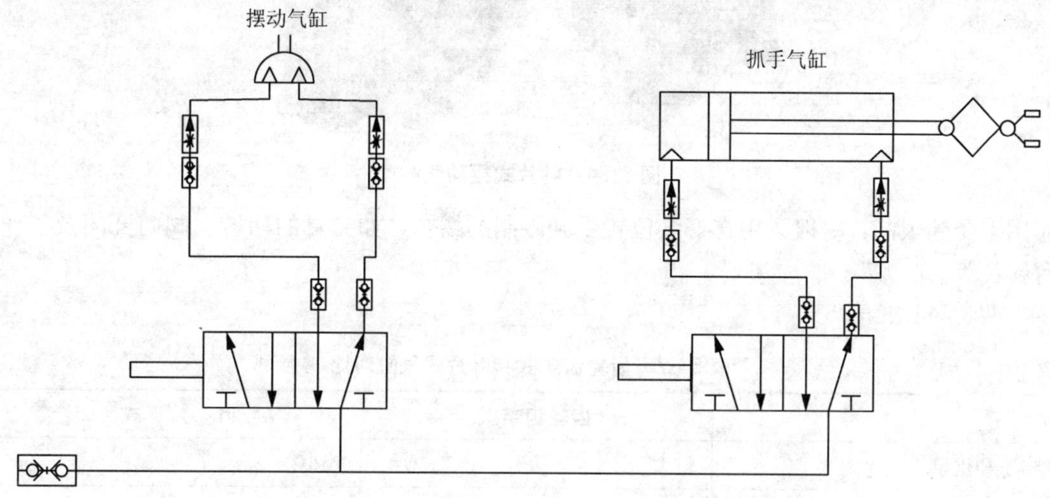

图 5.32　搬运机械手的气动原理

1）摆动气缸

摆动气缸是利用压缩空气驱动输出轴在一定角度范围内做往复回转运动的气动执行元件，分齿轮齿条式和叶片式两大类。它用于物体的转拉、翻转、分类、夹紧、阀门的开闭以及机器人的手臂动作等。

(1) 齿轮齿条式摆动气缸。齿轮齿条式摆动气缸是通过连接在活塞上的齿条使齿轮回转的一种摆动气缸，活塞仅做往复直线运动，摩擦损失少，齿轮传动的效率较高，可达到95%左右。其外形与工作结构如图 5.33 所示。

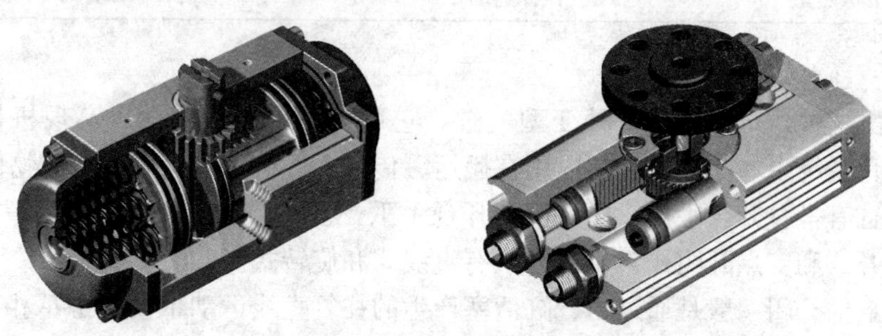

图 5.33　齿轮齿条式摆动气缸的外形与工作结构

(2) 叶片式摆动气缸。叶片式摆动气缸如图 5.34 所示。它是由叶片轴转子(即输出轴)、定子、缸体和前后端盖等部分组成的。定子和缸体固定在一起，叶片和转子连在一起。在定子上有两条气路，当左路进气时，右路排气，压缩空气推动叶片带动转子顺时针摆动。反之，做逆时针摆动。

叶片式摆动气缸体积小，重量最轻，但制造精度要求高，密封困难，泄漏较大，而且动密封接触面积大，密封件的摩擦阻力损失较大，输出效率较低，小于80%。因此，它在

图 5.34　叶片式摆动气缸

应用上受到限制，一般只用在安装位置受到限制的场合，如夹具的回转、阀门开闭及工作台转位等。

两者对比见表 5－7。

表 5－7　齿轮齿条式和叶片式气缸对比

品　种	齿轮齿条式	叶　片　式
体积和重量	较大	较小
改变摆动角的方法	改变内部或外部挡块位置	调节止动块的位置
设置缓冲装置	容易	内部设置困难
输出力矩	较大	较小
泄漏	很小	有微漏
摆动角度范围	可较宽	较窄
最低使用压力	较小	较大
摆动速度	可以低速	不易低速
用于中途停止状态	可适当时间使用	不易长时间使用

2）抓手气缸

抓手气缸这种执行元件是一种变型气缸，它可以用来抓取物体，实现机械手各种动作。在自动化系统中，抓手气缸常应用在搬运、传送工件机构中抓取、拾放物体。

抓手气缸有平行开合手指、肘节摆动开合手爪，包括两爪、3 爪和 4 爪等类型，其中两爪中有平开式和支点开闭式，驱动方式有直线式和旋转式。

抓手气缸的开闭一般是通过由气缸活塞产生的往复直线运动带动与手爪相连的曲柄连杆、滚轮或齿轮等机构，从而驱动各个手爪同步做开、闭运动。

【特别提示】

气缸常见故障的判断及基本维修技巧

质量好的气缸：用手紧紧堵住气孔，然后用手拉活塞轴，拉的时候有很大的反向力，放的时候活塞会自动弹回原位；拉出推杆再堵住气孔，用手压推杆时也有很大的反向力，放的时候活塞会自动弹回原位。

相反，质量不好的气缸：拉的时候无阻力或力很小，放的时候活塞无动作或动作无力缓慢；拉出的

时候有反向力，但连续拉的时候慢慢减小；压的时候没有压力或压力很小，有压力但越压力越小。

气缸在动作过程中，不能将身体任何部分置于其行程范围内，以免受伤。

在维修设备上的气缸时，必须先切除气源，保证缸体内气体放空，直至设备处于静止状态后方可作业.

在维修气缸结束后，应在检查并确定身体任何部分未置于其行程范围内后，方可接通气源试运行.当接通气源时，应先缓慢冲入部分气体，使气缸冲气至原始位置，再插入接头.

5.2.4 任务实施

根据系统的控制要求分配 PLC 输入/输出信号地址具体见表 5-8。

表 5-8 机械手控制 PLC 端口分配表

输入点	功 能	输出点	输出设备端
X0	步进旋转原点传感器	Y0	抓手气缸电磁阀
X1	摆动气缸上摆传感器	Y1	摆动气缸下摆电磁阀
X2	摆动气缸下摆传感器	M1	抓手右转
X3	抓手电机左转传感器	M2	抓手左转
X4	抓手电机右转传感器		
PGO-	步进直行减速传感器		
DOG	步进直行原点传感器		
STOP	步进执行限位传感器		

机械手的硬件构成如图 5.35 所示。

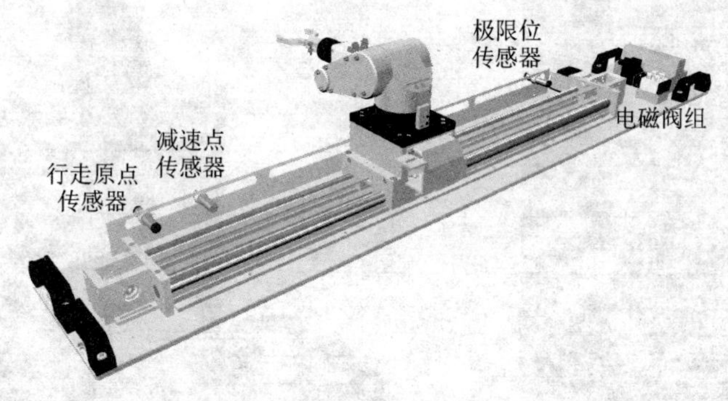

图 5.35 机械手的硬件构成

【特别提示】

该系统一半的执行机构都是由气动实现的，因此在通电前要利用气阀的测试旋钮对其驱动的装置进行手动测试，从而测试各执行元件位置、气路连接、机械配合度及气缸动作幅度等基本性能的正确性，并及时进行调整。

思考与练习

1. 什么是步进电机的步距角？一台步进电机可以有两个步距角，如 3°/15°，是什么意思？

2. 步进电机不能正常启动的原因有哪些？

3. 气缸常见故障的判断应如何进行？

5.3 立体仓库管理

随着现代生产技术的飞速发展以及社会物质的不断繁荣，平面仓库对于货物的存放已经远远不能满足当前的需要，立体仓库已成为生产和生活中的一个重要的组成部分，如图 5.36 所示。

自动化立体仓库集存储、搬运、输送、分发于一体，是一种多层存放货物的高架仓库系统，由自动控制与管理系统、高位货架、巷道堆垛机、自动入库、自动出库、计算机管理控制系统以及其他辅助设备组成。它具有节约用地、减轻劳动强度、消除差错、提高仓储自动化水平及管理水平、提高管理和操作人员素质、降低储运损耗、提高物流效率等诸多优点。

5.3.1 任务引入

本案例中的立体仓库使用堆垛机系统将装配好的工件进行分类存放，如图 5.37 所示。

图 5.36 立体仓库

图 5.37 立体仓库管理单元

5.3.2 任务分析

立体仓库管理单元由两套伺服电机带动两轴滚珠丝杠实现堆垛机的定位控制，分别为 X 轴(水平运动)和 Y 轴(垂直运动)，通过两轴伺服电机运动脉冲，构成各操作点坐标数。因此，同时控制两轴运动，就可对堆垛机进行高精度定位操作。伸叉机构由上层

的铲叉和底层的丝杠传动机构组成，铲叉可前后伸缩，其运动由 Z 轴直流电动机正反转控制。

在此系统中，当堆垛机平台运行到目标库位后，铲叉需伸入库内取、放货物，然后向后缩回，因此整个运行过程需要对堆垛机进行三维位置控制。本系统先用两路脉冲控制 X 轴、Y 轴伺服电动机，完成堆垛机的二维定位任务。然后，再控制直流电动机驱动铲叉入、出库等后续动作。

堆垛机的二维位置定位采用了控制脉冲个数的定位方式，该方式是以水平、垂直方向伺服电动机每转输出的脉冲数为基础，对立体仓库每个货格都予以确定相应的脉冲个数。当堆垛机运行时，PLC 根据目的地址和原点基准地址之间的脉冲值来控制电动机的位移。

5.3.3　相关知识

1. 伺服电动机

伺服电机应用十分广泛，在工业机器人、机床、各种测量仪器、办公设备以及计算机关联设备等场合获得广泛应用。伺服电动机也被称为执行电动机，在控制系统中用作执行元件，其将电信号转换为轴上的转角或转速，以带动控制对象。输入的电压信号被称为控制信号或控制电压。伺服电动机的最大特点是可控。在有控制信号输入时，伺服电动机就立即转动；在没有控制信号输入时，转子能够不因惯性发生自转而立即停转；只要改变控制电压的大小和相位(或极性)就可改变伺服电动机的转速和转向。因此，它与普通电动机相比，具有如下特点。

(1) 调速范围广，伺服电动机的转速随着控制电压的改变而改变，并能在很广的范围内连续调节。

(2) 转子的惯性小，即能实现迅速启动和停转。

(3) 控制功率小，过载能力强，可靠性好。

按伺服电动机使用电源性质的不同，可分为直流伺服电动机和交流伺服电动机。

1) 直流伺服电动机

直流伺服电动机就是一台微型他励直流电动机，其结构与工作原理与他励直流电动机相同，如图 5.38 所示。

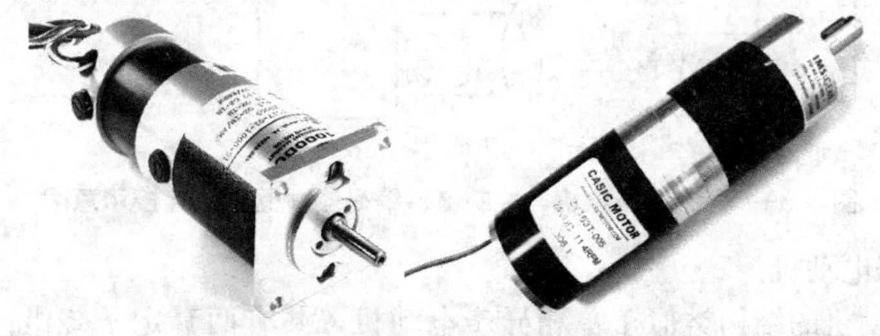

图 5.38　直流伺服电动机

按励磁方式的不同，直流伺服电动机分为他励式和永磁式两种。在工程中，采用直流电压信号控制伺服电动机的转速和转向。其控制方式分为电枢控制和磁场控制，前者是通过改变电枢电压的大小和方向来改变电动机的转速和方向；后者是通过改变励磁电压大小

和方向来改变伺服电动机的转速和转向，同时，磁场控制只适用于他励直流伺服电动机，且控制性能不如电枢控制，因此工程中多采用电枢控制。

在工程实际中，直流伺服电动机的控制一般用相应的直流伺服驱动器来完成。以某公司生产的驱动器为例，其参数如下。

(1) 驱动器为仿步进电机工作模式，输入信号为步进脉冲加方向脉冲。

(2) 驱动器为每输入一个脉冲，则电动机随动一个光栅。控制脉冲频率输入范围为0～70kHz。

(3) 所接电动机为直流有刷电动机或直流有刷伺服电动机。外部电压可为24～80V，输出电流为5～6A，峰值电流为10A，保护电流为12A。

(4) 驱动器采用全隔离，需要外部提供5V电压作为信号输入和光电编码器(作为接收电动机的速度和位置的反馈传感器)的电源。

【特别提示】

若光电编码器作为速度和位置传感器，在使用脉冲和方向信号控制时，输入脉冲的个数表示使电动机要运行的位置，输入脉冲的频率决定电动机的运行速度。控制系统发出的脉冲信号转化为电动机的角位移，脉冲的频率和电动机的转速成正比，脉冲的个数决定了电动机旋转的角度。这样，控制系统通过脉冲信号CP就可以达到电动机调速和定位的目的。

图5.39所示为该驱动器与直流伺服电动机、编码器及控制器连接构成一个闭环控制系统的示意图。

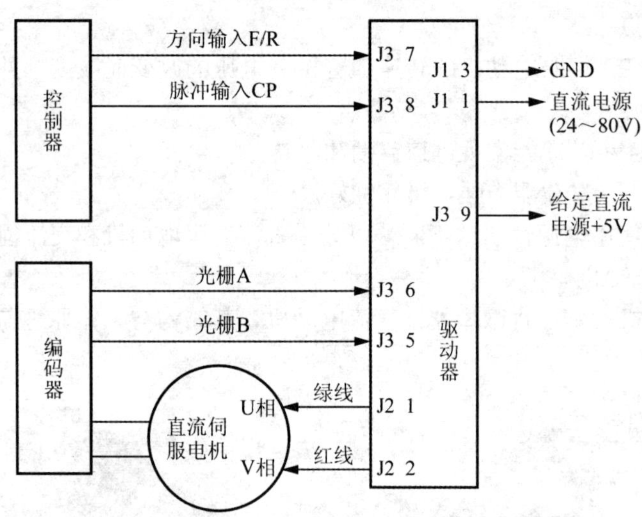

图5.39 直流伺服电机与控制器、编码器、驱动器连接示意图

2) 交流伺服电动机

交流伺服电动机的结构类似于单相异步电动机，共有两套定子绕组：一个是励磁绕组，由给定的交流电压励磁；另一个是控制绕组，输入交流控制电压。两相绕组在空间相差90°，通常是分别接在两个不同的交流电源(两者频率相同)上，这一点与单相异步电动机不同。

交流伺服电动机的转子有两种结构：一种为笼式(为减小转子转动惯量做成细长形)转

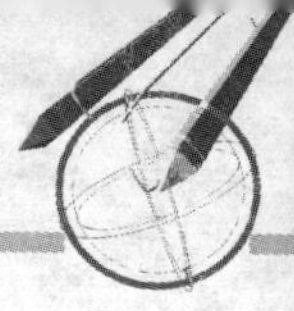

子，另一种是空心杯转子(用铝合金或紫铜等非磁性材料制成)。鼠笼式转子与三相鼠笼式电动机的转子结构相似，空心杯形转子的结构图如图 5.40 所示。

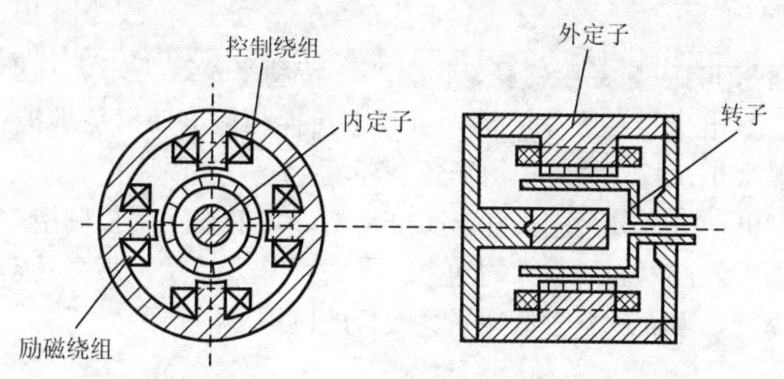

图 5.40　空心杯形转子的结构图

杯形转子通常用铝合金或铜合金制成空心薄壁圆筒，为了减少磁阻，在空心杯形转子内放置固定的内定子。不同结构形式的转子都制成具有较小惯量的细长形。目前，用得最多的是鼠笼式转子的交流伺服电动机，如图 5.41 所示。

图 5.41　交流伺服电动机

交流伺服电动机的工作原理与具有启动绕组的单相异步电动机相似。在励磁绕组中串入电容 C 进行移相，使励磁电流与控制绕组中的控制电流在相位上近似相差 90°电角度，如图 5.42 所示。

从图 5.42 可看出，励磁绕组 U_f 接到电压一定的交流电网上，控制绕组接到控制电压 U_c 上。当有控制信号输入时，两相绕组便产生旋转磁场。该磁场与转子中的感应电流相互作用产生转矩，使转子跟着旋转磁场以一定的转差率转动起来，其同步转速 $n_0=60\ f\ /\ p$，转向与旋转磁场的方向相同。

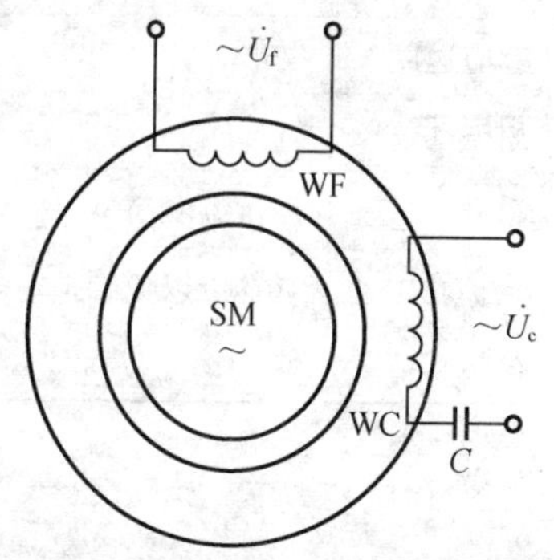

图 5.42　交流伺服电动机的接线

通过改变控制电压 U_c 的大小，可以改变电动机的转速，而且可以通过改变控制电压 U_c 与励磁电压 U_f 之间的相位角，改变电动机的转向。

与直流伺服电动机一样，交流伺服电动机控制一般也要与对应的伺服驱动器共同完成其控制系统。

3）直流伺服电动机和交流伺服电动机的区别

(1) 直流伺服电动机分为有刷和无刷电动机。

① 有刷电动机的优点是成本低、结构简单、启动转矩大、调速范围宽、控制容易；缺点是需要维护(换碳刷)、产生电磁干扰、对环境有要求，因此它可以用于对成本敏感的普通工业和民用场合。

② 无刷电动机体积小、重量轻、响应快、速度高、惯量小、转动平滑、力矩大且稳定，控制复杂，容易实现智能化，其电子换相方式灵活，可以方便换相；电动机免维护、效率很高、运行温度低、电磁辐射很小、长寿命，可用于各种环境。

(2) 交流伺服电动机也是无刷电动机，分为同步和异步电动机。目前在运动控制中一般都用同步电动机，它的功率范围大，可以做到很大的功率。同时，其大惯量，最高转动速度低，且随着功率增大而快速降低，因而适合于低速平稳运行的应用。

【特别提示】

伺服电动机和步进电动机在性能上有很多相似之处，两者的性能比较见表5-9。

表5-9　伺服电动机与步进电动机的性能比较

	步进电动机	伺服电动机
力矩范围	中小力矩(一般在20N·m以下)	小中大，全范围
速度范围	低(一般在2000r/min以下，大力矩电动机小于1000r/min)	高(可达5000r/min，直流伺服电机更可达10000～20000r/min)
控制方式	主要是位置控制	多样化(位置/转速/转矩方式)
平滑性	低速时有振动(但用细分型驱动器则可明显改善)	好，运行平滑
精度	一般较低，细分型驱动时较高	高(具体要看反馈装置的分辨率)
矩频特性	高速时，力矩下降快	力矩特性好，特性较硬
过载特性	过载时会失步	可3～10倍过载(短时)
反馈方式	大多数为开环控制，也可接编码器，防止失步	闭环方式，编码器反馈
响应速度	一般	快
耐振动	好	一般(旋转变压器型可耐振动)
温升	运行温度高	一般
维护性	基本可以免维护	较好
价格	低	高

2. 伺服驱动器

本案采用MR-E-20A伺服驱动器，如图5.43所示。其运行控制分为位置控制模式和内部速度控制模式两种。

(1) 位置控制模式：由外部输入脉冲信号及正反转信号。

(2) 内部速度控制模式：由外部输入正反转信号，转速由伺服驱动器内部设定。

控制模式的选择由LOP控制端设定。当以位置控制模式运行时，对伺服驱动器输入CN1-23脉冲为10000pls/r；伺服驱动器输出的电机测量脉冲(CN1-17)为1000pls/r。

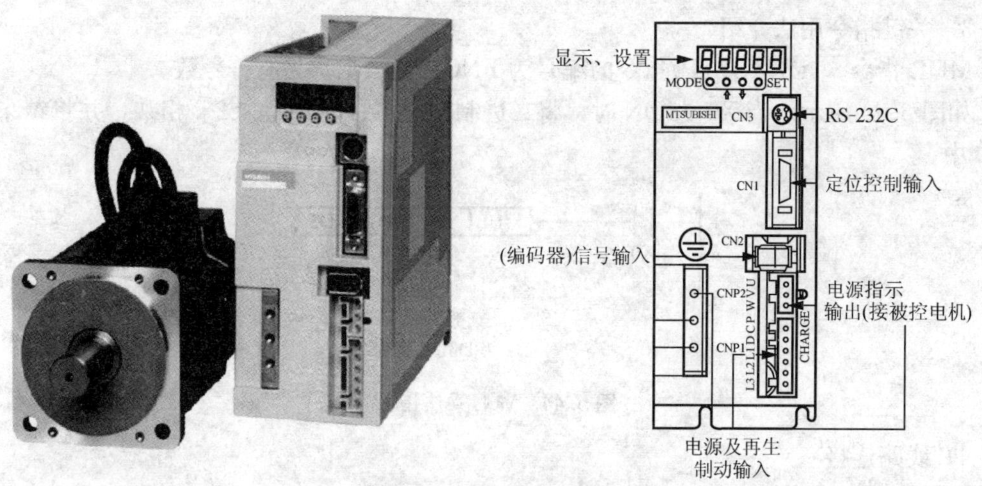

图5.43　交流伺服电动机及伺服驱动器

3. 使用PLC控制伺服电机

1）控制要求

手动控制要求：触发 X 轴右移信号，堆垛机向右移动；触发 X 轴左移信号，堆垛机左移；触发 Z 轴上升控制信号，堆垛机上升运动；触发 Z 轴下降信号，堆垛机下降运行。

自动控制要求：触发启动信号，堆垛机回原点；触发1＃信号堆垛机驶入1号仓位，停留2s返回原点；触发6＃信号，堆垛机运行到6号仓位，停留2s返回原点，在自动运行过程中采用逐渐加减速的启停控制形式。

2）地址分配

按上述要求，确定PLC各端口分配情况具体见表5－10。

表5－10　示例应用端口与软元件分配表

输入点	功能	输出点	功能	中间变量	功能
X0	启动	Y0	Z 轴脉冲输出	M0	启动
X1	停止	Y1	X 轴脉冲输出	M1	停止
X2	入仓气缸缩回限位	Y2	X 轴方向信号	M2	左移
X3	X 轴原点	Y3	物料推杆电磁阀	M3	右移
X4	Z 轴原点	Y4	Z 轴方向信号	M4	上行
1LSN	X 轴左限位	D1D0	目标仓位 X 轴脉冲数	M5	下行
1LSP	X 轴右限位	D3D2	目标仓位 Z 轴脉冲数	M6	手动/自动
2LSN	Z 轴上限位	D4	X 轴每列所需脉冲	M7	复位
2LSP	Z 轴下限位	D5	Z 轴每行所需脉冲数	M8	X 轴发脉冲
		D6	X 轴目标列号	M9	Z 轴发脉冲
		D7	Z 轴目标行号		

＊M21～M29，1＃～9＃仓位触发命令。

3）关键指令用法介绍

MUL 指令。(D)MUL(P)指令的编号为 FNC22，数据均为有符号数。

如图 5.44 所示，当 X0 为 ON 时，将二进制 16 位数［S1］、［S2］相乘，并将结果送［D］中。

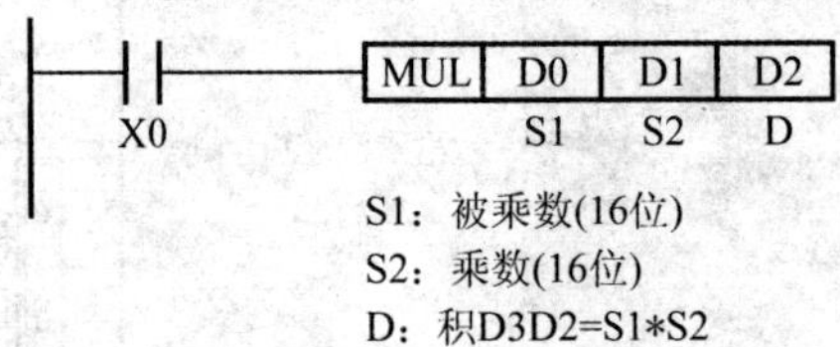

图 5.44　MUL 乘法指令

4）线路连接

PLC 和伺服驱动器 MR-E-20A 的连接如图 5.45 所示。

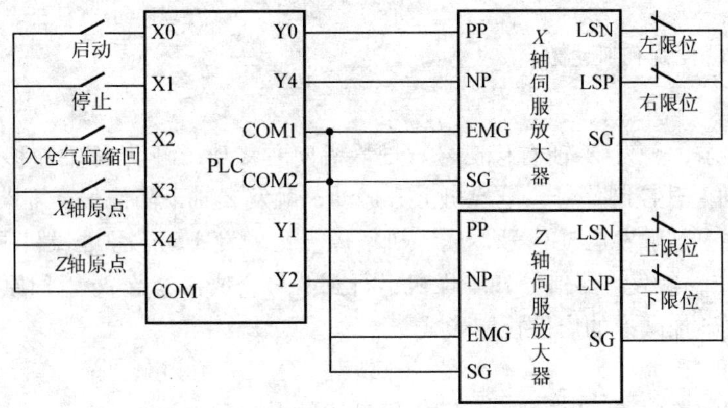

图 5.45　PLC 和伺服驱动器的连接

5）伺服放大器参数设置

伺服放大器参数具体设置见表 5－11。

表 5－11　伺服驱动器的参数设置

参数号	X 设定值	Z 设定值	功　能
P3	300	72	电子齿轮分子(指令脉冲倍率分子)
P4	1	1	电子齿轮分母(指令脉冲倍率分子)
P19	000C	000C	参数写入禁止
P21	001	001	功能选择 3(指令脉冲选择)
P41	0001	0001	输入信号自动 ON 选择

6）各仓位脉冲计算方法

D1、D0 为目标仓位 X 轴的脉冲数，D3、D2 为目标仓位 Z 轴的脉冲数。计算公式如下。

$$D1D0 = 6000 + D4 * D6$$

式中：D4 为 X 轴每列所需脉冲数；D6 为目标列号。

$$D3D2 = 9000 + D5 * D7$$

式中：D5 为 Z 轴每行所需脉冲数；D7 为目标行号。

7）控制程序

本示例控制程序如图 5.46～图 5.49 所示。

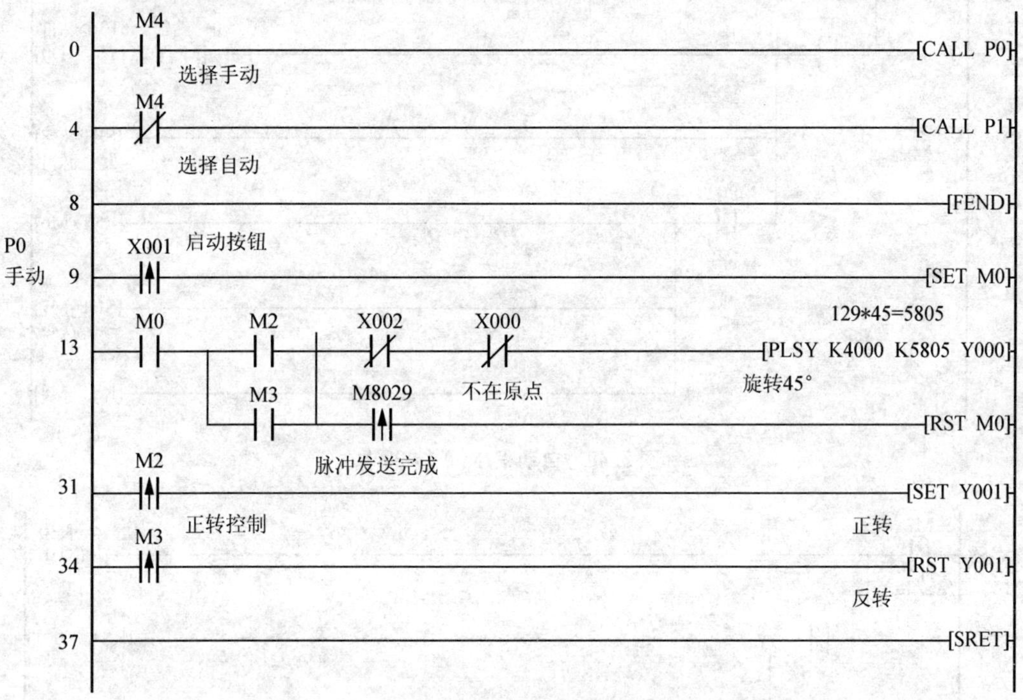

图 5.46 主程序与手动程序

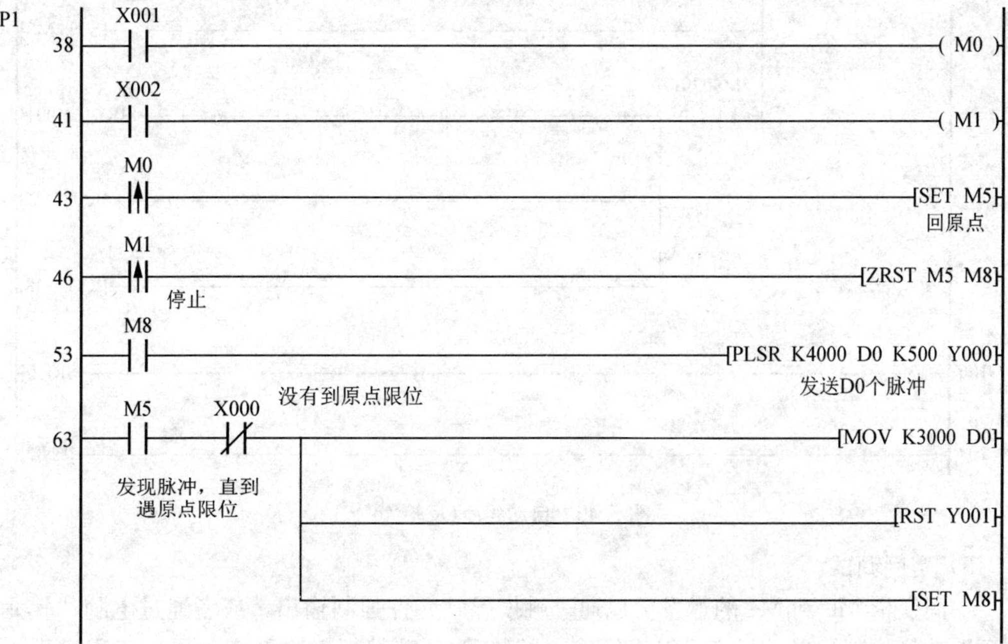

图 5.47 自动程序(返回原点部分)

72 M6 正转90° [SET Y001]

K5 (T1)

T1 90° 约需11613个脉冲 [MOV K11613 D0]

[SET M8] 发送脉冲

M8029 [RST M6]

[SET M7] 反转45°

[RST M8]

图 5.48　自动程序(正转 90°)

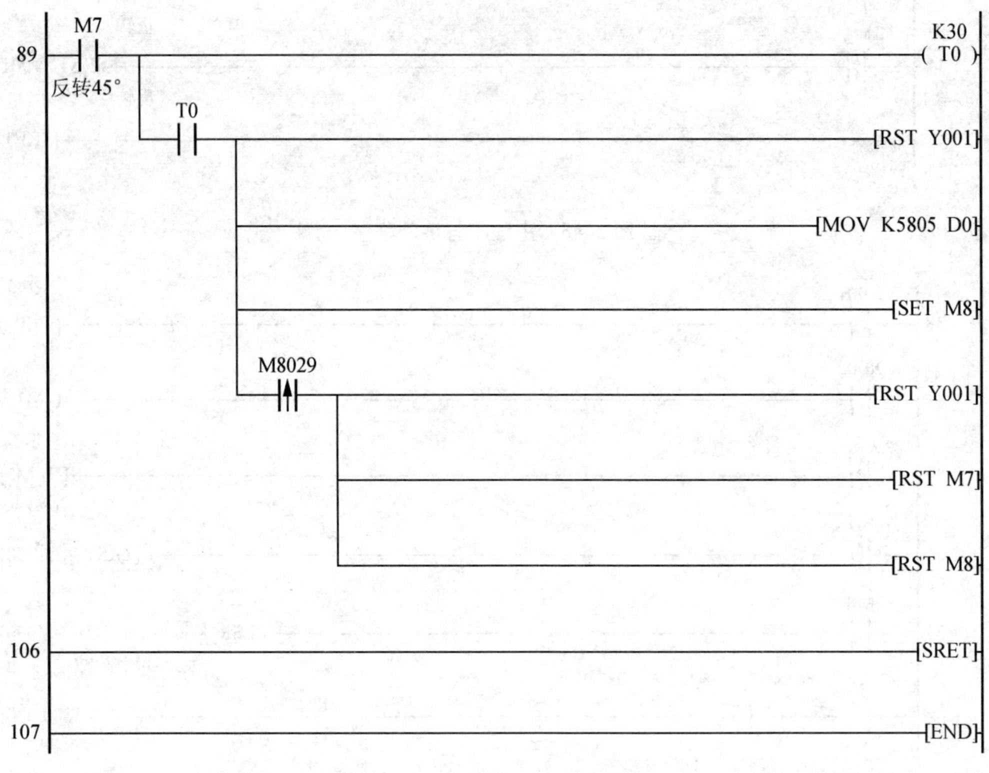

图 5.49　自动程序(反转 45°)

8）实例调试

中间变量 M0 到 M4 的触发可以通过触摸屏软元件强制输出，或者通过电脑“软元件测试”功能强制输出(用 PLC 编程线将电脑与 PLC 连接好→打开实例程序工程→进入监

视模式→右击软元件)。

5.3.4　任务实施

最终完成的立体仓库硬件构成如图 5.50 所示，软件部分篇幅较长，其重点是仓位与脉冲数对应要仔细，此处略。

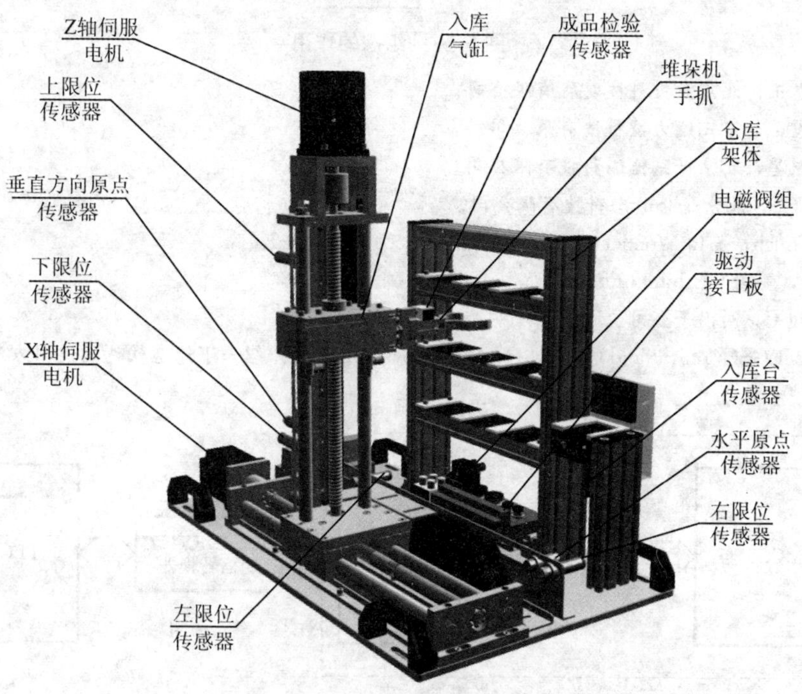

图 5.50　最终完成的立体仓库硬件构成

【拓展阅读】

关于组态

组态：英文单词为 Configuration，含义是使用软件工具对计算机及软件的各种资源进行配置，以达到使计算机或软件按照预先设置，自动执行特定任务，以满足使用者的要求和目的。组态软件也称为人机界面(HMI/MMI，Human Machine Interface Mman Machine Interface)，或监控与数据采集(SCADA，Supervisory Control and Data Acquisition)。

一般来讲，“组态”是指用户通过类似“搭积木”的简单方式来完成自己所需要的软件功能，而不需要编写计算机程序。它有时候也被称为“二次开发”，组态软件就被称为“二次开发平台”。“监控(Supervisory Control)”即“监视和控制”，是指通过计算机信号对自动化设备或过程进行监视、控制和管理，如图 5.51 所示。

组态为模块化任意组合。利用组态可视化仿真技术，可以实现满足要求的仿真界面，并能提供一个多角度、多层次的观察仿真过程。要在计算机上实现工程的模拟测试和仿真，用户可以根据需要直接修改各种仿真参数，从而大大降低了开发费用和开发难度。同时，通过组态仿真，读者能够设计出更加实用的控制系统，从而可以在较短的时间内，以较少的代价完成较好的效果。

从应用角度讲，组态软件是完成系统硬件与软件沟通、建立现场与监控层沟通的人机界面软件平台。目前，主流的几种组态软件如下。

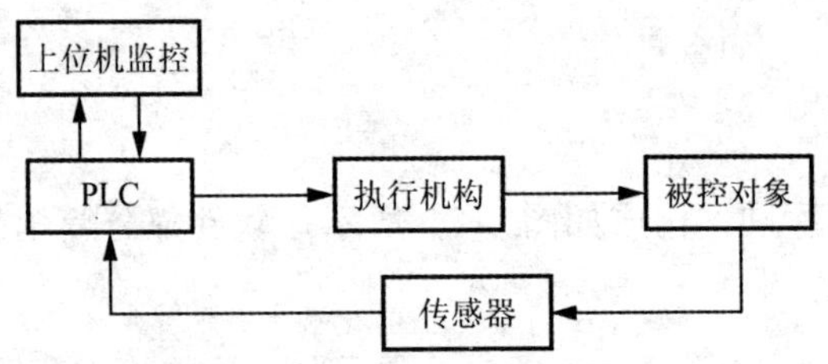

图 5.51 组态的作用

(1) 组态王，北京亚控科技发展有限公司。

(2) 力控，北京三维力控科技有限公司。

(3) 世纪星，北京世纪佳诺科技有限公司。

(4) MCGS，北京昆仑通态科技有限公司。

(5) InTouch，美国 Wonderware 公司(世界第一个工控软件)。

(6) Ifix，美国 GE Intellution 公司。

(7) WinCC，西门子公司。

下边以 MCGS(Monitor and Control Generated System)为例介绍一下组态软件的使用方法，如图 5.52 所示。

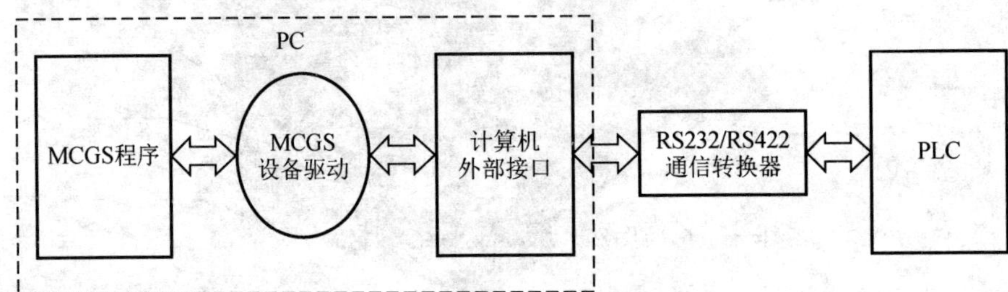

图 5.52 MCGS 组态软件监控示意

5.3.5 用组态软件监控双灯闪烁 PLC 程序

1. 控制要求

用可编程控制器编制双灯闪烁控制程序，并将 PLC 数据送入 PC，使用 MCGS 组态软件完成对 PLC 的运行监控设计。

2. 框架搭建

启动 MCGS 组态软件，进入组态环境，新建一个工程。在弹出的新建工程窗口中单击如图 5.53 所示的“用户窗口”按钮。

单击“用户窗口”窗口右侧的“新建窗口”按钮，建立“窗口 0”，如图 5.54 所示。

选中“窗口 0”选项，单击“窗口属性”按钮，弹出“用户窗口属性设置”对话框。将窗口名称改为“双灯闪烁监控”，其他不变，单击“确认”按钮。

在“用户窗口”窗口中，选中“双灯闪烁监控”选项，右击，选择下拉菜单中的“设置为启动窗口”选项，将该窗口设置为运行时自动加载的窗口。

双击“双灯闪烁监控”窗口图标进入动画组态窗口，通过在工具栏打开“工具箱”来制作如图 5.55 所示画面。

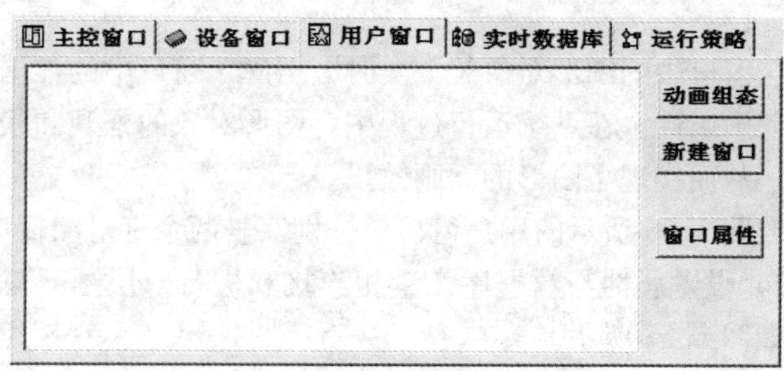

图 5.53　组态开始画面

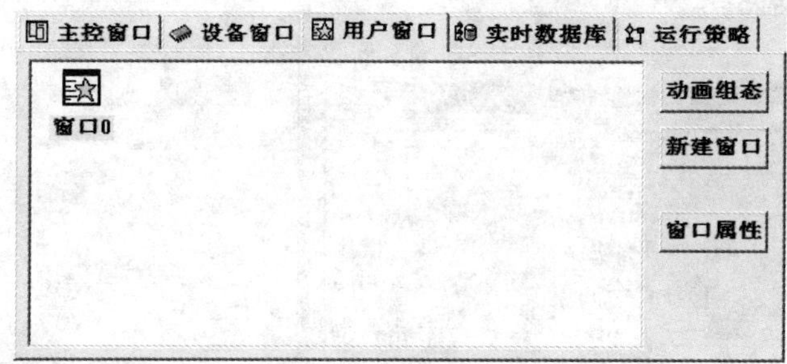

图 5.54　用户窗口建立

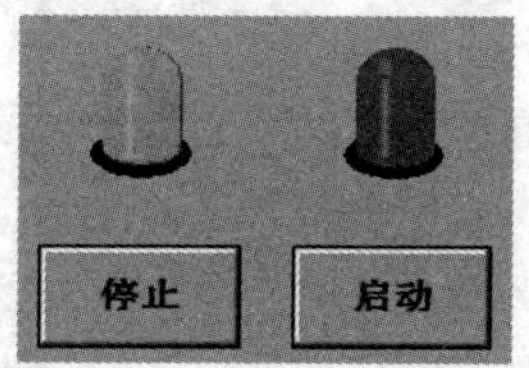

图 5.55　监控画面窗口

3. 数据库关联

MCGS 用数据对象来表述系统中的实时数据，用对象变量代替传统意义的值变量。实时数据库是 MCGS 的核心。设备窗口通过设备构件驱动外部设备，将采集的数据送入实时数据库；由用户窗口组成的图形对象，与实时数据库中的数据对象建立连接关系，以动画形式实现数据的可视化；运行策略通过策略构件，对数据进行操作和处理。

1）建立实时数据库

建立实时数据库的过程也即是定义数据变量的过程。定义数据变量的内容主要包括指定数据变量的名称、类型、初始值和数值范围，并确定与数据变量存盘相关的参数，如存盘的周期、存盘的时间范围和保存期限等。

打开“实时数据库”窗口，单击“新增对象”按钮，新增所需变量并定义变量类型，如图 5.56 所示。

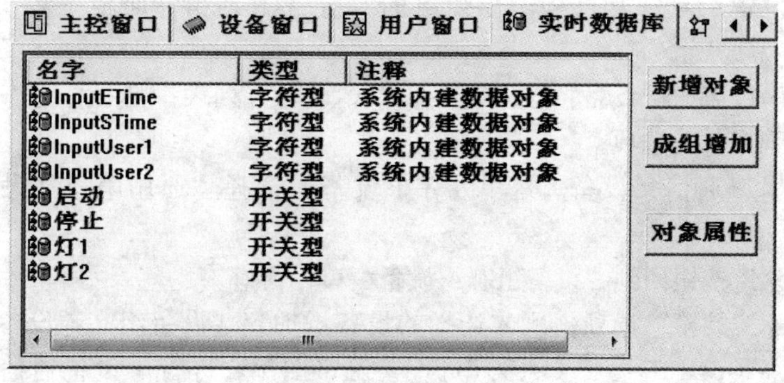

图 5.56　配置数据库

2）动画连接

将“用户窗口”窗口中的图形对象与“实时数据库”窗口中的数据对象建立相关性连接，并设置相应的动画属性。在系统运行过程中，图形对象的外观和状态特征由数据对象的实时采集值驱动，从而实现了图形的动画效果。

回到刚才建立的图 5.55 所示的用户窗口，分别双击两个灯对象窗口图标(有多少项就可进行多少种设置)，设置属性与数据库变量相连接和进行双层图元与变量的相关性设置(可见与不可见)，如图 5.57 所示。

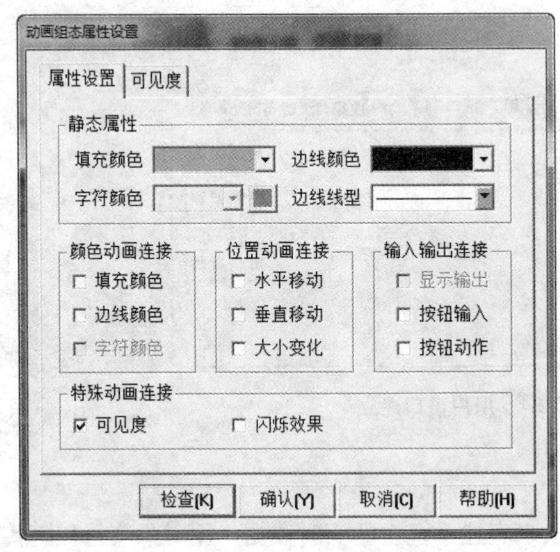

图 5.57 动画连接

4. 与 PLC 设备通信

通过设备窗口建立系统与外部硬件设备的连接，使得 MCGS 能够从外部设备读取数据并控制外部设备的工作状态，从而实现对工业过程的实时监控。其基本方法如下。

在设备窗口内配置不同类型的设备构件，并根据外部设备的类型和特征，设置相关的属性，将设备的操作方法，如硬件参数配置、数据转换、设备调试等都封装在构件之内，以对象的形式与外部设备建立数据的传输通道连接。

这里以三菱 FX 系列 PLC 为例介绍。打开“设备组态：设备窗口”窗口，在该窗口中右击，选择“设备工具箱”选项。在弹出的“设备工具箱”面板中单击“设备管理”按钮。

(1) 选定串口通信子设备。这里，在“PLC 设备”列表中选择本组态设计中需要的“三菱 _ FX 系列串口”选项。

(2) 选定串口通信父设备。这里，在根设备中选择“通用串口父设备”选项，如图 5.58 所示。

单击“确认”按钮回到“设备组态：设备窗口”窗口。

使用“设备工具箱”选项把刚才选择的设备添加到“设备组态：设备窗口”窗口中后，双击“设备 0－［三菱 FX 系列串口］”窗口图标，进行子设备通信属性设置，如图 5.59 所示。

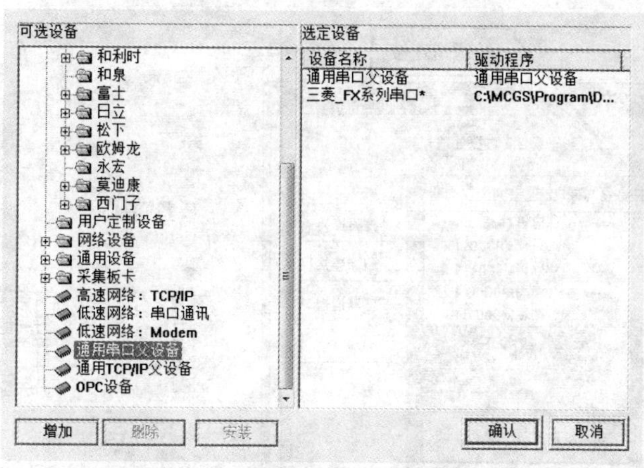

图 5.58　MCGS 中设备通信的选择

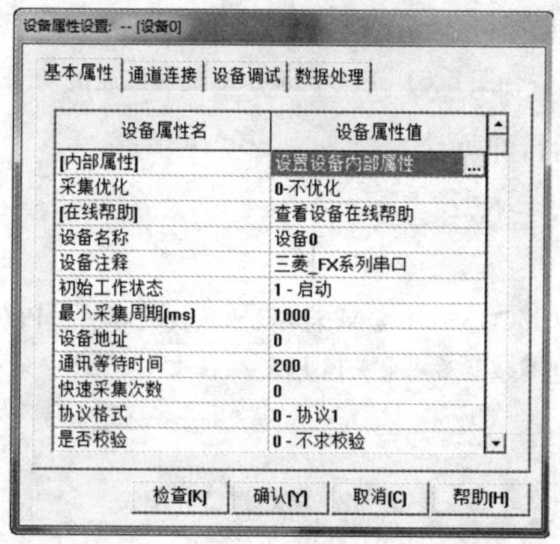

图 5.59　子设备通信属性设置

选择“设置设备内部属性”选项，并选择“增加通道”选项，根据本次设计的需要，增加合适的通道值，单击“确认”按钮。“增加通道”对话框(注意设置正确的操作方式)如图 5.60 所示。

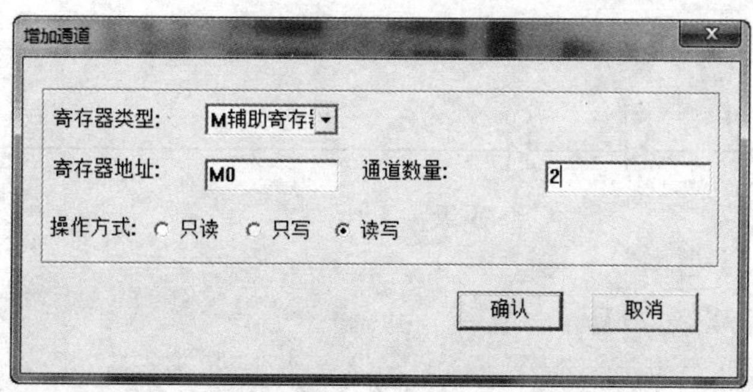

图 5.60　PLC 通道数的增加

选择“通道连接”选项卡，将 MCGS 中的按钮输入、显示输出与 PLC 设备中的输入输出口相连接(图 5.61)。

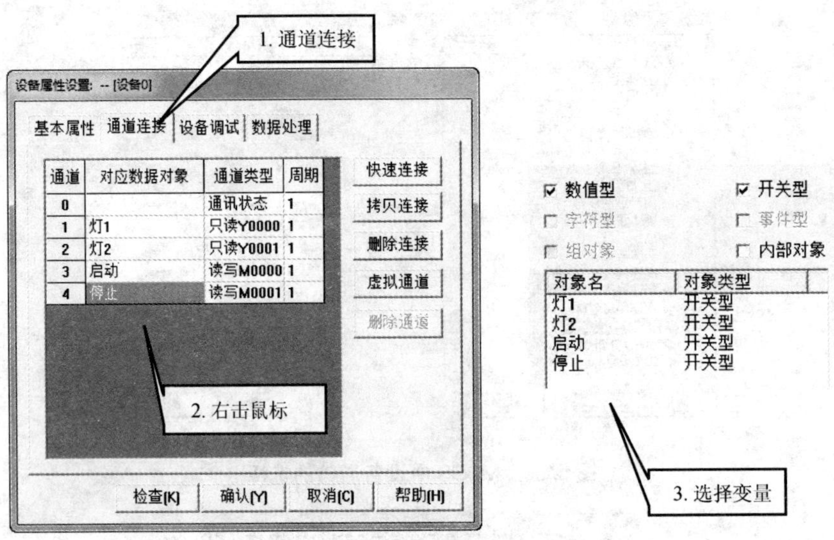

图 5.61 PLC 与 MCGS 的通道连接

然后，进入 MCGS 运行即可。

【特别提示】

由于 X 不能被编程，所以 MCGS 通过写 M 来实现上位按键对下位 PLC 的控制。

在将程序下载到 PLC 能正常运行后，要关闭 PLC 编程软件 GX，以免与 MCGS 共用串口出现冲突。

PLC 端口分配表见表 5 - 12。

表 5 - 12 PLC 端口分配表

输入点	功能	输出点	输出设备端
X0	启动	Y0	灯 1
X1	停止	Y1	灯 2

双灯闪烁 PLC 程序如图 5.62 所示。

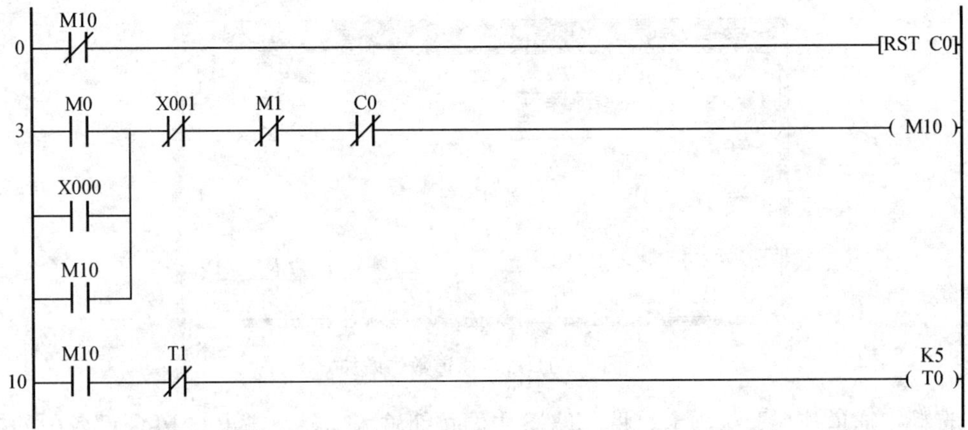

图 5.62 双灯闪烁 PLC 程序

图 5.62　双灯闪烁 PLC 程序(续)

双灯闪烁工作时序图如图 5.63 所示。

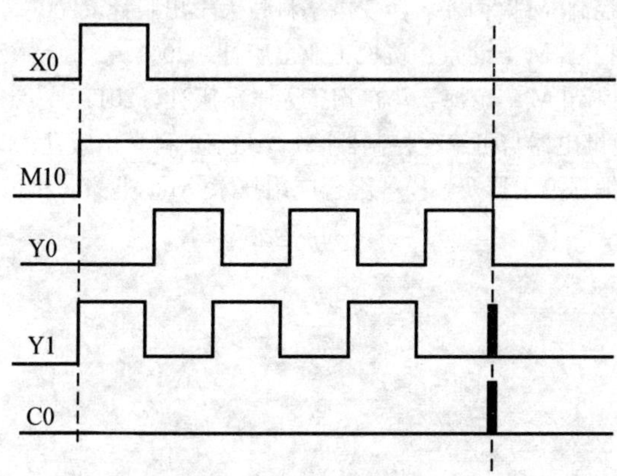

图 5.63　双灯闪烁工作时序图

思考与练习

1. 直流伺服电动机和交流伺服电动机的控制信号有什么区别？
2. 直流伺服电动机与普通旋转他励直流电动机有什么区别？
3. 步进电动机的控制信号与直流伺服电动机的控制信号的区别是什么？
4. 什么是组态？组态的功能有哪些？

参考文献

[1] 邓星钟．机电传动控制[M].4 版．武汉：华中科技大学出版社，2007.

[2] 王宗才．机电传动与控制[M]. 北京：电子工业出版社，2011.

[3] 刘治平，章青．机电传动与控制[M]. 天津：天津大学出版社，2007.

[4] 王永华．现代电气控制及 PLC 应用技术[M]. 北京：北京航空航天大学出版社，2008.

[5] 邵泽波，张洪艳．机电传动控制[M]. 北京：化学工业出版社，2012.

[6] 曾方．电机拖动与控制[M]. 北京：高等教育出版社，2009.

[7] 郭艳萍．电气控制与 PLC 应用[M]. 北京：人民邮电出版社，2010.

[8] [印] SK SAHA. Introduction to Robotics[M]. 北京：机械工业出版社，2010.

[9] [美] Frank D. Petruzella Electric Motors and Control System[M]. 北京：科学出版社，2008.

[10] 王曝光．移动机器人原理与设计[M]. 北京：人民邮电出版社，2013.

[11] 张海根，等．机电传动与控制[M]. 北京：高等教育出版社，2001.

[12] 马如宏．机电传动与控制[M]. 西安：西安电子科技大学出版社，2009.

[13] 张忠夫．机电传动与控制[M]. 北京：机械工业出版社，2001.

[14] 吴清，等．机电传动控制[M]. 上海：华东理工大学出版社，2011.

[15] [日] 冈本裕生．图解继电器与可编程控制器[M]. 北京：科学出版社，2007.

[16] 岳庆来．变频器、可编程控制器及触摸屏综合应用技术[M]. 北京：机械工业出版社，2006.

北京大学出版社高职高专机电系列规划教材

序号	书号	书名	编著者	定价	出版日期
机械类基础课					
1	978-7-301-10464-2	工程力学	余学进	18.00	2008.1 第3次印刷
2	978-7-301-13653-9	工程力学	武昭晖	25.00	2011.2 第3次印刷
3	978-7-301-13655-3	工程制图	马立克	32.00	2008.8
4	978-7-301-13654-6	工程制图习题集	马立克	25.00	2008.8
5	978-7-301-13574-7	机械制造基础	徐从清	32.00	2012.7 第3次印刷
6	978-7-301-13573-0	机械设计基础	朱凤芹	32.00	2008.8
7	978-7-301-13656-0	机械设计基础	时忠明	25.00	2012.7 第3次印刷
8	978-7-301-13662-1	机械制造技术	宁广庆	42.00	2010.11 第2次印刷
9	978-7-301-19848-3	机械制造综合设计及实训	裘俊彦	37.00	2013.4
10	978-7-301-19297-9	机械制造工艺及夹具设计	徐　勇	28.00	2011.8
11	978-7-301-13260-9	机械制图	徐　萍	32.00	2009.8 第2次印刷
12	978-7-301-13263-0	机械制图习题集	吴景淑	40.00	2009.10 第2次印刷
13	978-7-301-18357-1	机械制图	徐连孝	27.00	2012.9 第2次印刷
14	978-7-301-18143-0	机械制图习题集	徐连孝	20.00	2013.4 第2次印刷
15	978-7-301-15692-6	机械制图	吴百中	26.00	2012.7 第2次印刷
16	978-7-301-22916-3	机械图样的识读与绘制	刘永强	36.00	2013.8
17	978-7-301-23354-2	AutoCAD应用项目化实训教程	王利华	42.00	2014.1
18	978-7-301-17122-6	AutoCAD机械绘图项目教程	张海鹏	36.00	2013.8 第3次印刷
19	978-7-301-17573-6	AutoCAD机械绘图基础教程	王长忠	32.00	2013.8 第2次印刷
20	978-7-301-19010-4	AutoCAD机械绘图基础教程与实训(第2版)	欧阳全会	36.00	2013.1 第2次印刷
21	978-7-301-17609-2	液压传动	龚肖新	22.00	2010.8
22	978-7-301-20752-9	液压传动与气动技术(第2版)	曹建东	40.00	2012.8
23	978-7-301-13582-2	液压与气压传动技术	袁　广	24.00	2013.8 第5次印刷
24	978-7-301-19436-2	公差与测量技术	余　键	25.00	2011.9
25	978-7-5038-4861-2	公差配合与测量技术	南秀蓉	23.00	2011.12 第4次印刷
26	978-7-301-19374-7	公差配合与技术测量	庄佃霞	26.00	2013.8 第2次印刷
27	978-7-301-13652-2	金工实训	柴增田	22.00	2013.1 第4次印刷
28	978-7-301-13651-5	金属工艺学	柴增田	27.00	2011.6 第2次印刷
29	978-7-301-17608-5	机械加工工艺编制	于爱武	45.00	2012.2 第2次印刷
30	978-7-301-21988-1	普通机床的检修与维护	宋亚林	33.00	2013.1
31	978-7-5038-4869-8	设备状态监测与故障诊断技术	林英志	22.00	2011.8 第3次印刷
32	978-7-301-22116-7	机械工程专业英语图解教程(第2版)	朱派龙	48.00	2013.9
33	978-7-301-23198-2	生产现场管理	金建华	38.00	2013.9
数控技术类					
1	978-7-301-17707-5	零件加工信息分析	谢　蕾	46.00	2010.8
2	978-7-301-17148-6	普通机床零件加工	杨雪青	26.00	2013.8 第2次印刷
3	978-7-301-17679-5	机械零件数控加工	李　文	38.00	2010.8
4	978-7-301-13659-1	CAD/CAM实体造型教程与实训(Pro/ENGINEER版)	诸小丽	38.00	2012.1 第3次印刷

序号	书号	书名	编著者	定价	出版日期
5	978-7-301-17557-6	CAD/CAM 数控编程项目教程(UG 版)	慕 灿	45.00	2012.4 第 2 次印刷
6	978-7-5038-4865-0	CAD/CAM 数控编程与实训(CAXA 版)	刘玉春	27.00	2011.2 第 3 次印刷
7	978-7-301-21873-0	CAD/CAM 数控编程项目教程(CAXA 版)	刘玉春	42.00	2013.3
8	978-7-301-13261-6	微机原理及接口技术(数控专业)	程 艳	32.00	2008.1
9	978-7-5038-4866-7	数控技术应用基础	宋建武	22.00	2010.7 第 2 次印刷
10	978-7-301-13262-3	实用数控编程与操作	钱东东	32.00	2013.8 第 4 次印刷
11	978-7-301-14470-1	数控编程与操作	刘瑞已	29.00	2011.2 第 2 次印刷
12	978-7-301-20312-5	数控编程与加工项目教程	周晓宏	42.00	2012.3
13	978-7-301-20945-5	数控铣削技术	陈晓罗	42.00	2012.7
14	978-7-301-21053-6	数控车削技术	王军红	28.00	2012.8
15	978-7-301-17398-5	数控加工技术项目教程	李东君	48.00	2010.8
16	978-7-301-21119-9	数控机床及其维护	黄应勇	38.00	2012.8
17	978-7-301-20002-5	数控机床故障诊断与维修	陈学军	38.00	2012.1
		模具设计与制造类			
1	978-7-301-13258-6	塑模设计与制造	晏志华	38.00	2007.8
2	978-7-301-18471-4	冲压工艺与模具设计	张 芳	39.00	2011.3
3	978-7-301-19933-6	冷冲压工艺与模具设计	刘洪贤	32.00	2012.1
4	978-7-301-20414-6	Pro/ENGINEER Wildfire 产品设计项目教程	罗 武	31.00	2012.5
5	978-7-301-16448-8	Pro/ENGINEER Wildfire 设计实训教程	吴志清	38.00	2012.8
6	978-7-301-22678-0	模具专业英语图解教程	李东君	22.00	2013.7
		电气自动化类			
1	978-7-301-18519-3	电工技术应用	孙建领	26.00	2011.3
2	978-7-301-17569-9	电工电子技术项目教程	杨德明	32.00	2012.4 第 2 次印刷
3	978-7-301-22546-2	电工技能实训教程	韩亚军	22.00	2013.6
4	978-7-301-22923-1	电工技术项目教程	徐超明	38.00	2013.8
5	978-7-301-12390-4	电力电子技术	梁南丁	29.00	2010.7 第 2 次印刷
6	978-7-301-17730-3	电力电子技术	崔 红	23.00	2010.9
7	978-7-301-12182-5	电工电子技术	李艳新	29.00	2007.8
8	978-7-301-19525-3	电工电子技术	倪 涛	38.00	2011.9
9	978-7-301-12392-8	电工与电子技术基础	卢菊洪	28.00	2007.9
10	978-7-301-16830-1	维修电工技能与实训	陈学平	37.00	2010.7
11	978-7-301-12180-1	单片机开发应用技术	李国兴	21.00	2010.9 第 2 次印刷
12	978-7-301-20000-1	单片机应用技术教程	罗国荣	40.00	2012.2
13	978-7-301-21055-0	单片机应用项目化教程	顾亚文	32.00	2012.8
14	978-7-301-17489-0	单片机原理及应用	陈高锋	32.00	2012.9
15	978-7-301-22390-1	单片机开发与实践教程	宋玲玲	24.00	2013.6
16	978-7-301-17958-1	单片机开发入门及应用实例	熊华波	30.00	2011.1
17	978-7-301-16898-1	单片机设计应用与仿真	陆旭明	26.00	2012.4 第 2 次印刷
18	978-7-301-19302-0	基于汇编语言的单片机仿真教程与实训	张秀国	32.00	2011.8
19	978-7-301-12181-8	自动控制原理与应用	梁南丁	23.00	2012.1 第 3 次印刷
20	978-7-301-19638-0	电气控制与 PLC 应用技术	郭 燕	24.00	2012.1

序号	书号	书名	编著者	定价	出版日期
21	978-7-301-18622-0	PLC 与变频器控制系统设计与调试	姜永华	34.00	2011.6
22	978-7-301-19272-6	电气控制与 PLC 程序设计(松下系列)	姜秀玲	36.00	2011.8
23	978-7-301-12383-6	电气控制与 PLC(西门子系列)	李　伟	26.00	2012.3 第 2 次印刷
24	978-7-301-18188-1	可编程控制器应用技术项目教程(西门子)	崔维群	38.00	2013.6 第 2 次印刷
25	978-7-301-23432-7	机电传动控制项目教程	杨德明	40.00	2014.1
26	978-7-301-12382-9	电气控制及 PLC 应用(三菱系列)	华满香	24.00	2012.5 第 2 次印刷
27	978-7-301-14469-5	可编程控制器原理及应用（三菱机型）	张玉华	24.00	2009.3
28	978-7-301-22315-4	低压电气控制安装与调试实训教程	张　郭	24.00	2013.4
29	978-7-301-22672-8	机电设备控制基础	王本轶	32.00	2013.7
30	978-7-301-18770-8	电机应用技术	郭宝宁	33.00	2011.5
31	978-7-301-17324-4	电机控制与应用	魏润仙	34.00	2010.8
32	978-7-301-21269-1	电机控制与实践	徐　锋	34.00	2012.9
33	978-7-301-12389-8	电机与拖动	梁南丁	32.00	2011.12 第 2 次印刷
34	978-7-301-18630-5	电机与电力拖动	孙英伟	33.00	2011.3
35	978-7-301-16770-0	电机拖动与应用实训教程	任娟平	36.00	2012.11
36	978-7-301-22632-2	机床电气控制与维修	崔兴艳	28.00	2013.7
37	978-7-301-22917-0	机床电气控制与 PLC 技术	林盛昌	36.00	2013.8
38	978-7-301-18470-7	传感器检测技术及应用	王晓敏	35.00	2012.7 第 2 次印刷
39	978-7-301-20654-6	自动生产线调试与维护	吴有明	28.00	2013.1
40	978-7-301-21239-4	自动生产线安装与调试实训教程	周　洋	30.00	2012.9
41	978-7-301-19319-8	电力系统自动装置	王　伟	24.00	2011.8
42	978-7-301-18852-1	机电专业英语	戴正阳	28.00	2013.8 第 2 次印刷

联系方式：010-62750667，xc96181@163.com，linzhangbo@126.com，欢迎来电来信。